教育部高职高专材料类专业教学指导委员会规划教材

硅酸盐物理化学

主　编:李丽霞　贾　茹
副主编:高晓灵　魏雅娟

天津大学出版社
TIANJIN UNIVERSITY PRESS

图书在版编目(CIP)数据

硅酸盐物理化学/李丽霞主编．—天津：天津大学出版社，2010.3 (2025.7 重印)

ISBN 978-7-5618-3349-0

Ⅰ．硅… Ⅱ．李… Ⅲ．硅酸盐-物理化学 Ⅳ．TQ170.1

中国版本图书馆 CIP 数据核字(2010)第 013341 号

出版发行	天津大学出版社
地　　址	天津市卫津路 92 号天津大学内(邮编：300072)
电　　话	发行部：022-27403647
网　　址	www.tjupress.com.cn
印　　刷	廊坊市海涛印刷有限公司
经　　销	全国各地新华书店
开　　本	787mm×1092mm　1/16
印　　张	17
字　　数	424 千
版　　次	2010 年 3 月第 1 版
印　　次	2025 年 7 月第 11 次
定　　价	33.00 元

前　言

“硅酸盐物理化学”是硅工类专业的一门专业基础课程，对后续专业课的学习起着重要的作用。在编写过程中，参考了大量有关资料和教材，对基本理论及概念力求阐述清楚，略去了复杂的数学推导。为了理论结合实际，满足不同专业的需要，教材内容由浅入深，范围较广，以各专业共同需要的基本内容为本书重点。

本教材的编写思想是：独特、实用。在内容编写上，以职业岗位核心能力需求为主线，突出高等职业教育的特点，注重学生独立思考、分析和解决问题的能力，以便适应学生就业后能顺利从事第一线的工作。在内容的选排上，做到了基础理论适度，突出应用重点，对实践中适用较少的内容做适当删减，对已基本不适用的内容予以淘汰。

本书内容包括三个方面：热力学在无机材料科学中的应用、无机材料聚集状态和过程动力学。

本书具体编写分工为：李丽霞（河北建材职业技术学院）编写第 3 章及第 4 章部分内容，贾茹（内蒙古化工职业技术学院）编写第 1、5 章和第 6 章部分内容，乔丽娜（河北建材职业技术学院）编写第 8 章和第 4 章部分内容，魏雅娟（河北建材职业技术学院）编写第 2 章和第 7 章部分内容，王华庆（秦皇岛浅野水泥有限公司）编写第 7 章部分内容，高晓灵（江西陶瓷工艺美术职业技术学院）和杨永利（内蒙古化工职业技术学院）编写第 6 章及第 9 章的部分内容。

本书由河北省鹿泉市诚达集团总工程师李俊杰主审。河北建材职业技术学院周美茹教授参加了审稿，并且提出了很多宝贵意见，对书稿的修改给予了很大的帮助，另外本书得到了教育部高职高专材料类教委的指导和大力支持，在此致以衷心的感谢。

由于编者水平有限和时间仓促，本书难免有许多不妥和错误之处，殷切希望各校老师和使用者提出宝贵意见。

编者

2010.1 月

目　录

第一篇　热力学在无机材料科学中的应用

第二篇 无机材料聚集状态

第三篇 过程动力学

1 热力学基础

第一篇

热力学在无机材料科学中的应用

1

热力学基础

本章学习要求

(1) 理解热力学的一些基本概念：系统与环境、状态与状态函数、热和功、各种热力学过程等。

(2) 明确热和功只在系统与环境有能量交换时才有意义，熟知热和功的正、负规定；明确状态函数的特征；明确内能和焓的定义以及它们的特点。

(3) 理解热力学第一定律的文字表述，掌握热力学第一定律的数学表达式及其应用。

(4) 理解内能的改变量与恒容热、焓变与恒压热的关系；理解可逆过程及其特征。

(5) 掌握体积功的计算；熟悉热容的定义及其应用；区分显热、潜热、化学反应热；理解并区别生成热、燃烧热、相变热、溶解热和水化热等概念。

(6) 能熟练地将热力学第一定律应用于理想气体的纯 p、V、T 变化，相变化及化学变化，计算各种过程的体积功、热、系统内能的改变及焓变。

(7) 能熟练地应用标准摩尔生成热、标准摩尔燃烧热计算标准摩尔反应热；能用基尔霍夫公式计算不同温度下化学反应的焓变。

(8) 了解自发过程的共同特征；理解热力学第二定律的文字表达及其数学表达式。

(9) 理解熵的物理意义；了解热力学第三定律、卡诺循环、卡诺定理。

(10) 了解熵判据的表达式和熵增加原理，较熟练地计算单纯 p、V、T 变化过程，相变过程和化学反应过程的熵变。

(11) 理解标准摩尔熵、标准摩尔反应熵的定义，掌握化学反应熵变的计算。

(12) 明确自由能(亥姆霍兹函数)、自由焓(吉布斯函数)的概念，较熟练地计算各种恒温过程的自由焓变 ΔG。

(13) 明确熵判据、自由能判据和自由焓判据应用的条件，会用熵判据、吉布斯函数判据判断过程的方向和限度。

(14)了解热力学基本方程及一些重要关系式。

1.1 概述

1.1.1 热力学的研究对象及方法

热力学是研究能量相互转化过程中所遵循的规律，以及各种因素对能量转化影响的科学。能量的相互转化是物质具有的运动形式，热力学研究各种物理变化及化学变化中所发生的能量效应。热力学的理论主要建立在两个经验定律的基础上，即热力学第一定律和热力学第二定律。

热力学的两个定律在化学过程以及与化学有关的物理过程中的应用就形成了化学热力学。

应用热力学第一定律确定各种形式的能量在物理变化或化学变化过程中的当量关系，即能量守恒和转化定律，重点解决化学反应热效应的计算。

应用热力学第二定律确定在指定条件下变化的可能性、方向和限度，即研究建立平衡所需的热力学条件及外界条件对平衡的影响。

热力学的研究对象是大量微粒所构成的宏观物系。所以，热力学只能表明由大量微粒组成的体系所表现的整体行为，即研究宏观性质，但不能说明体系中个别质点的单独行为，即微观行为，也不能预言变化的历程和时间，这是热力学研究问题的局限性。用热力学方法研究问题，只需知道研究对象的初始状态和终了状态以及过程进行的外界条件，就可作某些相应的计算，它不需要知道物质的微观结构和过程进行的细节，这是热力学解决问题的优点。

热力学的应用十分广泛，在硅酸盐材料的生产和使用中，常应用热力学的基本原理解决问题。

1.1.2 基本术语

1. 理想气体

理想气体是指在任何温度和压力下，均能严格服从理想气体状态方程的气体。理想气体是理想化的气体，在客观实际中并不存在，实际气体只有在高温低压下才可以近似地看做是理想气体，所以低压下的实际气体的 p-V-T 的关系可以应用理想气体状态方程来进行近似处理。理想气体状态方程为 $pV=nRT$，$pV=(m/M)RT$。

2. 系统和环境

在热力学中，为了明确研究的对象，通常把我们所要研究的对象称为系统（又称体系或物系）。此对象可以是可见的某种物质，也可以是肉眼看不见的空间（其实是有物质存在的）。而物系之外与体系密切相关的其他部分（物质或空间），称为环境。

热力学系统都是由大量分子、原子和离子等微粒组成的宏观集合体。系统中可以只有一种物质，也可以包含多种物质。系统和环境之间可以存在着真实的界面，也可以是虚构的界面。系统和环境之间的联系包括物质交换和能量交换，可将系统分为下列三类。

(1)敞开系统。与环境之间既有物质交换又有能量交换的系统，称为敞开系统（又称开放系统）。例如，在硅酸盐工业，水泥（回转窑）和玻璃（平板玻璃）的生产过程中，因不断有物质流入或流出，同时伴有能量交换，故属于敞开系统。

(2)封闭系统。与环境之间没有物质交换，只有能量交换的系统，称为封闭系统（又称密闭系统）。封闭系统质量守恒。热力学中的研究对象多数是封闭系统。

(3)隔离系统。与环境之间既没有物质交换也没有能量交换的系统，称为隔离系统（又称孤立系统）。严格来讲，环境对这类体系无任何影响。然而，隔离系统只是一种科学的抽象，自然界中绝对的隔离系统是不存在的，只有在适当的条件下近似地把某些体系看做隔离系统。

3. 状态和状态函数

1)状态

描述一个系统，必须确定它的一系列的宏观性质，如质量(m)、温度(T)、压力(p)、体积

(V)、密度(ρ)、黏度(η)等。这些性质规定了系统的状态。系统的状态是系统的各种宏观性质的综合表现。

2)状态函数

当系统的各个性质都有确定值时,系统的状态就确定了;反之,当系统的状态确定后,系统的各个性质也就有了确定值。当系统的某个性质发生改变时,系统的状态也要发生变化。随系统状态的改变而改变的宏观变量视为独立变量的函数,把与状态有对应关系的描述体系状态的宏观性质,称为状态函数。状态函数的共同特征如下。

(1) 体系的状态一定时,状态函数都有确定值,即状态函数是系统状态的单值函数。

(2)系统的状态改变时,状态函数的改变量只与它在始态时和终态时的量值有关,而与系统所经历的途径无关。

(3)当体系从某一状态出发,经历一系列变化,又重新回到原来的状态,这种变化过程称为循环过程。显然,系统经历一个循环之后,系统所有状态函数都应恢复到原来数值,即状态函数的变化值等于零。

(4)任何状态函数都是其他函数的函数。换句话说,在同一状态下,状态函数的任意组合或运算仍为体系的状态函数。例如,理想气体的体积 $V=nRT/p$,密度 $\rho=pM/RT$ 等。

(5)在数学上,状态函数具有全微分的特性。状态函数的微小变化是全微分,即偏微分的和。例如,封闭系统中,一定物质的量的气体的体积是温度、压力的函数,即 $V=f(T,p)$,则体积的全微分为

$$\mathrm{d}V=\left(\frac{\partial V}{\partial T}\right)_p \mathrm{d}T+\left(\frac{\partial V}{\partial p}\right)_T \mathrm{d}p$$

4. 系统的性质

状态函数按照它们与体系中物质数量的关系,其性质可分为以下两类。

(1)强度性质。其数值与系统物质的数量无关的性质称为强度性质,它表现体系“质”的特征。例如温度、压力、密度、物质的量浓度等。它们不具有加和性。

(2)容量性质(广延性质)。其数值与系统物质的数量有关的性质称为容量性质,它表现体系“量”的特征。例如质量、体积、物质的量、内能等。它们具有加和性。两个容量性质的比值则为强度性质。

5. 过程和途径

系统的状态发生变化的经过称为热力学过程,变化的具体步骤称为途径。根据过程进行的条件不同,可将过程分为以下几种。

(1)恒温过程。体系和环境的温度相等,且恒定不变的过程称为恒温过程,即 $T_1=T_2=T_{外}=$定值。例如,纯水在 100 ℃、101.325 kPa 下沸腾的过程。

(2)恒压过程。系统和环境的压力相等且恒定不变的过程为恒压过程,即 $p_1=p_2=p=p_{外}=$定值。例如,在敞开的窑炉中进行的煅烧过程。

(3)恒容过程。系统的体积始终不变的过程为恒容过程,即 $V_1=V_2=V=$定值。例如,在密封的容器中进行的过程。

(4)绝热过程。系统和环境间没有热交换的过程为绝热过程。例如,绝热箱中进行的过程。

(5)循环过程。系统由某一状态出发,经过一系列中间状态又回到原来状态的过程为循环

过程。在循环过程中,所有状态函数的改变量均为零。

(6)可逆过程。这是一种在无限接近平衡的条件下进行的过程,是一种理想的极限过程。

当然,这些条件也可以是两种或两种以上同时存在。例如,恒温恒压过程、恒温恒容过程和绝热可逆过程等。

系统从某一个始态变到另一个终态所经历的不同方式,称为途径。例如,0.5 mol 理想气体由始态(101 325 Pa,0.011 2 m^3,273.15 K)恒压升温变到终态(101 325 Pa,0.022 4 m^3,546.3 K),可通过两个不同的途径来实现,如图 1-1 中途径①和途径②所示。

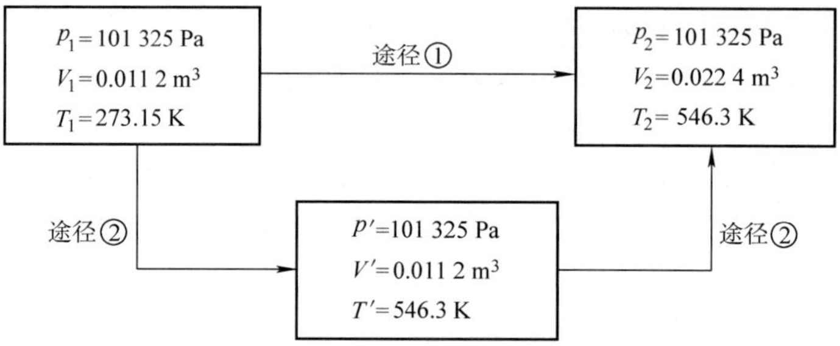

图 1-1　状态变化途径

6. 热力学平衡

在没有外界影响的条件下,如果系统中所有状态函数均不随时间而变化,则该系统所处的状态称为热力学平衡状态(简称平衡态)。真正的热力学平衡状态应同时达到以下四种平衡。

(1)热平衡。系统内各部分以及体系与环境的温度均相同,即没有温差(绝热体系除外)。

(2)力平衡。体系内各部分以及体系与环境之间没有不平衡的力存在,即压力相等(不考虑重力场作用)。

(3)化学平衡。系统中各组分间的化学反应达到化学平衡,即系统的各部分组成不随时间而改变。

(4)相平衡。若系统有两个以上的相态共存,则某物质在各相间的分布达平衡,即各相的组成和数量不随时间而改变。

本书中如提到的热力学平衡均是一种动态平衡,需要在一定条件下才能保持,所以它又是相对的和暂时的。

1.2　内能、热和功

1.2.1　基本概念

1. 内能

体系的能量由三部分组成:①体系整体运动的动能;②体系在外力场作用下的位能;③体系内部的总能量,即内能(热力学能)。

在化学热力学中,只讨论物质内部分子的运动情况,系统内部所有微观粒子的各种能量的总和称为内能,通常用符号“U”表示,单位为 J(焦耳)或 kJ(千焦)。

封闭系统的内能由以下三部分组成。

(1)分子的动能(E_k)。分子的动能包括分子的平动能、转动能和振动能。分子的动能由分子结构及体系的温度来决定，因此，分子的动能是温度的函数，即 $E_k = f(T)$。

(2)分子间相互作用的位能(E_p)。其数值取决于分子间的作用力和分子间的距离，分子间力可表示成分子间距离的函数，而分子间的距离与系统的体积有关。因此封闭系统的位能是系统体积的函数。

(3)分子内部的能量(E_m)。分子内部的能量是分子内部各种微粒间相互作用所产生的能量之和(如键能、核能)。在没有化学变化的情况下，E_m 为定值。

由此可知，内能就是上述三部分能量的总和，即 $U = E_k + E_p + E_m$。

在封闭系统中，一定量物质的内能是温度和体积的函数，即 $U = f(T, V)$。由于理想气体分子之间没有相互作用力，因而没有分子间相互作用的位能(即 $E_p = 0$)，所以，封闭系统中，一定量理想气体的内能只是温度的函数，即 $U = f(T)$。

体系内部物质的分子结构、数量、温度、体积都确定不变，体系的内能必为定值，即内能是系统的状态函数，其改变量 ΔU (增量)只取决于系统初态的 U_1 和终态的 U_2，而与变化的途径无关。当系统的状态改变时，内能的改变量表示为 $\Delta U = U_2 - U_1$。当 $\Delta U > 0$ 时，表示系统的内能增加；$\Delta U < 0$ 时，表示系统的内能减少。

内能与物质的数量有关，因此，它属于容量性质的状态函数，具有加和性。由于人们对体系内部各种粒子的运动形式和相互作用的复杂性认识有限，分子内部的能量难以确定。所以，内能的绝对值至今还无法测定，但系统进行某一过程时，其内能的相对值(ΔU)是可以进行计算或通过实验测定的。

2. 热

当系统状态发生变化并引起系统的能量改变时，这种能量变化就必须依赖于系统和环境之间的能量传递。这种能量传递可分为两种方式，一种称为“热”，另一种称为“功”。热和功是体系和环境间进行能量交换的两种形式。热和功的共同点是它们不是体系的状态函数，而是与过程有关的量，是传递中的能量，也称为过程函数。

当体系与环境间的温度不同，质点无序运动的平均强度不同，这种由于体系和环境之间存在温差而引起的能量传递形式称为热，通常用“Q”表示，其单位为 J(焦耳)或 kJ(千焦)。热力学规定：系统从环境吸热，Q 为正(即 $Q > 0$)；系统向环境放热，Q 为负(即 $Q < 0$)。

由于热总是与体系所经历的具体过程有关，故热的微小改变用 δQ 表示，以区分于状态函数。

在热力学中讨论的热主要有三种：①系统不发生化学变化或相变化，仅发生温度变化而吸收或放出的热，称为显热；②系统发生化学反应时吸收或放出的热，称为化学反应热；③系统发生相变化时吸收或放出的热，称为相变热(或潜热)。

3. 功

除热以外，系统和环境之间以其他形式交换的能量称为功，用符号“W”表示，单位为 J 或 kJ。功的种类很多，有体积功、电功和表面功等。除体积功以外，其他各种形式的功统称为非体积功(W')。系统所做的总功为 $W_{总} = W + W'$。

热力学规定：体系对环境做功(膨胀过程)，功为负，$W < 0$；环境对系统做功(压缩过程)，功为正，即 $W > 0$。

无限小改变的功用 δW 表示，因为功不是状态函数。无限小量的功的普遍式是 $\delta W = F_{外} \cdot \mathrm{d}l$，式中 $F_{外}$ 是作用于物体上的力，它的方向与位移的方向一致，$\mathrm{d}l$ 是无限小的位移。

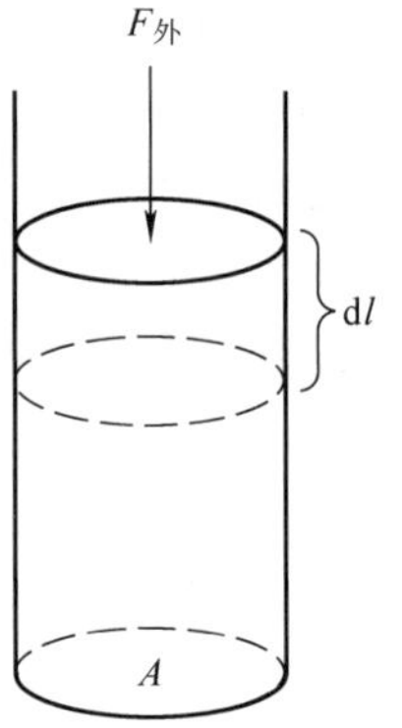

图 1-2　体积功示意图

如图 1-2 所示，有一圆筒，内盛气体，圆筒上方有一无摩擦、无质量的活塞，其截面积为 A，环境施加于活塞上的外力为 $F_{外}$，$F_{外}=p_{外}\cdot A$。假定气体膨胀，活塞向上移动了 dl 的距离，系统在微小变化过程中反抗外界压力对环境所做的微小体积功可表示为

$$\delta W=-F_{外}\cdot dl=-p_{外}\cdot A\cdot dl=-p_{外}\cdot dV \quad (1-1a)$$

(1)对于恒外压过程，由于 $p_{外}$ 为定值，所以有

$$W=-\int_{V_1}^{V_2}p_{外}\,dV=-p_{外}(V_2-V_1)=-p_{外}\,\Delta V \quad (1-1b)$$

如果系统向真空膨胀时，$p_{外}=0$，则 $W=-p_{外}\cdot\Delta V=0$，表明系统向真空膨胀时不做功。

(2)对于恒容过程，由于 $\Delta V=0$，所以 $W=-p_{外}\cdot\Delta V=0$。

(3)对于外压与物系压力相差无限小的膨胀过程，由于 $p_{外}=p-dp$，则

$$W=-\int_{V_1}^{V_2}p_{外}\,dV=-\int_{V_1}^{V_2}(p-dp)dV=-\int_{V_1}^{V_2}p\,dV \quad (1-1c)$$

在化学热力学中，体积功具有重要地位，体积功的计算需要掌握。

[**例 1-1**]　在恒压 101 325 Pa 条件下，10 mol 理想气体由 350 K 升温到 850 K，求此过程的功。

解：体积功的计算如下。

$$W=-p_{外}(V_2-V_1)=-p_{外}\left(\frac{nRT_2}{p_2}-\frac{nRT_1}{p_1}\right)$$

由题意可知，该过程为理想气体的恒压过程，故 $p_1=p_2=p_{外}=p$，则

$$W=-nR(T_2-T_1)=-10\times8.314\times(850-350)=-41\ 570\ \text{J}=-41.57\ \text{kJ}$$

1.2.2　可逆过程与最大功

1. 功与过程的关系

在上述讲述功的概念时已经指出，功不是状态函数，它不仅与系统的初、终态有关，而且与系统状态改变所经历的途径有关。设有一定量的理想气体充入带有活塞的气缸中(假定活塞的质量及其同缸壁间的摩擦力均可忽略不计)，将此气缸内的气体(系统)放在恒温槽内保持恒温，体系由初态(3×10^5 Pa，1 dm^3)恒温膨胀到终态(10^5 Pa，3 dm^3)。如图 1-3 所示，系统经历下列不同的途径(每个砝码代表 10^5 Pa 的压力)。

(1) 一次膨胀。将初态(3×10^5 Pa)活塞上的砝码一次取走两个，即压力减至 10^5 Pa，外压将保持在 10^5 Pa 下膨胀至终态，气体的体积从 1 dm^3 膨胀到 3 dm^3，此过程中体系对环境做的功为

$$W_1=-p_{外}(V_2-V_1)=-10^5\times(3-1)\times10^{-3}=-200\ \text{J}$$

(2)二次膨胀。先将外压降到 2×10^5 Pa(p')，气体体积膨胀到 1.5 dm^3(V')，然后再将外压降到 10^5 Pa，气体体积再膨胀到 3 dm^3。此二次膨胀过程中体系对环境所做的功为

$$W_2=-p'(V'-V_1)-p_2(V_2-V')=-2\times10^5\times(1.5-1)\times10^{-3}-10^5\times(3-1.5)\times10^{-3}=-250\ \text{J}$$

用小单位的砝码进行有限多次的膨胀时，经过多次减压到达相同的终态。不难得出，膨胀的次数越多，体系反抗外压做功的绝对值越大。

(3)无限多次膨胀。用与砝码等质量的细砂来代替砝码做实验，每次移走一粒细砂，使外

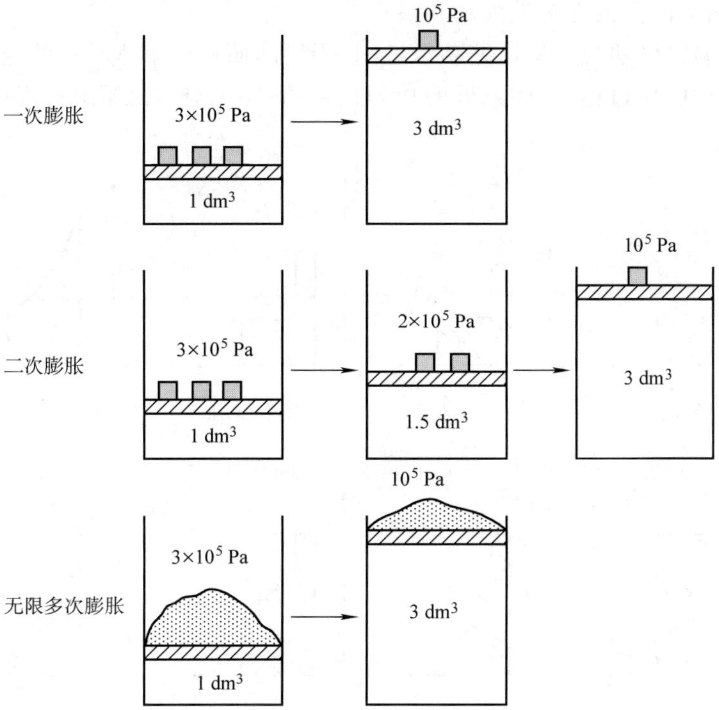

图 1-3　相同的初、终态间不同的恒温膨胀过程

压减小 $\mathrm{d}p$，在无限小的压差推动下，系统都以无限小的速率依次膨胀一个无限小的体积 $\mathrm{d}V$，每次移走一粒细砂都能较快速地达到新的平衡，经过有限多次的膨胀，直到终态为止。在整个膨胀过程中，$p_{外}=p-\mathrm{d}p$（p 为气缸内气体的压力）。此过程体系对环境做功为

$$W_3=-\int_{V_1}^{V_2}p_{外}\,\mathrm{d}V=-\int_{V_1}^{V_2}(p-\mathrm{d}p)\mathrm{d}V\approx-\int_{V_1}^{V_2}p\mathrm{d}V=-\int_{V_1}^{V_2}\frac{nRT}{V}\mathrm{d}V=-nRT\ln\frac{V_2}{V_1}=-nRT\ln\frac{p_1}{p_2}\tag{1-1d}$$

$$W_3=-p_1V_1\ln\frac{p_1}{p_2}=-3\times10^5\times1\times10^{-3}\ln\frac{3\times10^5}{10^5}=-329.6\ \mathrm{J}$$

2. 最小功和最大功

将上述三种过程做比较后发现，从相同的始态膨胀到相同的终态，膨胀的次数越多，体系所做的功的绝对值就越大。体系在无限接近平衡的膨胀过程中反抗了最大的外压（$p_{外}=p-\mathrm{d}p$）时，体系做了最大的体积功。

在恒温下采用同样的方式从相同的终态经过一次、两次、有限多次及无限接近平衡的压缩过程，使气体都恢复到相同的初态。

（1）一次压缩时环境所做的功为

$$W=-3\times10^5\times(1-3)\times10^{-3}=600\ \mathrm{J}$$

（2）二次压缩时环境所做的功为

$$W=-2\times10^5\times(1.5-3)\times10^{-3}-3\times10^5\times(1-1.5)\times10^{-3}=450\ \mathrm{J}$$

依此，恒温压缩的次数越多，环境对体系所做的功的值越小。当外压比体系的压力大无限小（$p_{外}=p+\mathrm{d}p$）时，即发生无限接近平衡态的压缩过程，环境对体系所做的体积功应为最小值，即环境做了最小功。

还可以通过图解的方式理解最大功和最小功。

图 1-4 是恒温膨胀功与恒温压缩功示意图，阴影的面积等于体积功的绝对值的大小。不难看出，在无限多次膨胀过程中，体系做的功为最大功；在无限多次压缩过程中，环境做的功为最小功。

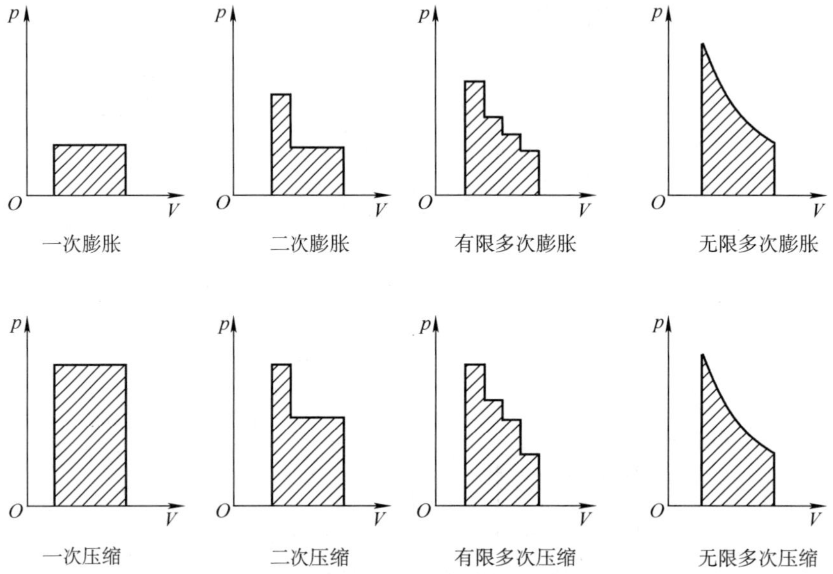

图 1-4　恒温膨胀功与恒温压缩功示意图

系统在无限接近平衡态的条件下变化的过程，进行得非常缓慢，近于一种理想的状态，这样的过程称为可逆过程。

3. 可逆过程

上述的理想气体的无限多次膨胀，在无摩擦损失的条件下，系统在无限接近平衡的条件下从始态膨胀到终态，这样的膨胀过程就是恒温可逆膨胀。再如，水在 0 ℃及大气压力为 101 325 Pa下的空气中，液态的水和固态的冰之间若要发生可逆相变，则可逆相变的凝固速率和熔化速率都极其缓慢。此外，对于可逆的化学反应，在一定的条件下可设计为原电池，可逆电池的理想工作状态是充电和放电的速率都极其缓慢。这是可逆过程的共同点。

在热力学中，将由一系列无限接近平衡态的状态所组成，中间每一步都可以向相反的方向进行，而不在系统和环境中留下任何其他痕迹的过程，称为可逆过程。可逆过程有如下特点。

(1)可逆过程是以无限小的变化进行的，速率无限缓慢，整个过程是由一连串无限接近平衡的状态所组成。

(2)沿着原来过程的反方向，即其逆过程，系统和环境都沿着原来的途径反向进行，可使系统和环境都完全恢复到原来状态，均不留下任何痕迹。

(3)在可逆过程中，体系对环境做功的绝对值为最大；环境对体系做功的绝对值为最小。其最大功和最小功数值相等，符号相反。

(4)热力学的可逆过程是一种理想的极限过程，是一种科学的抽象。客观世界中并没有真正的可逆过程。我们可将某些实际过程想象或近似看做是可逆过程。

可逆过程是热力学中非常重要的概念。首先，可逆过程是系统做功最多，即效率最高的过程。将实际过程与可逆过程作比较，可以判断实际过程的不可逆程度，实际过程的速率越快，不可逆的程度越大(如气体向真空膨胀的过程)，也可以确定提高实际过程能量效率的可能性和途径；其次，因为达到平衡时，体系内发生的过程是可逆过程，所以这为建立平衡时的方程等式提供理论依据。

[例 1-2] 在 27 ℃时，1.0 mol 的氮气由 50 L 恒温膨胀到 100 L，经由下列过程：(1)向真空膨胀；(2)可逆膨胀；(3)反抗恒定外压 101.325 kPa 膨胀。计算各过程的功。

解：(1)因为 $p_{外}=0$，故 $W_1=-p_{外}\cdot\Delta V=0$。

(2)$W_2=W_r=-nRT\ln\frac{V_2}{V_1}=-1.0\times8.314\times(273+27)\times\ln\frac{100}{50}=-5\,743.11\ \text{J}$

(3)$W_3=-p_{外}(V_2-V_1)=-101.325\times10^3\times(100-50)\times10^{-3}=-5\,066.25\ \text{J}$

以上三种不同过程，膨胀后所做的功不同。可逆条件下体系做功的值为最大，反抗恒定外压的过程体系所做功的值居中。

1.3 热力学第一定律

1.3.1 热力学第一定律的表述

热力学第一定律就是能量守恒与转化定律。在任何过程中，能量既不能创造，也不能消失，能量只能从一种形式转化为另一种形式，而不同形式的能量在相互转化时永远是数量相当的。

第一类永动机不可能制造成功，这是热力学第一定律的另一种叙述形式。所谓第一类永动机，就是不需要外界供给任何能量而能不断对外做功的机器。显然，这种机器违背了能量守恒与转化定律，因而是不可能制造成功的。

在隔离系统中，能量的形式可以转化，但能量的总值不变。内能是系统的状态函数，当系统和环境间没有热量交换时，即系统的状态一定时，内能便具有确定的值，隔离系统内能守恒。

1.3.2 热力学第一定律的数学表达式

在封闭系统中发生的任一过程，假设系统的始态内能为 U_1，终态内能为 U_2，ΔU 为系统内能的变化值，实现这一过程中系统从环境吸热为 Q，同时系统对环境做功为 W。根据能量守恒与转化定律，则热力学第一定律的数学表示式为

$$\Delta U=U_2-U_1=Q+W \tag{1-2a}$$

若封闭系统发生极微小的变化时，则上式变为

$$dU=\delta Q+\delta W \tag{1-2b}$$

式(1-2b)主要应用于理论推导，式(1-2a)主要应用于计算，它们均适用于封闭系统和孤立系统的任何过程。对于隔离系统，因为 $Q=0$，$W=0$，故 $\Delta U=Q+W=0$，即隔离系统内能守恒。

[例 1-3] 在 25 ℃时，2 mol 理想气体反抗恒定外压 202.65 kPa，由 10 L 膨胀到 20 L，体系吸收了 1 250.8 J 的热，则该体系所做的功及内能的变化是多少？

解：由体积功的公式得

$$W=-p_{外}(V_2-V_1)=-202.65\times10^3\times(20-10)\times10^{-3}=-2\,026.5\ \text{J}$$

由热力学第一定律 $\Delta U=Q+W$ 得

$$\Delta U=1\ 250.8+(-2\ 026.5)=-775.7\ \text{J}$$

故此过程中体系内能减少了 775.7 J。

1.4 焓

在化工生产或实验室中，常遇到密闭的反应器或实验装置，此条件下所发生的过程，称为恒容过程；在敞口容器内发生的过程为恒压过程。热是过程量，系统所吸收或放出的热在特定的条件下却可以由状态函数的改变量来决定，从而引出新的状态函数——焓。

1.4.1 恒容过程中的热

恒容过程是系统状态变化过程中其体积保持不变的过程。系统进行没有非体积功的恒容过程时与环境交换的热，称为恒容热，用“Q_V”来表示。

体系所做的总功分为体积功和非体积功，即 $W_{总}=W+W'$。如果体系在一个变化过程中不做非体积功，即 $W'=0$，则

$$W_{总}=W \tag{1-3}$$

在恒容过程中，$\Delta V=0$，$W=-p_{外}\cdot\Delta V=0$（进行微小过程时 $dV=0$，$\delta W=0$）。由热力学第一定律得 $\Delta U=Q_V+W=Q_V$（$dU=\delta Q_V+\delta W=\delta Q_V$），恒容热与内能的关系为

$$\Delta U=Q_V \tag{1-4a}$$

$$dU=\delta Q_V \tag{1-4b}$$

上式表明，在不做非体积功的恒容过程中，体系所吸收或放出的热 Q_V，等于体系内能的改变量 ΔU。也就是说，在没有非体积功的恒容过程中，系统所吸收的热全部用来增加体系的内能；系统所减少的内能全部以热的形式传给环境。由于内能是体系的状态函数，它的改变量只取决于体系的初、终态，而与所经历的途径无关，所以恒容过程的热也只取决于体系的初、终态，而与具体的途径无关。这是恒容热的特点。

1.4.2 恒压过程中的热

恒压过程即系统状态变化过程中压力保持不变的过程。系统进行没有非体积功的恒压过程时与环境交换的热，称为恒压热，用“Q_p”来表示。

恒压过程的特征是 $p=p_{外}=$常数，由热力学第一定律得

$$\Delta U=Q_p+W=Q_p-p\cdot\Delta V$$

$$Q_p=\Delta U+p\cdot\Delta V=(U_2-U_1)+p(V_2-V_1)$$

$$=(U_2+p_2V_2)-(U_1+p_1V_1)$$

由于 U、p、V 都是体系的状态函数，根据状态函数的特征，在同一状态下，$U+pV$ 也应是状态函数。这将引出新的状态函数——焓（H）。焓的定义式为

$$H=U+pV \tag{1-5}$$

焓是体系的状态函数，属容量性质，当体系的状态发生改变时，体系焓的改变量仅取决于体系的初、终态，与变化的途径无关；因为内能的绝对值无法确定，所以焓的绝对值也无法确定。焓的单位和内能一样，具有能量的单位(J)，焓（$H=U+pV$）本身无明确的物理意义。

在封闭系统不做非体积功的恒压过程中，可以得到

$$Q_p=H_2-H_1=\Delta H \tag{1-6a}$$

$$\delta Q_p = \mathrm{d}H \qquad (1-6b)$$

上式表明，在不做非体积功的恒压过程中，体系所吸收或放出的热 Q_p，等于体系焓的改变量 ΔH。也就是说，在没有非体积功的恒压过程中，系统所吸收的热全部用来增加体系的焓；系统所减少的焓全部以热的形式传给环境。由于焓也是体系的状态函数，所以恒压过程的热也只取决于体系的初、终态，而与具体的途径无关。这是恒压热的特点。

1.5 热容

1.5.1 热容的定义

1. 热容的不同表示

热力学中的热分为显热、潜热和化学反应热三种。

在化工过程中，物料经常伴有升温或降温过程，当体系在整个变化过程中不发生化学变化和相变化，只发生温度变化时，体系与环境交换的热称为显热。

热容是计算显热的基础热数据。在不发生相变化与化学变化条件下，一定量的均相物质，温度升高 1 K 时所需的热量，称为该物质的热容，通常以符号“C”表示。

(1)热容与温度有关。由热容定义可得其数学表达式为

$$\text{平均热容 } \overline{C} = \frac{Q}{T_2 - T_1} = \frac{Q}{\Delta T} \qquad (1-7a)$$

$$\text{摩尔热容 } C_{\mathrm{m}} = \frac{1}{n}\frac{\delta Q}{\mathrm{d}T} \qquad (1-7b)$$

(2)热容与物质的数量有关。如果以 1 kg 物质为单位，其热容常称为比热容 C，C 的单位是 $\mathrm{J \cdot kg^{-1} \cdot K^{-1}}$。若取 1 mol 物质为单位，其热容就称为摩尔热容，用符号 C_{m} 表示，单位为 $\mathrm{J \cdot mol^{-1} \cdot K^{-1}}$。

(3)热容与途径有关。热力学过程不同，体系与环境交换的热量不等，其热容也不同。因此，热容又可分为恒容热容和恒压热容。

2. 恒容热容与恒压热容

1)恒容摩尔热容

1 mol 物质在不做非体积功且恒容的条件下，温度升高 1 K 所需的热量，称为恒容摩尔热容，用“$C_{V,\mathrm{m}}$”表示，单位是 $\mathrm{J \cdot mol^{-1} \cdot K^{-1}}$。$C_{V,\mathrm{m}}$的定义式为

$$C_{V,\mathrm{m}} = \frac{\delta Q_V}{\mathrm{d}T}\text{(1 mol 物质)} \qquad (1-8a)$$

$$C_{V,\mathrm{m}} = \frac{1}{n} \cdot \frac{\delta Q_V}{\mathrm{d}T}\text{(n mol 物质)} \qquad (1-8b)$$

$$C_{V,\mathrm{m}} = \left(\frac{\partial U_{\mathrm{m}}}{\partial T}\right)_V = \frac{1}{n} \cdot \left(\frac{\partial U}{\partial T}\right)_V \qquad (1-9)$$

式中：$C_{V,\mathrm{m}}$——恒容摩尔热容，$\mathrm{J \cdot mol^{-1} \cdot K^{-1}}$；

Q_V——恒容热，J；

n——物质的量，mol；

T——热力学温度，K；

U_{m}——摩尔内能，$\mathrm{J \cdot mol^{-1}}$。

1 热力学基础

由式(1－9)可得

$$dU = nC_{V,m}dT \tag{1-10a}$$

在没有相变化、没有化学变化、不做非体积功的恒容条件下,则有

$$\Delta U = Q_V = n\int_{T_1}^{T_2} C_{V,m}dT \tag{1-10b}$$

若 $C_{V,m}$ 为常数,则有

$$\Delta U = Q_V = nC_{V,m}(T_2 - T_1) \tag{1-10c}$$

2)恒压摩尔热容

1 mol 物质在不做非体积功的恒压条件下,温度升高 1 K 所需的热量,称为恒压摩尔热容,用"$C_{p,m}$"表示,$C_{p,m}$的单位是 $J \cdot mol^{-1} \cdot K^{-1}$。$C_{p,m}$的定义式为

$$C_{p,m} = \frac{\delta Q_p}{dT}(1\ \text{mol 物质}) \tag{1-11a}$$

$$C_{p,m} = \frac{1}{n} \cdot \frac{\delta Q_p}{dT}(n\ \text{mol 物质}) \tag{1-11b}$$

因为 $\delta Q_p = dH$,则有

$$C_{p,m} = \left(\frac{\partial H_m}{\partial T}\right)_p = \frac{1}{n} \cdot \left(\frac{\partial H}{\partial T}\right)_p \tag{1-12}$$

式中:$C_{p,m}$—— 恒压摩尔热容,$J \cdot mol^{-1} \cdot K^{-1}$;

Q_p ——恒压热,J;

n ——物质的量,mol;

T ——热力学温度,K;

H_m——摩尔焓,$J \cdot mol^{-1}$。

由式(1－12)可得

$$dH = nC_{p,m}dT$$

在没有相变化、化学变化及不做非体积功的恒压条件下,则有

$$\Delta H = Q_p = n\int_{T_1}^{T_2} C_{p,m}dT \tag{1-13a}$$

若 $C_{p,m}$ 为常数,则有

$$\Delta H = Q_p = nC_{p,m}(T_2 - T_1) \tag{1-14}$$

3)$C_{p,m}$和 $C_{V,m}$的关系

(1)理想气体 $C_{p,m}$ 与 $C_{V,m}$ 的关系为 $C_{p,m} - C_{V,m} = R$。对于单原子理想气体,$C_{V,m} = 3R/2$,$C_{p,m} = 5R/2$。对于双原子理想气体,$C_{V,m} = 5R/2$,$C_{p,m} = 7R/2$。对于中高压气体,$C_{p,m}$和 $C_{V,m}$的关系复杂。

(2)液体、固体的 $C_{p,m}$和 $C_{V,m}$的关系为 $C_{p,m} \approx C_{V,m}$。

1.5.2 热容与温度的关系

气体、液体和固体的热容都与温度有关。一般来说,热容的大小随温度的升高而逐渐增大。常用的经验式为

$$C_{p,m} = a + bT + cT^2 \quad \text{(适用的温度范围较大)} \tag{1-15}$$

$$C_{p,m} = a + bT + c'T^{-2} \quad \text{(适用的温度范围较小)} \tag{1-16}$$

式中的 a、b、c、c' 均为经验常数,其数值可从相关的化学手册中查找。

［例 1-4］ 计算 1 mol 无水 $CaSO_4$ 在 101.3 kPa 下，从 25 ℃加热至 1 100 ℃所需吸收的热量。

解：查相关数据可知

$$C_{p,m}(CaSO_4)=(77.49+0.091\ 92\ T-654\ 000\ T^{-2})\ J\cdot mol^{-1}\cdot K^{-1}$$

$$\begin{aligned}Q_p &= \int_{T_1}^{T_2} nC_{p,m}dT \\ &= \int_{298}^{1\ 373}\left(77.49+0.091\ 92\ T-\frac{654\ 000}{T^2}\right)dT \\ &= 77.49\times(1\ 373-298)+\frac{0.091\ 92}{2}\times \\ &\quad (1\ 373^2-298^2)+654\ 000\times\left(\frac{1}{1\ 373}-\frac{1}{298}\right) \\ &= 164\ 142\ J\end{aligned}$$

1.6 热力学第一定律对理想气体的应用

应用热力学第一定律可以计算理想气体的不同状态变化过程中的 Q、W、ΔU 和 ΔH。

1.6.1 恒温过程

因为恒温，所以 T=常数，即 $\Delta T=0$，则

$$\Delta U = n\int_{T_1}^{T_2} C_{V,m}dT = nC_{V,m}(T_2-T_1) = nC_{V,m}\Delta T = 0 \qquad (1-17)$$

$$\Delta H = n\int_{T_1}^{T_2} C_{p,m}dT = nC_{p,m}(T_2-T_1) = nC_{p,m}\Delta T = 0 \qquad (1-18)$$

理想气体的内能和焓都只是温度的函数。因为 $\Delta U=0$，由热力学第一定律 $\Delta U=Q+W$ 可知 $Q=-W$。理想气体的恒温过程分以下三种情况。

(1)自由膨胀过程(向真空膨胀)。理想气体向真空的膨胀就是自由膨胀。因为 $p_{外}=0$，故 $W=-p_{外}\cdot\Delta V=0$。

(2)恒温可逆过程。

$$W_r=-\int_{V_1}^{V_2} p_{外}\ dV\approx-\int_{V_1}^{V_2} p dV=-nRT\ln\frac{V_2}{V_1}=-nRT\ln\frac{p_1}{p_2}$$

(3)恒温反抗恒外压过程。

$$W=-p_{外}(V_2-V_1)=-p_{外}\left(\frac{nRT}{p_2}-\frac{nRT}{p_1}\right)=-nRTp_{外}\left(\frac{1}{p_2}-\frac{1}{p_1}\right) \qquad (1-19)$$

1.6.2 恒容过程

因为体积不变，$\Delta V=0$，故 $W=-p_{外}\cdot\Delta V=0$。从而得到

$$Q_V = \Delta U = n\int_{T_1}^{T_2} C_{V,m}dT = nC_{V,m}(T_2-T_1) \qquad (1-20a)$$

$$\Delta H = n\int_{T_1}^{T_2} C_{p,m}dT = nC_{p,m}(T_2-T_1) \qquad (1-20b)$$

1.6.3 恒压过程

因为恒压过程中，体系压力恒定，即 $p_1=p_2=p=p_{外}$，则系统所做的体积功为

$$W=-\int_{V_1}^{V_2} p_{外}\,\mathrm{d}V=-p_{外}(V_2-V_1)=-p(V_2-V_1)=-nR(T_2-T_1) \quad (1-21a)$$

$$Q_p=\Delta H=\int_{T_1}^{T_2} nC_{p,\mathrm{m}}\mathrm{d}T=nC_{p,\mathrm{m}}(T_2-T_1) \quad (1-21b)$$

1.6.4 绝热可逆过程

绝热过程系统与环境之间没有热交换，即 $Q=0$。绝热过程分为两种，一是绝热可逆过程，即 $p=p_{外}$；另一是绝热不可逆过程，$p\neq p_{外}$。因为绝热，$\delta Q=0$，由热力学第一定律得 $\mathrm{d}U=\delta W=-p\mathrm{d}V$。

若为理想气体，则 $\mathrm{d}U=nC_{V,\mathrm{m}}\mathrm{d}T$，且有 $p=\frac{nRT}{V}$，$C_{p,\mathrm{m}}-C_{V,\mathrm{m}}=R$，代入上式可得

$$nC_{V,\mathrm{m}}\mathrm{d}T=-nRT\frac{\mathrm{d}V}{V} \quad (1-22a)$$

$$C_{V,\mathrm{m}}\frac{\mathrm{d}T}{T}=-R\frac{\mathrm{d}V}{V} \quad (1-22b)$$

式(1－22b)两边同时积分得 $C_{V,\mathrm{m}}\int_{T_1}^{T_2}\frac{\mathrm{d}T}{T}=-(C_{p,\mathrm{m}}-C_{V,\mathrm{m}})\int_{V_1}^{V_2}\frac{\mathrm{d}V}{V}$，则有

$$\ln\frac{T_2}{T_1}=\frac{(C_{V,\mathrm{m}}-C_{p,\mathrm{m}})}{C_{V,\mathrm{m}}}\ln\frac{V_2}{V_1}=\left(1-\frac{C_{p,\mathrm{m}}}{C_{V,\mathrm{m}}}\right)\ln\frac{V_2}{V_1} \quad (1-23)$$

令 $\gamma=\frac{C_{p,\mathrm{m}}}{C_{V,\mathrm{m}}}$（$\gamma$ 称为绝热指数），则有

$$\frac{T_2}{T_1}=\left(\frac{V_2}{V_1}\right)^{1-\gamma}\left(即\frac{T_2}{T_1}=\left(\frac{V_1}{V_2}\right)^{\gamma-1}\right) \quad (1-24a)$$

$$T_2V_2^{\gamma-1}=T_1V_1^{\gamma-1}=TV^{\gamma-1} \quad (1-24b)$$

$$\frac{T_2}{T_1}=\left(\frac{p_1}{p_2}\right)^{\frac{\gamma}{1-\gamma}}\left(即\ T_2=\left(\frac{p_1}{p_2}\right)^{\frac{\gamma}{1-\gamma}}T_1\right) \quad (1-25a)$$

$$T_1^{1-\gamma}p_1^{\gamma}=T_2^{1-\gamma}p_2^{\gamma}=T^{1-\gamma}p^{\gamma} \quad (1-25b)$$

$$p_1V_1^{\gamma}=p_2V_2^{\gamma}=pV^{\gamma}=K \quad (1-26)$$

式(1－24)、(1－25)、(1－26)均称为过程方程式。

绝热可逆过程的功还可以这样求得

$$W=-\int_{V_1}^{V_2}p\mathrm{d}V=-\int_{V_1}^{V_2}\frac{K}{V^{\gamma}}\mathrm{d}V=-\left[\frac{K}{(1-\gamma)V^{\gamma-1}}\right]_{V_1}^{V_2}=\frac{K}{(\gamma-1)V_2^{\gamma-1}}-\frac{K}{(\gamma-1)V_1^{\gamma-1}} \quad (1-27a)$$

由于 $p_1V_1^{\gamma}=p_2V_2^{\gamma}=K$，则

$$W=\frac{p_2V_2-p_1V_1}{\gamma-1}=\frac{nR(T_2-T_1)}{\gamma-1} \quad (1-27b)$$

［**例 1－5**］ 1 mol N_2（理想气体），由 300 K、100 kPa 的始态经由下列不同过程膨胀至 10 kPa的终态，已知 N_2 的 $C_{p,\mathrm{m}}=29.1\ \mathrm{J\cdot K^{-1}\cdot mol^{-1}}$，计算下列过程的 Q、W、ΔU 和 ΔH：

(1)恒温可逆膨胀；

(2)绝热可逆膨胀。

解:(1)恒温可逆膨胀过程示意如下：

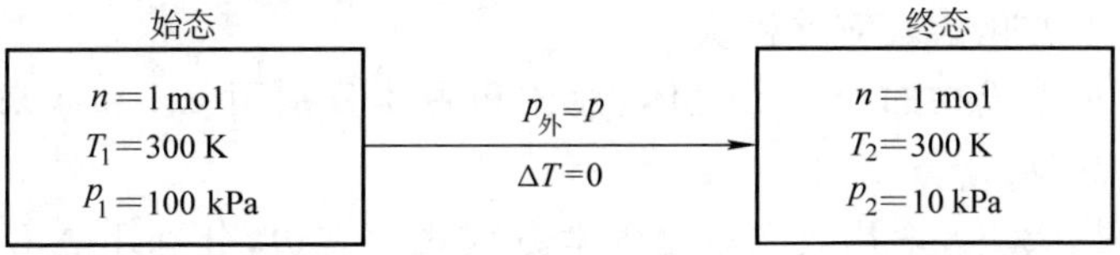

因为 $\Delta T=0$，故 $\Delta H=nC_{p,\mathrm{m}}\Delta T=0$，$\Delta U=nC_{V,\mathrm{m}}\Delta T=0$，由热力学第一定律 $\Delta U=Q+W$，得

$$W=-nRT\ln\frac{p_1}{p_2}=-1\times8.314\times\ln\frac{100}{10}=-19.144\ \mathrm{J}$$

$$Q=-W=19.144\ \mathrm{J}$$

(2)绝热可逆膨胀过程示意如下：

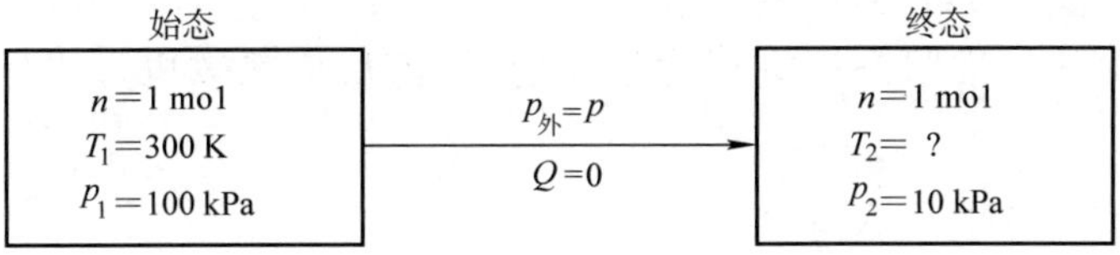

因为 $Q=0$，由 $\Delta U=Q+W$ 得 $\Delta U=W=nC_{V,\mathrm{m}}(T_2-T_1)$。由式(1－25a)得理想气体的绝热可逆过程为

$$C_{V,\mathrm{m}}=C_{p,\mathrm{m}}-R=29.1-8.314=20.786\ \mathrm{J\cdot K^{-1}\cdot mol^{-1}}$$

$$\gamma=\frac{C_{p,\mathrm{m}}}{C_{V,\mathrm{m}}}=\frac{29.1}{20.786}=1.4$$

$$T_2=300\times\left(\frac{100}{10}\right)^{\frac{1.4}{1.4-1}}=155.5\ \mathrm{K}$$

$$\Delta U=nC_{V,\mathrm{m}}(T_2-T_1)=1\times20.786\times(155.4-300)=-3\ 006\ \mathrm{J}$$

$$W=\Delta U=-3\ 006\ \mathrm{J}$$

$$\Delta H=nC_{p,\mathrm{m}}(T_2-T_1)=1\times29.1\times(155.4-300)=-4\ 208\ \mathrm{J}$$

1.7 化学反应的热效应

化学反应中从反应物到产物，分子结构发生改变，分子内质点的作用发生变化。这样，产物的总能量和反应物的总能量不相等。因此，反应时常以热和功的形式和环境交换能量。通常把研究化学反应热效应的科学，称为热化学。把热力学第一定律应用于化学反应，重点讨论和计算化学反应热效应。

化学反应可能在各式各样的条件下进行，热效应也就各不相同。但一致的基准是反应前后的温度相同且不做非体积功。

某一化学反应，在恒温且无非体积功的过程中，所吸收或放出的热量，称为此过程的热效应(或称反应热)。化学反应热效应一般分为两种，即恒容热效应和恒压热效应。因为在恒温恒压条件下的化学反应比较常见，恒压热效应尤为重要，为此要求掌握各种恒压反应热的计算，特别是对热化学方程式进行代数运算。

1.7.1 热化学方程式

凡是注明反应条件和热效应的化学方程式，称为热化学方程式。要做到准确无误地书写热化学方程式，必须注意以下几点。

(1)写出完整配平的化学反应方程式。

(2)注明反应物和生成物的相态。气体、液体和固体分别用 g、l 和 s 来表示；固体若有不同的晶型，还应注明晶型。

(3)写明反应的热效应。把热效应写在化学方程式的右边，分别用 $\Delta_r U$、$\Delta_r H$ 表示恒容热效应和恒压热效应。反应热的符号是：体系吸热为正值，放热为负值。

(4) 注明反应温度和压力(主要是温度)。反应温度和压力对反应热效应有很大的影响。反应温度注在 $\Delta_r U$、$\Delta_r H$ 后面的括号内(或右下角)，反应压力注在 $\Delta_r U$、$\Delta_r H$ 后面的括号内(或右上角)。"0"表示反应物和生成物都处于标准状态。所谓标准状态在热力学中是这样规定的：对于气体，指 101.3 kPa 时处于理想气体状态的气态纯物质；对于液体和固体，指在 101.3 kPa 下的纯液态物质或纯固态物质。

当各种物质都处于标准状态下进行化学反应时，其反应热效应称为标准热效应，通常用"$\Delta H^{\ominus}$"表示。

1.7.2 恒容反应热与恒压反应热

若化学反应在恒容条件下进行时，其反应热称为恒容反应热，用"Q_V"表示。由式(1－5) 知

$$Q_V = \Delta_r U \tag{1-28}$$

化学反应的 $\Delta_r U$ 表示在恒温恒容条件下，生成物的总内能与反应物的总内能之差，即

$$\Delta_r U = (\sum U)_{生成物} - (\sum U)_{反应物} \tag{1-29}$$

由此可知，恒容反应热相当于化学反应过程中系统内能的变化。

若化学反应在恒压条件下进行时，其反应热称恒压反应热，用"Q_p"表示。由式(1－6) 知

$$Q_p = \Delta_r H \tag{1-30}$$

化学反应的 $\Delta_r H$ 表示在恒温恒压条件下，生成物的总焓与反应物的总焓之差，即

$$\Delta_r H = (\sum H)_{生成物} - (\sum H)_{反应物} \tag{1-31}$$

因此，恒压反应热相当于化学反应过程中系统焓的变化，故可用 $\Delta_r H$ 表示恒压反应热。

若 $\Delta_r H < 0$ 时，说明生成物的总焓小于反应物的总焓，反应进行时焓要减小，有热放出，故为放热反应。若 $\Delta_r H > 0$ 时，说明生成物的总焓大于反应物的总焓，反应进行时焓要增加，要吸热，故为吸热反应。

反应热的数据是通过实验测得的。实验室中常采用氧弹式量热计测定恒容反应热。恒压反应热的测定比恒容反应热困难，但它的用途比恒容反应热更为广泛。找到恒压反应热与恒容反应热的换算关系，便能间接地得到恒压反应热。

据焓的定义 $H = U + pV$，得 $\Delta H = \Delta U + \Delta(pV)$，对化学反应得

$$\Delta_r H = \Delta_r U + \Delta(pV)$$

$$Q_p = Q_V + \Delta(pV) = Q_V + p\Delta V = Q_V + p(V_2 - V_1) \tag{1-32}$$

若反应物和生成物都是固、液体时，因反应前后凝聚物质体积的改变很小，可以忽略，即 $\Delta V = 0$，因而得 $Q_p = Q_V$。

若反应物和生成物都可视为理想气体，则同温同压下反应前后体积的改变量是由气体的

量的改变引起的。反应前 $pV_1 = n_1(g)RT$，反应后 $pV_2 = n_2(g)RT$，则

$$p\Delta V = p(V_2 - V_1) = [n_2(g) - n_1(g)]RT = \Delta n(g)RT \tag{1-33}$$

$$Q_p = Q_V + \Delta n(g)RT \tag{1-34}$$

$$\Delta_r H = \Delta_r U + \Delta n(g)RT \tag{1-35}$$

例如：有 1 mol 苯甲酸固体在氧气充足的氧弹中燃烧，生成 $CO_2(g)$ 和 $H_2O(l)$。反应式为

$$C_6H_5COOH(s) + 7.5O_2(g) \longrightarrow 7CO_2(g) + 3H_2O(l)$$

实验测得 25 ℃的恒容反应热是 $Q_V = -3\ 226.3\ kJ \cdot mol^{-1}$，则 1 mol 苯甲酸的恒压燃烧反应热应是

$$Q_p = Q_V + (7 - 7.5)RT = -3\ 226.3 \quad 0.5 \times 8.314 \times 298 \times 10^{-3} = -3\ 227.5\ kJ \cdot mol^{-1}$$

[例 1-6] 高岭土($Al_2O_3 \cdot 2SiO_2 \cdot 2H_2O$)在 101.325 kPa 和 600 ℃时完全脱水吸热 257 167.2 $J \cdot mol^{-1}$，计算 1 kg 高岭土完全脱水过程的 Q_V。

解：高岭土的脱水反应为

$$Al_2O_3 \cdot 2SiO_2 \cdot 2H_2O(s) \longrightarrow Al_2O_3 \cdot 2SiO_2(s) + 2H_2O(g)$$

已知 $Q_p = 257\ 167.2\ J \cdot mol^{-1}$，$\Delta n(g) = 2$，据式(1-34)得

$$Q_V = Q_p - \Delta n(g)RT = 257\ 167.2 - 2 \times 8.314 \times (600 + 273.15) = 242\ 648.46\ J = 242.65\ kJ$$

1.8　盖斯定律

化学反应热效应是进行工艺设计的重要数据。化学反应的热效应可以用量热计直接测出，但有相当一些化学反应由于伴随有副反应发生而难以准确测得其热效应，盖斯定律给出了计算化学反应热效应的方法。1840 年，俄国化学家盖斯从大量热化学数据中总结得出：在恒温恒压或恒温恒容的条件下，任一化学反应不管是一步完成，还是分几步完成，其热效应总是相同的，这就是盖斯定律。盖斯定律是热力学第一定律建立之前提出的，而盖斯定律是热力学第一定律运用于化学反应过程的必然结果。因为 $Q_p = \Delta_r H$，$Q_V = \Delta_r U$。盖斯定律是状态函数的改变与过程无关的具体体现。

依照盖斯定律，可以间接地得到 C 氧化成 CO 这一反应的热效应。

(1) $C(s) + O_2(g) \longrightarrow CO_2(g)$　　　$\Delta_r H_1 = -393.51\ kJ \cdot mol^{-1}$

(2) $CO(g) + 1/2O_2(g) \longrightarrow CO_2(g)$　　　$\Delta_r H_2 = -282.96\ kJ \cdot mol^{-1}$

两式相减，得到

(3) $C(s) + 1/2O_2(g) \longrightarrow CO\ (g)$　　　$\Delta_r H_3 = ?$

由(3)=(1)−(2)，从而得到

$$\Delta_r H_3 = \Delta_r H_1 - \Delta_r H_2 = -110.55\ kJ \cdot mol^{-1}$$

盖斯定律的重要意义是使热化学方程式可以像普通代数式一样进行运算，从而可以根据一些已经准确测定的反应热效应间接地求出难于测定或不能直接测量的反应热效应。

应用盖斯定律时必须遵守下列条件：①不管是一步完成的反应还是分步完成的反应，各步反应的温度应相同；②各反应过程中只做体积功，不做其他功；③各反应式应是严格完整的热化学方程式；④只有条件相同和聚集状态相同的同一物质才能合并或相消。

1.9 各种热效应

1.9.1 生成热

在 101.325 kPa 和指定温度下，由标准状态下的最稳定相态的单质生成处于标准状态下的 1 mol 某物质的恒压标准反应焓，称为该物质的标准摩尔生成焓，以符号“$\Delta_f H^{\ominus}_{m,298}$(B,β)”来表示，单位是 $kJ \cdot mol^{-1}$。如上所述，热力学对物质的标准态作了如下规定；物质的标准态为在任意温度、标准压力下的纯液体或纯固体或具有理想气体性质的纯态气体。过去的标准规定：标准压力的数值是 $p^{\ominus}=101.325$ kPa。而按新的标准规定：$p^{\ominus}=10^5$ Pa。

其中下标“f ”表示生成反应，上标“$\ominus$”表示标准状态，下标“m”表示 1 mol 物质，下标“298” 注明的温度是 298 K，括号里的“B”表示指定的物质，括号里“β”表示物质 B 的相态。

一个化合物的标准生成热并不是这个化合物的焓的绝对值，它是相对于合成它的单质的相对焓。因此，热化学中就得出：在标准状态下，最稳定相态的单质的标准生成热为零。

理解好标准生成热的概念应明确的是：①反应物必须全部是最稳定的单质；②各种最稳定单质的标准生成热为零；③生成物必须是 1 mol 物质。例如：

C(石墨)$+1/2O_2(g) \longrightarrow CO(g)$，$\Delta_r H_{298}=-110.52\ kJ \cdot mol^{-1}$(此反应的反应热等于 CO 的标准生成热)。

C(金刚石)$+O_2(g) \longrightarrow CO_2(g)$，$\Delta_r H_{298}=-395.4\ kJ \cdot mol^{-1}$(此反应的反应热不是 CO_2 的标准生成焓)。

$2Ca(s)+Si(s)+2O_2(g) \longrightarrow \beta\text{-}Ca_2SiO_4(s)$，$\Delta_r H_{298}=-2\,308.48\ kJ \cdot mol^{-1}$(此反应的反应热为 $\beta\text{-}Ca_2SiO_4$ 的标准生成热)。

生成热是热化学数据中的一个基本数据，利用它可以很方便地计算同一温度下化学反应的热效应。

化学反应的热效应等于生成物标准生成热之总和减去反应物标准生成热之总和，即

$$\Delta_r H^{\ominus}_{298}=\sum[\upsilon_B \Delta_f H^{\ominus}_{m,298}(B)]_{生成物}-\sum[\upsilon_B \Delta_f H^{\ominus}_{m,298}(B)]_{反应物} \quad (1-36)$$

对于化学反应 $aA+bB \rightarrow dD+rR$，则有

$$\Delta_r H^{\ominus}_{298}=[d\Delta_f H^{\ominus}_{m,298}(D)+r\Delta_f H^{\ominus}_{m,298}(R)]-[a\Delta_f H^{\ominus}_{m,298}(A)+b\Delta_f H^{\ominus}_{m,298}(B)]$$

硅酸盐物质的生成热还有一种表示方法：由氧化物生成 1 摩尔硅酸盐物质的热效应。例如反应 $2CaO(s)+\beta\text{-}SiO_2(s) \longrightarrow \beta\text{-}2CaO \cdot SiO_2(s)$，其 $\Delta_r H^{\ominus}_{m,298}(\beta\text{-}2CaO \cdot SiO_2,s)=-126.34\ kJ \cdot mol^{-1}$。应当指出，此种由氧化物生成化合物时的生成热的数值不同于由单质生成化合物时的生成热的数值。

[例 1-7] 计算在 298 K 由 β-石英与方解石生成硅酸三钙(C_3S)的 $\Delta_r H^{\ominus}_{298}$。已知热力学数据如下：

物质	$CaCO_3(s)$	$\beta\text{-}SiO_2(s)$	$C_3S(s)$	$CO_2(g)$
$\Delta_f H^{\ominus}_{m,298}/(kJ \cdot mol^{-1})$	−1 206.87	−911.07	−2 968.34	−393.51

解：反应为

$$3CaCO_3(s)+\beta\text{-}SiO_2(s) \longrightarrow 3CaO \cdot SiO_2(C_3S)+3CO_2(g)$$

此题是由标准生成焓计算化学反应的热效应的实例，则有

$$\Delta_r H^{\ominus}_{298} = [\Delta_f H^{\ominus}_{m,298}(C_3S) + 3\Delta_f H^{\ominus}_{m,298}(CO_2)] - [3\Delta_f H^{\ominus}_{m,298}(CaCO_3) + \Delta_f H^{\ominus}_{m,298}(SiO_2)]$$
$$= [(-2\ 968.34) + 3\times(-393.51)] - [3\times(-1\ 206.87) + (-911.07)]$$
$$= 382.81\ \text{kJ}$$

1.9.2 燃烧热

大多数有机物不能直接由单质合成，其生成热无法直接测定，但有机物都能氧化燃烧，并可直接在量热计中测定其热效应。在101.325 kPa和指定温度下，1 mol某物质完全燃烧时的恒压标准反应热，称为该物质的标准摩尔燃烧热，以符号“$\Delta_c H^{\ominus}_{m,298}(B)$”来表示。其单位为$kJ \cdot mol^{-1}$。所谓完全燃烧是指被燃烧物质变成最稳定的氧化物或单质，即C变为$CO_2(g)$，H变为$H_2O(l)$，N变为$N_2(g)$，S变为$SO_2(g)$，Cl变为HCl(溶液)等。

利用标准燃烧热计算反应的热效应：化学反应的热效应等于反应物标准燃烧热之和减去生成物标准燃烧热之和。即

$$\Delta_r H^{\ominus}_{298} = \sum[v_B \Delta_c H^{\ominus}_{m,298}(B)]_{反应物} - \sum[v_B \Delta_c H^{\ominus}_{m,298}(B)]_{生成物} \qquad (1-37)$$

1.9.3 溶解热

许多物质，特别是硅酸盐难于从单质直接生成，其生成热很难直接测定，也就不能利用生成热数据计算硅酸盐反应的热效应。况且硅酸盐物质是不能燃烧的，所以常常采用溶解热的数据来计算这一类反应的热效应。

定量的物质溶于某种溶剂中所产生的热效应，称为该物质的溶解热。若在恒温恒压不做非体积功的条件下，1 mol溶质溶于一定量的溶剂中，形成某浓度的溶液时的焓变，称为该物质的摩尔溶解焓，以符号“$\Delta_s H^{\ominus}_{m,T}$”来表示。其中，“s”表示溶解。硅酸盐和氧化物的溶解热通常是25 ℃及101 325 Pa下的测定值。

溶解热在硅酸盐中的应用较多，可以利用硅酸盐的溶解热计算出由氧化物形成硅酸盐的反应的热效应。

溶剂的性质和数量对溶解热影响很大，因此溶解热是对某一定数量的溶剂而言的。溶剂的性质和数量要保证反应物与产物的完全溶解，且反应物与产物生成的溶液必须完全相同。例如用20%的HF水溶液作溶剂，利用溶解热求下列反应的热效应：

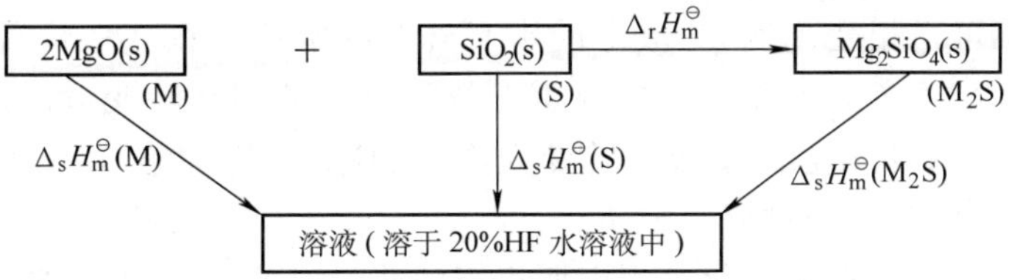

根据盖斯定律，反应热效应$\Delta_r H^{\ominus}_{m,298}$、反应物与生成物的溶解热$\Delta_s H^{\ominus}_{m,298}$之间的关系为

$$\Delta_r H^{\ominus}_{m,298} + \Delta_s H^{\ominus}_{m,298}(M_2S) = \Delta_s H^{\ominus}_{m,298}(M) + \Delta_s H^{\ominus}_{m,298}(S)$$

由上述推导得出热效应与溶解热之间的关系如下：

$$\Delta_r H^{\ominus}_{m,298} = \sum(v_B \Delta_s H^{\ominus}_{m,298}(B))_{反应物} - \sum(v_B \Delta_s H^{\ominus}_{m,298}(B))_{生成物} \qquad (1-38)$$

利用溶解热不仅可以计算热效应，也可以间接计算生成热、熔化热、晶型转变热、水化热等。由于溶解热与温度、压力、溶质及溶剂的性质、溶液的浓度等都有关，因此在利用溶解热来计算热效应时，必须在相同的温度、浓度、组成的酸中所生成的溶解热才可以进行

运算。

此外，铝酸三钙($3CaO\cdot Al_2O_3$)可用硝酸溶液来溶解，铁铝酸四钙($4CaO\cdot Al_2O_3\cdot Fe_2O_3$)可用盐酸溶液来溶解。表 1-2 中列出某些硅酸盐和氧化物在 20%HF 中的溶解热。

表 1-2　某些硅酸盐和氧化物的溶解热(20 ℃)

物质	溶解热/($kJ\cdot mol^{-1}$)	物质	溶解热/($kJ\cdot mol^{-1}$)
CaO	−196.86	γ-$2CaO\cdot SiO_2$	−401.08
SiO_2(石英)	−134.89	β-$2CaO\cdot SiO_2$	−405.38
α-Al_2O_3	−278.24	$3CaO\cdot SiO_2$	−604.92
γ-Al_2O_3	−310.87	$3CaO\cdot Al_2O_3$	−885
Fe_2O_3	−151.13	$4CaO\cdot Al_2O_3\cdot Fe_2O_3$	−1 196.41

[例 1-8]　根据上表中物质在 20 ℃时的溶解热，计算由 CaO(s)和 SiO_2(s)生成 C_3S(s)的热效应。

解：生成反应为

$$3CaO(s)+SiO_2(s)\longrightarrow C_3S(s)$$

由溶解热计算热效应的公式可得

$$\begin{aligned}\Delta_r H_m^{\ominus}&=3\Delta_s H_m^{\ominus}(CaO)+\Delta_s H_m^{\ominus}(SiO_2)-\Delta_s H_m^{\ominus}(C_3S)\\&=3\times(-196.86)+(-134.89)-(-604.92)\\&=-122.55\ kJ\cdot mol^{-1}\end{aligned}$$

1.9.4　相变热

相是系统中物理性质和化学性质完全相同的均匀部分。相变是指物质从一个相变成另一个相的变化过程。聚集状态发生改变及晶型间的相互转化都是相变。纯物质的相变有蒸发、冷凝、熔化、凝固、升华和多晶转变等。相变类型如下：

$$固相\xrightleftharpoons[凝固]{熔化}液相\qquad 液相\xrightleftharpoons[冷凝]{蒸发}气相$$

$$固相\xrightleftharpoons[凝华]{升华}气相\qquad 固相(\mathrm{I})\xrightleftharpoons[晶型转变]{晶型转变}固相(\mathrm{II})$$

相变过程分为可逆相变和不可逆相变。在相平衡的温度和压力条件下进行的相变，称为可逆相变，否则为不可逆相变。例如：液态的水和气态的水蒸气在 373 K 及 101 325 Pa 下的相互转变，液态的水和固态的冰在 273 K 及 101 325 Pa 下的相互转变，均为可逆相变。又如：在 101 325 Pa 及 263 K 下液态的水快速转变为固态的冰、过饱和蒸气的冷凝、在 373 K 下水向真空蒸发等均为不可逆相变过程。

相变时温度不会改变，在相变化过程中所进行的热量交换，称为相变热(又称为潜热)。在恒温恒压下的可逆相变中体系与环境交换的热，即所吸收或放出的热，称为相变热，用"$Q_{p,R}$"表示。

在恒温恒压下，1 mol 物质由 α 相变为 β 相时所对应的焓变，称为摩尔相变热。摩尔相变热用"$\Delta_\alpha^\beta H_m$"来表示，单位为 $kJ\cdot mol^{-1}$。下标 α 表示相变的始态，上标 β 表示相变的终态。例如 $\Delta_s^l H_m$ 就表示熔化热。

因为焓是状态函数，所以在相同的温度和压力下，同一物质的摩尔相变焓有如下关系式：

$$\Delta_s^l H_m=-\Delta_l^s H_m\qquad \Delta_l^g H_m=-\Delta_g^l H_m\qquad \Delta_s^g H_m=-\Delta_g^s H_m$$

固体的升华包含熔化和蒸发两个过程，即有

$$\Delta_s^g H_m = \Delta_s^l H_m + \Delta_l^g H_m$$

在恒温恒压且没有非体积功的可逆条件下，某物质的可逆相变热的计算有如下的关系式：

$$Q_{p,R} = \Delta_\alpha^\beta H_R = n\Delta_\alpha^\beta H_{m,R} \tag{1-39}$$

式中：$Q_{p,R}$——可逆相变热，J；

$\Delta_\alpha^\beta H_R$——由 α 相变为 β 相的可逆相变焓，J；

$\Delta_\alpha^\beta H_{m,R}$——已知的由 α 相变为 β 相的可逆摩尔相变焓，$J \cdot mol^{-1}$。

相平衡的温度和压力是指某温度下两相平衡时的蒸气压为饱和蒸气压。例如：水的饱和蒸气压是温度的函数。不同温度下水的饱和蒸气压是液体的特征常数，其值可从附录中查得。

1.9.5 水化热

水化热是物质与水作用生成水化物时的热效应。各种物质的水化热差异很大，它与物质的本性及所结合的水分子的数目有关。水化热可以直接测定，但因方法比较复杂，而且有些水化作用进行得很慢，也常利用溶解热法间接测定。

硅酸盐水泥中含有多种水硬性矿物。水硬性矿物与水作用形成含水结晶物，且发生硬化时所放出的热量就是该矿物的水化热或硬化热。从水泥的水化热对混凝土的危害性来看，既要考虑放热的数量，也要考虑放热的速率。如果水化时放出的热既快又多，大体积的混凝土就会产生裂缝，严重损害混凝土的结构，影响其寿命。对于大体积的混凝土(大坝)来说，为防止产生裂缝，需降低水泥硬化时的水化热来保证它的施工质量。因此，水化热是大坝水泥的主要技术指标之一。水泥主要矿物的水化热列于表 1－3。

表 1－3 水泥矿物的水化热/($J \cdot g^{-1}$)

矿物	水化龄期			
	3 天	28 天	3 个月	完全水化
C_3S	243～410	376～485	435～519	489～569
C_2S	21～79	105～184	151～230	226～259
C_3A	502～887	778～1377	787～1301	866～1372
C_4AF	92～398	200～494	197～414	377～418

1.10 反应热与温度的关系

利用手册中的基本热力学数据(生成热、燃烧热、溶解热等)计算的热效应，都是在 298 K、101.325 kPa 下的数据。但在建材工业中的各种实际的化学反应通常并不在常温常压下而是在高温下进行，所以，须寻求计算高温下反应热效应的方法。

设在 101.325 kPa 及任意温度 T(高温)下的化学反应为

$$aA + bB = dD + rR$$

此反应在常温(298 K)下的热效应为 $\Delta_r H_{298}^{\ominus}$，$T$ K 时反应的热效应为 $\Delta_r H_T^{\ominus}$。

化学反应热效应对应体系状态函数的变化值，它只取决于反应的初、终态而与反应途径无关。利用这一性质，可有如下关系(假定各物质没有聚集状态的变化)：

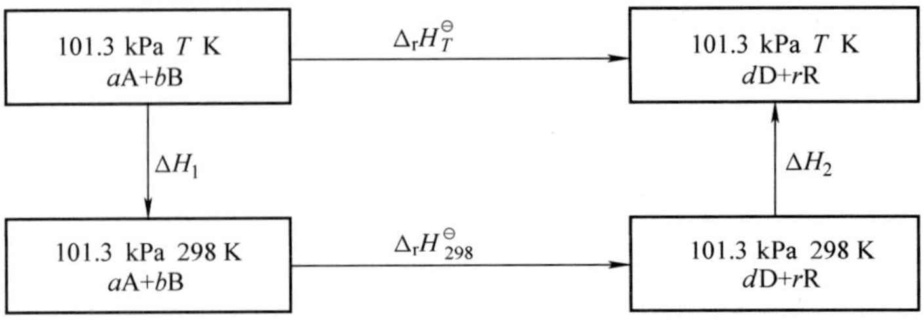

根据状态函数的特征有：$\Delta_r H_T^{\ominus}=\Delta_r H_{298}^{\ominus}+\Delta H_1+\Delta H_2$。

ΔH_1 和 ΔH_2 是反应物和产物升温、降温过程的焓变化，如果反应物和生成物在变温过程中均无聚集状态的改变，则

$$\Delta H_1=\int_{T_1}^{T_2}(aC_{p,m}(A)+bC_{p,m}(B))\mathrm{d}T=\int_{T_2}^{T_1}\sum(n_B C_{p,m}(B))_{反应物}\mathrm{d}T \quad (1-40)$$

$$\Delta H_2=\int_{T_1}^{T_2}(dC_{p,m}(D)+rC_{p,m}(R))\mathrm{d}T=\int_{T_1}^{T_2}\sum(n_B C_{p,m}(B))_{生成物}\mathrm{d}T \quad (1-41)$$

令 $\Delta_r C_{p,m}=\sum(n_B C_{p,m}(B))_{生成物}-\sum(n_B C_{p,m}(B))_{反应物}$，则

$$\Delta_r H_T^{\ominus}=\Delta_r H_{298}^{\ominus}+\int_{298}^{T}\Delta_r C_{p,m}\mathrm{d}T \quad (1-42)$$

式(1－42)为基尔霍夫(G·R·Kirchhoff)定律的数学表达式。它的意义在于若已知某一温度时的反应热效应和各个物质的恒压热容与温度的关系，则可由该公式计算另一温度下的反应热效应。

如果各物质的恒压热容与温度的关系式为 $C_{p,m}=a+bT+cT^2$，$C_{p,m}=a+bT+c'T^{-2}$，则

$$\Delta_r C_{p,m}=\Delta a+\Delta bT+\Delta cT^2 \quad (1-43a)$$

$$\Delta_r C_{p,m}=\Delta a+\Delta bT+\Delta c'T^{-2} \quad (1-43b)$$

$$\Delta a=\sum(n_i a_i)_{生成物}-\sum(n_i a_i)_{反应物} \quad (1-44a)$$

$$\Delta b=\sum(n_i b_i)_{生成物}-\sum(n_i b_i)_{反应物} \quad (1-44b)$$

$$\Delta c=\sum(n_i c_i)_{生成物}-\sum(n_i c_i)_{反应物} \quad (1-44c)$$

$$\Delta c'=\sum(n_i c'_i)_{生成物}-\sum(n_i c'_i)_{反应物} \quad (1-44d)$$

［**例 1－9**］ 试计算碳酸钙分解反应在 897 ℃时的热效应。反应式为

$$CaCO_3(s)\longrightarrow CaO(s)+CO_2(g)$$

已知：$C_{p,m}(CaCO_3)=104.52+21.92\times10^{-3}T$，$C_{p,m}(CaO)=48.83+4.52\times10^{-3}T$，$C_{p,m}(CO_2)=44.14+9.04\times10^{-3}T$。

解：从附录中查得 $\Delta_f H_{298}^{\ominus}(CaO)=-635.1\ \mathrm{kJ\cdot mol^{-1}}$，$\Delta_f H_{298}^{\ominus}(CO_2)=-393.51\ \mathrm{kJ\cdot mol^{-1}}$，$\Delta_f H_{298}^{\ominus}(CaCO_3)=-1\ 206.8\ \mathrm{kJ\cdot mol^{-1}}$。

先计算 298 K 时反应的热效应：

$$\begin{aligned}\Delta_r H_{298}^{\ominus}&=\Delta_f H_{298}^{\ominus}(CaO)+\Delta_f H_{298}^{\ominus}(CO_2)-\Delta_f H_{298}^{\ominus}(CaCO_3)\\&=-635.1-393.51-(-1\ 206.8)=178.2\ \mathrm{kJ}\end{aligned}$$

$$\begin{aligned}\Delta_r C_{p,m}&=C_{p,m}(CaO)+C_{p,m}(CO_2)-C_{p,m}(CaCO_3)\\&=(48.83+4.52\times10^{-3}T)+(44.14+9.04\times10^{-3}T)-(104.52+21.92\\&\quad\times10^{-3}T)\end{aligned}$$

$$=-11.55-8.36\times10^{-3}T$$

根据基尔霍夫定律可得

$$\Delta_r H^{\ominus}_{1\,170}=\Delta_r H^{\ominus}_{298}+\int_{298}^{1\,170}\Delta_r C_{p,m}\mathrm{d}T$$

$$=178.2\times10^3+\int_{298}^{1\,170}(-11.55-8.36\times10^{-3}T)\mathrm{d}T$$

$$=178\,200+\left[-11.55\times(1\,170-298)-\frac{1}{2}\times8.36\times10^{-3}\times(1\,170^2-298^2)\right]$$

$$=162\,777.6\ \mathrm{J}=162.78\ \mathrm{kJ}$$

基尔霍夫定律的另一应用是绝热反应最高反应温度的计算。若化学反应在恒压、绝热条件下进行，即 $\Delta_r H^{\ominus}=0$，如下所示：

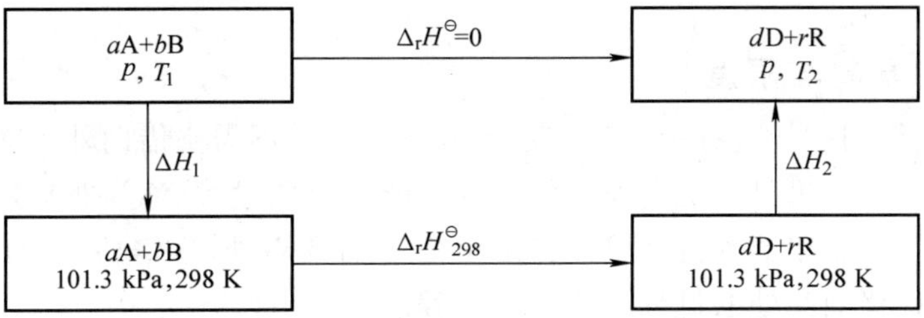

$$\Delta_r H^{\ominus}_T=\Delta_r H^{\ominus}_{298}+\Delta H_1+\Delta H_2=0$$

$$\Delta_r H^{\ominus}_{298}+\int_{T_1}^{298}[aC_{p,m}(\mathrm{A})+bC_{p,m}(\mathrm{B})]\mathrm{d}T+\int_{298}^{T_2}[dC_{p,m}(\mathrm{D})+rC_{p,m}(\mathrm{R})]\mathrm{d}T=0$$

式中，除了 T_2 之外，其他各量均为已知或可求，通过解此方程，就可求出化学反应的理论最高反应温度 T_2。

[例 1-10] 已知：25 ℃时，α-SiO_2 和 β-SiO_2 的 $\Delta_f H^{\ominus}_{298}$ 分别为 $-911.44\ \mathrm{kJ\cdot mol^{-1}}$ 及 $-920.86\ \mathrm{kJ\cdot mol^{-1}}$，$\alpha$-$SiO_2$ 和 β-SiO_2 的 $C_{p,m}$ 与 T 的关系如下：

$$C_{p,m}(\alpha\text{-SiO}_2)=43.89+38.79\times10^{-3}T-9.67\times10^5T^{-2}$$

$$C_{p,m}(\beta\text{-SiO}_2)=58.91+10.04\times10^{-3}T$$

计算在 848 K 时 α-SiO_2→β-SiO_2 的相变热 $\Delta_\alpha^\beta H^{\ominus}_{848}$。

解：

$$\Delta_\alpha^\beta H^{\ominus}_{298}=\Delta_f H^{\ominus}_{298}(\beta\text{-SiO}_2)-\Delta_f H^{\ominus}_{298}(\alpha\text{-SiO}_2)$$

$$=(-920.86)-(-911.44)$$

$$=-9.42\ \mathrm{kJ\cdot mol^{-1}}$$

$$=-9\,420\ \mathrm{J\cdot mol^{-1}}$$

$$\Delta a=58.91-43.89=15.02$$

$$\Delta b=(10.04-38.79)\times10^{-3}=-28.75\times10^{-3}$$

$$\Delta c'=9.67\times10^5$$

$$\Delta_r C_{p,m}=\Delta a+\Delta b+\Delta c'T^{-2}$$

$$\Delta_\alpha^\beta H^{\ominus}_{848}=\Delta_\alpha^\beta H^{\ominus}_{298}+\int_{298}^{848}\Delta_r C_{p,m}\mathrm{d}T$$

$$\Delta_\alpha^\beta H^{\ominus}_{848}=9\,420+\int_{298}^{848}(15.02-28.75\times10^{-3}T+9.67\times10^5T^{-2})\mathrm{d}T$$

$$=9\,420+15.02\times(848-298)-\frac{1}{2}\times28.75\times10^{-3}\times(848^2-298^2)-9.67\times10^5$$

$$\times\left(\frac{1}{848}-\frac{1}{298}\right)$$
$$=9\ 420+8\ 261-9\ 060.562+2\ 104.636$$
$$=10\ 725.074\ \text{J}$$

1.11 热力学第二定律

自然界的一切现象都不违反热力学第一定律。凡不违反热力学第一定律的过程是否都能自发进行呢？事实证明，不违背热力学第一定律的过程也并不都能自发进行。那么，这样的过程究竟要在什么条件下自动进行？朝什么方向进行？进行到什么程度？这是热力学第二定律所要解决的问题。

1.11.1 过程的方向与限度

自然界中所进行的一切过程都是有一定的方向性的。不需要借助外力就可以自动进行的过程，称为自发过程。如果只有借助外力的帮助才能进行的过程，称为非自发过程。低处的水不能自动地流向高处，但用抽水机就可以将水由低处抽到高处，这需要外力的帮助，而不是自动的，所以水由低处移向高处的过程是非自发过程。

我们已经熟知，有一些简单的判据可以对自发过程作出判断。

(1)水总是自动地从高水位流向低水位。水位差($\Delta h=h_2-h_1$)是水自动流动的推动力，水流的方向是从高水位向着低水位的方向($\Delta h<0$)，且具有做功的能力，如水力发电；当水位差为零($\Delta h=0$)时，系统即达到平衡态，此时不具有做功的能力。

(2)气体总是自动地从高压流向低压。压力差($\Delta p=p_2-p_1$)是气体自动流动的推动力，此时具有做功的能力，如利用风能发电；当压力差为零($\Delta p=0$)时，系统即达到平衡态，此时不具有做功的能力。

(3)热总是从高温物体传向低温物体。温度差($\Delta T=T_2-T_1$)是热量传递的推动力，具有做功的能力，如热力发电；当温度差为零($\Delta T=0$)时，系统即达到平衡态，此时不具有做功的能力。

不难看出，水自动流动时，能量的形式改变了，位能转变为动能；气体自动流动时，能量的载体——气体分子扩散开来了；热量自动进行传递时，能量也借助物质的质点进行传递，因而能量变得更加分散了。上述自发过程均属于物理过程，那么化学过程的推动力该是什么？例如：Fe 在空气中氧化为 Fe_2O_3(铁生锈)。铁生锈是原来集中于 Fe 和 O_2 分子中的能量通过化学反应传给 Fe_2O_3 和周围的空气了。将上述过程均看做隔离系统，那么，在隔离系统中，自发过程都向着能量更混乱、更分散的方向进行，这是普遍的规律。

可以得出结论：自发过程都有一定的方向和限度。自发过程都是不可逆过程；而不可逆过程不一定都是自发过程。自发过程有如下特征：①热与功交换的不可逆性；②自发过程有明显的推动力；③自发过程自动趋向平衡态；④自发过程有做功的能力。

1.11.2 热力学第二定律的经典表述

开尔文表述(1851 年)：不可能从单一热源取出热使之完全变成功，而不引起其他变化。从单一热源取出热使之完全变成功，而不引起其他变化的机器是第二类永动机。所以，开尔文说法的另一种表述是:第二类永动机是不可能制造成功的。这一说法揭示了热与功交换的不可逆性。如果第二类永动机能够造出的话,那么,在大海上航行的大型货轮或游轮,不带任何燃料直接取用海水作能源就可以到达世界的各个地方。

克劳修斯表述(1850 年):不可能把热从低温物体传到高温物体,而不引起其他影响。这一说法揭示了热量传递的不可逆性。如电冰箱工作时就需要低温和高温两个热源,将能量从低温物体传向高温物体,而且传给高温物体的能量大于从低温物体吸取的能量。在这个过程中环境做功了,已引起了其他影响。

以上两种表述本质上是一致的,均指出自发过程的逆过程都是"不可能"的,即一切自发过程都是不可逆的。既然自动过程的共同特点是单方向进行的、不可逆的,通过分析各种自发过程,可得出隔离物系的自发过程都朝着能量分散程度增大的方向进行。隔离物系的能量分散程度是物系中大量微观质点的某些运动情况的综合表现,体现一种宏观性质,也是状态函数,我们把这个状态函数称做熵,用符号"S"表示。在隔离系统中,水的流动、气体的扩散、物体的传热、铁的生锈等自发过程,都是能量的混乱度增大的过程,都是状态函数熵由小变大的过程,这是个性中共性的体现。

1.12 熵与熵增原理

1.12.1 熵的导出

1. 卡诺循环

1824 年,年轻的法国工程师卡诺为了找出提高热机效率的办法,他设计了一个由两个等温过程和两个绝热过程构成的最简单的理想循环。研究出由上述理想循环构成的热机的效率为最大,此种热机为理想热机,又称卡诺热机。此热机以理想气体为工作介质,工作过程由四步可逆过程组成。过程包括恒温可逆膨胀、绝热可逆膨胀、恒温可逆压缩和绝热可逆压缩。因为可逆过程体系做功的绝对值为最大,所以在各种热机中以卡诺热机所做的功为最大功。由这四个准静态过程组成的循环,称为卡诺循环,其示意如图 1-5 所示。

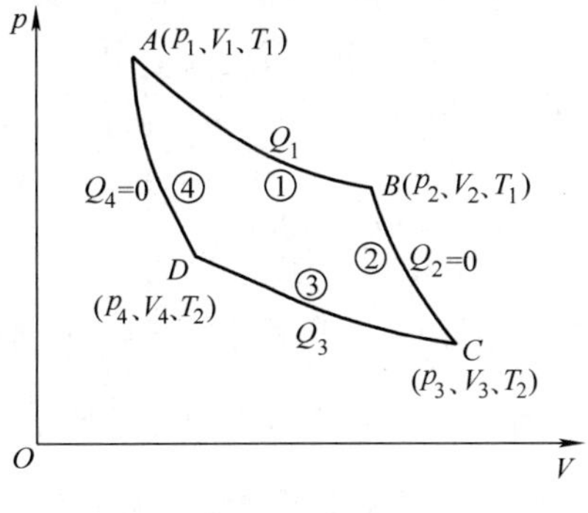

图 1-5 卡诺循环示意图

2. 熵增量计算公式的导出

过程①:恒温(高温热源 T_1)可逆膨胀 $A(p_1、V_1、T_1)\longrightarrow B(p_2、V_2、T_1)$。

$$\Delta U_1=0 \quad Q_1=W_1 \quad W_1=-nRT_1\ln\frac{V_2}{V_1}$$

过程②:绝热可逆膨胀 $B(p_2,V_2,T_1)\longrightarrow C(p_3,V_3,T_2)$。

$$Q_2=0 \quad \Delta U_2=-W_2 \quad W_2=-nC_{V,m}(T_2-T_1)$$

过程③:恒温(低温热源 T_2)可逆压缩 $C(p_3,V_3,T_2)\longrightarrow D(p_4,V_4,T_2)$。

$$\Delta U_3=0 \quad Q_3=W_3 \quad W_3=-nRT_2\ln\frac{V_4}{V_3}$$

过程④:绝热可逆压缩 $D(p_4,V_4,T_2)\longrightarrow A(p_1,V_1,T_1)$。

$$Q_4=0 \quad \Delta U_4=-W_4 \quad W_4=-nC_{V,m}(T_1-T_2)$$

整个循环过程 $\Delta U=0$,则

$$\begin{aligned} W &=W_1+W_2+W_3+W_4 \\ &=-nRT_1\ln\frac{V_2}{V_1}-nC_{V,m}(T_2-T_1)-nRT_2\ln\frac{V_4}{V_3}-nC_{V,m}(T_1-T_2) \\ &=-nRT_1\ln\frac{V_2}{V_1}-nRT_2\ln\frac{V_4}{V_3} \end{aligned}$$

卡诺热机效率为

$$\eta=\frac{W}{Q_1}-\frac{-nRT_1\ln\frac{V_2}{V_1}-nRT_2\ln\frac{V_4}{V_3}}{-nRT_1\ln\frac{V_2}{V_1}} \tag{1-45}$$

因为过程②④都是绝热可逆过程,有 $\frac{T_2}{T_1}=\left(\frac{V_3}{V_2}\right)^{1-\gamma}$ 和 $\frac{T_2}{T_1}=\left(\frac{V_4}{V_1}\right)^{1-\gamma}$,所以 $\frac{V_3}{V_2}=\frac{V_4}{V_1}$,即 $\frac{V_3}{V_4}=\frac{V_2}{V_1}$。

将以上关系代入式(1-45)得

$$\eta=\frac{T_1-T_2}{T_1}=1-\frac{T_2}{T_1} \tag{1-46}$$

其中 T_1 是高温热源的温度,T_2 为低温热源的温度。由式(1-46)可知,两热源的温差越大,热机的效率就越大。

对于循环工作于两个热源之间的任一热机,都有 $\Delta U=0$,$W=Q_1+Q_2$,有

$$\eta=\frac{W}{Q}=\frac{Q_1+Q_2}{Q_1}=1+\frac{Q_2}{Q_1} \tag{1-47}$$

对卡诺循环,则

$$\frac{Q_2}{T_2}+\frac{Q_1}{T_1}=0 \tag{1-48}$$

其中 Q_1 是热机经可逆过程从高温热源(T_1)所吸收的热,Q_2 是热机经可逆过程对低温热源(T_2)所放出的热。把卡诺循环的每一步的热温商相加后,即得 $\sum\frac{Q_R}{T}=0$,式中 $\frac{Q_R}{T}$ 称为可逆过程的热温商。式(1-48)表明:卡诺循环的热温商之和为零。实际热机是不可逆热机,不可逆循环的热温商之和小于零,即 $\sum\frac{Q}{T}<0$,所以有 $\sum\frac{Q_R}{T}\geqslant\sum\frac{Q}{T}$。

卡诺还指出:在相同的高温热源和低温热源之间工作的所有热机中,以卡诺热机的效率最高。此结论称为卡诺定理。

对于温度可以任意变化的可逆循环过程,可以把它看做许多小的卡诺循环来处理,如图

1－6 所示。

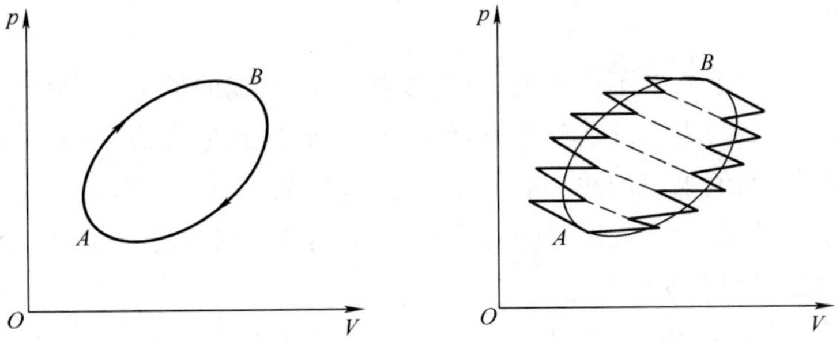

(a)　　　　　　　　(b)

图 1－6　熵的引出示意

(a)任意的可逆循环示意图；(b)小卡诺循环示意图

由图 1－6(b)可知，图中的每条虚线既是上一个小卡诺循环的绝热膨胀线，又是下一个小卡诺循环的绝热压缩线，因为这些绝热过程都是可逆的，相反的过程又互相抵消。所以，这些小卡诺循环的总和实际上就是图中锯齿形折线(实线)所代表的循环，即整个循环曲线可全部被等温线所构成的折线代替。卡诺循环越小，数目越多，折线越接近于曲线，在极限情况下，即当小卡诺循环的数目无限多时，折线就和曲线重合了。因此，任意的可逆循环可用一系列的无限小的卡诺循环来代替。卡诺循环是可逆循环，在极限情况下，该式可写成循环积分式如下：

$$\int\left(\frac{\delta Q}{T}\right)_{\mathrm{R}}=0 \qquad (1-49)$$

因为经历循环过程以后，状态函数的改变量为零，此被积分变量应是某个状态函数的全微分。克劳修斯把这个函数命名为熵，用符号“S”表示。熵变的定义式为

$$\mathrm{d}S=\left(\frac{\delta Q}{T}\right)_{\mathrm{R}}=\frac{\delta Q_{\mathrm{R}}}{T} \qquad (1-50)$$

$$\Delta_A^B S=S_B-S_A=\int_A^B\frac{\delta Q_{\mathrm{R}}}{T} \qquad (1-51)$$

熵和内能一样，也是热力学中的基本状态函数之一，其值取决于初、终态，属于容量性质。熵的单位是 $\mathrm{J\cdot K^{-1}}$。

3. 熵的统计意义

熵是一个宏观物理量，是系统的状态函数。系统熵值的大小由系统的混乱程度来决定，系统混乱度改变，熵值随之改变。熵是能量分散的度量，从分子运动的角度看，分子是能量的载体，分子运动越分散、越混乱，能量越分散越混乱。因此得出熵的物理意义：熵是体系内部分子热运动混乱程度的度量。根据熵的物理意义，可以定性地估计各种物理和化学变化过程中的熵变。

(1)物质的量 n：物质的量增加，熵增大。

(2)某物质的不同相态：$S(\mathrm{g})>S(\mathrm{l})>S(\mathrm{s})$。

(3)气体的 p、V、T 变化：p 升高，熵减小；V 增大或 T 升高，熵都增大。

(4)化学变化：增分子反应(分解)，熵增大；减分子反应(化合)，熵减小。

状态函数熵取决于物质的种类、数量和物理状态等。由于一些化学过程和物质内部结构的复杂性，对某些化学反应定性估计的熵变，可能与事实情况不符。

1.12.2 熵增原理

1. 熵增原理

在隔离系统中，若发生一个不可逆变化(自发过程)，系统的熵值一定是增加的，而熵值减少的过程是不可能发生的；当系统达到平衡状态时，熵值达到最大值，再发生任何过程都是可逆的。在隔离系统中，熵值永不减少，这就是熵增原理，数学式为 $\mathrm{d}S_{隔离} \geqslant 0$，或 $\Delta S_{隔离} \geqslant 0$，其中“>”表示自发过程，等号“=”表示可逆过程(平衡状态)。利用这一原理，$\Delta S_{隔离}$ 可以作为隔离系统自发过程的方向和限度的判据。

对于非隔离系统即封闭体系，判断自发过程的公式可写成 $\Delta S_{隔离} = \Delta S_{体系} + \Delta S_{环境} \geqslant 0$，其中“>”表示自发过程，等号“=”表示可逆过程(平衡状态)。

在隔离系统中，任何自发过程都是由非平衡态趋向于平衡态，到了平衡态时熵值达最大。如果体系已达平衡，则其中任何过程都一定是可逆的。

熵值的增加，表示隔离系统的无序性、混乱程度的增加，是变化的自发方向。这是热力学第二定律的本质。

2. 热力学第二定律的数学表达式

环境的熵变定义为

$$\Delta S_{环境} = -\int \frac{\delta Q}{T_{环境}} = -\frac{Q}{T_{环境}} \tag{1-52}$$

隔离系统中：

$$\Delta S - \int \frac{\delta Q}{T_{环境}} \geqslant 0 \tag{1-53}$$

其中“>”表示自发过程，“=”表示可逆过程(平衡状态)。式(1-53)称为克劳修斯不等式，可用于判断过程的可逆性，也是热力学第二定律的数学表达式。

克劳修斯不等式也可以表示为

$$\mathrm{d}S \geqslant \frac{\delta Q}{T_{环境}} \quad \Delta S \geqslant \int_A^B \frac{\delta Q}{T} \tag{1-54}$$

不等式(1-54)描述了封闭系统中任意过程的熵的改变与环境熵改变的相互关系。

在绝热($\delta Q=0$)条件下，若系统发生一个可逆变化，则 $\Delta S=0$，若系统发生一个不可逆的变化，则 $\Delta S>0$，所以，在绝热系统中熵值永不减少。

1.13 熵增量的计算

熵增量的计算包括系统熵变、环境熵变以及隔离系统总熵的计算。这里主要讨论系统熵变的计算。系统从始态到终态的熵增量可以依据熵变的定义式(1-51)进行计算。若实际过程是可逆过程，可以通过积分式进行推导计算；若实际过程为不可逆过程，则需要设计一个可逆途径，按可逆过程熵变的计算方法求解每个过程的 ΔS。因为 S 是状态函数，与途径无关，只要系统的初、终态相同，无论经历可逆途径还是不可逆途径，其 ΔS 应该是相等的。有了计算系统熵变的基本思路与基本方法，就可以对相变化、理想气体的 p、V、T 变化过程及其他物理过程进行 ΔS 的求解。

1.13.1 相变过程的熵增量

1. 可逆相变过程

系统处于无限接近相平衡的条件下进行的相变化，称为可逆相变。可逆相变过程时的温度和压力就是平衡温度和平衡压力。例如：液体（水）在其沸点（100 ℃，101 325 Pa）时的气化或气态水在该温度和压力下的液化；固体在其熔点和 101 325 Pa 下的熔化或液体在该条件下的结晶，这些相变均是平衡条件下的可逆相变。此时系统所吸收或放出的相变热即为可逆相变热，记作"$\Delta H_{m,R}$"，从而有

$$\Delta S=\frac{Q_R}{T}=\frac{\Delta H_{m,R}}{T_{相变}} \tag{1-55}$$

式中：ΔS ——可逆相变过程的熵变，$J \cdot K^{-1}$；

$\Delta H_{m,R}$——可逆摩尔相变热，$J \cdot mol^{-1}$；

$T_{相变}$ ——可逆相变温度，K。

2. 不可逆相变过程

不是在相平衡的温度和压力下进行的相变过程就是不可逆相变过程，其熵变要通过设计可逆过程进行计算。

［例 1-12］ 1 mol ZrO_2，在其熔点 2 988 K、101.325 kPa 时熔融，要吸收 87.01×10^3 J 的热量。求此过程的 ΔS。

解：已知：$n=1$ mol，$Q_R=\Delta H=87.01\times10^3$ J，$T_{相变}=2\,988$ K。该相变属于恒温恒压的可逆相变，则熵变为

$$\Delta S=\frac{Q_R}{T}=\frac{\Delta H_{相变}}{T_{相变}}=\frac{87.01\times10^3}{2\,988}=29.10\ J\cdot K^{-1}$$

［例 1-13］ 计算在 101.3 kPa、263 K 下，1 mol 的过冷水冻结成冰的过程的熵变，并判定该过程的方向。已知：水在正常凝固点 273 K 时的 $\Delta_l^s H=-6\,020\ J\cdot mol^{-1}$，冰的热容 $C_{p,m}(冰)=37.6\ J\cdot mol^{-1}\cdot K^{-1}$，水的热容为 $C_{p,m}(水)=75.3\ J\cdot mol^{-1}\cdot K^{-1}$。

解：对于这个不可逆相变过程，可通过设计以下可逆过程来求 ΔS。

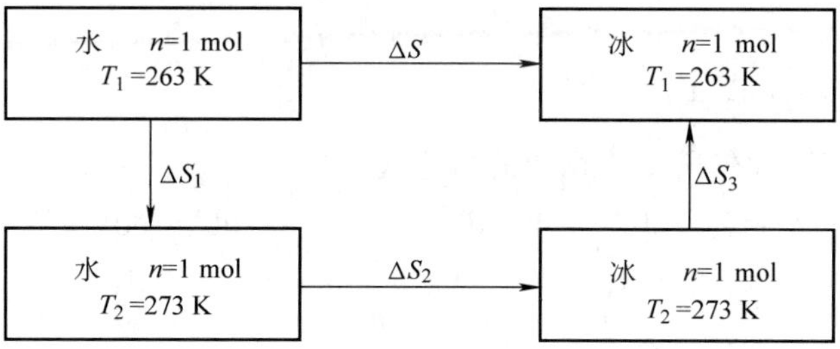

体系的熵变为

$$\Delta S=\Delta S_1+\Delta S_2+\Delta S_3$$

$$\Delta S=nC_{p,m}(水)\ln\frac{T_2}{T_1}+\frac{\Delta_l^s H}{T_2}+nC_{p,m}(冰)\ln\frac{T_1}{T_2}$$

$$=1\times75.3\times\ln\frac{273}{263}+\frac{-6\,020}{273}+1\times37.6\times\ln\frac{263}{273}$$

$$=2.81-22-1.40$$
$$=-20.59\ \text{J}\cdot\text{K}^{-1}$$

$$\Delta S_{环境}=-\frac{Q}{T}=-\frac{\Delta_{l}^{s}H_{263}}{T_1}$$

$$\Delta_{l}^{s}H_{263}=nC_{p,m}(水)(T_2-T_1)+\Delta_{l}^{s}H_{273}+nC_{p,m}(冰)(T_1-T_2)$$
$$=1\times75.3\times(273-263)-6\,020+1\times37.6\times(263-273)$$
$$=-5\,643\ \text{J}$$

$$\Delta S_{环境}=-\frac{-5\,643}{263}=21.45\ \text{J}\cdot\text{K}^{-1}$$

$$\Delta S_{总}=\Delta S+\Delta S_{环境}=-20.59+21.45=0.86\ \text{J}\cdot\text{K}^{-1}$$

总的熵变大于0,说明该相变是自发过程。

1.13.2 变温过程的熵增量

变温过程分为恒容变温过程和恒压变温过程,在无限小的可逆变温过程中,系统与环境的热交换 $\delta Q_R=nC_m dT$。

1. 恒容变温过程

$$\delta Q_R=\delta Q_V=nC_{V,m}dT$$

$$\Delta S=\frac{Q_R}{T}=\int_{T_1}^{T_2}\frac{nC_{V,m}dT}{T} \qquad (1-56a)$$

若 $C_{V,m}$ 为常数,则

$$\Delta S=nC_{V,m}\ln\frac{T_2}{T_1} \qquad (1-56b)$$

2. 恒压变温过程

$$\delta Q_R=\delta Q_p=nC_{p,m}dT$$

$$\Delta S=\frac{Q_R}{T}=\int_{T_1}^{T_2}\frac{nC_{p,m}dT}{T} \qquad (1-57a)$$

若 $C_{p,m}$ 为常数,则

$$\Delta S=nC_{p,m}\ln\frac{T_2}{T_1} \qquad (1-57b)$$

3. 理想气体状态改变的过程

根据热力学第一定律,在只做体积功的可逆过程中,

$$\delta Q_R=dU+\delta W=dU-p_{外}\,dV=dU-p dV$$

根据熵变的定义,有 $\Delta S=\int\frac{\delta Q_R}{T}=\int_{T_1}^{T_2}\frac{nC_{V,m}dT}{T}+\int_{V_1}^{V_2}nR\frac{dV}{V}$,所以

$$\Delta S=nC_{V,m}\ln\frac{T_2}{T_1}+nR\ln\frac{V_2}{V_1} \qquad (1-58a)$$

理想气体的 p、V、T 同时改变的过程如下。

(1)过程设计成恒温、恒容之和。

$$\Delta S=\Delta S_V+\Delta S_T=nC_{V,m}\ln\frac{T_2}{T_1}+nR\ln\frac{V_2}{V_1} \qquad (1-58b)$$

(2)过程设计成恒温、恒压之和。

$$\Delta S=\Delta S_p+\Delta S_T=nC_{p,\mathrm{m}}\ln\frac{T_2}{T_1}+nR\ln\frac{p_1}{p_2} \tag{1-58c}$$

(3)过程设计成恒容、恒压之和。

$$\Delta S=\Delta S_p+\Delta S_V=nC_{p,\mathrm{m}}\ln\frac{V_2}{V_1}+nC_{V,\mathrm{m}}\ln\frac{p_2}{p_1} \tag{1-58d}$$

[例 1-14] 已知石英玻璃的热容 $C_{p,\mathrm{m}}=55.98+0.0154\ T-1\ 443\ 000\ T^{-2}$ $\mathrm{J\cdot mol^{-1}\cdot K^{-1}}$，在 101.325 kPa 下，求 210.5 g 石英玻璃从 25 ℃升温到 800 ℃的熵增量。

解：已知：$C_{p,\mathrm{m}}=55.98+0.0154\ T-1\ 443\ 000\ T^{-2}\mathrm{J\cdot mol^{-1}\cdot K^{-1}}$，$m=210.5$ g，$M_{SiO_2}=60.086\ \mathrm{g\cdot mol^{-1}}$，$T_1=25$ ℃$=298$ K，$T_2=800$ ℃$=1\ 073$ K。

$$n=\frac{m}{M_{SiO_2}}=\frac{210.5}{60.086}=3.5\ \mathrm{mol}$$

$$\begin{aligned}\Delta S&=\int_{T_1}^{T_2}\frac{nC_{p,\mathrm{m}}}{T}\mathrm{d}T=\int_{298}^{1\,073}3.5\times(55.98+0.0154\ T-1\ 443\ 000\ T^{-2})\frac{\mathrm{d}T}{T}\\&=3.5\times\int_{298}^{1\,073}\left(\frac{55.98}{T}+0.0154-\frac{1\ 443\ 000}{T^3}\right)\mathrm{d}T\\&=3.5\times\left[55.98\times\ln\frac{1\ 073}{298}+0.0154\times(1\ 073-298)+\frac{1\ 443\ 000}{2}\times\left(\frac{1}{1\ 073^2}-\frac{1}{298^2}\right)\right]\\&=266.54\ \mathrm{J\cdot K^{-1}}\end{aligned}$$

1.13.3 化学变化过程的熵增量

1. 热力学第三定律

系统的熵变等于可逆过程的热量交换除以系统的温度，而化学反应的可逆过程只有在可逆电池中方能实现，实际的化学反应都是不可逆过程。所以要计算化学反应的熵变，需要由热力学第三定律来解决。

热力学第三定律的内容是：在热力学温度为 0 K 时，任何纯物质的完美晶体的熵值都等于零。数学表达式为：S^*(0 K，完美晶体)$=0$。所谓完美晶体，即其晶格中的质点(原子、离子、分子)均规则地排列在完美、有规律的点阵结构中，形成完美无缺的晶体。在 0 K 时，完美晶体内的质点在空间的分布方式只有一种，所以系统的微观状态数都等于 1。

2. 标准摩尔熵

根据熵的物理意义，纯物质的熵是压力(p)、温度(T)、物质的量(n)、相态和物质的化学性质的函数。当温度、压力和物质的量都确定时，熵的绝对值仅由相态和物质的化学性质所决定。

在压力为 101.325 kPa 和温度为 T 的标准状态时，1 mol 纯物质的熵，称为该物质的标准摩尔熵，记作“$S_{\mathrm{m},T}^{\ominus}$”。不同的物质或同一物质的不同相态具有不同的标准摩尔熵。

3. 化学反应熵变的计算

1)$\Delta_r S_{298}^{\ominus}$ 的计算

$$\Delta_r S_{298}^{\ominus}=\sum[\nu_B S_{\mathrm{m},298}^{\ominus}(\mathrm{B})]_{生成物}-\sum[\nu_B S_{\mathrm{m},298}^{\ominus}(\mathrm{B})]_{反应物} \tag{1-59}$$

对任意反应 $a\mathrm{A}+b\mathrm{B}\longrightarrow \mathrm{dD}+r\mathrm{R}$，有

1 热力学基础

$$\Delta_r S_{298}^{\ominus}=dS_{m,298}^{\ominus}(D)+rS_{m,298}^{\ominus}(R)-aS_{m,298}^{\ominus}(A)-bS_{m,298}^{\ominus}(B) \tag{1-60}$$

[例 1-15] 计算反应 $MgCO_3(s) \longrightarrow MgO(s)+CO_2(g)$ 在 298 K 时的标准摩尔反应熵。

解:从附录二中查得各反应物和产物的 $S_{m,298}^{\ominus}(B)$ 如下表所示。

物质	$MgCO_3(s)$	$MgO(s)$	$CO_2(g)$
$S_{m,298}^{\ominus}(B)/(J \cdot mol^{-1} \cdot K^{-1})$	65.69	26.78	213.64

由式(1-60)得

$$\begin{aligned}\Delta_r S_{298}^{\ominus}&=S_{m,298}^{\ominus}(MgO)+S_{m,298}^{\ominus}(CO_2)-S_{m,298}^{\ominus}(MgCO_3)\\&=26.78+213.64-65.69\\&=174.73\ J \cdot K^{-1}\end{aligned}$$

2) $\Delta_r S_T^{\ominus}$ 的计算

$\Delta_r S_T^{\ominus}$ 的计算公式推导过程与求 $\Delta_r H_T^{\ominus}$ 的基尔霍夫定律公式相同。反应的标准熵变可通过设计下列途径来计算。(以反应 $aA+bB \longrightarrow dD+rR$ 为例)

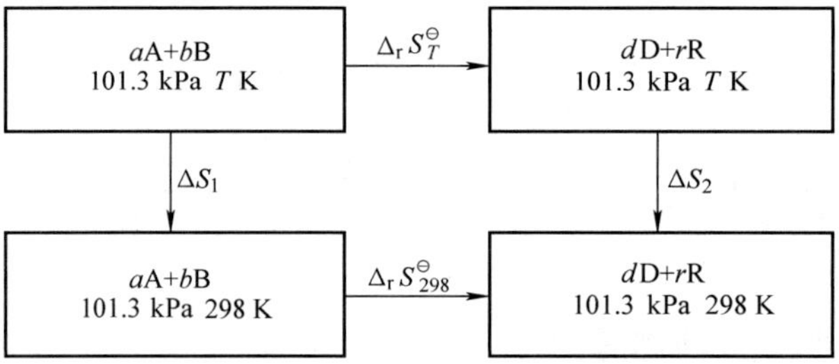

由状态函数的特征得

$$\Delta_r S_T^{\ominus}=\Delta S_1+\Delta_r S_{298}^{\ominus}+\Delta S_2$$

ΔS_1、ΔS_2 属于恒压变温过程的熵变,则

$$\Delta S_1=\int_T^{298}\frac{(aC_{p,m}(A)+bC_{p,m}(B))}{T}dT$$

$$\Delta S_2=\int_{298}^{T}\frac{(dC_{p,m}(D)+rC_{p,m}(R))}{T}dT$$

温度为 T K 时化学反应的熵变为

$$\Delta_r S_T^{\ominus}=\Delta_r S_{298}^{\ominus}+\int_{298}^{T}\frac{(dC_{p,m}(D)+rC_{p,m}(R))-(aC_{p,m}(A)+bC_{p,m}(B))}{T} \tag{1-61a}$$

式(1-61a)改写成一般式为

$$\Delta_r S_T^{\ominus}=\Delta_r S_{298}^{\ominus}+\int_{298}^{T}\frac{\Delta_r C_{p,m}}{T}dT \tag{1-61b}$$

1.14 自由能和自由焓

热力学第二定律的核心是给出体系自发过程的判据,利用熵判据可判断隔离系统过程自发进行的方向和限度。但化工生产中实际遇到的系统都不是隔离系统,而是封闭系统的恒温恒压或恒温恒容过程。若用熵增量作判据,要考虑环境的熵增量,还需算出总的熵增量,这样

做比较麻烦。利用熵判据，在特定条件下引出两个新的判据，即吉布斯函数(自由焓)判据和亥姆霍兹函数(自由能)判据。

1.14.1　自由焓与自由焓判据

1. 自由焓

在封闭系统内，根据热力学第一定律 $\Delta U=Q+W+W'$，若系统做非体积功，即 $W'\neq0$，则 $\Delta U=Q-p_{外}\cdot\Delta V+W'$，即

$$Q=\Delta U+p_{外}\cdot\Delta V-W'$$

据热力学第二定律：$\Delta S_{隔离}\geqslant0$

$$\Delta S+\left(-\frac{Q}{T_{环境}}\right)\geqslant0$$

在恒温恒压条件下，$T=T_{环境}$，$p=p_{环境}$，得到

$$T\Delta S-Q\geqslant0$$

$$T\Delta S-(\Delta U+p\cdot\Delta V-W')\geqslant0$$

$$\Delta(U+pV-TS)\leqslant W'$$

$$\Delta(H-TS)\leqslant W'$$

因为 U、p、V、T、S 都是系统的状态函数，所以 $U+pV-TS$ 也是体系的状态函数。此外，状态函数具有全微分的性质。

令 $G=U+pV-TS=H-TS$，G 称为吉布斯函数，或称为吉氏函数和恒温恒压位，还称为自由焓。

G 是体系的状态函数，属于容量性质，具有能量的量纲，其单位是焦耳(J)。因 H 的绝对值未知，所以 G 的绝对值也未知。对自由焓可以这样理解，因 $\Delta G=\Delta H-T\Delta S$，自由焓是体系焓的改变量减去只能增加体系混乱度而不能用于做功的那部分热剩余的部分。

2. 自由焓判据

若体系和环境间没有非体积功，即 $W'=0(\delta W'=0)$，则可得到 $\Delta(H-TS)\leqslant0$ 或 $\mathrm{d}(H-TS)\leqslant0$。

封闭系统中，在恒温恒压且不做非体积功的过程，其过程可自动进行的判据可表示如下

$$\mathrm{d}G_{T,p,\delta W'=0}\leqslant0$$

$$\Delta G_{T,p,W'=0}\leqslant0\quad(\text{“}<0\text{”表示自发过程；“}=0\text{”表示平衡态})\tag{1-62}$$

此式是热力学第二定律的数学表达式之一。

上式表明：在恒温恒压且不做非体积功的过程中，对于封闭系统的自发过程总是朝着自由焓减少的方向进行，当自由焓减少到最小时，即达到平衡态。这一结论称为最小自由焓原理。

利用自由焓判据，可以判断封闭系统在恒温恒压且不做非体积功的条件下过程的方向和限度。

1.14.2　自由能与自由能判据

1. 自由能

自由能函数 F，也是由热力学第一定律和热力学第二定律联合引出的新的复合函数。

在封闭系统内，由热力学第一定律得 $\Delta U=Q+W$。若系统恒温恒容且不做非体积功，则

$W=-p_{外}\cdot\Delta V+W'=0$，于是有

$$\Delta U=Q \quad dU=\delta Q$$

据热力学第二定律 $\Delta S_{隔离}\geqslant 0$，从而

$$\Delta S+\Delta S_{环境}\geqslant 0$$

$$\Delta S+\left(-\frac{Q}{T_{环境}}\right)\geqslant 0$$

在恒温条件下，$T=T_{环境}$，得到

$$T\Delta S-Q\geqslant 0$$

$$T\Delta S-\Delta U\geqslant 0$$

$$\Delta(U-TS)\leqslant 0$$

令 $F=U-TS$，F 称为亥姆霍兹函数，或恒温恒容位，还称为自由能。F 是体系的状态函数，属于容量性质，具有能量的量纲，其单位是焦耳(J)。因 U 的绝对值未知，所以 F 的绝对值也未知。

对自由能可以这样理解：因 $\Delta F=\Delta U-T\Delta S$，自由能是体系内能的改变量减去只能增加体系混乱度而不能用于做功的那部分热剩余的部分。

2. 自由能判据

反应能自动进行的自由能判据为

$$dF_{T,V,\delta W'=0}\leqslant 0 \quad (\text{“}<0\text{”表示自发过程；“}=0\text{”表示平衡态}) \tag{1-63a}$$

$$\Delta F_{T,V,W'=0}\leqslant 0 \quad (\text{“}<0\text{”表示自发过程；“}=0\text{”表示平衡态}) \tag{1-63b}$$

此式是热力学第二定律的数学表达式之一。

上式表明：在恒温恒容、不做非体积功的过程中，封闭系统的自发过程总是朝着自由能减少的方向进行，当自由能减少到最小时，即达到平衡态。这一结论称为最小自由能原理。

利用自由能判据，可以判断封闭系统在恒温恒容和不做非体积功的条件下过程的方向和限度。

1.14.3 自由焓变化的计算

由于自由焓判据应用于恒温恒压条件，所以作为过程的方向和限度的判据应用十分广泛。因此，须掌握 ΔG 的计算。

1. 理想气体的恒温变化过程

如果理想气体在恒温膨胀或压缩时，只做体积功而不做其他功，对于封闭系统中进行的微小的理想气体的恒温可逆过程，对 $G=U+pV-TS$ 进行微分：

$$dG=dU+pdV+Vdp-TdS-SdT$$

据热力学第一定律 $dU=\delta Q+\delta W=TdS-pdV$，得

$$dG=-SdT+Vdp \tag{1-64}$$

对于恒温过程 $dT=0$，则有 $dG=Vdp$，积分得 (1-65)

$$\int_{G_1}^{G_1}dG=\int_{p_1}^{p_2}Vdp$$

$$\Delta G=\int_{p_1}^{p_2}\frac{nRT}{p}dp=nRT\ln\frac{p_2}{p_1}=nRT\ln\frac{V_1}{V_2} \tag{1-66}$$

2. 相变过程

对于恒温恒压且不做其他功的可逆相变，其自由焓的变化等于零。对于不可逆的相变过程，需设计一个与不可逆相变过程同一始终态的可逆过程来计算 $\Delta G_{T,p}$，且 $\Delta G_{T,p} \neq 0$。

3. 化学变化过程

大多数化学反应是在恒温恒压下进行的，根据自由焓的定义式 $G=H-TS$，得

$$\Delta G=\Delta(H-TS)=\Delta H-T\Delta S \tag{1-67a}$$

此式称为恒温过程通式。

对于温度恒定在 298 K 条件下进行的化学反应，则有

$$\Delta_r G_{298}^{\ominus}=\Delta_r H_{298}^{\ominus}-T\Delta_r S_{298}^{\ominus} \tag{1-67b}$$

对于任何温度 T 及 101.325 kPa 下的化学反应，计算如下：

$$\Delta_r H_T^{\ominus} = \Delta_r H_{298}^{\ominus} + \int_{298}^{T} \Delta_r C_{p,m} \mathrm{d}T$$

$$\Delta_r S_T^{\ominus} = \Delta_r S_{298}^{\ominus} + \int_{298}^{T} \frac{\Delta_r C_{p,m}}{T} \mathrm{d}T$$

$$\Delta_r G_T^{\ominus}=\Delta_r H_T^{\ominus}-T\Delta_r S_T^{\ominus} \tag{1.67c}$$

[例 1-16] 在 300 K 时，1 mol 理想气体从 101.3 kPa 恒温膨胀至 10.13 kPa，计算下列过程的 W、Q、ΔH、ΔU、ΔS、ΔF 和 ΔG：(1)可逆膨胀；(2)向真空膨胀。

解：已知 $T=300$ K，$n=1$ mol，$p_1=101.3$ kPa，$p_2=10.13$ kPa。

(1)可逆膨胀过程。因为是理想气体的恒温过程，即 $\Delta T=0$，从而

$$\Delta U=nC_{V,m}\cdot\Delta T=0$$

$$\Delta H=nC_{p,m}\cdot\Delta T=0$$

又由 $\Delta U=Q-W$ 得 $Q=W$，从而

$$\begin{aligned} Q_R &= W_{\max}=nRT\ln\frac{p_1}{p_2} \\ &=1\times 8.314\times 300\times \ln\frac{101.3}{10.13} \\ &=5\ 743.108 \text{ J} \end{aligned}$$

$$\Delta S=\frac{Q_R}{T}=\frac{5\ 743.108}{300}=19.14 \text{ J}\cdot\text{K}^{-1}$$

$$\Delta F=\Delta U-T\Delta S=0-300\times 19.14=-5\ 743.11 \text{ J}$$

$$\Delta G=\Delta H-T\Delta S=0-300\times 19.14=-5\ 743.11 \text{ J}$$

或 $$\Delta G=nRT\ln\frac{p_2}{p_1}=1\times 8.314\times 300\times\ln\frac{10.13}{101.3}=-5\ 743.11 \text{ J}$$

(2)向真空膨胀过程。这是一个恒温不可逆过程。因温度恒定，$\Delta T=0$，则 $\Delta U=0$，$\Delta H=0$。又因为向真空膨胀，$p_{外}=0$，故 $W=0$。虽然过程是不可逆的，但 ΔS、ΔF、ΔG 都是状态函数的变化值，只取决于系统的初终态而与过程无关。故该过程的 ΔS、ΔF、ΔG 的数值与恒温可逆过程的完全相同，即

$\Delta S=19.14 \text{ J}\cdot\text{K}^{-1}$　$\Delta F=-5\ 743.11$ J　$\Delta G=-5\ 743.11$ J

用于判断过程的方向和限度的三个判据 ΔS、ΔF、ΔG，其使用条件是很严格的，现将它们

的判据条件列于表 1-5 中，以便记忆和更好地掌握。

表 1-5　用 ΔS、ΔF、ΔG 作判据时的比较

判据	条件	判据应用
ΔS	隔离系统	$\Delta S>0$　自发过程 $\Delta S=0$　平衡状态
ΔF	封闭系统 恒温恒容，不做非体积功	$\Delta F<0$　自发过程 $\Delta F=0$　平衡状态
ΔG	封闭系统 恒温恒压，不做非体积功	$\Delta G<0$　自发过程 $\Delta G=0$　平衡状态

ΔS 应用的条件是隔离系统，需要计算环境的熵变。而实际发生的许多过程（化学反应、相变化）大多是在恒温恒压或恒温恒容条件下进行，ΔF 和 ΔG 判据只需考虑系统的量就行了，使用起来较熵判据更直接、简便。

1.15　热力学函数间的关系

通过学习热力学基本知识，可将已学过的状态函数分为两大类：一类是可直接测定的，如 p、V、T、$C_{V,\mathrm{m}}$、$C_{p,\mathrm{m}}$等；另一类是不能直接测定的，如 U、H、S、F、G。其中 U 和 S 是基本的状态函数，具有确切的物理意义；而 H、F、G 是由 U 和 S 引出的辅助热力学状态函数（组合状态函数），函数本身无确切的物理意义，其目的是为了计算方便和实际的运用。有了这些状态函数，运用热力学方法，可以解决许多的实际问题。其中应用最多的是焓 H 与自由焓 G。U 和 H 主要用来进行能量衡算，S、F 和 G 主要用来判断过程的方向和限度。在实际应用中，由于 ΔU、ΔH、ΔF、ΔG 都具有能量单位，都代表体系在特定条件下的能量改变。应用热力学第一定律和热力学第二定律，可以推导出热力学函数间的重要关系式。

1.15.1　热力学基本方程

当体系为组成恒定（纯组分）、不做非体积功的封闭系统时，热力学基本方程如下：

$$\mathrm{d}U=T\mathrm{d}S-p\mathrm{d}V \tag{1-68}$$

$$\mathrm{d}H=T\mathrm{d}S+V\mathrm{d}p \tag{1-69}$$

$$\mathrm{d}F=-S\mathrm{d}T-p\mathrm{d}V \tag{1-70}$$

$$\mathrm{d}G=-S\mathrm{d}T+V\mathrm{d}p \tag{1-71}$$

上述热力学基本方程应用条件是封闭系统、可逆且不做非体积功的过程。

1.15.2　对应系数关系式

对于纯物质体系，U 可表示为 S 和 V 的函数，即 $U=f(S,V)$，利用状态函数的全微分的性质，得到

$$\mathrm{d}U=\left(\frac{\partial U}{\partial S}\right)_V\mathrm{d}S+\left(\frac{\partial U}{\partial V}\right)_S\mathrm{d}V \tag{1-72}$$

同理，根据 $H=f(p,S)$，$F=f(T,V)$，$G=f(T,p)$，得到

$$dH=\left(\frac{\partial H}{\partial S}\right)_p dS+\left(\frac{\partial H}{\partial p}\right)_S dp \qquad (1-73)$$

$$dF=\left(\frac{\partial F}{\partial T}\right)_V dT+\left(\frac{\partial F}{\partial V}\right)_T dV \qquad (1-74)$$

$$dG=\left(\frac{\partial G}{\partial T}\right)_p dT+\left(\frac{\partial G}{\partial p}\right)_T dp \qquad (1-75)$$

与上述诸式对照得

$$\left(\frac{\partial U}{\partial S}\right)_V=T \qquad \left(\frac{\partial U}{\partial V}\right)_S=-p$$

$$\left(\frac{\partial H}{\partial S}\right)_p=T \qquad \left(\frac{\partial H}{\partial p}\right)_S=V$$

$$\left(\frac{\partial F}{\partial T}\right)_V=-S \qquad \left(\frac{\partial F}{\partial V}\right)_T=-p$$

$$\left(\frac{\partial G}{\partial T}\right)_p=-S \qquad \left(\frac{\partial G}{\partial p}\right)_T=V$$

这八个关系式中，最后两个非常重要。

由$\left(\frac{\partial G}{\partial T}\right)_p=-S$可知，由于系统的熵值总是正值，所以在恒压条件下，$G$随$T$的升高而降低。且系统的熵值越大，则$G$受$T$的影响也越大。

由$\left(\frac{\partial G}{\partial p}\right)_T=V$可知，由于系统的体积总是正值，所以在恒温条件下，$G$随$p$的升高而降低。系统的体积越大，则$G$受$p$的影响也越大。

1.16 偏摩尔量和化学势

1.16.1 偏摩尔量

在研究化学平衡、相平衡及溶液性质等问题时，更多地遇到多组分系统及组成可变的系统。当均相的多组分封闭系统的状态发生变化时，系统的容量性质的状态函数，如V、U、H、S、F、G等不仅与系统的温度和压力有关，也与组成系统的各物质的量有关。实验证明，当两个组分形成溶液时，混合后的总体积通常不等于混合前两纯组分的体积之和，这就说明各组分在溶液中的状态与溶液的浓度有关。可设任一状态函数：$X=f(T,p,n_1,n_2,\cdots)$，则偏摩尔量的定义式为

$$X_B=\left(\frac{\partial X}{\partial n_B}\right)_{T,p,n_C,\cdots} \qquad (1-76)$$

式中：X_B ——多组分均相系统中组分B的偏摩尔量；

X ——多组分均相系统中一种容量性质；

n_B——多组分均相系统中组分B的物质的量，mol；

n_C——多组分均相系统中组分B以外的各组分的物质的量，mol；

T ——多组分均相系统的温度，K；

p ——多组分均相系统的压力，Pa。

偏摩尔量的意义：在一定的温度、压力和定组成的条件下，在无限大量的多组分均相系统

中加入 1 mol 组分 B,引起系统的容量性质 X 的变化量。

多组分均相系统中组分 B 的各容量性质的偏摩尔量分别如下。

偏摩尔体积:$V_{B,m}=\left(\frac{\partial V}{\partial n_B}\right)_{T,p,n_C\cdots}$　　偏摩尔内能:$U_{B,m}=\left(\frac{\partial U}{\partial n_B}\right)_{T,p,n_C\cdots}$

偏摩尔焓:$H_{B,m}=\left(\frac{\partial H}{\partial n_B}\right)_{T,p,n_C\cdots}$　　偏摩尔熵:$S_{B,m}=\left(\frac{\partial S}{\partial n_B}\right)_{T,p,n_C\cdots}$

偏摩尔亥姆霍兹函数:$F_{B,m}=\left(\frac{\partial F}{\partial n_B}\right)_{T,p,n_C\cdots}$　　偏摩尔吉布斯函数:$G_{B,m}=\left(\frac{\partial G}{\partial n_B}\right)_{T,p,n_C\cdots}$

在多组分的均相系统中,在一定的温度和压力下,多组分的某容量性质等于各组分的物质的量与偏摩尔量的乘积的和,即

$$V_m=\sum_B n_B V_{B,m} \qquad U_m=\sum_B n_B U_{B,m}$$

$$H_m=\sum_B n_B H_{B,m} \qquad S_m=\sum_B n_B S_{B,m}$$

$$F_m=\sum_B n_B F_{B,m} \qquad G_m=\sum_B n_B G_{B,m}$$

1.16.2 化学势

在恒温恒压下,多组分系统中组分 B 的偏摩尔吉布斯函数,称为组分 B 的化学势,用符号"μ_B"表示。化学势的定义式为

$$\mu_B=G_B=\left(\frac{\partial G}{\partial n_B}\right)_{T,p,n_C} \tag{1-77}$$

在多组分均相系统中,G 是温度、压力和各组分的物质的量的函数,即 $G=f(T,p,n_1,n_2,\cdots)$,根据状态函数的特征,当系统发生无限小的变化时,G 变化为

$$dG=-SdT+Vdp+\sum_B \mu_B dn_B \tag{1-78}$$

式(1-78)为组成可变的热力学基本方程式。

在恒温恒压和不做非体积功的条件下,系统的化学势为

$$dG_{T,p}=\sum_B \mu_B dn_B \tag{1-79}$$

化学势是强度性质的状态函数,化学势的绝对值未知。

对于多组分组成可变的均相系统,热力学基本方程式改写为

$$dU=TdS-pdV+\sum_B \mu_B dn_B \tag{1-80a}$$

$$dH=TdS+Vdp+\sum_B \mu_B dn_B \tag{1-80b}$$

$$dF=-SdT-pdV+\sum_B \mu_B dn_B \tag{1-81}$$

$$dG=-SdT+Vdp+\sum_B \mu_B dn_B \tag{1-82}$$

1.16.3 化学势(判据)在平衡中的应用

对多组分的化学平衡系统或相平衡系统,利用化学势判据可以判断在恒温恒压且没有非体积功的条件下,封闭系统中的过程的方向和限度。

设某系统由 α 和 β 两相组成,两相均为多组分,均含有 B 组分。设在恒温恒压且不做非体

积功的条件下，有无限小量 dn_B 从 α 相转移到 β 相中，此时系统的吉布斯自由焓的总的变化为

$$dG = dG^{\alpha} + dG^{\beta} = \mu_B^{\alpha} dn_B^{\alpha} + \mu_B^{\beta} dn_B^{\beta}$$

组分 B 在两相间转移的数量关系为 $dn_B^{\alpha} = -dn_B^{\beta}$，如果上述转移在平衡的条件下进行，则 $dG = 0$，因此 $\mu_B^{\alpha} = \mu_B^{\beta}$。这表明在相平衡的系统中，组分 B 在 α 和 β 两相中分配达平衡的条件是该组分在两相中的化学势相等。

在恒温恒压且没有非体积功的条件下，$dG < 0$，过程自发。如果 $\mu_B^{\alpha} < \mu_B^{\beta}$，则组分将自发地自 β 相向 α 相迁移。

1.17 硅酸盐热力学计算

化学反应的 $\Delta_r G_T^{\ominus}$ 的计算，需要知道参加反应各物质的标准摩尔生成焓 $\Delta_f H_{m,298}^{\ominus}$、参加反应各物质的标准摩尔生成自由焓 $\Delta_f G_{m,298}^{\ominus}$、参加反应各物质的热容与温度的关系 $C_{p,m} = f(T)$。化学变化过程中的自由焓变可以用以下两种方法进行计算。

1. 根据化学反应的热效应及化学反应的熵变数据计算自由焓

在 101 325 Pa、T K(任意温度)下有下列关系：$\Delta_r G_T^{\ominus} = \Delta_r H_T^{\ominus} - T\Delta_r S_T^{\ominus}$。设有化学反应

$$aA + bB \longrightarrow dD + rR$$

具体计算步骤如下。

(1)通过查表得各种物质（A、B、D、R）的相关热力学数据：$\Delta_f H_{m,298}^{\ominus}(B)$、标准摩尔熵 $S_{m,298}^{\ominus}(B)$、摩尔热容 $C_{p,m}$。

(2)求标准状态(101 325 Pa、298 K)下化学反应的热效应 $\Delta_r H_{298}^{\ominus}$、熵增量 $\Delta_r S_{298}^{\ominus}$ 及自由焓变 $\Delta_r G_{298}^{\ominus}$。

$$\Delta_r H_{298}^{\ominus} = \sum[\nu_B \Delta_f H_{m,298}^{\ominus}(B)]_{生成物} - \sum[\nu_B \Delta_f H_{m,298}^{\ominus}(B)]_{反应物}$$

$$\Delta_r S_{298}^{\ominus} = \sum[\nu_B S_{m,298}^{\ominus}(B)]_{生成物} - \sum[\nu_B S_{m,298}^{\ominus}(B)]_{反应物}$$

$$\Delta_r G_{298}^{\ominus} = \Delta_r H_{298}^{\ominus} - T\Delta_r S_{298}^{\ominus}$$

(3)求 $\Delta_r G_{p,m}$。

$$\Delta_r C_{p,m} = \sum[n_B C_{p,m}(B)]_{生成物} - \sum[n_B C_{p,m}(B)]_{反应物}$$

$$\Delta_r C_{p,m} = (\Delta a) + (\Delta b)T + (\Delta c')T^{-2}$$

(4)求 101 325 Pa、T K(任意温度)下的化学反应的热效应 $\Delta_r H_T^{\ominus}$ 和熵增量 $\Delta_r S_T^{\ominus}$。

$$\Delta_r H_T^{\ominus} = \Delta_r H_{298}^{\ominus} + \int_{298}^{T} \Delta_r C_{p,m} dT$$

$$\Delta_r S_T^{\ominus} = \Delta_r S_{298}^{\ominus} + \int_{298}^{T} \frac{\Delta_r C_{p,m}}{T} dT$$

(5)求 $\Delta_r G_T^{\ominus}$。根据 $\Delta_r G_T^{\ominus} = \Delta_r H_T^{\ominus} - T\Delta_r S_T^{\ominus}$，把已求出的 $\Delta_r H_T^{\ominus}$ 和 $\Delta_r S_T^{\ominus}$ 代入，得

$$\Delta_r G_T^{\ominus} = \Delta_r H_{298}^{\ominus} + \int_{298}^{T} \Delta_r C_{p,m} dT - T\Delta_r S_{298}^{\ominus} - T\int_{298}^{T} \frac{\Delta_r C_{p,m}}{T} dT$$

[例 1-17] 在 101 325 Pa 下，计算化学反应 C(石墨) + CO_2(g) = 2CO(g) 在温度分别为 25 ℃和 727 ℃时的自由焓变化，并判断在 25 ℃和 727 ℃时过程能否自动进行。

解:(1)查表得如下热力学数据:

物质	$\Delta_f H^{\ominus}_{m,298}/(kJ \cdot mol^{-1})$	$S^{\ominus}_{m,298}(B)/(J \cdot mol^{-1})$	$C_{p,m}=f(T)/(J \cdot mol^{-1} \cdot K^{-1})$		
			a	$b\times10^3$	$c'\times10^{-5}$
C(石墨)	0	5.74	17.15	4.27	−8.79
CO_2(g)	−393.51	213.6	44.14	9.04	−8.53
CO(g)	−110.50	197.4	28.41	4.10	−0.46

(2)求标准状态下的 $\Delta_r H^{\ominus}_{298}$、$\Delta_r S^{\ominus}_{298}$ 及 $\Delta_r G^{\ominus}_{298}$。

$$\begin{aligned}\Delta_r H^{\ominus}_{298} &= 2\Delta_f H^{\ominus}_{m,298}(CO,g)-\Delta_f H^{\ominus}_{m,298}(C,石墨)-\Delta_f H^{\ominus}_{m,298}(CO_2,g)\\ &=2\times(-110.50)-(-393.51)\\ &=172.51\ kJ\end{aligned}$$

$$\begin{aligned}\Delta_r S^{\ominus}_{298} &= 2S^{\ominus}_{m,298}(CO,g)-S^{\ominus}_{m,298}(C,石墨)-S^{\ominus}_{m,298}(CO_2,g)\\ &=2\times197.4-213.6-5.74\\ &=175.46\ J\cdot K^{-1}\end{aligned}$$

$$\Delta_r G^{\ominus}_{298}=\Delta_r H^{\ominus}_{298}-T\Delta_r S^{\ominus}_{298}=172.51\times10^3-298\times175.46=120.223\ J$$

因为 $\Delta_r G^{\ominus}_{298}>0$,故此化学反应在 101 325 Pa、298 K 下不能自动进行。

(3)求 $\Delta_r C_{p,m}$。

$$\begin{aligned}\Delta_r G_{p,m} &= 2C_{p,m}(CO,g)-C_{p,m}(C,石墨)-C_{p,m}(CO_2,g)\\ &=2\times(28.41+4.10\times10^{-3}T-0.46\times10^5T^{-2})-(17.15+4.27\times10^{-3}T\\ &\quad -8.79\times10^5T^{-2})-(44.14+9.04\times10^{-3}T-8.53\times10^5T^{-2})\\ &= -4.47-5.11\times10^{-3}T+16.4\times10^5T^{-2}\end{aligned}$$

(4)求 101 325 Pa,1 000 K 的 $\Delta_r H^{\ominus}_{1\,000}$ 及 $\Delta_r S^{\ominus}_{1\,000}$。

$$\begin{aligned}\Delta_r H^{\ominus}_{1\,000} &= \Delta_r H^{\ominus}_{298}+\int_{298}^{1\,000}(-4.47-5.11\times10^{-3}T+16.4\times10^5T^{-2})\mathrm{d}T\\ &=172.51\times10^3-4.47\times(1\,000-298)-\frac{5.11\times10^{-3}}{2}\times(1\,000^2-298^2)\\ &\quad -16.4\times10^5\times(\frac{1}{1\,000}-\frac{1}{298})\\ &=170.907\ kJ\end{aligned}$$

$$\begin{aligned}\Delta_r S^{\ominus}_{1\,000} &= \Delta_r S^{\ominus}_{298}+\int_{298}^{1\,000}\frac{\Delta_r G_{p,m}}{T}\mathrm{d}T\\ &= 175.46+\int_{298}^{1\,000}(-4.47T^{-1}-5.11\times10^{-3}+16.4\times10^5T^{-3})\mathrm{d}T\\ &=175.46-4.47\ln\frac{1\,000}{298}-5.11\times10^{-3}\times(1\,000-298)\\ &\quad +16.4\times10^5\times\left(1\frac{1}{2}\right)\left(\frac{1}{1\,000^2}-\frac{1}{298^2}\right)\\ &=174.87\ J\cdot K^{-1}\end{aligned}$$

(5)求 101 325 Pa、1 000 K 下的 $\Delta_r G^{\ominus}_{1\,000}$。

$$\Delta_r G^{\ominus}_{1\,000}=\Delta_r H^{\ominus}_{1\,000}-T\Delta_r S^{\ominus}_{1\,000}=170.907\times10^3-1\,000\times174.87=-3\,963\ J$$

因为在 727 ℃、101 325 Pa 下,$\Delta_r G^{\ominus}_{1\,000}<0$,所以化学反应可自动进行。

2. 根据积分公式进行计算

对于需要在较大的温度范围内求取其自由焓变化的化学反应，往往使用积分公式进行计算。所需的热力学数据有标准摩尔生成焓 $\Delta_f H^{\ominus}_{m,298}(B)$、摩尔热容 $C_{p,m}(B)$ 及标准摩尔生成自由焓 $\Delta_f G^{\ominus}_{m,298}(B)$。

按照自由焓的定义，$G=H-TS=U+pV-TS$，由于内能 U 和焓 H 的绝对值不能确定，所以自由焓 G 的绝对值也不能确定。因此，在热力学中规定，在标准状态下，稳定单质的标准摩尔生成自由焓为零。一些常用物质的标准摩尔生成自由焓见附录二。

设有化学反应

$$aA+bB \rightleftharpoons dD+rR$$

$$\Delta_r G^{\ominus}_{298} = \sum[\nu_B \Delta_f G^{\ominus}_{m,298}(B)]_{生成物} - \sum[\nu_B \Delta_f G^{\ominus}_{m,298}(B)]_{反应物}$$

在较大的温度范围内，$\Delta_r H^{\ominus}_T$ 是温度的函数，$\Delta_r H^{\ominus}_T=f(T)$，则

$$d\Delta_r H^{\ominus}_T = \Delta_r C_{p,m} dT$$

$$\Delta_r C_{p,m} = \Delta a + (\Delta b)T + (\Delta c')T^{-2}$$

综合以上二式进行不定积分，得

$$\Delta_r H^{\ominus}_T = \Delta_r H_0 + (\Delta a)T + \frac{1}{2}(\Delta b)T^2 - (\Delta c')T^{-1}$$

式中 $\Delta_r H_0$ 是积分常数

$$\Delta_r H_0 = \Delta_r H^{\ominus}_{298} - \Delta a \times 298 - \frac{1}{2}\Delta b \times 298^2 + \Delta c' \times 298^{-1} \quad (1-83)$$

化学反应在任意温度 T K 下进行，自由焓变化的不定积分式为

$$\Delta_r G^{\ominus}_T = \Delta_r H_0 - (\Delta a)T\ln T - \frac{1}{2}(\Delta b)T^2 - \frac{1}{2}(\Delta c')T^{-1} + IT \quad (1-84)$$

式中 $\Delta_r H_0$ 和 I 都是积分常数，I 是第二积分常数可由 $T=298$ K 及 $\Delta_r H_0$、$\Delta_r G^{\ominus}_{298}$ 求得。

$$I = (\Delta_r G^{\ominus}_{298} - \Delta_r H_0) \times 298^{-1} + \Delta a \ln 298 + \frac{1}{2}\Delta b \times 298 + \frac{1}{2}\Delta c' \times 298^{-2} \quad (1-85)$$

上述关系式可具体应用于高温热分解（碳酸钙的热分解）、镁橄榄石（$MgO \cdot SiO_2$）的生成反应、固相反应以及水化反应（C_3S 的水化反应）的热力学计算中。

［例 1－18］ 碳酸钙加热分解成氧化钙及二氧化碳：$CaCO_3$（方解石）→$CaO(s)+CO_2(g)$，求此反应的自由焓变及分解温度。

解：(1)查表列出所需的热力学数据（标准状态）：

物质	$\Delta_f H^{\ominus}_{m,298}/(kJ \cdot mol^{-1})$	$\Delta_f G^{\ominus}_{m,298}/(J \cdot mol^{-1})$	$C_{p,m}=f(T)/(J \cdot mol^{-1} \cdot K^{-1})$		
			a	$b \times 10^3$	$c' \times 10^{-5}$
$CaCO_3$（方解石）	−1 206.87	−1 128.76	104.52	21.92	−25.94
$CaO(s)$	−635.55	−604.17	48.83	4.52	−6.53
$CO_2(g)$	−393.51	−394.38	44.14	9.04	−8.54

(2)求标准状态下的热效应 $\Delta_r H^{\ominus}_{298}$。

$$\begin{aligned}\Delta_r H^{\ominus}_{298} &= \Delta_f H^{\ominus}_{m,298}(CaO,s) + \Delta_f H^{\ominus}_{m,298}(CO_2,g) - \Delta_f H^{\ominus}_{m,298}(CaCO_3,s)\\ &= (-635.55)+(-393.51)-(-1\,206.87)\\ &= 177.81\ \text{kJ}\end{aligned}$$

(3) 求标准状态下的自由焓 $\Delta_r G_{298}^{\ominus}$。

$$\Delta_r G_{298}^{\ominus} = \Delta_f G_{m,298}^{\ominus}(CaO, s) + \Delta_f G_{m,298}^{\ominus}(CO_2, g) - \Delta_f G_{m,298}^{\ominus}(CaCO_3, s)$$

$$= (-604.17) + (-394.38) - (-1\ 128.76)$$

$$= 130.21\ kJ$$

因为 $\Delta_r G_{298}^{\ominus} > 0$,所以在标准状态下碳酸钙分解反应不能自动进行。

(4)求 $\Delta_r C_{p,m}$。

$$\Delta_r C_{p,m} = C_{p,m}(CaO, s) + C_{p,m}(CO_2, g) - C_{p,m}(CaCO_3, s)$$

$$= (48.83 + 4.52T - 6.53T^{-2}) + (44.14 + 9.04T - 8.54T^{-2})$$

$$- (104.52 + 21.92T - 25.94T^{-2})$$

$$= -11.55 - 0.008\ 36\ T + 1\ 087\ 000\ T^{-2}$$

由此得 $\Delta a = -11.55$,$\Delta b = -0.008\ 36$,$\Delta c' = 1\ 087\ 000$。

(5)求积分常数 $\Delta_r H_0$。

$$\Delta_r H_0 = \Delta_r H_{298}^{\ominus} - \Delta a \times 298 - \frac{1}{2}\Delta b \times 298^2 + \Delta c' \times 298^{-1}$$

$$= 177.81 \times 10^3 - (-11.55) \times 298 - \frac{1}{2}(-0.008\ 36) \times 298^2 + 1\ 087\ 000 \times 298^{-1}$$

$$= 185\ 271\ J$$

(6)求第二积分常数 I。

$$I = (\Delta_r G_{298}^{\ominus} - \Delta_r H_0) \times 298^{-1} + \Delta a \ln 298 + \frac{1}{2}\Delta b \times 298 + \frac{1}{2}\Delta c' \times 298^{-2}$$

$$= (130.21 \times 10^3 - 185\ 271) \times 298^{-1} + (-11.55) \times \ln 298 + \frac{0.008\ 36}{2} \times 298$$

$$+ \frac{1}{2} \times 1\ 087\ 000 \times 298^{-2}$$

$$= -246$$

(7) 求 $\Delta_r G_T^{\ominus} = f(T)$,把已求出的 $\Delta_r H_0$、Δa、Δb、$\Delta c'$代入式(1-84),得

$$\Delta_r G_T^{\ominus} = \Delta_r H_0 - (\Delta a) T \ln T - \frac{1}{2}(\Delta b) T^2 - \frac{1}{2}(\Delta c') T^{-1} + IT$$

$$= 185\ 271 + 11.55\ T \ln T + 0.004\ 18\ T^2 - 543\ 500\ T^{-1} - 246\ T$$

(8)根据求得的关系式计算 800～1 400 K 范围内的自由焓变化,列表如下:

T/K	800	900	1 000	1 100	1 200	1 300	1 400
$\Delta_r G_T^{\ominus}/(J \cdot mol^{-1})$	52 233	37 364	22 692	8 209	−6 094	−20 224	−34 185

(9)求 $CaCO_3$ 的分解温度。

将上表的数据绘制成 $\Delta_r G_T^{\ominus} - T$ 的曲线,此曲线与轴的交点温度即为分解温度,应在 1 100～1 200 K之间,如图 1-7 所示。

根据热力学条件,当 $\Delta_r G_T^{\ominus} < 0$ 时,化合物将分解;当 $\Delta_r G_T^{\ominus} = 0$ 时,反应达平衡态,此时的温度应是 $CaCO_3$ 分解的温度。于是有

$$185\ 271 + 11.55 T \ln T + 0.004\ 18 T^2 - 543\ 500 T^{-1} - 246 T = 0$$

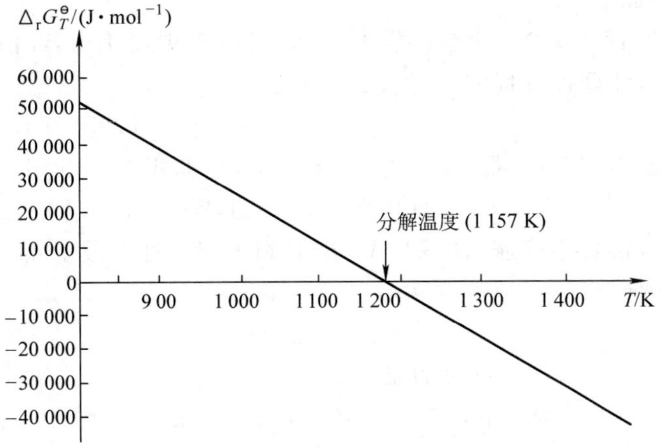

图 1-7　$CaCO_3$ 分解温度的图解

用试算法或从图中可查得 $T\approx 1\ 157$ K(884 ℃)。

思考与习题

1-1　当系统状态发生变化时,系统的状态函数是否都要发生改变?

1-2　状态函数有何特征?为什么功和热不是状态函数?

1-3　节流膨胀是在绝热的条件下,流体的始、终态分别保持恒定压力的膨胀过程。为什么中、高压的实际气体在节流膨胀中可以达到制冷效果?

1-4　指出下列过程中的 Q、W、ΔU、ΔH、ΔS、ΔG、ΔF 哪些为零:

(1)理想气体向真空膨胀;

(2)理想气体的等温可逆膨胀;

(3)实际气体的绝热可逆膨胀;

(4)水在 273.15 K、101.325 kPa 下凝结成冰;

(5)萘和 $O_2(g)$ 在绝热的钢瓶中反应生成水;

(6)理想气体的卡诺循环。

1-5　根据熵的物理意义定性地判断下列过程中系统的熵变是大于零还是小于零:

(1)气态的 CO_2 凝结成干冰;

(2)$CaCO_3(s) \longrightarrow CaO(s) + H_2O(l)$;

(3)HCl 气体溶于水生成盐酸;

(4)有毒的气体在活性炭上的吸附。

1-6　在 20 ℃时,2 mol 理想气体恒温膨胀至体积增加一倍,求所做的最大功。

($W_{max}=3\ 378.74$ J)

1-7　1 mol 氮气(设为理想气体)处于 300 K、101.325 kPa 下的始态,经由下列不同过程后使压力减半,分别计算各过程的功:

(1)等温可逆膨胀;　($W_1=1\ 728.85$ J)

(2)反抗恒定外压 0.5×101.325 kPa 等温膨胀;　($W_2=1\ 247.1$ J)

(3)向真空自由膨胀。 ($W_3=0$ J)

1－8 在 298 K 时，2 mol N_2 始态体积为 15 dm^3，保持温度不变，经由下列三个过程膨胀到终态体积为 50 dm^3，计算各过程的 Q、W、ΔU 和 ΔH：

(1)自由膨胀； ($Q=0$ J，$W=0$ J，$\Delta U=0$ J，$\Delta H=0$ J)

(2)反抗恒定外压 100 kPa 膨胀； ($Q=3\ 500$ J，$W=3\ 500$ J，$\Delta U=0$ J，$\Delta H=0$ J)

(3)可逆膨胀。 ($Q=5\ 965.86$ J，$W=5\ 965.86$ J，$\Delta U=0$ J，$\Delta H=0$ J)

1－9 理想气体等温可逆膨胀，体积从 V_1 膨胀到 $10V_1$，对外做了 41.85 kJ 的功，系统的起始压力为 202.65 kPa。

(1)求始态体积 V_1。 ($V_1=8.97\times10^{-2}$ m^3)

(2)若气体的量为 2 mol，试求系统的温度。 ($T=1\ 093.04$ K)

1－10 在 291 K 和 100 kPa 下，1 mol Zn(s)溶于足量的稀盐酸中，置换出 1 mol H_2，并放热。若以 Zn 和盐酸为系统，求该反应所做的功及内能的变化。

($W=2\ 419.37$ J，$\Delta U=-154.42$ kJ)

1－11 在 100 ℃、101.325 kPa 下，5.0 mol 的水变成水蒸气，求此过程的功。设水蒸气为理想气体，水的体积可忽略不计。 ($W=15\ 511.85$ J)

1－12 1.5 mol 单原子理想气体在外压保持在 101.325 kPa 下，气体的体积由 35 L 膨胀到 45 L，求 Q、W、ΔU 和 ΔH 。

($Q=2\ 533.2$ J，$W=1\ 013.3$ J，$\Delta U=1\ 519.9$ J，$\Delta H=2\ 533.2$ J)

1－13 1 mol 理想气体由 202.65 kPa、10 L 恒容升温到 2 026.5 kPa，再恒压压缩到 1 L，求下列情况下整个过程的 Q、W、ΔU、ΔH：

(1)自由膨胀； ($Q=0$，$W=0$，$\Delta U=0$，$\Delta H=0$)

(2)反抗恒定外压 101 325 Pa 膨胀； ($Q=911.925$ J，$W=911.925$ J，$\Delta U=0$，$\Delta H=0$)

(3)可逆膨胀。 ($Q=-4\ 666.18$ J，$W=-4\ 666.18$J，$\Delta U=0$，$\Delta H=0$)

1－14 已知在 327 ℃和 101 325 Pa 下，1 mol 二水石膏 $CaSO_4\cdot2H_2O$(s)分解成 $CaSO_4$(s)和水蒸气时，吸热 98.91 kJ，计算此过程的 Q、W、ΔU 和 ΔH。

($Q=98.91$ kJ，$W=9\ 976.8$ J，$\Delta U=88.93$ kJ，$\Delta H=98.91$ kJ)

1－15 1 mol 单原子理想气体，$C_{V,m}=1.5R$，始态(A)的温度为 273 K，体积为 22.4 dm^3，经历如下三步：(1)等容可逆升温，由始态(A)到 546 K 的状态(B)；(2)经等温可逆膨胀到体积为 44.8 dm^3 的状态(C)；(3)经等压可逆压缩到状态(A)。

(1)试用 P-V 图把整个过程表示出来；

(2)计算每一过程的 Q、W、ΔU、ΔH；

(等容：$Q=3\ 404.58$ J，$W=0$，$\Delta U=3\ 404.58$ J，$\Delta H=5\ 674.3$ J)

(等温：$Q=3\ 146.5$ J，$W=3\ 146.5$ J，$\Delta U=0$ J，$\Delta H=0$ J)

(等压：$Q=-5\ 674.3$ J，$W=-2\ 269.72$ J，$\Delta U=-3\ 404.5$ J，$\Delta H=-5\ 674.3$ J)

(3)计算整个循环过程的 Q、W、ΔU、ΔH。

(整个过程：$Q=876.78$ J，$W=876.78$ J，$\Delta U=0$ J，$\Delta H=0$ J)

1－16 空气在 25 ℃、101.325 kPa 下由 10 L 绝热可逆压缩至 1 L。已知空气的 $C_{V,m}=20.9\ J\cdot mol^{-1}\cdot K^{-1}$，计算压缩后的空气温度。 ($T_2=450.77$ ℃)

1－17 假设下列反应的反应物和产物均处在 25 ℃及 101 325 Pa 下，试问：哪一反应的 Δ_rU 和 Δ_rH 之差较大？哪个反应的 $\Delta_rU>\Delta_rH$？哪个反应的 $\Delta_rH>\Delta_rU$？

(1)蔗糖($C_{12}H_{22}O_{11}$)的完全燃烧。

(2)萘($C_{10}H_8$)被氧气氧化成苯二甲酸[$C_6H_4(COOH)_2$]。

(3)萘($C_{10}H_8$)的完全燃烧(氧化)。

(4)乙醇(C_2H_5OH)的完全燃烧。

(5)PbS 与 O_2 完全氧化成 PbO 和 SO_2。

1-18 利用生成热数据计算下列反应的热效应:

$$CaC_2(s)+2H_2O(l)=Ca(OH)_2(s)+C_2H_2(g)$$

已知:$\Delta_f H^\ominus(CaC_2)=-58.99\ kJ\cdot mol^{-1}$;$\Delta_f H^\ominus(C_2H_2)=1\ 299.6\ kJ\cdot mol^{-1}$。

($\Delta_r H^\ominus_{298}=943.68\ kJ$)

1-19 计算 AgCl 在 25 ℃时的标准生成热 $\Delta_f H^\ominus_{m,AgCl}$。已知反应的热效应如下。

(1)$Ag_2O(s)+2HCl(g)=2AgCl(s)+H_2O(l)$;$\Delta_r H^\ominus=-324.72\ kJ$

(2)$2Ag(s)+1/2O_2(g)=Ag_2O(s)$;$\Delta_r H^\ominus=-30.585\ kJ$

(3)1/2H"2(g)+$1/2Cl_2(g)=HCl(g)$;$\Delta_r H^\ominus=-92.299\ kJ$

(4)$H_2(g)+1/2O_2(g)=H_2O(l)$;$\Delta_r H^\ominus=-285.84\ kJ$

($\Delta_f H^\ominus_{m,AgCl}=-127.03\ kJ\cdot mol^{-1}$)

1-20 求 C(石墨)→C(金刚石)的晶型转变热。已知:$\Delta_c H^\ominus$(石墨)$=-393.51\ J\cdot mol^{-1}$;$\Delta_c H^\ominus$(金刚石)$=-395.39\ J\cdot mol^{-1}$。 ($\Delta_r H^\ominus=1.86\ kJ$)

1-21 10 mol 理想气体由 0.2 m^3、303 975 Pa 膨胀至 0.4 m^3、101 325 Pa,计算此过程的 ΔS。已知该理想气体的 $C_{p,m}=50.21\ J\cdot mol^{-1}\cdot K^{-1}$。 ($\Delta S=-112.24\ J\cdot K^{-1}$)

1-22 已知高岭土 $Al_2O_3\cdot 2SiO_2\cdot 2H_2O$ 的 $C_{p,m}=240.45+0.147\ 7\ T^{-3}-329\ 300\ 0\ T^{-2}(J\cdot mol^{-1}\cdot K^{-1})$,求 1 mol 高岭土从 25 ℃加热到 400 ℃所需的热量及熵增量 ΔS。

($Q_p=448.14\ kJ$,$\Delta S=583.5\ J$)

1-23 已知苯在 101.3 kPa、80.1 ℃时沸腾,其汽化热为 308 78 $J\cdot mol^{-1}$,液态苯的摩尔热容为 142.7 $J\cdot mol^{-1}\cdot K^{-1}$。将 1 mol、40.52 kPa 的苯蒸气压缩至 101.3 kPa,然后凝结为液态苯,并将液态苯冷却到 60 ℃。求整个过程的熵变(设苯蒸气为理想气体)。

($\Delta S=-103.4\ J\cdot K^{-1}$)

1-24 在 300 K 时,1 mol 理想气体从 1 013 250 Pa 恒温可逆膨胀到 101 325 Pa,计算此过程 ΔU、ΔH、ΔS、ΔF 和 ΔG。

($\Delta U=0$,$\Delta H=0$,$\Delta S=19.14\ J\cdot K^{-1}$,$\Delta F=-5\ 742\ J$,$\Delta G=-5\ 742\ J$)

1-25 1 mol 甲苯在其正常沸点 110 ℃时蒸发为蒸气,计算该过程的 Q、W、ΔU、ΔH、ΔS、ΔF 和 ΔG。

($Q=33.5\ kJ$,$W=3.184\ kJ$,$\Delta U=30.3\ kJ$,$\Delta H=33.5\ kJ$,$\Delta S=87.47\ J\cdot K^{-1}$,$\Delta F=-3.184\ kJ$,$\Delta G=0$)

1-26 根据附录中的数据计算反应 $CO(g)+H_2O(l)\rightarrow CO_2(g)+H_2(g)$ 在标准状态(298 K,1 013 25 Pa)下的 $\Delta_r H^\ominus_{298}$ 和 $\Delta_r S^\ominus_{298}$,并求该反应的 $\Delta_r G^\ominus_{298}$,判断反应在该条件下能否自发进行?

1-27 在 25℃、101 325 kPa 下,生石灰的消解反应为:$CaO(s)+H_2O(l)=Ca(OH)_2(s)$。计算其 $\Delta_r S^\ominus$ 及 $\Delta_r G^\ominus$。

($\Delta_r S^\ominus=-26.29 J\cdot mol^{-1}$,$\Delta_r G^\ominus=-55.4\ kJ$)

2 化学平衡

本章学习要求

(1)了解化学平衡状态。

(2)初步掌握化学反应的标准摩尔吉布斯函数变化 $\Delta_r G_m^{\ominus}$ 的近似计算,能用 $\Delta_r G_m$ 或 $\Delta_r G_m^{\ominus}$ 判断反应进行的方向。

(3)理解单相反应和多相反应标准平衡常数($K_p^{\ominus}$)的意义及其与 $\Delta_r G_m^{\ominus}$ 的关系,并初步掌握有关计算;理解浓度、压力和温度对化学平衡的影响。

(4)能够利用 $K_p^{\ominus}$ 及 $\Delta_r G_m^{\ominus}$ 进行有关平衡组成和平衡转化率的计算。

在生产实际中,人们除了希望能够获得优质产品外,还希望尽可能地提高产量和降低成本,从而获得最大的效益。在开发新产品的过程中,也常常遇到设计新反应的问题。因此,一个化学反应究竟能够得到多大的转化率?在给定的条件下,反应的最高限度是什么?一些外界条件,如温度、压力和浓度的改变,又将怎样影响反应的转化率?一个新设计的反应,究竟能不能进行?这些问题的解决,无疑对实际生产有着很大的指导意义。

化学反应是在宏观体系内发生的过程,我们可以用热力学的理论工具,对某一具体的化学反应进行具体分析,得出该反应达到化学平衡状态时的转化率以及外界条件对平衡状态的影响,从而根据具体情况,制订工艺路线,创造工艺条件,设法使反应的转化率能逼近甚至达到从热力学所得出的理论转化率,以获得最佳的生产效果。

本章中,将应用热力学第二定律的一些结论来处理化学平衡的问题,并将讨论平衡常数的测定和计算方法以及外界因素对化学平衡的影响等。

2.1 平衡常数

2.1.1 化学平衡

在普通化学中,我们已经了解到有些反应是单向反应,有些反应是可逆反应。单向反应是指只能向一个方向进行的反应,占很少数。所谓可逆反应是指同时向正、逆两个方向进行的反应。以下述反应为例:

$$CO(g)+H_2O(g) \rightleftharpoons CO_2(g)+H_2(g)$$

在一定的条件下,当正反应速度与逆反应速度相等时,系统中各物质的浓度一定,宏观上觉察不出什么变化，也就是系统中的运动处于相对静止的状态。这种状态在化学上称为化学平衡。平衡状态表明在一定的条件下化学反应进行的限度。只要外界条件不变，已经达到的平衡状态就不再随时间而变化。但是，外界条件一旦改变，原来的平衡状态就要遭到破坏，这时反应体系又处于不平衡状态。如上述的水煤气反应，当温度升高，或增大体系中 CO_2 和 H_2 的浓度，反应就向左进行，产生更多的 CO 和 H_2O，直到在新的条件下建立新的平衡为止。

平衡状态从宏观上看似乎是静止状态，好像反应已经停止。但从微观上看，质点间的正反应和逆反应仍在不断进行。因此，化学平衡是动态平衡。

2.1.2 单相反应的平衡常数

单相反应是指气体与气体之间的反应，或者是在溶液中发生的无固相和气相参与的反应。对于任何理想气体的化学反应，在一定温度和压力下进行，如反应式

$$aA+bB\longrightarrow dD+rR$$

式中 a、b、d、r 分别表示理想气体 A、B、D、R 在化学反应式中的计量系数。设 p_A^{eq}、p_B^{eq}、p_D^{eq}、p_R^{eq} 分别表示各气体的平衡分压。化学反应平衡时，有

$$\Delta_r G_m=d\mu_D+r\mu_R-a\mu_A-b\mu_B=0$$

平衡时反应物系中任一理想气体物质 B 的化学势为

$$\mu_B(g)=\mu_B^{\ominus}(g)+RT\ln\frac{p_B^{eq}}{p^{\ominus}} \tag{2-1}$$

式中 $\mu_B^{\ominus}$ 是理想气体 B 在温度为 T、压力为 $p^{\ominus}$ 时的化学势，即气体 B 的标准化学势，它仅是温度的函数。p_B^{eq} 为同一温度时任一理想气体的平衡分压。可以得到

$$\begin{aligned}\Delta_r G_m&=d\mu_D+r\mu_R-a\mu_A-b\mu_B\\&=d(\mu_D^{\ominus}+RT\ln\frac{p_D^{eq}}{p^{\ominus}})+r(\mu_R^{\ominus}+RT\ln\frac{p_R^{eq}}{p^{\ominus}})-a(\mu_A^{\ominus}+RT\ln\frac{p_A^{eq}}{p^{\ominus}})-b(\mu_B^{\ominus}+RT\ln\frac{p_B^{eq}}{p^{\ominus}})\end{aligned}$$

整理后得

$$\Delta_r G_m=d\mu_D^{\ominus}+r\mu_R^{\ominus}-a\mu_A^{\ominus}-b\mu_B^{\ominus}+(d\ln\frac{p_D^{eq}}{p^{\ominus}}+r\ln\frac{p_R^{eq}}{p^{\ominus}}-a\ln\frac{p_A^{eq}}{p^{\ominus}}-b\ln\frac{p_B^{eq}}{p^{\ominus}})RT$$

令 $\Delta_r G_m^{\ominus}=d\mu_D^{\ominus}+r\mu_R^{\ominus}-a\mu_A^{\ominus}-b\mu_B^{\ominus}$，平衡时

$$\Delta_r G_m=\Delta_r G_m^{\ominus}+(d\ln\frac{p_D^{eq}}{p^{\ominus}}+r\ln\frac{p_R^{eq}}{p^{\ominus}}-a\ln\frac{p_A^{eq}}{p^{\ominus}}-b\ln\frac{p_B^{eq}}{p^{\ominus}})RT=0$$

$$\Delta_r G_m^{\ominus}+RT\ln\frac{\left(\frac{p_D^{eq}}{p^{\ominus}}\right)^d\times\left(\frac{p_R^{eq}}{p^{\ominus}}\right)^r}{\left(\frac{p_A^{eq}}{p^{\ominus}}\right)^a\times\left(\frac{p_B^{eq}}{p^{\ominus}}\right)^b}=0$$

上式可改写为

$$\Delta_r G_m^{\ominus}=-RT\ln\frac{\left(\frac{p_D^{eq}}{p^{\ominus}}\right)^d\times\left(\frac{p_R^{eq}}{p^{\ominus}}\right)^r}{\left(\frac{p_A^{eq}}{p^{\ominus}}\right)^a\times\left(\frac{p_B^{eq}}{p^{\ominus}}\right)^b} \tag{2-2}$$

式中 $\Delta_r G_m^{\ominus}$ 为化学反应的标准摩尔吉布斯函数变化，由于各组分的 $\Delta_r G_m^{\ominus}$ 只是温度的函数，所以对于一定化学反应，$\Delta_r G_m^{\ominus}$ 也只是温度的函数，当温度一定时，$-\frac{1}{RT}\Delta_r G_m^{\ominus}$ 应为常数，令

$$K_p^{\ominus}=\frac{\left(\frac{p_D^{eq}}{p^{\ominus}}\right)^d\times\left(\frac{p_R^{eq}}{p^{\ominus}}\right)^r}{\left(\frac{p_A^{eq}}{p^{\ominus}}\right)^a\times\left(\frac{p_B^{eq}}{p^{\ominus}}\right)^b} \tag{2-3a}$$

亦可写成

$$K_p^{\ominus}=\prod_B\left(\frac{p_B^{eq}}{p^{\ominus}}\right)^{\nu_B} \tag{2-3b}$$

$K_p^{\ominus}$ 即为标准平衡常数，无量纲，对于一个指定的化学反应来说，它仅仅是温度的函数，而与压力和组成无关。其值越大，则平衡混合物中产物的组成越大。所以说，$K_p^{\ominus}$ 是反应限度的标志。

将式(2－3a)代入式(2－2)得

$$\Delta_r G_m^{\ominus}=-RT\ln K_p^{\ominus} \tag{2-4}$$

2.1.3 多相反应的平衡常数

前面讨论的是单相反应，如果参加化学反应的各种物质不是处于同一相中，除了含有气相外，还有固相或液相，那就称之为多相反应。硅酸盐工业生产中的反应大多数是多相反应。多相反应的平衡常数表达式原则上与单相反应的相同，但需注意具体的表示方法。

以 $CaCO_3(s)$ 的分解反应为例，反应式为

$$CaCO_3(s)\rightleftharpoons CaO(s)+CO_2(g)$$

当反应达到平衡时

$$\mu(CO_2,g)+\mu(CaO,s)=\mu(CaCO_3,s)$$

由于凝聚相的化学势随压力的变化不大，并且如果凝聚相处于纯态，不形成固溶体或溶液，则 $\mu_B\approx\mu_B^{\ominus}$，所以上式可写为

$$\mu^{\ominus}(CO_2,g)+RT\ln(p_{CO_2}^{eq}/p^{\ominus})+\mu^{\ominus}(CaO,s)=\mu^{\ominus}(CaCO_3,s)$$

$$-RT\ln(p_{CO_2}^{eq}/p^{\ominus})=[\mu^{\ominus}(CO_2,g)+\mu^{\ominus}(CaO,s)-\mu^{\ominus}(CaCO_3,s)]=\Delta_r G_m^{\ominus}$$

又根据式(2－4)得

$$K_p^{\ominus}=p_{CO_2}^{eq}/p^{\ominus} \tag{2-5}$$

由此可见，多相反应的标准平衡常数的表示式更为简单，在标准平衡常数的表示式中均不出现凝聚相，只要写出参加反应的各气体物质的分压即可。上述讨论只限于各凝聚相处于纯态的情况。如果由固溶体或溶液生成，还需要考虑到所有生成固溶体或溶液的组成因素。

在一定温度下，$CaCO_3$ 分解达到平衡时，CO_2 的分压是一个一定的数值。我们把这个数值叫做 $CaCO_3$ 的分解压。分解压的含义是：当固态（或液态）化合物在一定温度下分解时，如果产生一种气体，那么，当分解反应达到平衡时，此气体产物的分压就称为该化合物的分解压。它也就是此分解反应的平衡常数。若分解产物不止一种气体，则产物的总压称为分解压。

例如，$NH_4HS(s)$的分解反应：

$$NH_4HS(s) \rightleftharpoons NH_3(g) + H_2S(g)$$

分解压为 $p = p_{NH_3}^{eq} + p_{H_2S}^{eq}$。

物质的分解压随温度的升高而增大。当物质的分解压为 101.325 kPa 时的温度，称为该化合物的分解温度。碳酸钙在 897 ℃时，分解压为 101.325 kPa，所以碳酸钙的分解温度为 897 ℃。

根据化合物分解压的大小可以判断在此温度下化合物的稳定性。在一定温度下，分解压越小的物质越稳定，越不容易分解。分解压越大的物质越容易分解，越不稳定。因此，对碳酸盐、氧化物等，常用在某一温度下分解压的大小来比较它们的稳定性。在不同温度下 $CaCO_3$ 的分解压数值如表 2-1。

表 2-1　在不同温度下碳酸钙的分解压

温度/℃	500	600	700	800	897	1 000	1 100
分解压/kPa	0.009 7	0.245	2.938	22.292	101.325	392.128	1 165.238

由表中的数据可知，将 $CaCO_3$ 加热至高于 897 ℃时，其分解压已大于 101.325 kPa，$CaCO_3$急剧地分解。故煅烧石灰石时，室内的 CO_2 分压减小，将有利于石灰石的分解。

[例 2-1]　氯化铵的分解反应如下：

$$NH_4Cl(s) \rightleftharpoons NH_3(g) + HCl(g)$$

将 $NH_4Cl(s)$放入抽空的容器中，在 520 K 下反应达到平衡后，测得总压为 5 066 Pa。在另一实验中，将 0.02 mol $NH_4Cl(s)$和 0.02 mol $NH_3(g)$引入 $42.7\times10^{-3}\,m^3$ 的抽空的容器中，仍保持 520 K，试求平衡后各物质的量。

解：在第一种情况下，$p_{NH_3}^{eq} = p_{HCl}^{eq} = p/2$

$$K^{\ominus} = \frac{p_{NH_3}^{eq}}{p^{\ominus}} \times \frac{p_{HCl}^{eq}}{p^{\ominus}} = \left(\frac{p}{2p^{\ominus}}\right)^2 = \left(\frac{5\ 066}{2\times10^5}\right)^2 = 6.42\times10^{-4}$$

在第二种情况下，0.02 mol $NH_3(g)$单独在容器中所产生的压力为

$$p_{NH_3} = \frac{n_{NH_3}RT}{V} = \frac{0.02\times8.314\times520}{42.7\times10^{-3}} = 2\ 025\ \text{Pa}$$

化学反应达到平衡后，有

$$K^{\ominus} = \frac{p_{NH_3}^{eq}}{p^{\ominus}} \times \frac{p_{HCl}^{eq}}{p^{\ominus}} = \left(\frac{p_{HCl}^{eq}+2\ 025}{p^{\ominus}}\right) \times \frac{p_{HCl}^{eq}}{p^{\ominus}} = 6.42\times10^{-4}$$

解得

$$p_{HCl}^{eq} = 1\ 712\ \text{Pa}$$

$$p_{NH_3}^{eq} = 1\ 712 + 2\ 025 = 3\ 737\ \text{Pa}$$

平衡后物质的量为

$$n_{HCl}^{eq}=\frac{p_{HCl}^{eq}V}{RT}=\frac{1\ 712\times42.7\times10^{-3}}{8.314\times520}=0.016\ 9\ \text{mol}$$

同理可得

$$n_{NH_3}=0.036\ 9\ \text{mol}$$

$$n_{NH_4Cl(s),剩余}=0.02-0.016\ 9\ \text{mol}=0.003\ 1\ \text{mol}$$

2.2 利用标准自由焓求反应的平衡常数

平衡常数是一个很重要的数值,但是由实验直接测定平衡常数带有一定的局限性,有时甚至是无法直接测定的。

由上节可知,化学反应的标准自由焓变化与平衡常数有直接联系,所以讨论化学平衡问题时,$\Delta G^{\ominus}$值有特别重要的意义。

2.2.1 标准摩尔生成自由焓

如果能够知道参加反应的各种物质的标准自由焓,则用简单的加减法就能求得任意反应的标准自由焓变化 $\Delta G^{\ominus}$。但是现在还无法确切知道各种物质的标准自由焓,因此仿照热化学中利用生成热来计算反应热的那种方法,选定某种状态为标准来取其相对值,从而计算任意反应的 $\Delta G^{\ominus}$。为此,规定了标准生成自由焓的概念。

现规定,在一定温度及 101.325 kPa 下的最稳定的单质的自由焓等于零。根据这个规定,在标准状态下,由最稳定的单质反应生成 1 mol 化合物时,其标准自由焓变化 $\Delta G^{\ominus}$,称为该化合物的标准摩尔生成自由焓,用符号 $\Delta_f G_m^{\ominus}$ 表示。

对于任意化学反应 $aA+bB\rightleftharpoons dD+rR$,其 $\Delta_f G_m^{\ominus}$ 应为

$$\Delta_f G_m^{\ominus}=d\mu_D^{\ominus}+r\mu_R^{\ominus}-a\mu_A^{\ominus}-b\mu_B^{\ominus}$$

也就是

$$\Delta_f G_m^{\ominus}=\sum_B \nu_B G_{m,B}^{\ominus}(\text{产物})-\sum_B \nu_B G_{m,B}^{\ominus}(\text{反应物}) \qquad (2-6)$$

常见物质的 $\Delta_f G_m^{\ominus}$ 数据可从本书附录或有关手册中查到。

2.2.2 标准自由焓变化的计算

由上可知,利用物质的标准生成吉布斯函数,可以求算反应的 $\Delta_r G_m^{\ominus}$。除此之外,反应的 $\Delta_r G_m^{\ominus}$ 还可以通过其他方法求算。例如:①通过测定反应的标准平衡常数来计算;②用已知反应的 $\Delta_r G_m^{\ominus}$ 计算所研究反应的 $\Delta_r G_m^{\ominus}$;③通过反应的 $\Delta_r S_m^{\ominus}$ 和 $\Delta_r H_m^{\ominus}$ 用公式 $\Delta_r G_m^{\ominus}=\Delta_r H_m^{\ominus}-T\Delta_r S_m^{\ominus}$ 计算;④通过电池的标准电动势 $E^{\ominus}$ 计算;⑤采用统计的方法计算。

[例 2-2] 计算反应

$$CO(g)+Cl_2(g)\rightleftharpoons COCl_2(g)$$

在 298 K 及通常压力下的 $\Delta_r G_m^{\ominus}$ 及 $K_p^{\ominus}$。

解:查表可得,298 K 时 $\Delta_f G_m^{\ominus}(CO,g)=-137.3\ \text{kJ}\cdot\text{mol}^{-1}$,$\Delta_f G_m^{\ominus}(COCl_2,g)=-210.5\ \text{kJ}\cdot\text{mol}^{-1}$。

Cl_2(g)是稳定单质，其 $\Delta_f G_m^{\ominus}$ 的值为零，所以

$$\Delta_r G_m^{\ominus} = (-210.5) - (-137.3 + 0) = -73.2\ \text{kJ} \cdot \text{mol}^{-1}$$

由 $\Delta_r G_m^{\ominus} = -RT\ln K_p^{\ominus}$，得

$$K_p^{\ominus} = \exp\left(\frac{-\Delta_r G_m^{\ominus}}{RT}\right) = \exp\left(\frac{73.2 \times 10^3}{8.314 \times 298}\right) = 6.78 \times 10^{12}$$

2.3 化学反应等温方程式

2.3.1 化学反应等温方程式表述

如果上面讨论的理想气体的反应 $aA + bB \rightleftharpoons dD + rR$ 是在恒温下进行，反应处于非平衡态，物系中各物质的化学势表示为

$$\mu_B(g) = \mu_B^{\ominus}(g) + RT\ln \frac{p_B}{p^{\ominus}} \tag{2-7}$$

则该物系的摩尔吉布斯函变为

$$\Delta_r G_m = \Delta_r G_m^{\ominus} + \left(d\ln \frac{p_D}{p^{\ominus}} + r\ln \frac{p_R}{p^{\ominus}} - a\ln \frac{p_A}{p^{\ominus}} - b\ln \frac{p_B}{p^{\ominus}}\right)RT$$

$$= \Delta_r G_m^{\ominus} + RT\ln \frac{\left(\frac{p_D}{p^{\ominus}}\right)^d \times \left(\frac{p_R}{p^{\ominus}}\right)^r}{\left(\frac{p_A}{p^{\ominus}}\right)^a \times \left(\frac{p_B}{p^{\ominus}}\right)^b} \tag{2-8}$$

令 $J_p = \frac{\left(\frac{p_D}{p^{\ominus}}\right)^d \times \left(\frac{p_R}{p^{\ominus}}\right)^r}{\left(\frac{p_A}{p^{\ominus}}\right)^a \times \left(\frac{p_B}{p^{\ominus}}\right)^b}$，代入式(2-8)得

$$\Delta_r G_m = \Delta_r G_m^{\ominus} + RT\ln J_p \tag{2-9}$$

再将式(2-4)代入上式得

$$\Delta_r G_m = -RT\ln K_p^{\ominus} + RT\ln J_p \tag{2-10}$$

式(2-9)和(2-10)都称为化学反应等温方程式。式中 J_p 为任一指定温度下的压力商，其数值与温度无关。

2.3.2 化学反应自发方向的判断

利用化学反应等温方程式计算出反应的吉布斯函数变化，就可作为恒温恒压条件下化学反应自发方向的判据。

(1)当 $J_p < K_p^{\ominus}$ 时，$\Delta_r G_m < 0$，反应能自发地从左向右(正向反应)进行。

(2)当 $J_p > K_p^{\ominus}$ 时，$\Delta_r G_m > 0$，反应能自发地从右向左(逆向反应)进行。

(3)当 $J_p = K_p^\ominus$ 时，$\Delta_r G_m = 0$，反应处于平衡状态。

上述结论中，当 $J_p > K_p^\ominus$ 时，正向反应不能自发进行，是指在给定的条件下而言。如改变条件使 $J_p < K_p^\ominus$，则正向反应可以自发地进行。此外，从等温方程式可以看出，$\Delta_r G_m$ 与 $\Delta_r G_m^\ominus$ 是不同的。当一个化学反应达到平衡时，$\Delta_r G_m$ 必为零，而 $\Delta_r G_m^\ominus$ 不一定为零。

［例 2-3］ 已知 $N_2O_4 \longrightarrow 2NO_2$，在 25 ℃的平衡常数 $K_p^\ominus = 0.14$。判断总压为 101.3 kPa 时下列体系中反应的方向：(1)N_2O_4 与 NO_2 含量为 1∶3(物质的量之比)的气体混合物；(2)N_2O_4 与 NO_2 含量为 4∶1 的气体混合物。

解：(1)该体系内 N_2O_4 与 NO_2 分压分别为 $\frac{1}{4} \times 101.3$ kPa 和 $\frac{3}{4} \times 101.3$ kPa，则

$$J_p = \frac{(p_{NO_2}^{eq}/p^\ominus)^2}{p_{N_2O_4}^{eq}/p^\ominus} = \frac{\left(\dfrac{\frac{3}{4}\times 101.3}{101.3}\right)^2}{\left(\dfrac{\frac{1}{4}\times 101.3}{101.3}\right)} = 2.25$$

$J_p > K_p^\ominus$，反应逆向进行。

(2)当体系内 N_2O_4 与 NO_2 分压分别为 $\frac{4}{5} \times 101.3$ kPa 和 $\frac{1}{5} \times 101.3$kPa 时，则

$$J_p = \frac{(p_{N_2O_4}^{eq}/p^\ominus)^2}{p_{NO_2}^{eq}/p^\ominus} = \frac{\left(\dfrac{\frac{1}{5}\times 101.3}{101.3}\right)^2}{\left(\dfrac{\frac{4}{5}\times 101.3}{101.3}\right)} = 0.05$$

$J_p < K_p^\ominus$，反应正向进行。

2.4 平衡常数与温度的关系

前面讨论了如何利用物质在 25 ℃时的数据，按公式 $\Delta_r G_m^\ominus = -RT\ln K_p^\ominus$，或其他方法，计算 25 ℃的平衡常数。然而，实际反应往往不是在 25 ℃进行。在硅酸盐工业中的许多反应通常都是在较高的温度下进行。温度改变了，反映化学平衡特征的平衡常数也将发生变化。因此，必须将 25 ℃的平衡常数换算成所需要的任意温度的平衡常数。这就需要找出平衡常数与温度的关系。

2.4.1 ΔG 与温度的关系——吉布斯-赫姆霍兹方程式

为了找出平衡常数与温度的关系，按公式 $\Delta_r G_m^\ominus = -RT\ln K_p^\ominus$，须先求温度对 $\Delta_r G_m^\ominus$ 的影响。现有一恒压下的反应：

$$aA + bB \rightleftharpoons dD + rR$$

在一定的温度下，反应物 A、B 的自由焓之和为 G_1，熵之和为 S_1；生成物 C、D 的自由焓之和为 G_2，熵之和为 S_2。因此，该反应的自由焓变化 $\Delta G=G_2-G_1$，熵变 $\Delta S=S_2-S_1$。

若保持压力不变，而反应温度由 T 改变至 $T+\mathrm{d}T$，这一变化可表示如下：

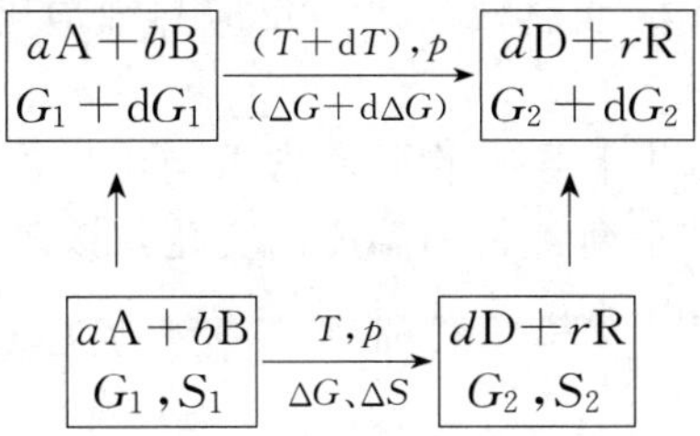

则在$(T+\mathrm{d}T)$温度下化学反应的自由焓变化为 $\Delta G+\mathrm{d}G$。

根据热力学基本方程式 $\mathrm{d}G=-S\mathrm{d}T+V\mathrm{d}p-\mathrm{d}W'$，考虑到化学反应一般不做其他功，这样在恒压下，由于温度改变 $\mathrm{d}T$ 而引起的反应物和生成物的反应自由焓变化分别为

$$\mathrm{d}G_1=-S_1\mathrm{d}T$$

$$\mathrm{d}G_2=-S_2\mathrm{d}T$$

两式相减，$\mathrm{d}G_2-\mathrm{d}G_1=-S_2\mathrm{d}T-(-S_1\mathrm{d}T)$，得

$$\mathrm{d}\Delta G=-\Delta S\mathrm{d}T$$

$$\left(\frac{\mathrm{d}\Delta G}{\mathrm{d}T}\right)_p=-\Delta S \qquad (2-11)$$

式(2-11)表示在恒压条件下，化学反应的自由焓变化随温度的变化率等于该温度下化学反应熵变的减少值。已知在恒温时，$\Delta G=\Delta H-T\Delta S$，将式(2-11)代入则得

$$\Delta G=\Delta H+T\left(\frac{\mathrm{d}\Delta G}{\mathrm{d}T}\right)_p \qquad (2-12)$$

或

$$\left(\frac{\mathrm{d}\Delta G}{\mathrm{d}T}\right)_p=\frac{\Delta G-\Delta H}{T} \qquad (2-13)$$

上面两式表示出 $\Delta G=f(T)$的关系，称为吉布斯-赫姆霍兹方程式，若系统在 101.325 kPa 下，则可以得到

$$\left(\frac{\mathrm{d}\Delta G}{\mathrm{d}T}\right)_{p^\ominus}=\frac{\Delta G^\ominus-\Delta H^\ominus}{T} \qquad (2-14)$$

2.4.2　平衡常数与温度的关系——范特荷夫方程式

温度对化学平衡的影响，可以通过温度对化学反应平衡常数的影响集中地反映出来。化学反应的标准平衡常数 $K_p^\ominus$ 只是温度的函数，当温度变化时，$K_p^\ominus$ 也相应地变化，从而引起平衡移动。

根据式(2-4)可知，$\Delta_r G_m^\ominus$ 是温度的函数，只要确定了它与温度的关系，即可得到 T 与 $K_p^\ominus$ 之间的关系式。根据吉布斯-亥姆霍兹方程式，可得

$$\left[\frac{\partial(\Delta G/T)}{\partial T}\right]_p=-\frac{\Delta H}{T^2}$$

可知，化学反应的标准摩尔吉布斯函数的变化和标准摩尔焓变之间的关系为

$$\frac{\mathrm{d}(\Delta_r G_m^\ominus/T)}{\mathrm{d}T}=\frac{-\Delta_r H_m^\ominus}{T^2} \qquad (2-15)$$

把 $\Delta_r G_m^\ominus=-RT\ln K_p^\ominus$ 代入上式得

$$\frac{\mathrm{dln}\ K_p^{\ominus}}{\mathrm{d}T}=\frac{\Delta H^{\ominus}}{RT^2} \tag{2-16}$$

上式等号左边为温度 T 时平衡常数的自然对数随温度的变化率，右边的 $\Delta H^{\ominus}$ 为 101.325 kPa下的反应热效应，即标准热效应。因反应热效应随压力变化不大，故 $\Delta H^{\ominus}$ 可用热效应 ΔH 来代替。

式(2－15)及(2－16)是在恒压下导出的平衡常数与温度的关系式，称为范特荷夫恒压方程式。它表明了化学反应的标准平衡常数随温度的变化与该反应的标准摩尔焓变的关系。

(1)对于放热反应，$\Delta H<0$，$\frac{\mathrm{dln}\ K_p^{\ominus}}{\mathrm{d}T}<0$，即升高温度，$K_p^{\ominus}$ 减小，平衡向逆反应方向移动。或者说，升高温度，平衡向吸热反应方向移动。

(2)对于吸热反应，$\Delta H>0$，$\frac{\mathrm{dln}\ K_p^{\ominus}}{\mathrm{d}T}>0$，即升高温度，$K_p^{\ominus}$ 增大，平衡向正反应方向移动。

(3)对于既不放热也不吸热的反应，$\Delta H=0$，温度变化对反应无影响。

总之，当温度升高时，平衡总是向吸热反应的方向移动，即向着减少物系温度变化的方向移动。

对于理想气体，平衡常数也可用浓度来计算，即浓度平衡常数 $K_c=\frac{c_{\mathrm{C}}^c \cdot c_{\mathrm{D}}^d}{c_{\mathrm{A}}^a \cdot c_{\mathrm{B}}^b}$，$K_c$ 与 K_p 有如下关系：

$$K_p=\frac{c_{\mathrm{C}}^c \cdot c_{\mathrm{D}}^d}{c_{\mathrm{A}}^a \cdot c_{\mathrm{B}}^b}(RT)^{(c+d)-(a+b)}=K_c(RT)^{(c+d)-(a+b)}$$

令 $\Delta n=(c+d)-(a+b)$，则

$$K_c=K_p(RT)^{-\Delta n}$$

对上式两边取对数，有

$$\ln K_c=\ln K_p-\Delta\ln T-\Delta\ln R$$

对 T 求导数得

$$\frac{\mathrm{dln}\ K_c}{\mathrm{d}T}=\frac{\mathrm{dln}\ K_p}{\mathrm{d}T}-\frac{\Delta n}{T}$$

将式(2－16)代入上式得

$$\frac{\mathrm{dln}\ K_c}{\mathrm{d}T}=\frac{\Delta H^{\ominus}}{RT^2}-\frac{\Delta n}{T}=\frac{\Delta H^{\ominus}-\Delta nRT}{RT^2}$$

因为，$\Delta U=\Delta H-\Delta nRT$，所以

$$\frac{\mathrm{dln}\ K_c}{\mathrm{d}T}=-\frac{\Delta U}{RT^2} \tag{2-17}$$

对于稀溶液中的反应，由于体积变化 ΔV 很小，可忽略不计。由 $\Delta H=\Delta U+p\Delta V$，可以认为 $\Delta U\approx\Delta H$，于是上式可以写成

$$\frac{\mathrm{dln}\ K_c}{\mathrm{d}T}=\frac{\Delta H}{RT^2} \tag{2-18}$$

式(2－17)及式(2－18)式都是范特荷夫恒容方程式。

2.4.3 应用范特荷夫方程式的计算

范特荷夫方程式不仅定性地说明了平衡常数与温度的关系，而且通过积分还能定量地计算出平衡常数随温度的变化。

积分可分两种情况：一种是在温度变化范围不大时，ΔH 可看成常数；另一种是在温度变化范围较大时，ΔH 是一个随温度而变化的函数。

1. 温度变化范围不大时

此时，ΔH 可视为常数，将式(2-16)取不定积分可得

$$\int \mathrm{d}\ln K_p = \frac{\Delta H}{R}\int \frac{\mathrm{d}T}{T^2}$$

$$\ln K_p = -\frac{\Delta H}{RT} + c' \tag{2-19}$$

$$\lg K_p = -\frac{\Delta H}{2.303RT} + c \tag{2-20}$$

式中 c'和 c 均为积分常数。若以 $\lg K_p$ 对 $1/T$ 作图，可得一直线，则其斜率为$-\frac{\Delta H}{2.303RT}$，截距为 c。由此可求出在此温度范围内的平均反应热 ΔH。

若将式(2-16)取定积分可得

$$\int_{K_{p_1}}^{K_{p_2}} \mathrm{d}\ln K_p = \frac{\Delta H}{R}\int_{T_1}^{T_2} \frac{\mathrm{d}T}{T^2}$$

$$\ln \frac{K_{p_2}}{K_{p_1}} = -\frac{\Delta H}{R}\left(\frac{1}{T_2} - \frac{1}{T_1}\right)$$

$$= \frac{\Delta H}{R} \times \frac{T_2 - T_1}{T_2 T_1} \tag{2-21}$$

或

$$\lg \frac{K_{p_2}}{K_{p_1}} = -\frac{\Delta H}{2.303R} \times \frac{T_2 - T_1}{T_1 T_2} \tag{2-22}$$

由以上两式可以看出，如果已知 ΔH，则根据某一温度下的平衡常数可以计算另一温度下的平衡常数。

在 ΔH 为常数时，若实验数据较多，则用直线求解比只用两个数据按上面公式求算的更为可靠。

［**例 2-4**］ 求利用反应 $CaCO_3(s) = CaO(s) + CO_2(g)$ 制取生石灰时的分解温度。已知数据如下表，并设 ΔH 为常数。

物质	$\Delta_f H_{298}^{\ominus}/(kJ \cdot mol^{-1})$	$\Delta_f G_{298}^{\ominus}/(kJ \cdot mol^{-1})$
$CaCO_3(s)$	−1 206.80	−1 128.80
$CaO(s)$	−635.09	−604.20
$CO_2(g)$	−393.51	−394.36

解：因为烧制生石灰是在大气压力下进行，若要石灰石快速分解，必须是此反应的 $K_p > J_p$。由已知数据，求得 25 ℃时相关数据如下：

$$\Delta_r H_{298}^{\ominus} = \Delta_f H_{CO_2}^{\ominus} + \Delta_f H_{CaO}^{\ominus} - \Delta_f H_{CaCO_3}^{\ominus}$$

$$= -393.51 - 635.09 - (-1\,206.80)$$

$$= 178.20\ \mathrm{kJ}$$

$$\Delta_r G_{298}^{\ominus} = \Delta_f G_{CO_2}^{\ominus} + \Delta_f G_{CaO}^{\ominus} - \Delta_f G_{CaCO_3}^{\ominus}$$

$$= -394.36 - 604.20 - (-1\,128.80)$$

$$= 130.24\ \mathrm{kJ}$$

$\Delta_r G_{298}^{\ominus} > 0$，说明室温下碳酸钙的分解反应不能进行。但是 $\Delta_r H_{298}^{\ominus} > 0$，说明随温度的升高，反应的 K_p 值增大。因设 ΔH 为常数，故根据公式

$$\ln\frac{K_{p_2}}{K_{p_1}}=-\frac{\Delta H}{R}(\frac{1}{T_2}-\frac{1}{T_1})$$

当 $T_1=298$ 时，$\ln K_p=-\frac{\Delta_r G_{298}^{\ominus}}{RT_1}$，$T_2$ 时，$K_{p_1}=p_{CO_2}=1$ atm，即 $\ln K_{p_2}=0$，则

$$\ln\frac{K_{p_2}}{K_{p_1}}=-\ln K_{p_1}=\frac{\Delta_r G_{298}^{\ominus}}{RT_1}=-\frac{\Delta H}{R}(\frac{1}{T_2}-\frac{1}{T_1})$$

$$\frac{1}{T_2}=-\frac{\Delta_r G_{298}^{\ominus}}{T_1\Delta H}+\frac{1}{T_1}=\frac{1}{T_1}(1-\frac{\Delta_r G_{298}^{\ominus}}{\Delta_r H_{298}^{\ominus}})$$

$$=\frac{1}{298.15}(1-\frac{130.24}{178.20})$$

$$T_2=1\ 108\ \text{K}(835\ ℃)$$

因此，石灰石的分解温度不低于 835 ℃。在实际生产中，石灰石的分解温度是 897 ℃。

2. 温度变化范围较大时

因为 ΔH 为变数，故必须先找出 ΔH 与 T 的函数关系，然后再积分。因为恒压下，物质的热容 $C_p=a+bT+\frac{c'}{T^2}$，则基尔霍夫方程的不定积分式为

$$\Delta H^{\ominus}=\Delta H_0+(\Delta a)T+\frac{1}{2}(\Delta b)T^2-\frac{\Delta c'}{T}$$

将上式代入式(2-16)可得

$$\frac{\mathrm{d}\ln K_p}{\mathrm{d}T}=\frac{\Delta H_0}{RT^2}+\frac{\Delta a}{RT}+\frac{\Delta b}{2R}-\frac{\Delta c'}{RT^3}$$

将上式积分可得

$$\ln K_p=-\frac{\Delta H_0}{RT}+\frac{\Delta a}{R}\ln T+\frac{\Delta b}{2R}T+\frac{\Delta c'}{2RT^2}+I' \qquad (2-23)$$

式(2-23)就是 $\lg K_p=f(T)$ 的普遍形式，式中 I' 为积分常数。

因为 $\Delta G^{\ominus}=-RT\ln K_p$，所以还可以得出 $\Delta G^{\ominus}=f(T)$ 的形式，即

$$\Delta G^{\ominus}=\Delta H_0-(\Delta a)T\ln T-\frac{1}{2}(\Delta b)T^2-\frac{\Delta c'}{2T}-I'RT \qquad (2-24)$$

由此可以计算任一温度下的平衡常数。

[例 2-5] 计算反应 $CaCO_3(s)=CaO(s)+CO_2(g)$ 的 $\Delta G^{\ominus}=f(T)$ 的关系式，并求出温度为800、1 000、1 200、1 300、1 400 K 时的平衡常数。可利用[例 2-3]的数据及结果，所需其余热力学数据可以从附录中查出。

解：(1)查附录一得

$$C_{p,m(CaCO_3)}=104.52+21.92\times10^{-3}T-25.94\times10^5T^2$$

$$C_{p,m(CaO)}=48.83+4.52\times10^{-3}T-6.53\times10^5T^2$$

$$C_{p,m(CO_2)}=44.14+9.04\times10^{-3}T-8.54\times10^5T^2$$

$$\Delta a=48.83+44.14-104.52=-11.55$$

$$\Delta b=(4.52+9.04-21.92)\times10^{-3}=-8.36\times10^{-3}$$

$$\Delta c'=(-6.53-8.54+25.94)\times10^5=10.87\times10^5$$

(2)求积分常数 ΔH_0。根据公式 $\Delta H^{\ominus}=\Delta H_0+(\Delta a)T+\frac{1}{2}(\Delta b)T^2-\frac{\Delta c'}{T}$，得

$$\Delta H_0=\Delta H^{\ominus}-(\Delta a)T-\frac{1}{2}(\Delta b)T^2+\frac{\Delta c'}{T}$$

$$=178\ 200-(-11.55)\times 298-\frac{1}{2}(-8.36\times 10^{-3})\times 298^2+\frac{10.87\times 10^5}{298}$$

$$=185\ 661$$

(3)求积分常数 $I'R$。

$$\Delta G^{\ominus}=\Delta H_0-(\Delta a)T\ln T-\frac{1}{2}(\Delta b)T^2-\frac{\Delta c'}{2T}-I'RT$$

$$-I'R=\frac{\Delta G^{\ominus}}{T}-\frac{\Delta H_0}{T}+(\Delta a)\ln T+\frac{\Delta b}{2}T+\frac{\Delta c'}{2T^2}$$

$$=\frac{130\ 240}{298}-\frac{185\ 661}{298}-11.55\ln 298-\frac{8.36\times 10^{-3}}{2}\times 298+\frac{10.87\times 10^5}{2\times 298^2}=246$$

(4)求 $\Delta G^{\ominus}=f(T)$。将已求出的 ΔH_0、$I'R$、Δa、Δb、$\Delta c'$ 代入下式：

$$\Delta G^{\ominus}=\Delta H_0-(\Delta a)T\ln T-\frac{1}{2}(\Delta b)T^2-\frac{\Delta c'}{2T}-I'RT$$

$$=185\ 661+11.55T\ln T+4.18\times 10^{-3}T^2-5.435\times 10^5 T^{-1}+246T$$

(5)求 800、1 000、1 200、1 300 和 1 400 K 的平衡常数。

根据 $\ln K_p=-\frac{\Delta G^{\ominus}}{2.303RT}$，求得这些温度下的 $\Delta G^{\ominus}$，然后再求 K_p，其计算结果如下表所示。

T/K	800	1 000	1 200	1 300	1 400
$\Delta G^{\ominus}/(\mathrm{J\cdot mol^{-1}})$	52 233	22 962	−6 094	−20 224	−34 185
K_p	3.95×10^{-4}	$6\ 056\times 10^{-2}$	1.84	6.47	18.74

2.5 平衡常数与平衡组成的计算

化学反应平衡常数可以由实验测定，也可以通过平衡常数与 $\Delta_r G_m^{\ominus}$ 的关系求得。有了平衡常数，就可进行有关平衡组成和平衡转化率的计算。衡量化学反应的平衡产量，常用转化率、分解率、解离度、产率等表示。其实转化率、分解率和解离度的表达式是一致的。

平衡转化率是指反应平衡时已转化的某种原料量占该原料投入量的百分数，即

$$平衡转化率=\frac{平衡时已转化的某种原料量}{该原料的投入量}\times 100\% \tag{2-25}$$

平衡产率是指反应达到平衡时产品的产量占按化学方程式计量产品的产量的百分数，即

$$平衡产率=\frac{平衡时产品的产量}{按化学方程式计量产品的产量}\times 100\% \tag{2-26}$$

在没有副反应的情况下，平衡转化率与平衡产率相等。

[例 2-6] 已知气体反应

$$PCl_5 \rightleftharpoons PCl_3+Cl_2$$

在 527 K、101.3 kPa 下，转化率 $\alpha=0.80$，求在该温度下的平衡常数 $K_p^{\ominus}$。

解：设反应前 PCl_5 为 1 mol，则

$$PCl_5 \rightleftharpoons PCl_3 + Cl_2$$

	PCl_5	PCl_3	Cl_2
开始时各气体物质的量	1	0	0
平衡时各气体物质的量	$1-\alpha$	α	α
摩尔分数	$\frac{1-\alpha}{1+\alpha}$	$\frac{\alpha}{1+\alpha}$	$\frac{\alpha}{1+\alpha}$
分压	$\frac{1-\alpha}{1+\alpha}p$	$\frac{\alpha}{1+\alpha}p$	$\frac{\alpha}{1+\alpha}p$

平衡时各气体物质的量之和为 $1-\alpha+\alpha+\alpha=1+\alpha$。

$$K_p^{\ominus}=\frac{\left(\frac{p_{PCl_3}^{eq}}{p^{\ominus}}\right)\left(\frac{p_{Cl_2}^{eq}}{p^{\ominus}}\right)}{\left(\frac{p_{PCl_5}^{eq}}{p^{\ominus}}\right)}=\frac{\left(\frac{\alpha}{1+\alpha}\times\frac{p}{p^{\ominus}}\right)^2}{\frac{1-\alpha}{1+\alpha}\times\frac{p}{p^{\ominus}}}=\frac{\alpha^2}{1-\alpha^2}\times\frac{p}{p^{\ominus}}$$

$$=\frac{0.8^2}{1-0.8^2}\times\frac{101.3}{101.3}$$

$$=1.78$$

[例 2-7] 25 ℃、101.3 kPa 时，测定 N_2O_4 部分分解后气体的密度 $\rho=3.17\ kg\cdot m^{-3}$，求转化率 α 和 $K_p^{\ominus}$。

解：(1)设 N_2O_4 的转化率为 α，根据反应

$$N_2O_4 \rightleftharpoons 2NO_2$$

	N_2O_4	$2NO_2$
开始时各气体物质的量	1	0
平衡时各气体物质的量	$1-\alpha$	2α

平衡时各气体物质的量之和为 $1-\alpha+2\alpha=1+\alpha$，代入状态方程得 $pV=(1+\alpha)RT$，$V=\frac{(1+\alpha)RT}{p}$。设 N_2O_4 的量为 1 mol，其质量 m 为 0.092 kg。

$$\rho=\frac{m}{V}=\frac{mp}{(1+\alpha)RT}$$

$$\alpha=\frac{mp}{\rho RT}-1=\frac{0.092\times101.3\times10^3}{8.314\times3.176\times298}-1=0.184\times100\%=18.4\%$$

(2)求 $K_p^{\ominus}$。

$$K_p^{\ominus}=\frac{\left(\frac{2\alpha}{1+\alpha}\times\frac{p}{p^{\ominus}}\right)^2}{\frac{1-\alpha}{1+\alpha}\times\frac{p}{p^{\ominus}}}=\frac{4\alpha^2}{1-\alpha^2}\times\frac{p}{p^{\ominus}}=\frac{4\times0.184^2}{1-0.184^2}\times\frac{101.3}{101.3}=0.141$$

[例 2-8] 接上题，求 25℃、$\frac{1}{2}\times101.3$ kPa 时的转化率 α。

解：已知 $K_p^{\ominus}=\frac{4\alpha^2}{1-\alpha^2}\times\frac{p}{p^{\ominus}}$，代入数据

$$0.141=\frac{4\alpha^2}{1-\alpha^2}\times\frac{\frac{1}{2}\times101.3}{101.3}$$

解得 $\alpha=0.257=25.7\%$

计算结果表明降低总压对生成 NO_2 有利。

2.6 其他因素对化学平衡移动的影响

化学平衡是有条件的。如果温度、压力、组成等条件恒定时，平衡状态不变化。若平衡条件改变，物系将从一个平衡状态变化到新的平衡状态，即发生所谓平衡移动。影响化学反应平衡移动的因素有温度、压力及惰性组分的组成等。

2.6.1 压力对平衡转化率的影响

这里的压力是指反应物系的总压力。在低压下，压力对气相反应的平衡影响较显著。对凝聚相反应，一般压力对平衡影响不大。因此，这里主要讨论压力对理想气体反应物系平衡的影响。压力对化学平衡的影响可以通过标准平衡常数 $K_p^\ominus$ 与以摩尔分数表示的平衡常数 K_y 的关系式进行分析说明。

$$K_p^\ominus = K_y\left(\frac{p}{p^\ominus}\right)^{\Delta n} \tag{2-27}$$

若反应温度一定，理想气体的 $K_p^\ominus$ 为一常数，不随压力而变化，因而压力改变时平衡组成是否改变，则要看 K_y 是否随压力变化。

(1)当 $\Delta n>0$，即气态物质的量增加的反应，若总压力 p 增加，因 $K_p^\ominus$ 不变，故 K_y 减小，则平衡向产物减小的方向移动，即向着逆反应方向进行，则平衡转化率降低。

(2)当 $\Delta n<0$，即气态物质的量减少的反应，若总压力 p 增加，因 $K_p^\ominus$ 不变，故 K_y 增加，则平衡向着产物增加方向移动，即向正反应方向进行，则平衡转化率增加。

(3)当 $\Delta n=0$，则有 $K_y=K_p^\ominus$，平衡与总压力 p 无关，即总压力的改变不会引起化学平衡的移动，则压力对平衡转化率不影响。

总之，压力增大时，平衡向体积缩小的方向移动；压力减小时，平衡向体积增大的方向移动。

[例 2-9] 在一定温度和压力为 101.3 kPa 条件下，反应 $N_2O_4 \rightleftharpoons 2NO_2$，转化率 $\alpha=0.502$，求 K_y；当压力增为 10×101.3 kPa 时，求转化率 α。

解：(1)压力为 101.3 kPa 条件下，设反应前 N_2O_4 的量为 1 mol

	$N_2O_4 \rightleftharpoons$	$2NO_2$
开始时各气体物质的量	1	0
平衡时各气体物质的量	$1-\alpha$	2α

平衡时各气体物质的量之和 $1-\alpha+2\alpha=1+\alpha$，可得

$$K_{y_1}=\frac{\left(\frac{2\alpha}{1+\alpha}\right)^2}{\frac{1-\alpha}{1+\alpha}}=\frac{4\alpha^2}{1-\alpha^2}=\frac{4\times0.502^2}{1-0.502^2}=1.35$$

$$K_p^\ominus = K_y\left(\frac{p}{p^\ominus}\right)^{\Delta n}$$

$$=1.35\times\left(\frac{101.3}{101.3}\right)^1=1.35$$

(2)当压力增加到 10×101.3 kPa 时，有

$$K_{y_2}=K_p^{\ominus}\left(\frac{p}{p^{\ominus}}\right)^{-\Delta n}$$

$$=1.35\times\left(\frac{10\times101.3}{101.3}\right)^{-1}=0.135$$

当压力增加10倍时，K_y 为原来的1/10，则有

$$K_{y_2}=\frac{4\alpha^2}{1-\alpha^2}=0.135$$

解方程得

$$\alpha=0.18\times100\%=18\%$$

计算结果表明，增加压力，N_2O_4 转化率减小。

2.6.2 惰性组分对平衡转化率的影响

在实际生产中，常常由于原料不纯，或是为了生产上的需要，反应物系中会出现一些不参加反应的物质，称之为惰性组分。例如在合成氨的反应中，原料气中常含有 Ar、CH_4 等，即为惰性气体；又如在 SO_3 的转化反应中，通入的空气中，需要的是 O_2，多余的 N_2 不参加反应，即为惰性气体。

这些惰性组分虽不参加化学反应，不改变平衡常数 K_p 的数值，但却可能影响平衡组成，引起平衡移动。这是因为惰性气体虽然不参加化学反应，但在总压不变的条件下，惰性气体的存在降低了参与反应的各气体的分压之和。下面讨论在反应温度不变的条件下，惰性组分对理想气体反应的影响。

由平衡常数关系式

$$K_p^{\ominus}=K_y\left(\frac{p}{p^{\ominus}}\right)^{\Delta n}=\frac{y_D^d y_R^r}{y_A^a y_B^b}\times\left(\frac{p}{p^{\ominus}}\right)^{\Delta n}=\frac{\left(\dfrac{n_D}{\sum n}\right)^d\left(\dfrac{n_R}{\sum n}\right)^r}{\left(\dfrac{n_A}{\sum n}\right)^a\left(\dfrac{n_B}{\sum n}\right)^b}\times\left(\frac{p}{p^{\ominus}}\right)^{\Delta n}=\frac{n_D^d n_R^r}{n_A^a n_B^b}\times\left[\frac{\dfrac{p}{p^{\ominus}}}{\sum n}\right]^{\Delta n} \tag{2-28}$$

得

$$\frac{n_D^d n_R^r}{n_A^a n_B^b}=K_p^{\ominus}\left[\frac{\dfrac{p}{p^{\ominus}}}{\sum n}\right]^{-\Delta n} \tag{2-29}$$

其中 $\sum n=n_A+n_B+n_D+n_R+n_{惰性组成}$。

以合成氨反应 $N_2+3H_2\rightarrow2NH_3^+$ 为例，当总压力不变时，体系内存在着惰性组分，且 $\Delta n<0$，即 $-\Delta n>0$，由式(2-29)可以看出，随着惰性气体的增多，$\sum n$ 增大，而 $\left[\dfrac{p/p^{\ominus}}{\sum n}\right]^{-\Delta n}$ 将变小，在平衡常数 $K_p^{\ominus}$ 不变时，$\dfrac{n_{NH_3}^2}{n_{N_2}n_{H_2}^3}$ 减小，结果使反应产物 NH_3 减少。所以，对于 $\Delta n<0$ 的反应（物质的量减少的反应），惰性气体的量增多对反应不利。在合成氨的反应中，由于原料的循环使用，使惰性气体积累增加，因而影响了氨的产率，为此，在合成氨的反应中，要经常不断地把不参与反应的 Ar、CH_4 放空使反应中不利因素排除掉。反之，对于 $\Delta n>0$ 的反应，如乙苯脱氢的反应，增加惰性气体或稀释剂（如水蒸气），则有利于向生成苯乙烯的方向进行。

［例 2-10］ 以乙苯脱氢制苯乙烯反应如下：

$$C_6H_5C_2H_5 \rightleftharpoons C_6H_5C_2H_3 + H_2$$

在 600 ℃时，已知 $K_p^{\ominus}=0.178$，分别计算 $p=101.325$ kPa 和 10.13 kPa 时乙苯的转化率和苯乙烯的产率。

解：在无副反应的情况下，乙苯的转化率就是苯乙烯的产率。

(1)设乙苯的分解率为 α。

$$C_6H_5C_2H_5 \rightleftharpoons C_6H_5C_2H_3 + H_2$$

	$C_6H_5C_2H_5$	$C_6H_5C_2H_3$	H_2
开始时各气体物质的量	1	0	0
平衡时各气体物质的量	$1-\alpha$	α	α

平衡时各气体物质的量之和为 $1-\alpha+\alpha+\alpha=1+\alpha$。

各气体的平衡分压 $\quad \dfrac{1-\alpha}{1+\alpha}p \quad \dfrac{\alpha}{1+\alpha}p \quad \dfrac{\alpha}{1+\alpha}p$

$$K_p^{\ominus}=\frac{(p^{eq}_{苯乙烯}/p^{\ominus})(p^{eq}_{H_2}/p^{\ominus})}{(p^{eq}_{乙苯}/p^{\ominus})}=\frac{\left(\dfrac{\alpha}{1+\alpha}\times\dfrac{p}{p^{\ominus}}\right)^2}{\dfrac{1-\alpha}{1+\alpha}\times\dfrac{p}{p^{\ominus}}}$$

$$=\frac{\alpha^2}{1-\alpha^2}\times\frac{p}{p^{\ominus}}$$

因为 $p=p^{\ominus}=101.325$ kPa，所以有

$$K_p^{\ominus}=\frac{\alpha^2}{1-\alpha^2}$$

$$\alpha=\sqrt{\frac{K_p^{\ominus}}{1+K_p^{\ominus}}}=\sqrt{\frac{0.178}{1+0.178}}=0.389$$

$$=38.9\%$$

苯乙烯的平衡产率等于乙苯的平衡转化率，等于 38.9%。

(2)当 $p=10.13$ kPa 时，有

$$K_p^{\ominus}=\frac{\alpha^2}{1-\alpha^2}\times\frac{p}{p^{\ominus}}=\frac{\alpha^2}{1-\alpha^2}\times 0.1=0.178$$

$$\alpha=0.80=80.0\%$$

苯乙烯的平衡产率等于乙苯的平衡转化率，等于 80.0%。

［例 2-11］ 上题按 1 mol 乙苯加 9 mol $H_2O(g)$ 的比例进行反应，已知 $p=101.3$ kPa，求乙苯的平衡转化率 α。

解：

$$C_6H_5C_2H_5 \rightleftharpoons C_6H_5C_2H_3 + H_2 + H_2O$$

	$C_6H_5C_2H_5$	$C_6H_5C_2H_3$	H_2	H_2O
开始时各气体物质的量	1	0	0	9
平衡时各气体物质的量	$1-\alpha$	α	α	9

平衡时各气体物质的量之和为 $1-\alpha+\alpha+\alpha+9=10+\alpha$。

各气体的平衡分压 $\quad \dfrac{1-\alpha}{10+\alpha}p \quad \dfrac{\alpha}{10+\alpha}p \quad \dfrac{\alpha}{10+\alpha}p$

$$K_p^{\ominus}=\frac{(p_{苯乙烯}/p^{\ominus})(p_{氢气}/p^{\ominus})}{p_{乙苯}/p^{\ominus}}=\frac{\left(\dfrac{\alpha}{10+\alpha}\times\dfrac{p}{p^{\ominus}}\right)^2}{\dfrac{1-\alpha}{10+\alpha}\times\dfrac{p}{p^{\ominus}}}=\frac{\alpha^2}{(10+\alpha)(1-\alpha)}\times\frac{p}{p^{\ominus}}$$

$$0.178=\frac{\alpha^2}{(10+\alpha)(1-\alpha)}\times\frac{101.3}{101.3}$$

$$\alpha=0.728=72.8\%$$

乙苯的平衡转化率为 72.8%。

计算结果表明,稀释剂 $H_2O(g)$ 加入以后,使苯乙烯的平衡产率由 38.9%增加到 72.8%,对生产有利。水蒸气起了减压作用。因为体系总压等于组成体系各组分分压之和,加入水蒸气后,如果体系总压不变,则反应物和产物的分压就降低了。

思考与习题

2-1 在一个恒温化学反应系统中,若平衡组成发生了变化,$K_p^{\ominus}$ 是否改变?

2-2 反应的 $\Delta_r G_m$ 与 $\Delta_r G_m^{\ominus}$ 有何区别?如何理解它们的物理意义?

2-3 平衡常数都有哪些性质?

2-4 在等温等压条件下,一个化学反应之所以能自发进行,是由于反应物的化学势的总和大于产物的化学势的总和,那么为什么反应总不能进行到底,而要达到平衡态?

2-5 标准平衡常数改变时,平衡是否必定移动?平衡移动时,标准平衡常数是否一定改变?

2-6 是否所有单质的标准摩尔生成吉布斯函数 $\Delta_r G_m^{\ominus}$ 皆为零,为什么?试举例说明。

2-7 某一化学反应的标准摩尔吉布斯函数 $\Delta_r G_m^{\ominus}>0$,这就说明该反应不能自发进行,这个说法正确吗?为什么?

2-8 多相反应的 $K_p^{\ominus}$ 表达式中为什么不必出现固体(或液体)纯物质的蒸气压?

2-9 影响化学平衡移动的因素有哪些?

2-10 惰性气体对化学平衡的影响与压力对化学平衡的影响是否有相同之处?为什么?

2-11 $2NaHCO_3(s)\longrightarrow Na_2CO_3(s)+H_2O(g)+CO_2(g)$ 在 25 ℃与 60 ℃分解压力分别为 0.5 kPa 与 8 kPa,该反应的 $\Delta_r H_m^{\ominus}$ 与 T 无关。

(1)计算 25 ℃与 60 ℃的 K_p。 $(6.25\times10^{-6},1.6\times10^{-3})$

(2)1 mol $NaHCO_3(s)$需吸热多少才能全部转化为 $Na_2CO_3(s)$? (65.42 kJ · mol^{-1})

(3)求 $\Delta_f H_m^{\ominus}(NaHCO_3,s)$。已知 $Na_2CO_3(s)$、$H_2O(g)$、$CO_2(g)$的 $\Delta_f H_m^{\ominus}$(298 K)分别为 −1 131.0、−241.82、−393.5 kJ · mol^{-1}。 (−81 775 kJ · mol^{-1})

2-12 在 1.00 mol 容器中,0.0 140 mol NOCl 与 0.00 600 mol $I_2(g)$发生如下反应:

$2NOCl(g)+I_2(g)\longrightarrow 2NO(g)+2ICl(g)$

452 K 时平衡压为 0.992 atm,计算此温度下的 K_p。 (1.782)

2-13 有如下二反应:

$FeO(s)+CO(g)\longrightarrow Fe(s)+CO_2(g)$ K_{p_1}

$Fe_3O_4(s)+CO(g)\longrightarrow 3FeO(s)+CO_2(g)$ K_{p_2}

T/K	K_{p_1}	K_{p_2}
873	0.871	1.150
973	0.678	1.770

已知二反应的 $\Delta C_p \approx 0$。

(1)在何温度下 Fe、FeO、Fe_3O_4、CO_2 可共存于平衡物系中？ (826.08 K)

(2)上述二反应平衡后，若再升温，物系中哪些物质可能消失？ (Fe_3O_4(s)与 Fe(s))

2-14 理想气体 $AB_2(g) \longrightarrow A(g) + B_2(g)$ 在 100 ℃时 $K_p = 8 \times 10^{-9}$，$\Delta_r S_m^\ominus = 125.52\ J \cdot mol^{-1} \cdot K^{-1}$。

(1)计算 100 ℃、$p_{总}=200$ kPa 时 AB_2 的转化率 α。 (2×10^{-7})

(2)计算 25 ℃时恒容反应热。 ($140.395\ kJ \cdot mol^{-1}$)

(3)$p_{总}=200$ kPa，要令 AB_2 转化率为 0.1%，则温度是多少？已知 $C_{p,A}=34\ J \cdot mol^{-1} \cdot K^{-1}$，$C_{p,B_2}=34\ J \cdot mol^{-1} \cdot K^{-1}$，$C_{p,AB_2}=34\ J \cdot mol^{-1} \cdot K^{-1}$ (598.4 K)

(4)100 ℃时，于一抽空容器中放入 AB_2、A 和 B_2，分压分别为 200、200、100 kPa，问 AB_2 能否解离？ (不能)

2-15 将 10 g Ag_2S 与 617 ℃、101.325 kPa 下的 1 dm^3 H_2 相接触，达平衡。已知 $K_p^\ominus = 0.278$。

(1)计算平衡时，Ag_2S 和 Ag 各为多少克？气相平衡混合物组成如何？

(Ag_2S:9.268 g，Ag:0.647 g，$n_{H_2S}=0.003$ mol，$n_{H_2}=0.010\ 7$ mol)

(2)要使 10 g Ag_2S 全部被 $H_2(g)$ 还原，需要 617 ℃、101.325 kPa 下的 $H_2(g)$ 多少升？

($V_{H_2}=13.56\ dm^3$)

2-16 在温度 T_{gh} 下，$H_2(g)+I_2(g) \longrightarrow 2HI(g)$ 平衡时，将 1 mol H_2 和 3 mol I_2 引入体积为 V 的容器中，合成 x mol 的 HI，当再加入 2 mol H_2 时，生成 HI 为 $2x$ mol，试求反应的 $K_p^\ominus$ 值。 (4)

2-17 已知反应 $2SO_2(g)+O_2(g) \longrightarrow 2SO_3(g)$ 在 1 000 K 时 $K_p^\ominus=3.45$。

(1)计算 $p_{SO_2}=20$ kPa、$p_{O_2}=10$ kPa、$p_{SO_3}=100$ kPa 的混合气系统中发生上述反应的 $\Delta_r G_m$，并判断反应自发进行的方向。 (逆向)

(2)若 $p_{SO_2}=20$ kPa，$p_{O_2}=10$ kPa，p_{SO_3} 应为多大才能使反应逆向进行？

($p_{SO_3} \geqslant 11.75$ kPa)

2-18 已知 NH_4Cl(s)被加热到 427 ℃时，系统蒸气总压为 607.95 kPa，459 ℃时为 114.58 kPa，设蒸气可看做理想气体，$\Delta_r H_m^\ominus$ 为常数。求：

(1)$\Delta_r H_m^\ominus$； ($161.6\ kJ \cdot mol^{-1}$)

(2)427 ℃时的 $\Delta_r S_m^\ominus$。 ($249\ J \cdot mol^{-1} \cdot K^{-1}$)

2-19 写出下列反应的 $K_p^\ominus$ 的表达式。

(1)$C_2H_6(g) \longrightarrow C_2H_4(g)+H_2(g)$。

(2)$2NO(g)+O_2(g) \longrightarrow 2NO_2(g)$。

(3)在 $H_2S(g)$ 中加入较少量的 $NH_3(g)$，平衡时生成少量的 $NH_4HS(g)$。

$$H_2S(g)+NH_3(g) \longrightarrow NH_4HS(g)$$

(4)在 $H_2S(g)$ 中加入较多量的 $NH_3(g)$，平衡时系统中出现固相产物。

$$H_2S(g)+NH_3(g) \longrightarrow NH_4HS(s)$$

3

相平衡

[本章学习要求]

(1)正确理解相、组分和自由度的概念,从而掌握确定系统中相数、组分数和自由度数的方法。

(2)熟悉不同条件下相律的数学表达式,正确地应用相律分析单元系统和各种凝聚系统中的相平衡问题。

(3)了解如何表示单元系统的相图,明确单元系统相图上点、线、区的含义,了解如何在单元系统相图上表示介稳相。

(4)掌握 SiO_2 系统相图,了解 SiO_2 系统多晶转变的规律。

(5)了解如何表示二元凝聚系统相图,熟悉用冷却曲线法绘制具有一个低共熔点的二元系统相图的全过程,掌握杠杆规则的基本原理。

(6)明确各种基本类型的二元凝聚系统相图上点、线、区的含义,能正确分析各种熔体的冷却析晶过程,熟练地应用杠杆规则计算冷却过程中各相的相对含量。

(7)能读懂各专业的二元系统相图,并能正确分析熔体的冷却析晶过程和析晶产物。

(8)能熟练地应用浓度三角形表示三元系统的组成,掌握在浓度三角形上使用杠杆规则的基本原理。

(9)对三元凝聚系统相图,要掌握连线规则、切线规则和副三角形化的基本原则与方法,正确使用这些原则和方法确定相图上界线的温度下降方向、界线和三元无变量点的析晶性质,从而达到能看懂复杂三元相图的目的。

(10)在三元凝聚系统相图上,总结出熔体析晶的基本规律,正确分析熔体的冷却析晶过程,熟练地应用杠杆规则计算析晶过程中各相的相对含量。

(11)能用分析相图的基本原则读懂各专业三元系统相图,并能利用有关专业相图分析硅酸盐工业生产中的配料问题。

物质在不同相之间的转变过程称为相变过程。例如:液体蒸发成为气体,物质就由液相转变成气相;熔体析晶,物质就由液相转变成固相;晶型发生转变,物质就由一种固相转变成另一种固相等。在相变过程中新相不断地生成,旧相不断地消失。在一个多相系统中,在一定条件下,当每一相的生成速度与它的消失速度相等时,宏观上没有任何物质在相与相之间传递,系统中每一个相的数量均不随时间而变化,这时系统便达到了相平衡。与化学平衡一样,相平衡也是一种动态平衡。

相平衡主要研究多相系统中相的平衡问题,即多相系统的状态(包括相的个数、每个相的组成、各相的相对含量等)随着温度、压力、组分浓度等的变化而变化的规律。相图对科研和实际生产都具有重要的指导意义。例如,水泥、玻璃、陶瓷、耐火材料等传统硅酸盐制品的形成过程都是在多相系统中实现的,都是将一定配比的原料经过煅烧而形成的,并且要经历多次相变过程。通过相平衡的研究,能了解在不同条件下系统所处的状态,并能通过一定的工艺处理控制这些变化过程,生产出预期的制品。又如一些新产品的研制,一般都是根据所要求的性能确定其矿物组成,若根据所需要的矿物组成由相图来确定其配料范围,可以大大缩小实验范围,节约人力、物力,从而获得事半功倍的效果。例如,水泥熟料的烧成过程,系统中有 C_3S、C_2S、C_3A、C_4AF,还有一定量的液相,是一个多相系统,随着温度升高,这个多相系统中哪些相能继续存在?哪些相会消失?有没有新相生成?各相组成如何?各相的含量又是多少?这些问题都是相平衡所要研究的问题。另外,在化工生产中对原料和产品都要求有一定的纯度,因此,常常对原料和产品进行分离和提纯。最常用的分离提纯方法是结晶、蒸馏、萃取和吸收等,这些过程的理论基础就是相平衡原理。根据多相平衡的实验结果,可以绘制成几何图形,用来描述这些在平衡状态下的变化关系,这种图形就称为相图。

应当注意的是,实际生产过程与相图所表示的平衡过程是有差别的。造成这些差别的原因有三个方面:①相图所反映的都是平衡状态,实际生产中由于产品质量的要求,不可能使过程都达到平衡;②相图是根据实验结果绘制出来的,但实验时多采用将系统升至高温再平衡冷却的方法,而实际生产则是由低温到高温的过程;③相图是用纯组分做实验,而实际生产中所用的原料都含有杂质。因此,使用相图时要注意到这些偏差。尽管如此,相图所反映的规律对于实际生产中确定配料范围、选择工艺制度、估计产品性能等都具有理论指导意义。

本章将系统学习有关相图的基本知识及相图在硅酸盐专业上的应用,为今后应用专业相图打下一定的基础。

3.1 相律

3.1.1 相律中的基本概念

1. 相和相数

体系内物理性质和化学性质完全均匀的部分称为相。相的数目用 P 表示。不同相之间有明显的界面,可以用机械的方法将它们分开,超过界面其性质将发生突变。相与物质的量的多少无关,与物质是否连续也没有关系。例如一杯水,杯中各部分的水都具有相同的物理性质和化学性质。就整杯水来说,它的性质是均匀的,因此不论水的量是多少,它为一相,$P=1$。如果水中加入几块冰,使水与冰平衡共存,虽然水和冰有着共同的化学性质,但在水和冰的界面上其物理性质发生了突变,在此平衡体系中,$P=2$。显然,由水、冰和水蒸气组成的平衡体系为三相,$P=3$。

一个相必须在物理性质和化学性质上都是均匀的,但不一定只含一种物质。例如,乙醇和水混合形成的溶液,由于乙醇和水能以任意比例互溶,混合后成为各部分物理性质和化学性质都相同而且完全均匀的系统,尽管它含有两种物质,但整个系统只是一个液相。而油和水混合时,由于不互溶,二者之间存在着明显的界面,油和水各自保持着本身的物理性质和化学性质,因此它是一个二相系统。

根据相的定义可以看出,对于气体体系,因为任何气体都能以任意比例相互混合,其物理性质和化学性质都是均匀的，所以体系内无论有多少种气体都为一相，$P=1$。对于液体的混合物，根据液体互溶程度的不同可以分为一相或多相，例如水加乙醇为一相($P=1$)，水和油(分成两层)为二相($P=2$)。对于固体混合物，如果固体之间不形成固溶体(固态溶液)，则无论固体分散得多细(只要不达到分子状态)，这时有一种固体就有一相。例如铁粉和铜粉虽能很好地混合，表面上看是均匀的，实际上并非如此，可以用磁铁很容易将它们分开，这时 $P=2$。同一种物质如以不同的晶型共同存在，每种晶型自成一相。例如，石墨和金刚石共存，$P=2$。

2. 组分和组分数

能把平衡系统各相的成分表示出来的化学物质称为组分，其最小的数目称为独立组分数，通常也简称为组分数。系统中的组分数用符号 C 表示。这里，化学物质可以是单质，也可以是化合物，但它必须是能从系统中单独分离出来，并能长期独立存在的纯物质。例如，NaCl 的水溶液，只有 NaCl 和 H_2O 才是这个系统的组分，而 Na^+ 和 Cl^-，因为不能单独分离出来和独立存在，它们就不是系统的组分。在没有化学反应的系统中，化学物质的种数等于系统的组分数。例如，NaCl 的水溶液中，组分数 $C=2$。

如果系统中各物质间发生了化学反应并建立了化学平衡，则系统中化学物质的种数不一定等于组分数。例如，由 $CaCO_3(s)$、$CaO(s)$、$CO_2(g)$ 三种物质形成的系统共有三个相。在常温下，三种物质不发生化学反应时，系统的组分数 $C=3$。若在高温下，三种物质建立了化学平衡 $CaCO_3(s) \rightleftharpoons CaO(s)+CO_2(g)$ 。在这个多相系统中，虽然有三种化学物质，但它们之间通过化学平衡联系在一起，只要确定其中任意两个物质的量，第三个物质的量通过化学平衡关系就自然确定了。这就是说，其中两个物质的量能独立变动，第三者的量不再是独立的，故该系统的组分数 $C=2$。由此可总结出一条规则：如果系统中各化学物质之间发生了化学反应并建立了化学平衡，则系统的组分数等于化学物质数减去给定条件下的化学反应数。

根据组分数的不同，系统可分为单组分系统(单元系统，$C=1$)、二组分系统(二元系统，$C=2$)和三组分系统(三元系统，$C=3$)等。

3. 自由度和自由度数

在相平衡系统中，在不引起系统中相的数目和相的形态发生变化的条件下，在一定范围内可以独立改变的可变因素称为系统的自由度。自由度的个数称为自由度数，用符号 F 表示。

一般影响系统状态的可变因素包括温度、压力和组分的浓度。对于给定的相平衡系统，在保持系统中相的数目和相的形态不发生变化的条件下，并不是所有的可变因素都可以任意改变。例如，由水构成的系统，影响系统状态的可变因素有温度和压力。实验表明，如果要保持系统中冰、水和水蒸气三相共存，温度只能保持在 0.01 ℃，压力必须保持在 610.48 Pa。在这个系统中，温度和压力都不能自由改变，否则必然引起系统中某一相的消失而不能保持三相平衡，所以该系统的自由度数 $F=0$。同样由水构成的系统，如果要保持系统中水与水蒸气两相平衡，饱和蒸气压与温度就存在着依存关系，实验测得 40 ℃时饱和蒸气压为 7.377 kPa，80 ℃时饱和蒸气压为 47.369 kPa。这表明要保持系统中水与水蒸气两相平衡，温度和压力这两个可变因素中只有一个可以自由改变，另一个随之相应变化而不能任意改变，所以该系统的自由度数 $F=1$。如果要保持系统中只有一个液相，则温度和压力都可以在一定范围内任意改变。例如，从室温加热到 50 ℃或从 100 kPa 加压到 500 kPa，水仍然保持液体状态，相的数目和种类都没有变，所以该系统的自由度数 $F=2$。

3.1.2 相律的表达式

为了完整地确定一个相平衡系统的状态，必须指明系统的自由度数是多少。大量事实说明，一个相平衡系统的自由度数与系统的相数和组分数存在一定的关系。1876 年美国科学家吉布斯(Gibbs)通过热力学推导建立了它们之间的关系，称为相律。相律的数学式为

$$F=C-P+n \tag{3-1}$$

式中：F——自由度数；

C——组分数；

P——相数；

n——影响系统平衡状态的外界因素的个数，包括温度、压力、重力场、电场、磁场等。n 值视具体情况而定，在一般情况下只考虑温度和压力对系统平衡状态的影响。

式(3-1)表示，在多相平衡系统中，系统的自由度数等于组分数减去相数再加上影响系统平衡的外界因素数，这就是相律。

当影响系统平衡状态的外界因素只考虑温度和压力时，相律的数学式为

$$F=C-P+2 \tag{3-2}$$

式中的数字 2 指外界因素的数目，即温度和压力两个变量。

例如，水与水蒸气两相平衡系统，其组分数 $C=1$，相数 $P=2$，故按式(3-2)，$F=1-2+2=1$。实际上由水构成的单元系统，影响系统状态的变量只有温度和压力。自由度数是 1 说明温度和压力中只有一个是独立变量，另一个是因变量。即水与水蒸气两相平衡时，饱和蒸气压是温度的函数。这与实际是相符的。

没有气相或虽有气相但可忽略不计的系统称为凝聚系统。合金和硅酸盐系统均为凝聚系统，因为这些系统在一定条件下并不具有足以觉察的蒸气压，主要是液相和固相参加相平衡。由于凝聚系统中不考虑气相，压力的影响可以忽略不计，影响系统状态的外界因素只有温度一个变量，因此凝聚系统的相律公式为

$$F=C-P+1 \tag{3-3}$$

必须指出，相律只适用于处于平衡状态下的系统。相律是指导相平衡的普遍性规律，它可以指出在某一平衡条件下，指定系统中可以出现几个相；若系统中物相的数目已经确定，反过来可以根据相律求出系统的自由度数。它在理论研究和指导实践上均具有重要意义。研究一个新系统及制作其相图时，常常需要借助于相律来检查实验结果的正确性。学习相平衡理论时，利用相律分析相图能更深刻地理解相图的含意。

3.2 单组分系统

对于单组分系统，$C=1$，根据相律有

$$F=C-P+2=3-P \tag{3-4}$$

当 $P_{min}=1$ 时，$F_{max}=2$；$P_{max}=3$ 时，$F_{min}=0$。可见，在单组分系统中平衡共存的相数最多不超过 3，自由度数最大不超过 2。

单组分系统中自由度数最多为 2，这两个自由度就是温度和压力。在单组分系统中只有

一个纯物质，其组成为100%，此时浓度不是变量。因此，温度和压力两个变量就可以完全确定单组分系统的状态。单组分系统的状态与温度和压力之间的关系，通常以压力为纵坐标，以温度为横坐标绘制压力-温度图，这就是单组分系统的相图。由于相图上的每一个点都对应着系统的某一个状态，因此相图上的每一个点均称为状态点。

3.2.1 水的相图

描绘水的相图，通常利用实验数据。实验测得水在两相平衡的温度和压力数据如表3-1所示。

表3-1 水的相平衡数据

温度/℃	系统的饱和蒸气压 p/kPa		平衡压力 p/kPa
	水⇌水蒸气	冰⇌水蒸气	冰⇌水
−20	—	0.103	193.5×10^3
−10	0.287	0.260	110.4×10^3
0.01	0.610	0.610	0.610
20	2.338	—	—
60	19.913	—	—
99.65	101.3	—	—
150	476.02	—	—
200	1 554.4	—	—
300	8 590.3	—	—
350	16 532	—	—

从表3-1的实验数据可以看出以下几点。

(1)水与水蒸气平衡，蒸气压力随温度升高而增大。

(2)冰与水蒸气平衡，蒸气压力随温度升高而增大。

(3)冰与水平衡，压力增加，冰的熔点降低。

(4)在0.01 ℃和610 Pa下，冰、水和水蒸气同时共存，呈三相平衡状态。

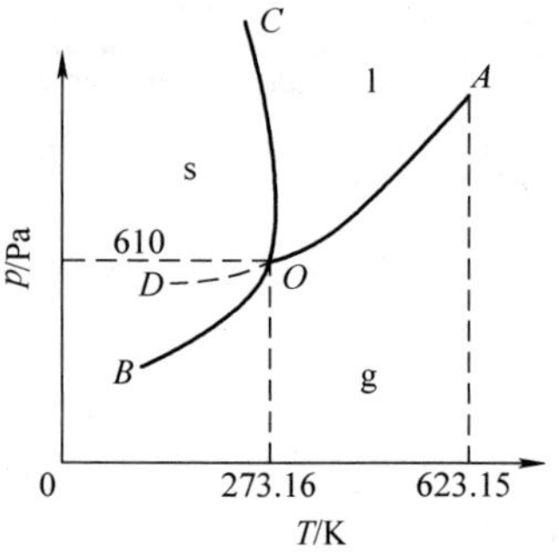

图3-1 水的相图

根据表3-1的数据可画出水的相图，如图3-1所示。

根据表3-1中0.01 ℃至350 ℃间水的饱和蒸气压数据，画出OA线，称为水的饱和蒸气压曲线或蒸发曲线。这条线表示水和水蒸气的平衡。若在恒温下对此两相平衡系统加压，或在恒压下令其降温，都可使水蒸气凝结为水。反之，恒温下减压或恒压下升温，则可使水蒸发为水蒸气。故OA线以上的区域为水的相区，OA线以下的区域为水蒸气的相区。OA线的上端止于临界点A，因为在临界点时水与水蒸气不可区分。

根据表3-1中不同温度下冰的饱和蒸气压数据，画出OB线，称为冰的饱和蒸气压曲线或升华曲线。这条线表示冰和水蒸气的平衡。同理可知，OB线以上的区域为冰的相区，OB线以下的区域为水蒸气相区。

根据在表3-1中不同压力下水和冰平衡共存的温度数据，画出OC线，称为冰的熔点曲线。这条线表示冰和水的平衡。从图中可以看出，OC 线的斜率为负值，说明压力增大，冰的熔点降低。这是因为当冰熔化成水时，体积缩小，按照勒·夏特列(Le Chatelier)平衡移动原理，增加压力，有利于体积减小的过程进行，即有利于熔化，因而冰的熔点降低。冰、水平衡时，升高温度，冰熔化成水，降低温度，水凝固成冰，故 OC 线左侧是冰，右侧是水。

图中 OA、OB、OC 三条曲线都是两相平衡线。根据相律，三条线上的自由度 $F=1-2+2=1$，这表明在两相线上，温度和压力两个变量只有一个可以自由变化，另一个只是随之作相应变化而不能任意改变，否则系统就不能保持两相平衡。例如，要保持水与水蒸气两相平衡，当温度任意给定为 100 ℃时，压力必定为 101.3 kPa 而不能任意改变。如果压力也任意改变，在压力超过 101.3 kPa 时，水蒸气将全部凝结为水，这导致系统中气相消失。还应指出，OA 曲线向上只能延伸到水的临界点 A，因为在临界点以上，液态水就不存在了。如果小心控制条件，可使水冷却到 0 ℃以下仍不结冰，这种现象称为过冷现象，0 ℃以下的水称为过冷水。这时 OA 曲线可以向下延伸到 D 点(图 3-1 中的虚线 OD)，OD 线代表过冷水与水蒸气的两相平衡。OD 线在 OB 线的上方，说明过冷水的饱和蒸气压比同温度下冰的饱和蒸气压大，因此，过冷水不如冰稳定，稍有振动或加入小冰块，过冷水就立即结冰。过冷水与水蒸气的平衡称为介稳平衡。

O 点处气、液、固三相平衡共存，称为三相点。根据相律，该点的自由度 $F=1-3+2=0$，这说明冰、水、水蒸气三相平衡共存时，温度和压力都有确定的值而不能任意改变，否则系统就不能保持三相平衡共存。所以 O 点称为无变量点。水的三相点温度为 0.01 ℃，压力为 0.610 kPa。应该注意，水的三相点与通常所说的水的冰点不同。水的三相点是严格的单元系统，在纯水、冰和水蒸气三相平衡时的温度，为 0.01 ℃。而水的冰点是在 101.3 kPa 压力下，被空气所饱和的水(已不是单元系统)和冰呈平衡的温度，即 0 ℃。

图中 OA、OB、OC 三条线将图面分成三个区域，它们都是单相区。根据相律，在每个单相区内，自由度 $F=1-1+2=2$，说明在每个单相区范围内，温度和压力都可以自由变化，而系统仍然保持一相。例如，在液相区内任意改变温度和压力，系统仍保持一个液相。

由上述讨论可知，如果有了物质的相图，只要知道物质所处的温度、压力数值，就可以在相图上找到与之相对应的点，根据该点在相图上的位置就可以知道系统所处的状态。例如，水在 50 ℃、压力为 101.3 kPa 时，其对应的状态点落在液相区内，由此可知此时只有一个液相。

3.2.2 具有多晶转变的单组分系统相图

在硅酸盐类物质中普遍存在着同质多晶现象，即化学组成相同的物质在不同的热力学条件下结晶成为结构不同的晶体的现象。不同结构的晶体称为不同的晶型(或称不同变体)。一般来说，每种晶型都有它稳定存在的温度和压力范围。在适当的温度和压力下，一种晶型可以转变成另一种晶型，这种晶型间的转变称为多晶转变。

图 3-2 是具有多晶转变的单组分系统相图。图中实线表示稳定的相平衡。该相图表明，某物质的固体状态具有 α 和 β 两种晶型。α 晶型在高温度范围内稳定，称为高温稳定型；β 晶型在低温度范围内稳定，称为低温稳定型。除此之外，还有液相和气相，共有四相。每一相都有自己的相区，因此图中共有四个相区，它们是气相区、液相区、α 晶型固相区和 β 晶型固相区。在这些单相区内，自由度数 $F=3-P=2$，即在各单相区范围内，温度和压力均可自由改变。

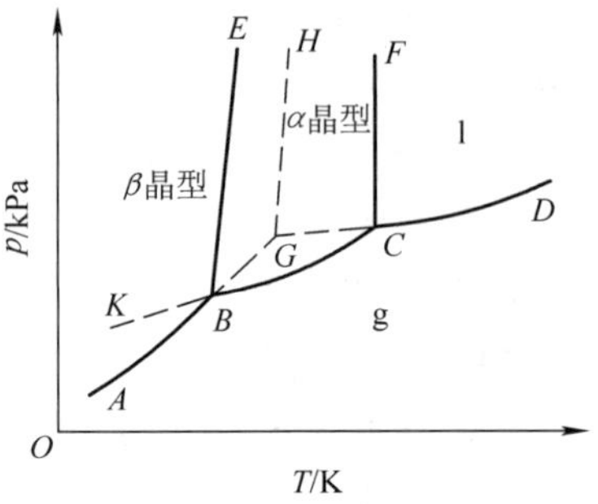

图 3-2 具有多晶转变的单组分系统相图

图中五条实线为两相线，表示两相同时共存。AB 曲线是 β 晶型的升华曲线；BC 曲线是 α 晶型的升华曲线；CD 曲线是液体的蒸发曲线；BE 曲线是 α 和 β 两种晶型的转变曲线；CF 曲线是 α 晶型的熔化曲线。在所有的两相线上，自由度 $F=3-P=3-2=1$，表示系统要保持两相平衡，温度和压力两个变量中只有一个变量可以自由改变。

图中 B、C 两点为三相平衡共存的点，称为三相点。B 点表示 α 晶型、β 晶型和气相三相平衡，是个晶型转变点；C 点表示 α 晶型、液相和气相三相平衡，是 α 晶型的熔点。在三相点上，自由度 $F=3-P=3-3=0$，故单元系统中的三相点无自由度，即为无变量点。也就是说，要维持三相平衡共存，必须严格保持温度和压力都不变，否则就会有相的消失。

图中的虚线表示介稳状态，$FCGH$ 是过冷液体的介稳状态区；$EBGH$ 是过热的 β 晶型的介稳状态区；EBK 是过冷的 α 晶型的介稳状态区。BK 是过冷的 α 晶型的升华曲线；BG 是过热的 β 晶型的升华曲线；CG 是过冷的液相的蒸发曲线；GH 是过热的 β 晶型的熔融曲线。G 点是过热的 β 晶型、过冷的液相和蒸气三相平衡共存的介稳的三相点，在这点上过热的 β 晶型的蒸气压与过冷的液相蒸气压相等，因此这点实际是过热的 β 晶型的熔点。

从图 3-2 可以看出，加热时，β 晶型在 B 点对应的温度转变为 α 晶型，而从高温冷却时，α 晶型又在 B 点的温度转变为 β 晶型。β 晶型转变为 α 晶型后继续加热到 C 点的温度，α 晶型将熔化为液相。可以看出，β 晶型与 α 晶型在 B 点能以正逆两个方向彼此相互转变，这种转变称为可逆转变。

当系统处于能从一相转变为另一相的条件下，由于某种原因(例如快速加热或快速冷却)，这种转变并不发生而出现了延滞转变的现象，从而使某一相在它稳定存在的范围之外并不转变成新条件下的稳定相而继续保持了原有状态，这样的相称为介稳相。这里介稳相包含了两方面的含义：一方面，在新条件下的介稳相只要适当控制条件，可以长时间存在而不发生相变；另一方面，介稳相与相应条件下的稳定相相比含有较高的能量，因此，它存在着自发转变成稳定相的趋势，而且这种转变是不可逆的。

通过对以上各条线、各个点的分析可以看出，在单元系统相图中有以下三个特征。

(1)晶体的升华曲线(或延长线)与液体的蒸发曲线(或延长线)的交点是该晶体的熔点。如 C 点是 α 晶型的熔点，G 点是过热的 β 晶型的熔点。

(2)两种晶型的升华曲线的交点是两种晶型的晶型转变点。如 B 点是 α 晶型和 β 晶型的晶型转变点。

(3)在同一温度下表示介稳平衡的虚线在表示稳定平衡的实线上方，即介稳相的蒸气压均大于同温度下稳定相的蒸气压，这使介稳相比相同条件下的稳定相含有较高的能量。

3.2.3 专业相图

1. SiO_2 系统相图

二氧化硅是自然界分布极广的物质，它的存在形态很多，在工业上应用也极为广泛。例如石英矿是玻璃、陶瓷、耐火材料工业的基本原料，特别是在熔制玻璃和生产硅质耐火材料中用量很大。水泥生产中所需的 SiO_2 是由黏土质原料提供的。SiO_2 系统的相平衡，对玻璃、水泥、陶瓷和耐火材料等的生产具有重要意义，而且也是硅酸盐系统相平衡中的最基本平衡之一。

SiO_2 具有复杂的同质多晶现象，已知 SiO_2 晶体有七种不同晶型，可分为三个系列，即石英、鳞石英和方石英系列，每个系列中又有高温型变体和低温型变体。各晶型的结构和物理性质均不相同，它们之间的转变关系如下。

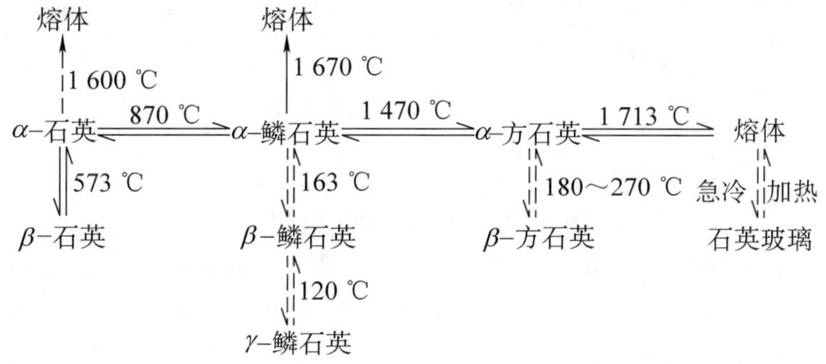

其中 α 表示高温稳定晶型，β、γ 表示低温稳定晶型。

根据转变时的速度和晶体结构发生的变化不同，SiO_2 的晶型转变分为以下两类。

(1)同级转变。排列在水平方向上的 α-石英、α-鳞石英和 α-方石英是 SiO_2 晶体的三种主要变体，它们同属于高温稳定晶型，它们相互间的转变称为同级转变。由于三种变体在晶体结构上差异较大，相互间发生晶型转变时，通常需要破坏化学键使质点做重新排列，因此它们之间的转变也称为重建性转变。这种转变需要较高的能量，而且转变速度非常缓慢，要想快速转变，必须加入矿化剂。由于这类转变速度极慢，容易形成过冷、过热的介稳相，因此高温型的 SiO_2 变体经常以介稳状态在常温下存在而不发生转变。

(2)同类转变。排列在垂直方向上的同一类变体的 α、β、γ 晶型之间的互相转变称为同类转变，也称为高低温型转变。由于同一类变体的 α、β 与 γ 等晶型在晶体结构上差别不大，相互间发生晶型转变时不需要破坏化学键，只要质点稍加移动即可使结构发生畸变，因此这种转变又称为位移性转变。显然这种转变速度比较快。

SiO_2 的多晶转变相图如图 3－3 所示。由于 SiO_2 的蒸气压很小，实际上很难测到，因此，图中压力坐标仅为示意而不代表实际数值。图中实线表示稳定晶型的平衡，虚线表示介稳晶型的平衡。此系统共有六个单相区，它们分别是 β-石英、α-石英、α-鳞石英、α-方石英、SiO_2 熔体和蒸气的单相区。在单相区中 $P=1$，$F=2$。相区之间由两相平衡共存的单变量曲线分开，其中 LM、MN、ND、DO 分别为 β-石英、α-石英、α-鳞石英、α-方石英的升华曲线，OC 是熔体的蒸发曲线，OU 是 α-方石英的熔融曲线，而 DT、NS、MR 都是两种晶相平衡共存的转变曲线。稳定的三相点共有四个，其中 M、N、D 都是晶型转变点，O 点是 α-方石英的熔点。在这些点上都是三相平衡共存，$P=3$，$F=0$，即这些点都是无变量点。

从相图中可以看出以下几个特征。

(1)573 ℃以下，β-石英是稳定相，因而在自然界或在低温下稳定存在的都是 β-石英。β-石英加热到 573 ℃时开始转变成 α-石英，由于它们之间的转变是同类转变，因此转变速度很快。

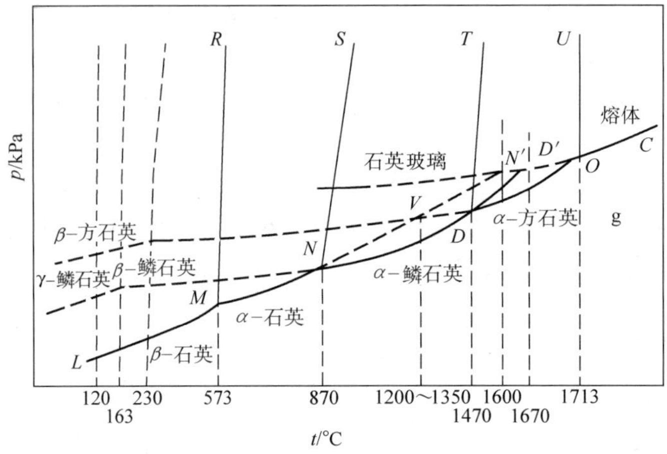

图 3-3　SiO_2 多晶转变相图

(2)α-石英稳定存在的温度范围是 573～870 ℃，当加热到 870 ℃时开始转变为 α-鳞石英。这一转变是同级转变，因此转变速度很慢，且需要有矿化剂存在才能实现。当快速加热时，α-石英来不及转变成 α-鳞石英，成为介稳态的过热 α-石英，沿虚线变化，或者在 1 200～1 350 ℃转变为介稳态的 α-方石英，或者继续保持介稳态 α-石英直到 1 600 ℃时熔融。

(3)α-鳞石英在 870～1 470 ℃之间稳定存在，加热到 1 470 ℃时发生同级转变，α-鳞石英缓慢地转变为 α-方石英。若快速加热，则过热的 α-鳞石英沿虚线变化到 1 670 ℃熔融。α-鳞石英在快速冷却的条件下并不转变为 α-石英，而是沿过冷虚线在 163 ℃时转变为 β-鳞石英，在 120 ℃时又转变为 γ-鳞石英。常温下 γ-鳞石英的内能比 β-石英的高，因此，γ-鳞石英不稳定，有自发转变成 β-石英的趋势，但由于转变速度很慢，因此 γ-鳞石英在常温下仍能长期存在。

(4)α-方石英在 1 470 ℃～1 713 ℃之间稳定存在，加热到 1 713 ℃时开始缓慢地熔融成为 SiO_2 熔体。α-方石英在快速冷却时并不转变成 α-鳞石英，而是沿过冷虚线在 230 ℃时转变为 β-方石英。显然介稳态的 β-方石英并不稳定，但也能长期存在。

(5)SiO_2 熔体在冷却时由于黏度很大，很容易过冷而成为石英玻璃。在常温下石英玻璃的内能比 SiO_2 的所有变体都大，因此具有析晶的自发趋势。由于玻璃结构的巨大阻力，析晶过程很难实现，因此介稳态的玻璃仍能长期存在。

SiO_2 多晶转变的显著特点是伴随着体积变化，这是由内部结构变化引起的。表 3-2 列出了 SiO_2 多晶转变时体积变化的数据。

表 3-2　SiO_2 多晶转变时的体积效应

一级变体间的转变	计算采用的温度/℃	在该温度下转化的体积效应/%	二级变体间的转变	计算采用的温度/℃	在该温度下转化的体积效应/%
α-石英→α-鳞石英	1 000	+16.0	β-石英→α-石英	573	+0.82
α-石英→α-方石英	1 000	+15.4	γ-鳞石英→β-鳞石英	117	+0.2
α-石英→石英玻璃	1 000	+15.1	β-鳞石英→α-鳞石英	163	+0.2
石英玻璃→α-方石英	1 000	−0.9	β-方石英→α-方石英	150	+2.8

注：(+)表示体积膨胀；(−)表示体积收缩。

从表 3-2 可以看出，SiO_2 两种类型的多晶转变中，同级间的转变体积变化较大；同类间的转变体积变化较小。同级间转变速度极慢，时间较长，体积变化的有害作用并不明显。同类间的转变速度较快，体积变化的影响不容忽视。从表中可以看出，同类转变中鳞石英高低温型之间的转变体积变化最小，因此鳞石英具有良好的热稳定性，这对耐火材料硅砖的生产具有重要意义。

硅砖是由97%～98%的天然石英或砂岩与2%～3%的CaO，分别粉碎成一定颗粒级配，然后混合成型，高温烧成。由于鳞石英具有良好的热稳定性，加热冷却时体积变化最小，因此，为了获得稳定的致密硅砖制品，希望硅砖中含有尽可能多的鳞石英，而方石英晶体越少越好。根据 SiO_2 相图，可以确定为此目的所必需的合理烧成温度和烧成制度。例如，为了防止制品“爆裂”，在接近 β-石英转变为 α-石英的临界温度(573 ℃)和 α-石英转变为介稳的偏方石英的温度范围(1 200 ℃～1 350 ℃)时，必须谨慎控制升温和降温速度。此外，为了缓冲由 α-石英转变为 α-方石英时所伴随的巨大体积效应所产生的应力，在硅砖生产中往往加入少量矿化剂，如Fe、Mn、Ca的氧化物，使之在1 000 ℃左右先产生一定量的液相，以促进 α-石英转变为 α-鳞石英。铁的氧化物之所以能促进石英的转化，是因为方石英在上述易熔的铁硅酸盐熔体中的溶解度比鳞石英的大，所以在硅砖烧成过程中石英和方石英不断熔解，而鳞石英不断从液相中析出。

尽管在硅砖生产中采取了各种措施促使鳞石英的生成，但硅砖中总还会残存一部分方石英。在使用硅质耐火材料砌筑的窑炉时，应根据 SiO_2 相图制定合理的烘炉升温制度，以防止砌砖炸裂。

2. C_2S 系统相图

硅酸二钙($2CaO \cdot SiO_2$，缩写为 C_2S)是硅酸盐水泥熟料中重要的矿物组成之一，同时在碱性矿渣及石灰质耐火材料中大量存在。C_2S 也有多晶转变现象，其相图如图3-4所示。

过去一般认为 C_2S 有四种晶型，即 α-C_2S、α'-C_2S、β-C_2S 和 γ-C_2S，后来发现 α'-C_2S 有高温(α'_H-C_2S)和低温(α'_L-C_2S)两种晶型，其相互转变温度约为1 160 ℃，故 C_2S 有 α、α'_H、α'_L、β 和 γ 五种晶型。常温下的稳定相是 γ-C_2S，介稳相是 β-C_2S。C_2S 的各种晶型之间的转变关系如下：

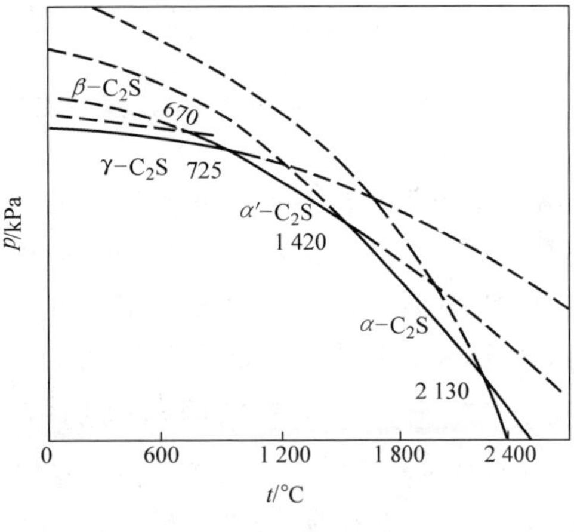

图3-4　C_2S 的多晶转变相图

$$\gamma\text{-}C_2S \underset{}{\overset{725\ ℃}{\rightleftharpoons}} \alpha'_L\text{-}C_2S \overset{1\,160\ ℃}{\rightleftharpoons} \alpha'_H\text{-}C_2S \overset{1\,420\ ℃}{\rightleftharpoons} \alpha\text{-}C_2S \overset{2\,130\ ℃}{\rightleftharpoons} \text{熔体}$$

$$\beta\text{-}C_2S \xrightarrow{525\ ℃} \gamma\text{-}C_2S, \qquad \alpha'_L\text{-}C_2S \overset{670\ ℃}{\rightleftharpoons} \beta\text{-}C_2S$$

由相图可知，α'_L-C_2S 平衡冷却时在725 ℃可以转变为 γ-C_2S，但通常是过冷到670 ℃左右转变为 β-C_2S。这是由于 α'_L-C_2S 与 β-C_2S 在结构上非常相近，转变更容易。β-C_2S 的能量高于 γ-C_2S，处于介稳状态，有自发转变成 γ-C_2S 的趋势，转变从525 ℃开始，这一转变是不可逆的。在水泥熟料中希望 C_2S 是以 β 晶型存在，而且要防止介稳的 β-C_2S 向稳定的 γ-C_2S 转化。

这是因为 β-C_2S 具有胶凝性质，而 γ-C_2S 没有胶凝性；此外，β-C_2S 向 γ-C_2S 转化时，发生的体积膨胀（约增大 9%）使 C_2S 晶体粉碎，在生产上出现水泥熟料粉化。水泥熟料中如果发生这一转变，水泥质量就会下降。为了防止这种转变，在烧制硅酸盐水泥熟料时，必须采用急冷，使 β-C_2S 来不及转变为 γ-C_2S，以 β-C_2S 型过冷的介稳状态存在下来。还可以采用加入少量稳定剂（如 P_2O_5、Cr_2O_3、V_2O_5、BaO、Mn_2O_3 等）的方法，使其与 β-C_2S 形成固溶体。稳定剂能溶入 β-C_2S 的晶格内稳定晶格，防止 β-C_2S 转变成 γ-C_2S，并在常温下长期存在。

3.3 二元系统

对于二组分系统，根据相律 $F=C-P+2=4-P$。$P=1$ 时，自由度最大，$F=3$，即系统的温度、压力及组成。因此要完整地描述二组分系统的相平衡关系，须以这三个变量为坐标作立体图。如果指定了某一温度，作压力-组成图，或指定某一压力，作温度～组成图，则因已固定了一个变量，故可用平面图形来表示，这时 $F=C-P+1=3-P$。

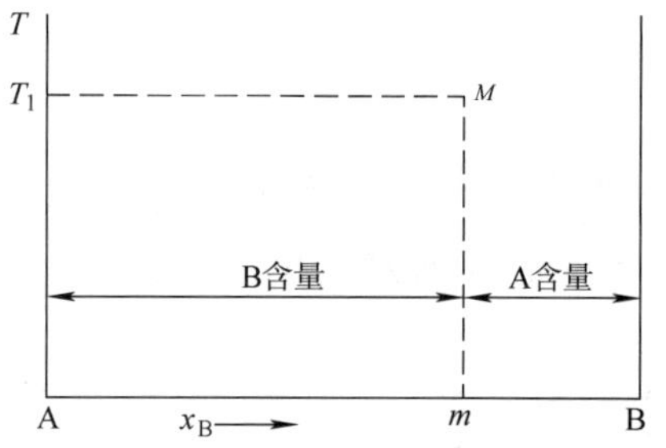

图 3-5　二元系统的温度-组成坐标图

在相图中，组成可以用质量百分数表示，也可以用摩尔百分数表示。二组分系统相图中横坐标表示系统的组成，因此又称为组成轴。组成轴的两个端点分别表示两个纯组分，中间任意一点都表示由这两个组分组成的一个二组分系统。假设二组分系统由 A、B 两组分构成，则两个端点 A 和 B 分别表示纯 A 和纯 B。组成轴分为 100 等份，从 A 点到 B 点，B 的含量由 0% 增加到 100%，A 的含量由 100%减少到 0%，从 B 点到 A 点则相反，B 的含量由 100%减少到 0%，A 的含量由 0%增加到 100%。A、B 之间的任意一点都是由 A、B 组成的二组分系统。纵坐标表示温度，又称为温度轴。相图中的任意一点既代表一定的组成，又代表系统所处的温度，如 M 点表示组成为 30% 的 A 和 70%的 B 的系统处于 T_1 温度。

3.3.1 二组分理想液态混合物的气-液平衡相图

二组分理想液态混合物系统完全互溶，这类相图是气-液平衡相图中最有规律性、最重要的相图，是讨论其他气-液平衡相图的基础。

1. 拉乌尔定律和亨利定律

在一定温度下，纯液体与自身蒸气达平衡时蒸气的压力称为该液体在此温度下的饱和蒸气压，简称蒸气压。液体的饱和蒸气压与温度有关，温度一定时，饱和蒸气压的值一定。

溶液中某组分的蒸气压是溶液与蒸气达平衡时，该组分在蒸气中的分压。它除了与温度有关外，还与溶液的组成有关。稀溶液的蒸气压与液相组成的关系可以用拉乌尔定律和亨利定律描述。

1）拉乌尔定律

当溶质溶于某纯液体时，此液体作为溶剂，其蒸气压会降低。1886 年法国科学家拉乌尔根据实验结果总结了这方面的规律，称为拉乌尔定律。

(1)拉乌尔定律的表达式。在一定温度下,稀溶液中溶剂的蒸气压等于同温度下纯溶剂的蒸气压与溶液中溶剂物质的量分数的乘积。拉乌尔定律的表达式为

$$p_A = p_A^* x_A \tag{3-5}$$

式中:p_A——稀溶液中溶剂 A 的蒸气压;

p_A^*——纯溶剂在同温度下的饱和蒸气压,取决于溶剂本身的性质及温度和压力;

x_A——稀溶液中溶剂的摩尔分数。

对二组分溶液来说,式(3-5)又可写成

$$\Delta p_A = p_A^* - p_A = p_A^* x_B \tag{3-6}$$

式(3-6)的意义是溶剂蒸气压的降低与溶液中溶质的摩尔分数成正比,而与溶质的种类无关。

应当指出,如果溶质是不挥发的,p_A 即为溶液的蒸气压;如果溶质是挥发的,则 p_A 为溶剂 A 在气相中的分压。但在该情况下,溶液的蒸气压为溶剂与溶质的蒸气压之和,因此溶液的蒸气压不一定低于同温同压下纯溶剂的蒸气压。

(2)拉乌尔定律的适用范围。拉乌尔定律适用于稀溶液中的溶剂,且溶质浓度越小越准确。因为在稀溶液中,溶质分子的数量相对很少,对溶剂分子的受力情况影响很小,溶剂分子从溶液中逸出的能力变化不大。只是由于溶质分子的存在,溶剂的浓度减小了,单位时间内逸出液面的溶剂分子数相应减少,使得达平衡时,溶液中溶剂的饱和蒸气压下降了。

拉乌尔定律是气-液平衡计算的理论基础,用它可以计算稀溶液中溶剂的蒸气压,并能解释稀溶液的一些性质。

2)亨利定律

1803 年亨利根据实验总结出稀溶液中挥发性溶质在气-液平衡时所遵循的重要规律——亨利定律。

(1)亨利定律的表达式。在一定温度下,稀溶液中挥发性溶质在平衡气相中的分压与其在溶液中的物质的量分数成正比。亨利定律的表达式为

$$p_B = k_x x_B \tag{3-7}$$

式中:p_B——溶质 B 在平衡气相中的分压;

x_B——溶液中溶质 B 的摩尔分数;

k_x——亨利系数,它与 p_B 具有相同的量纲,其单位为 Pa,k_x 的值与溶质和溶剂的本性、温度和压力有关。

(2)亨利定律的适用范围。亨利定律适用于稀溶液中的挥发性溶质,且溶质在气相和液相中的分子状态相同。例如,HCl(g)溶于 C_6H_6(l)中,在气相和液相中都是呈 HCl 的分子状态,可以应用亨利定律;但是如果 HCl(g)溶于水中,则液相中为 H^+ 和 Cl^- 离子,与气相中 HCl 分子状态不同,此时亨利定律就不适用。另外气体混合物溶于同一种溶剂时,每一种气体可分别应用亨利定律。

亨利定律是化工单元操作"吸收"的理论基础,亨利常数是选择吸收溶剂所需要的重要数据。吸收操作是利用混合物中各气体组分在溶剂中溶解度的差异,有选择地吸收溶解度大的

气体，把这种气体从气体混合物中分离出来。由亨利定律可知，气体压力越大，它在溶液中的溶解度越大，温度越低，溶解度越大，因此吸收的有利条件是低温高压。

拉乌尔定律和亨利定律都是从稀溶液实验中总结出来的经验定律，并且都是说明溶液中某组分的蒸气分压与该组分在溶液中的浓度成正比，但是这两个定律的研究对象和比例系数不同。拉乌尔定律研究的对象是稀溶液中的溶剂，此时，溶剂的摩尔分数 x_A 趋近于1，比例系数为纯溶剂的蒸气压；而亨利定律研究的对象是稀溶液中的挥发性溶质，此时溶质的摩尔分数 x_B 趋近于零，比例系数是一实验值。可以证明，当溶剂A在某浓度区间内遵从拉乌尔定律，则溶质B在该浓度区间必遵从亨利定律。

2. 二组分理想液态混合物压力-组成图

任一组分B，在全部组成范围内都符合拉乌尔定律的液态混合物，称为理想液态混合物。

设组分A和组分B形成理想液态混合物。在一定温度 T 下气-液两相平衡时，拉乌尔定律为

$$p_A = p_A^* x_A = p_A^*(1-x_B) \tag{3-8}$$

$$p_B = p_B^* x_B \tag{3-9}$$

式中：p_A 和 p_B——温度 T 时，与液相成平衡的蒸气相中A和B的分压，kPa；

p_A^* 和 p_B^*——温度 T 时，纯A和纯B的饱和蒸气压，kPa；

x_A 和 x_B——液相中A和B的摩尔分数。

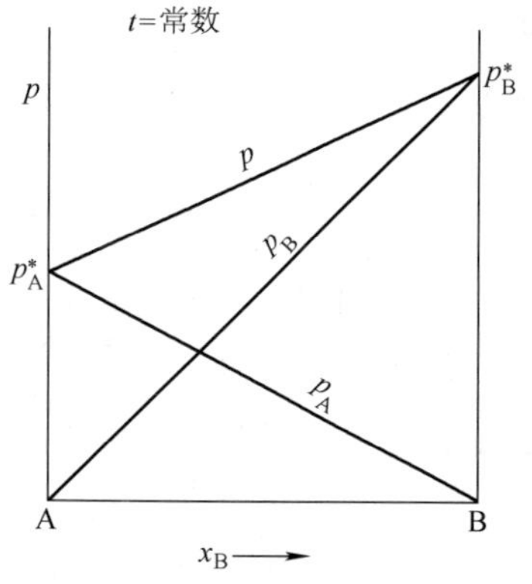

图3-6　蒸气压-液相组成图

与液相成平衡的蒸气总压 p 为A、B的蒸气分压之和，即

$$p = p_A + p_B = p_A^*(1-x_B) + p_B^* x_B = p_A^* + (p_B^* - p_A^*)x_B \tag{3-10}$$

在一定温度下，以蒸气压对液相组成作图可得 p_A-x_B、p_B-x_B、p-x_B 三条直线，这是理想液态混合物的特点。

以甲苯(A)-苯(B)系统为例。将100 ℃时 $p_A^* = 74.17$ kPa、$p_B^* = 180.1$ kPa代入上述三式，作蒸气压-液相组成图，即可得到图3-6中的三条直线。它们分别表示 p_A、p_B 和 p 与溶液组成 x_B 的关系。表示溶液蒸气总压与溶液组成关系的线称为液相线。

若 y_A 和 y_B 为蒸气里A和B的摩尔分数，根据分压定律，得出：

$$y_A = \frac{p_A}{p} = \frac{p_A^*}{p} \tag{3-11a}$$

$$y_B = \frac{p_B}{p} = \frac{p_B^*}{p} \tag{3-11b}$$

因 $p_B^* > p$，故 $y_B > x_B$，同理 $y_A < x_A$，这就是说，当气-液两相平衡时，气相组成和液相组成并不相同，在理想溶液中，总是易挥发组分在平衡气相里的组成大于它在液相里的组成。表示溶液蒸气总压与蒸气组成关系的线称为气相线。

根据拉乌尔定律，可以计算出各种组成时甲苯(A)与苯(B)的蒸气压以及溶液的蒸气总压。同时将实验测得的溶液的蒸气总压一并列于表3-3内。由表中数据可以看出甲苯(A)与苯(B)溶液蒸气总压的计算值与实验值非常接近。这就表明该溶液可视为理想溶液。

表 3-3 甲苯(A)与苯(B)溶液蒸气总压的计算值与实验值(100 ℃)

x_B	p_B/kPa	p_A/kPa	p(计算值)/kPa	p(实验值)/kPa	y_B
00	0	76.10	76.10	76.10	0
0.1	17.83	68.50	86.33	86.63	0.207
0.2	35.87	60.90	96.77	97.58	0.370
0.3	53.70	53.30	107.00	108.22	0.520
0.4	71.74	45.70	117.44	118.96	0.611
0.5	89.57	38.10	127.67	123.62	0.702
0.6	107.61	30.40	138.00	139.73	0.780
0.7	125.44	22.80	148.24	150.37	0.846
0.8	143.27	15.20	158.47	160.90	0.904
0.9	161.31	7.60	168.91	171.04	0.955
1.0	179.14	0	179.14	179.14	1.0

按照表 3-3 数据可绘出图 3-7,即甲苯(A)与苯(B)溶液蒸气总压与液相组成和气相组成关系的相图。

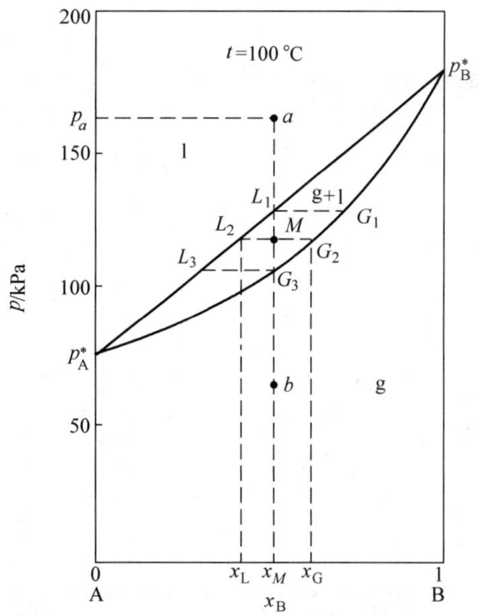

图 3-7 甲苯(A)-苯(B)系统的蒸气压-组成图

图中左上方的直线是液相线,右下方的曲线是气相线。因同一压力下 $y_B > x_B$,故气相组成要比液相组成靠近纯 B。液相线以上的区域是液相区,气相线以下的区域是气相区,液相线与气相线之间的区域是气-液两相平衡共存区。由于温度恒定下 $F=C-P+1$,因此,在单相区内有两个自由度,压力和组成可以在一定范围内独立改变,也就是说,描述一个单相系统,需同时指定系统的压力和组成。在气-液平衡两相区只有一个自由度,压力和气相组成、液相组成之间都有着依赖关系,如果指定了压力,平衡时的气相组成和液相组成也就随之而定了。

应用相图可以了解指定系统在外界条件改变时的相变化情况。例如,讨论 A-B 二组分液态混合物恒温减压过程的变化。在一带活塞的导热气缸中盛有组成为 x_A、x_B 的 A、B 二组分系统,将气缸置于 100 ℃恒温槽中保持系统恒温。起始时系统压力为 p_a,系统的状态点相当于图 3-7 中液相区内的 a 点。当压力缓慢降低时,系统点沿恒组成线垂直向下移动,在到达 L_1 点之前一直是单一的液相。到达 L_1 点后,液相开始蒸发,最初形成的蒸气相的状态为图中的 G_1 点所示,系统进入气-液平衡两相区。在两相区内,随着压力继续降低,液相不断蒸发为蒸气,液相状态沿液相线向左下方移动,与之成平衡的气相状态则相应地沿气相线向左下方移动。当系统点为 M 点时,两相平衡的液相状态点为 L_2 点,气相状态点为 G_2 点,L_2 点和 G_2 点都称为相点。两个平衡相点的连接线称为结线,例如 L_2G_2 线。由图可知,当系统点由 a 点移到 M 点时,液相点由 L_1 点沿液相线变到 L_2 点,同时气相点则由

G_1 点沿气相线变到 G_2 点。当压力继续降低，系统点到达 G_3 点时，液相全部蒸发为蒸气，最后消失的一滴液相的状态点为图中的 L_3 点。此后系统进入气相区，自 G_3 至 b 点的过程为气相减压过程。

在系统点由 L_1 点变化到 G_3 点的整个过程中，系统内部始终是气、液两相共存，但两平衡相的组成和两相的相对数量均随压力而改变。平衡时两相相对数量可依据杠杆规则来计算。

3. 杠杆规则

以上述的系统为例，当系统点在图 3－7 中两相区内的 M 点时，系统的总组成为 $x_{M,\mathrm{B}}$；平衡时气相点为 G_2，气相组成为 $y_{\mathrm{G,B}}$，液相点为 L_2，液相组成为 $x_{\mathrm{G,B}}$。以 n_G 和 n_L 分别代表气相和液相的物质的量，每个相的物质的量则等于该相中组分 A 和组分 B 的物质的量之和。因为平衡两相中含 B 量的总和等于原有系统中 B 的量，于是可得下列关系：

$$n_\mathrm{G} y_{\mathrm{G,B}} + n_\mathrm{L} x_{\mathrm{G,B}} = (n_\mathrm{G} + n_\mathrm{L}) x_{M,\mathrm{B}} \tag{3-12}$$

$$\frac{n_\mathrm{L}}{n_\mathrm{G}} = \frac{y_{\mathrm{G,B}} - x_{M,\mathrm{B}}}{x_{M,\mathrm{B}} - x_{\mathrm{G,B}}} = \frac{\overline{MG_2}}{\overline{L_2 M}} \tag{3-13}$$

或

$$n_\mathrm{L}\ \overline{L_2 M} = n_\mathrm{G}\ \overline{MG_2} \tag{3-14}$$

式(3－14)就是杠杆规则。此规则表明：当组成以摩尔分数表示时，两相的物质的量反比于系统点到两个相点的线段的长度。对于一定温度、压力下的两相平衡系统来说，因为结线的两个端点(即两个相点)是固定的，故平衡时两相的组成固定不变，但当系统点在结线上不同位置时，两相的数量是不同的。在上述推导中，系统点、相点的组成用的是摩尔分数，在杠杆规则中两相的量均指的是物质的量；如果系统点、相点的组成用质量分数表示，则杠杆规则中两相的量就应当是质量。杠杆规则是根据质量守恒原理得出的，适用于任意两相平衡。

4. 二组分理想液态混合物温度-组成图

在化工生产过程中，蒸馏或精馏操作是在恒压下进行的，因此，对双组分体系沸点-组成图($t-x$ 图)的讨论有着更实际的意义。沸点-组成图一般是在恒外压下通过实验求得溶液的沸点与气、液两相平衡组成的数据绘制而成的。

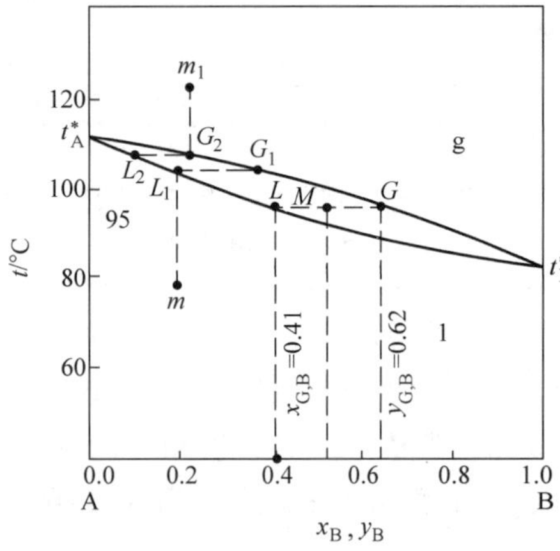

图 3－8　甲苯(A)-苯(B)系统的沸点-组成图

以绘制苯(A)-甲苯(B)溶液在 101.325 kPa 下的沸点-组成图为例，说明 $t-x$ 图的绘制。首先配制一系列不同组成的苯-甲苯溶液，然后依次倒入沸点仪内进行蒸馏，准确测定溶液的沸点和气、液两相组成。可得到一系列的 x、y 和 t 的数据。然后将不同温度下的气相点和液相点画在图上，连接各液相点构成液相线，连接各气相点构成气相线，如图 3－8 所示。气相线在液相线的右上方。这是因为易挥发组分苯在气相中的相对含量大于它在液相中的相对含量。两条线交于 t_A^* 和 t_B^* 两点。液相线以下的区域为液相区，气相线以上的区域为气相区。液相线与气相线之间的区域为气-液两相平衡共存区，其相组成分别由液相线及气相线上的两个相应的液相点及气相点所指示的组成读出。例如，在 $p=101.325$ kPa，$t=95$ ℃时，系统总组成 $x_{M,\mathrm{B}}=0.50$ 的系统点 M 为气液两相平衡点，其相组成可通过 M 点作平行于横坐标的等温连结线与液相线及气相线的交点，即液相点 L 及气相点 G ($x_{G,B}=0.41, y_{G,B}=0.62$)，$LG$ 线即为等温连结线。

将图 3-8 与图 3-7 相比较可发现，两图的气相区和液相区与气相线和液相线的上下位置恰好相反；同时看到 t-$x_B(y_B)$ 图中液相线是曲线而不是直线。此外，在 p-$x_B(y_B)$ 图上，当 t 一定时，对于 $p_A^* < p_B^*$ 的系统，$p_A^* < p < p_B^*$；而在 t-$x_B(y_B)$ 图上，当 p 一定时，对于 $t_A^* > t_B^*$ 的系统，$t_A^* > t > t_B^*$，这是因为沸点高的液体蒸气压小（难挥发），沸点低的液体蒸气压大（易挥发）。所以，在 t-$x_B(y_B)$ 图中，在同一温度下，$y_B > x_B$，这是精馏分离的理论基础。

如图 3-8 所示，若将系统点为 m 的混合物等压加热升温到 L_1 点后开始沸腾起泡，所以 L_1 点又称为泡点，因而液相线又称为泡点线，产生的第一个气泡的气相组成为 G_1，其对应的液相组成为 L_1。反之，若将系统点为 m_1 的混合物等压冷却至 G_2 点后开始冷凝，G_2 点称为露点，气相线称为露点线，产生的第一个液滴的组成为 L_2，其对应的气相组成为 G_2。从 m 升温至 m_1 或从 m_1 冷却至 m，系统的总组成不变，但在两相平衡区时，两相的组成及两相的物质的量的比值将随温度的改变而改变。

可以看做理想液态混合物的系统是极少的，绝大多数二组分完全互溶液态混合物是非理想的，称之为真实液态混合物。两者的差别在于，在一定温度下，理想混合物在全部组成范围内每一组分的蒸气分压均遵循拉乌尔定律，因而蒸气总压与组成（摩尔分数）成直线关系；真实混合物除了组分的摩尔分数在接近于 1 的极小范围内该组分的蒸气分压近似地遵循拉乌尔定律外，其他组成液相中组分的蒸气分压均对该定律产生明显的偏差，因而蒸气总压与组成并不成直线关系。若组分的蒸气压大于据拉乌尔定律的计算值，则称为正偏差；反之，则称为负偏差。通常真实液态混合物中两种组分或均为正偏差，或均为负偏差。但在某些情况下也可能一个（或两个）组分在某一组成范围内为正偏差，而在另一范围内为负偏差。有关二组分真实液态混合物的气-液平衡相图请参考其他有关书籍。

3.3.2 二组分凝聚系统液-固平衡相图

对于二元凝聚系统，$F=C-P+1=3-P$。当 $P_{min}=1$ 时，$F_{max}=2$；$P_{max}=3$ 时，$F_{min}=0$。可见，在二元凝聚系统中平衡共存的相数最多为三个，最大自由度数为 2。这两个自由度就是指温度(T)和两组分中任一组分的浓度(x)。因此，二元凝聚系统相图仍然可以用平面图来表示，即以温度-组成图表示。

在通常情况下，硅酸盐系统可看做凝聚系统，可以不考虑压力的改变对系统相平衡的影响，此时相律可以用 $F=C-P+1$ 表示。

二元系统相图比单元系统相图要复杂得多，它不仅包括物质的熔化、结晶和晶型转变，而且两组分之间可能存在着各种不同的物理作用和化学作用，例如形成低共熔物、产生化合物、出现固溶体或液相分层等。但不论怎样复杂的二元系统相图，都是由一些基本类型相图综合而成的，因此，对基本类型相图的学习是分析和理解复杂相图的基础。下面介绍几种二组分凝聚系统相图的基本类型。

1. 具有一个低共熔点的二元系统相图

具有一个低共熔点系统的特点是：①两个组分在液态时能以任意比例互溶，形成单相溶液；②固相完全不互溶，两个组分各自从液相分别结晶；③组分间不生成化合物。这种相图是最简单的二元系统相图。

1)相图的绘制

绘制凝聚系统相图最常用的方法有淬冷法与热分析法。热分析法又分为加热曲线法、冷却曲线法与差热分析法。冷却曲线法是绘制相图常用的基本方法，这里只介绍用冷却曲线法绘制具有低共熔点的二元系统相图。

冷却曲线法是根据系统在冷却过程中，温度随时间的变化情况来判断系统中是否发生了相变化。通常的做法是先将一定组成的试样加热至完全熔化，然后令其缓慢而均匀地冷却，记录冷却过程中系统在不同时刻的温度数据，再以温度为纵坐标，时间为横坐标，绘制成温度-时间曲线，即冷却曲线(或称为步冷曲线)。显然，当系统内没有相变化时，系统的温度随时间均匀下降，画出的冷却曲线是圆滑的；当系统发生相变化时，由于释放出相变潜热可以补偿热量的散失，使系统温度不再下降或下降速度变慢，这时在冷却曲线上必然出现转折。因此，画出冷却曲线就可以准确地找出相变温度。如果对不同组成的二组分系统分别画出冷却曲线，找出相变温度，就可以得到相变温度和组成的对应关系，把这种对应关系表示在温度-组成图上，就可以绘制出二组分系统相图。

金属铋(Bi)和镉(Cd)液态时完全互溶，固态时完全不互溶，它们形成的二元系统就是具有一个低共熔点的二元系统。现以 Bi-Cd 二元系统为例，说明用冷却曲线绘制相图的过程，根据实验数据绘出几个不同组成的 Bi-Cd 二元系统的冷却曲线，如图 3－9(a)所示。

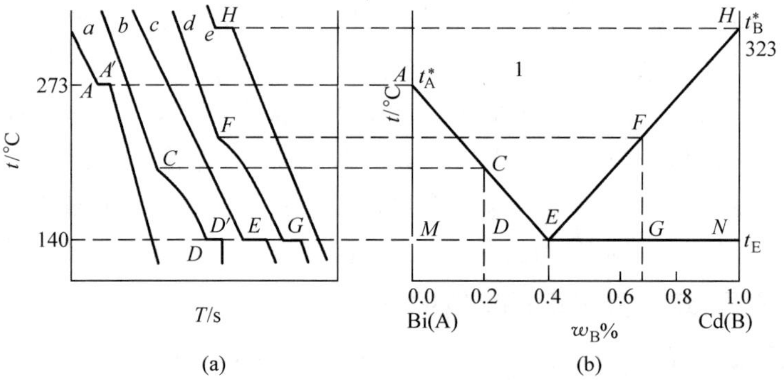

图 3－9　Bi－Cd 系统的冷却曲线与相图

(a)冷却曲线　(b)相图

图 3－9(a)中的 a 线是纯 Bi(含 Cd 0％)的冷却曲线。线段 aA 表示液体 Bi 的冷却，温度随时间均匀下降，冷却到 Bi 的凝固点(熔点)273 ℃时，有固体 Bi 开始从液相中析出，这时相当于 A 点。因冷却速度缓慢，故可认为系统中液-固两相平衡，由于液体凝固时释放的潜热可以抵消系统向外界散失的热量，因此，系统的温度保持不变，在 273 ℃时冷却曲线上出现了水平线段 AA'。到达 A'点，液体 Bi 全部凝固，系统成为单一固相，随着冷却的进行，系统的温度才继续下降。

e 线是纯 Cd(含 Cd 100％)的冷却曲线，其形状与 a 线相似，水平段 eH 所对应的温度 323 ℃是 Cd 的凝固点(熔点)。

b 线是含 Cd 20％的 Bi-Cd 混合物的冷却曲线。熔体冷却时温度均匀下降，相当于 bC 段。到达 C 点时，固体纯 Bi 首先达到饱和，开始从液相中析出。由于 Cd 的加入，使 Bi 的凝固点下降，所以 C 点的温度低于纯 Bi 的熔点。根据相律，两相共存时，$F=2-2+1=1$，说明随着固体 Bi 的析出，温度仍不断下降，同时与固体 Bi 成平衡的液相的组成也随温度而变。但由于 Bi 的结晶放出了凝固热，抵消了系统散失的部分热量，使降温速度变慢，冷却曲线的斜率变小，于是在 C 点出现转折。继续冷却，固体 Bi 不断析出，与之平衡的液相中 Cd 的百分含量不断增加，温度不断下降。到达 D 点时，液相对固体 Bi 和固体 Cd 同时达到饱和，Bi、Cd 两种晶相按液相中的比例同时析出，系统三相平衡共存，根据相律，$F=2-3+1=0$，出现水平线段 DD'，说明此后在冷却时，只要有液相存在，温度不再改变，同时液相组成也不变。当液相全部凝固而消失后，$F=2-2+1=1$，温度才继续下降，这相当于 D' 点，D' 点以后是固体 Bi 和固体 Cd 的降温过程。

d 线是含 Cd 70％的 Bi-Cd 混合物的冷却曲线。与 b 线类似，只是这两组熔体中 Cd 的含量高，因此冷却时 Cd 首先从液相中析出。可以看出，由于凝固点下降，Cd 从液相中析出的温度低于纯 Cd 的熔点(323 ℃)，且 Bi 的含量越高，Cd 开始析出的温度越低。

c 线是含 Cd40％的 Bi-Cd 混合物的冷却曲线，这条冷却曲线的形状和纯物质的相似，没有转折点，只有水平段。由于这一混合物的组成正好是低共熔混合物的组成，所以液相开始凝固时，Cd、Bi 按着液相中的比例同时析出。这时相当于曲线上的 E 点。析晶过程中液相组成保持不变，温度也保持不变，出现一水平线段。可以看出，Cd、Bi 共同析晶的温度是 Bi - Cd 二组分系统中所有析晶温度中最低的，因此把这个温度称为该二组分系统的最低共熔温度，这时的液相组成称为“低共熔组成”，析出的固体混合物称为“低共熔混合物”。根据相律，任何二组分凝聚系统，当两个晶相从液相中同时析出时，系统中有三相，自由度 $F=0$，这就是说二组分凝聚系统的低共熔温度和低共熔组成均有确定的值。

将每一条冷却曲线上的转折点和水平线段所对应的温度投影到温度-组成坐标系内对应的等组成线上，并将相同性质的点连成线，即可得到 Bi - Cd 二组分系统的相图，如图 3 -9(b)所示。

2)相图分析

若 A、B 两组分液态时完全互溶，固态时完全不互溶，它们即形成具有一个低共熔点的二元系统。图 3 - 10 是这类相图的一般形式。

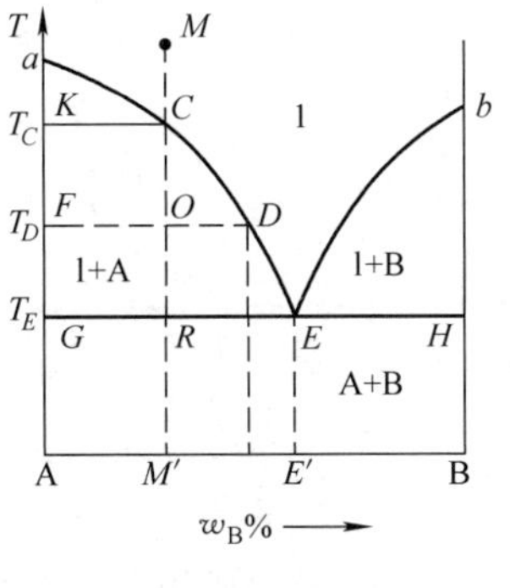

图 3 - 10　具有一个低共熔点的系统的相图

根据相图的制作过程(由冷却曲线法制作相图)可知，相图中的 a 点是纯组分 A 的熔点。b 点是纯组分 B 的熔点。aE 线是组成不同的高温熔体在冷却过程中开始析出 A 晶相的温度的连线，不同组成熔体冷却到 aE 线上时，A 晶相开始析出，表示 A 在液相中达到饱和，因此，把 aE 线也称为 A 的饱和曲线，在这条线上液相和 A 晶相两相平衡共存。bE 线是不同组成的高温熔体冷却过程中开始析出 B 晶相的温度的连线，同样，bE 线称为液相线，它又是 B 的饱和曲线，线上液相和 B 晶相两相平衡共存。aE 线、bE 线都称为液相线。根据相律，在液相线上，$P=2$，$F=1$。通过 E 点的水平线 GH 称为固相线，是不同组成的熔体结晶结束温度的连线。

两条液相线和一条固相线把整个相图分为四个相区：液相线以上的区域是液相的单相区，用 l 表示，在单相区内 $P=1$，$F=2$。液相线和固相线之间的两个相区 aEG 和 bEH 分别为 A 晶相和液相平衡共存(l＋A)以及 B 晶相和液相平衡共存(l＋B)的二相区。固相线以下的区域是 A 晶相和 B 晶相平衡共存(A+B)的相区。在两相平衡共存的相区内 $P=2$，$F=1$。

两条液相线与固相线的交点 E 称为低共熔点。在这点上组成为 E' 的液相与 A 晶相、B 晶相三相平衡共存，其平衡关系为 $l_E \rightleftharpoons A+B$。就是说，冷却时液相在 E 点，按 E' 点的 A、B 比例同时析出 A 晶相和 B 晶相；加热时按 E' 点的 A、B 比例，A 晶相和 B 晶相共同熔融成为液相。这是系统加热时熔融成液相的最低温度，称为低共熔点。在 E 点相数 $P=3$，自由度数 $F=0$，表示系统的温度和液相的组成都不能变，故 E 点是二元无变量点。

3)冷却析晶过程的分析

所谓熔体的冷却析晶过程是指将一定组成的二元混合物加热熔化后，再将其平衡冷却而析晶的过程。通过对平衡冷却析晶过程的分析可以看出，系统的平衡状态随温度的改变而变化的规律。

在图 3-10 中，以组成为 M' 的熔体的冷却析晶过程为例进行分析。组成为 M' 的二元混合物加热成为高温熔体后处于液相区内的 M 点，将此高温熔体进行平衡冷却。由于冷却过程中系统组成不会变化，因此系统的状态点将沿等组成线 MM' 自 M 点向下移动。冷却开始，系统只有一个液相，这时系统的状态点就是液相点。当温度下降到 T_C 时，液相开始对组分 A 饱和，从液相中开始析出 A 晶相($l \rightarrow A$)，系统由单相平衡状态进入二相平衡状态。由于析出的是纯 A，所以固相的状态点应在 K 点。继续冷却，晶体 A 不断从液相析出，液相中 A 含量不断减少，B 含量不断增加，而液相对 A 来说又始终是饱和的，因此液相点必沿着 aE 线由 C 点向 E 点变化，而固相点则沿纵轴从点 T_C 向下移动，这时，$p=2$，$F=1$。当温度到达 T_E 时，液相组成到 E 点，固相的状态点由 K 点到达 G 点，此时液相不仅对 A 晶相饱和，而且对 B 晶相也达到饱和，因而将从液相中按 E 点组成中 A 和 B 的比例同时析出 A 晶相和 B 晶相($l \rightarrow A+B$)。由于系统中三相平衡共存，$P=3$，$F=0$，因此，系统的温度和液相的组成都不能变。但随着析晶过程的进行，液相量在不断地减少。由于有 B 晶相析出，固相的组成不再停在 G 点，而由 G 点向 R 点变化，当最后一滴液体消失时，固相组成到达 R 点，与系统的状态点重合，液相消失，析晶过程结束，析晶产物为 A 和 B 两个晶相。由于系统中只剩下 A、B 两种晶相，$P=2$，$F=1$，温度又可以继续下降。

上述析晶过程中固、液相的变化途径可用下式表示。

液相点：$M \xrightarrow{l} C \xrightarrow{l \rightarrow A} E \xrightarrow{l \rightarrow A+B} E$(液相消失)

固相点：$K \xrightarrow{A} G \xrightarrow{A+B} R \xrightarrow{A+B} M'$

注：本书采用上述式子表达析晶过程。规定：两个液相点之间的箭头上方表示液相的析晶过程，两个固相点之间的箭头上方表示固相中的组分。

若是加热，则和上述过程相反。当系统温度升高到 T_E 时才出现液相，液相组成为 E。因 $P=3$，$F=0$，系统无变量，所以系统的温度维持在 T_E 不变，A 和 B 两晶相的量不断减少，E 组成的液相量不断增加。当 B 晶相全部熔融后，系统中两相平衡共存，成为单变量，温度才能继续上升，此时 A 晶相的量继续减少，液相组成沿着 aE 线向 a 点变化。当温度到达 T_C 时，A 晶相也完全熔融，系统全部成为熔体。

熔体 M 的冷却析晶过程具有普遍性，由以上的冷却析晶过程可以看出，在这类最简单的二组分系统中，凡是组成在 AE' 范围内的熔体，冷却到析晶温度时首先析出 A 晶相；凡是组成在 BE' 范围内的熔体，冷却到析晶温度时首先析出的是 B 晶相；所有的二组分熔体冷却时都在

E 点结束结晶，产物都是 A 晶相和 B 晶相，只是 A、B 的比例不同而已。在整个析晶过程中，尽管组分 A 和组分 B 在固相与液相间不断转移，但仍在系统内，不会逸出系统外，因而系统的总组成是不会改变的，系统总的状态点一直沿着原始熔体的等组成线变化，而且成平衡的两相的状态点始终与总状态点在一条水平线上，并分别在其左右两边。具有 E 点组成的熔体冷却过程比较特殊，该熔体在 T_E 温度以上只有一个液相，温度达到 T_E 时，A 和 B 按 E 点组成的比例同时从液相析出，直至液相消失，析晶产物是具有 E 点组成的低共熔混合物。

4)冷却析晶过程中各相含量的计算

通过相图不仅可以分析平衡系统在冷却(或加热)过程中状态的变化，同时，当系统处于两相平衡时，还可以依据杠杆规则计算在一定状态下，系统中平衡各相间的数量关系。可由图 3-10中熔体 M 的析晶过程为例讨论导出。

杠杆规则可表述为：系统中平衡两相的质量与两相的状态点到系统状态点的距离成反比。即含量多的相，其状态点到系统总状态点的距离越近。若把系统状态点看成支点，两个相的状态点看成力点，则上述关系与力学中的杠杆定律很相似，故称为杠杆规则。

杠杆规则不但适用于一相分为两相的情况，同样也适用于两相合为一相的情况。甚至在任何多相系统中，都可以利用杠杆规则，根据已知条件计算平衡共存的各相的相对数量及百分含量。因此，可以应用相图确定配料组成一定的制品，在不同的状态下所具有的相组成及其相对含量，以预测和估计产品的性能。这对指导生产和研制新产品具有重要意义。

2. 具有一致熔化合物的二组分系统相图

图 3-11 为具有一致熔化合物的二组分系统相图。如图所示，A、B 二组分形成一个稳定化合物 A_mB_n，该化合物与正常的纯物质一样有固定的熔点，熔化时，所产生的液相与化合物组成相同，这种化合物称为一致熔化合物。

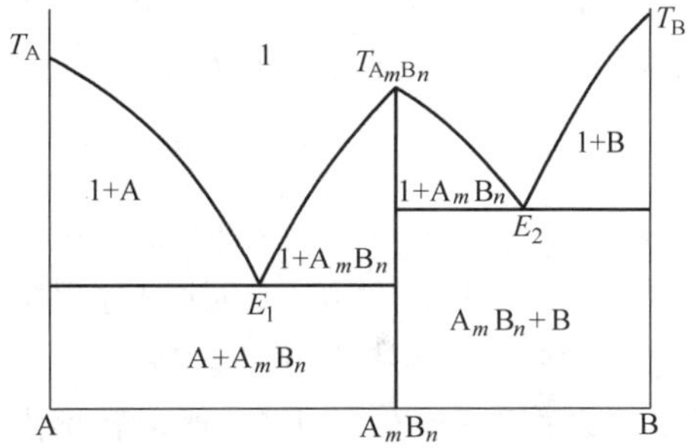

图 3-11　具有一致熔化合物的二组分系统相图

一致熔化合物在相图上的特点是化合物组成点位于其液相线的组成范围内。一致熔化合物与纯组分 A 和 B 具有类似的性质，即化合物里加入组分 A 或组分 B 都会使化合物熔点降低。因此，液相线在化合物的熔点处出现最高点。化合物 A_mB_n 与组分 A 以及组分 B 分别形成低共熔点 E_1 和 E_2。如果以化合物 A_mB_n 的等组成线为界，整个相图可以划分成两个最简单的二组分系统，即 A-A_mB_n 系统和 A_mB_n-B 系统。各相组成的相图如图 3-11 所示。

3. 具有不一致熔化合物的二组分系统相图

若 A-B 二组分系统中，A 与 B 形成一个不稳定的化合物 A_mB_n，该化合物没有自己的熔点，加热这种化合物时，还没有达到熔点以前，化合物就分解为一种液相和另一种晶相，二者组成与化合物组成皆不相同，这类化合物称为不一致熔化合物。为便于理解，先用图 3-12 表示不一致熔化合物的二元相图是如何用冷却曲线法测得的。

图 3-13 是具有不一致熔化合物的二组分系统相图，图中 aE 是与晶相 A 平衡的液相线，bP 是与晶相 B 平衡的液相线，PE 是与化合物 C(A_mB_n)平衡的液相线。无变量点 E 是低共熔点，在 E 点发生的相变化为 $l_E \rightleftharpoons A+C$。不一致熔化合物 A_mB_n 在加热到温度 T_P 时熔融分解为固相 B 和具有 P 点组成的液相，化合物的这种熔融分解过程称为转熔过程，因此 P 点为

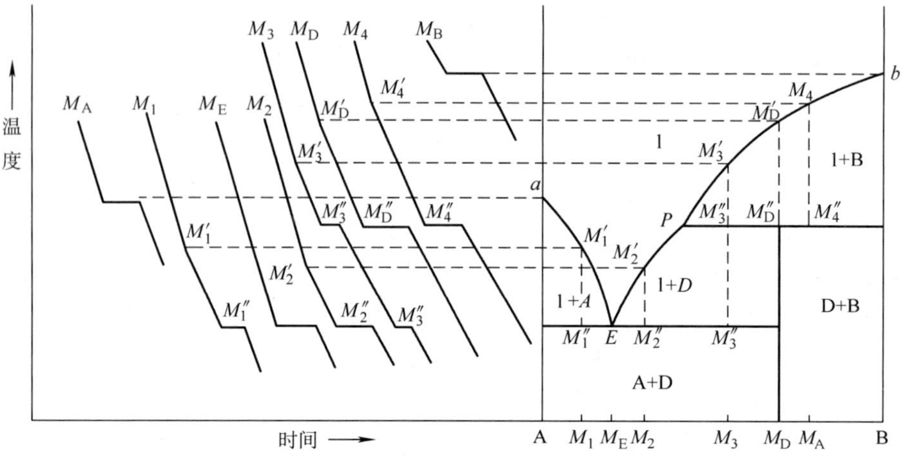

图 3-12　用冷却曲线法测定具有一个不一致熔化合物的二元系统相图

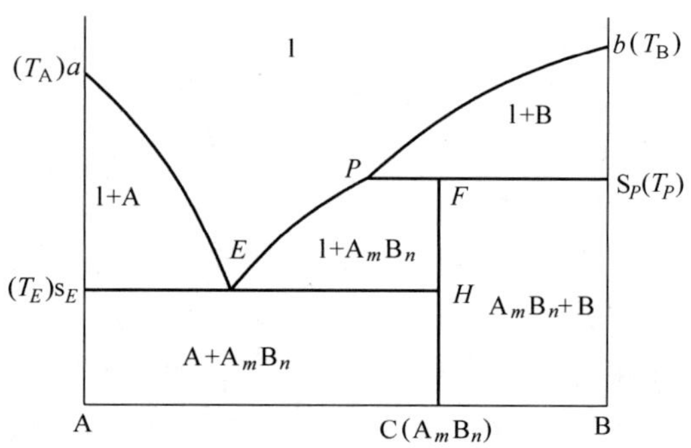

图 3-13　具有一个不一致熔化合物的二组分系统相图

转熔点。冷却时在温度 T_P 下，P 点组成的液相要回吸 B 晶相（B 溶解于液相）生成化合物 A_mB_n，这一过程称为回吸过程。因此，P 点也称为回吸点。这样，在 P 点发生的平衡过程可表示为：

$$A_mB_n(s) \underset{回吸(冷却)}{\overset{转熔(加热)}{\rightleftharpoons}} l_P + B(s)$$

这时系统中三相平衡共存，相数 $P=3$，自由度 $F=0$。因此转熔（或回吸）过程中系统的温度 T_P 保持不变，T_P 称为转熔温度。液相组成也保持不变，所以转熔点 P 也是无变量点。当温度高于 T_P 时，化合物全部分解，系统中只有液相和固相 B，因此在转熔等温线上方不存在化合物 A_mB_n，只有液相和固相 B 的两相平衡区，这是此类相图的基本特点。

下面分析图 3-14～图 3-16 中熔体 M_1、M_2、M_3 的冷却析晶过程。

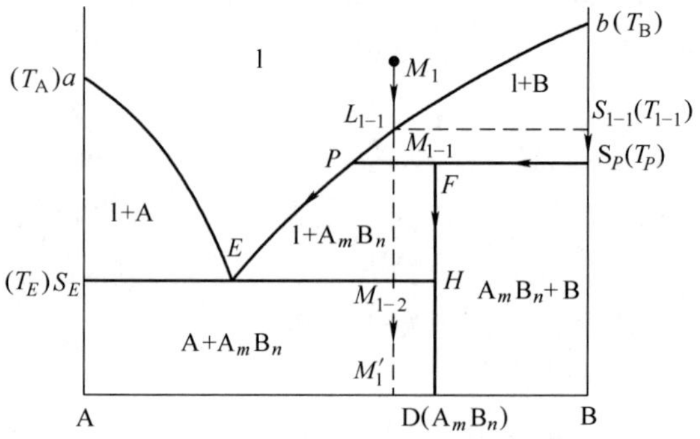

图 3-14　熔体 M_1 的冷却析晶过程

熔体 M_1 冷却时，开始只有一个液相。当温度降至 T_{1-1} 时，系统状态点到达液相线以上的 L_{1-1} 点，这时，固相 B 达到饱和开始析出，固相点在 S_{1-1}。继续冷却，固体 B 不断从液相析出，液相中 B 的含量不断减少，液相点沿液相线 bP 从 L_{1-1} 点向 P 点移动，固相点从 S_{1-1} 向 S_P 移动。当温度降至转熔温度 T_P 时，液相点到达转熔点 P，此时液相对化合物 A_mB_n 也达到饱和而析出化合物 A_mB_n 的晶体。由于化合物 A_mB_n 中含 B 的量高于液相 p 中含 B 的量，因此化合物的析出减少了液相中 B 的含量，形成液相对组分 B 的不饱和，于是已析出的固相 B 又重新溶于液相中，保持液相 P 的组成不变，这就是回吸过程。即 $l_P+\mathrm{B(s)}\longrightarrow \mathrm{A}_m\mathrm{B}_n\mathrm{(s)}$。

回吸过程中系统有三相平衡，自由度 $F=0$，因此，温度 T_P 保持不变，液相组成也保持不变，液相点在 P 点不动。回吸过程不断进行，固相中 B 的含量不断减少，化合物 $\mathrm{A}_m\mathrm{B}_n$ 的量不断增加，因此，固相混合物的状态点将沿 T_P 等温线从 S_P 点向 F 点移动。当固相混合物的状态点到达 F 点时，原析出的固相 B 被回吸完，系统剩下液相 P 和新生成的固体化合物 $\mathrm{A}_m\mathrm{B}_n$，系统为两相平衡，温度又可继续下降。随温度的下降，化合物不断从液相析出，液相点沿液相线 PE 从 P 点移向低共熔点 E，固相点沿化合物等组成线从 F 点移向 H 点。当液相点到达低共熔点 E 时，A 与化合物 $\mathrm{A}_m\mathrm{B}_n$ 同时从液相析出，当最后一滴液相在 E 点消失时，固相点从 H 点到达 M_{1-2} 点，与系统总的状态点重合，液相消失，析晶过程结束，析晶产物是 A 与 $\mathrm{A}_m\mathrm{B}_n$。

上述析晶过程用式子表示如下。

液相点：$M_1\xrightarrow{\mathrm{l}}L_{1-1}\xrightarrow{\mathrm{l}\longrightarrow \mathrm{B}}P\xrightarrow{\mathrm{l+B}\longrightarrow \mathrm{A}_m\mathrm{B}_n}P\xrightarrow{\mathrm{l}\longrightarrow \mathrm{A}_m\mathrm{B}_n}E\xrightarrow{\mathrm{l}\longrightarrow \mathrm{A+A}_m\mathrm{B}_n}E$（液相消失）

固相点：$S_{1-1}\xrightarrow{\mathrm{B}}S_P\xrightarrow{\mathrm{B+A}_m\mathrm{B}_n}F\xrightarrow{\mathrm{A}_m\mathrm{B}_n}H\xrightarrow{\mathrm{A+A}_m\mathrm{B}_n}M_{1-2}\xrightarrow{\mathrm{A+A}_m\mathrm{B}_n}M_1'$

熔体 M_2 的冷却过程与 M_1 不同，当温度到达 T_P 时，回吸过程的结果是 P 点的液相先消失，析晶在 P 点结束，最后，系统中剩下没有被回吸完的固相 B 和新生成的化合物 $\mathrm{A}_m\mathrm{B}_n$。整个过程如图 3－15 所示，其析晶过程用式子表示如下。

液相点：$M_2\xrightarrow{\mathrm{l}}L_{2-1}\xrightarrow{\mathrm{l}\longrightarrow \mathrm{B}}P\xrightarrow{\mathrm{l+B}\longrightarrow \mathrm{A}_m\mathrm{B}_n}p$（液相消失）

固相点：$S_{2-1}\xrightarrow{\mathrm{B}}S_P\xrightarrow{\mathrm{B+A}_m\mathrm{B}_n}M_{2-1}\xrightarrow{\mathrm{B+A}_m\mathrm{B}_n}M_2'$

熔体 M_3 具有化合物 $\mathrm{A}_m\mathrm{B}_n$ 的组成。熔体 M_3 冷却，当温度到达 T_P 时，回吸过程的结果是液相 P 和固相 B 同时消耗完，在 P 点析晶结束，析晶产物是化合物 $\mathrm{A}_m\mathrm{B}_n$。整个过程如图 3－16 所示，其析晶过程如下。

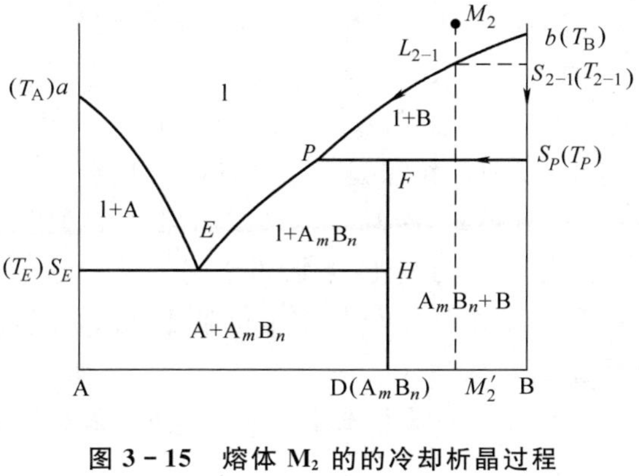

图 3－15　熔体 M_2 的的冷却析晶过程

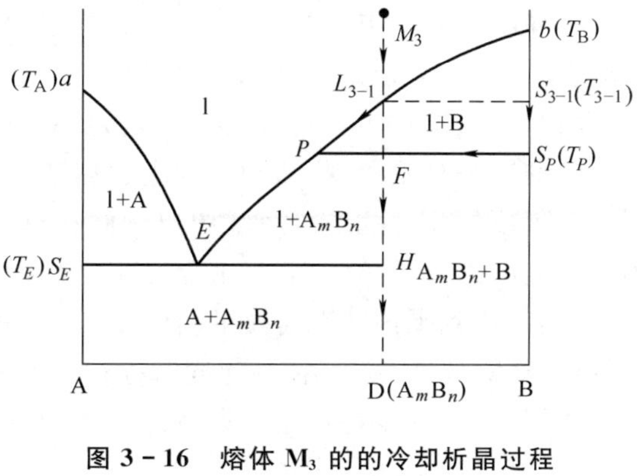

图 3－16　熔体 M_3 的的冷却析晶过程

液相点：$M_3\xrightarrow{\mathrm{l}}L_{3-1}\xrightarrow{\mathrm{l}\longrightarrow \mathrm{B}}P\xrightarrow{\mathrm{l+B}\longrightarrow \mathrm{A}_m\mathrm{B}_n}P$（液相消失）

固相点：$S_{3-1}\xrightarrow{\mathrm{B}}S_P\xrightarrow{\mathrm{B+A}_m\mathrm{B}_n}F\xrightarrow{\mathrm{A}_m\mathrm{B}_n}D$

至此，遇到两种二元无变量点，即低共熔点 E 和转熔点 P，在这两个无变量点上都表示一个液相(l)和两个固相(S_1 和 S_2)之间的平衡，它们的区别如下。

低共熔点 E 的相平衡关系是：$l \xrightleftharpoons[\text{加热}]{\text{冷却}} S_1 + S_2$。在相图上，三个相的状态点位于同一等温线上，它们的排列位置是液相状态点 L_E 位于两个固相状态点 S_1 和 S_2 之间。不论何种组成的熔体的冷却过程，当液相状态点到达低共熔点 E 时，两个固相 S_1、S_2 按 E 点的组成同时从液相析出，直至液相消失，析晶结束。因此，低共熔点 E 一定是析晶结束点。

转熔点 P 的相平衡关系是：$l + S_1 \rightarrow S_2$。在相图上，三个相的状态点也位于同一等温线上，但液相点位于两个固相状态点 S_1、S_2 连线的延长线上，且远离 S_1 点。任何二组分熔体的冷却过程，当液相点到达转熔点 P 时，液相 P 回吸固相 S_1 生成固相 S_2。回吸过程有三种结果。

（1）当原始熔体组成位于 L_P 与 S_2 之间，在 T_P 温度下，固相 S_1 被回吸完，系统余下液相 P 和新生成的固相 S_2。这种情况，转熔点 P 不是析晶结束点。

（2）当原始熔体组成位于 S_1 与 S_2 之间，在 T_P 温度下，回吸结果是液相首先消失在 P 点，系统余下固相 S_1 和新生成的固相 S_2。

（3）当原始熔体组成位于 D 点，在 T_P 温度下，回吸结果是固相 S_1 和液相同时消失，系统只有新生成的固相 S_2。

4. 固相中有化合物生成与分解的二组分系统相图

图 3－17 所示为固相中有化合物生成与分解的二组分系统相图。化合物 A_mB_n 不是从液相中直接析出的，而是 A、B 通过固相反应形成的。这类化合物只能存在于某一温度范围内（如图 3－17 中的 $T_1 \sim T_2$），超出这个范围，化合物 A_mB_n 便分解为晶相 A 和晶相 B。

在 T_1 时发生的固相反应是：$m\mathrm{A(s)} + n\mathrm{B(s)} \xrightleftharpoons[\text{加热}]{\text{冷却}} \mathrm{A}_m\mathrm{B}_n\mathrm{(s)}$

在 T_2 时发生的固相反应是：$m\mathrm{A(s)} + n\mathrm{B(s)} \xrightleftharpoons[\text{冷却}]{\text{加热}} \mathrm{A}_m\mathrm{B}_n\mathrm{(s)}$

可见在 T_1（或 T_2）温度下发生固相反应时，系统中有三相，自由度 $F=0$，因此反应过程中温度在 T_1（或 T_2）保持不变，待有某一相消失后温度才可以改变。

不同组成的二组分系统在 T_1（或 T_2）温度下发生固相反应时可能有三种不同的结果：①组成在 $A \sim A_mB_n$ 范围内的二组分系统，由于 A 组分的含量比较高，冷却到 T_1（或加热到 T_2）时，固相反应的结果是 B 晶相消失，剩余 A 晶相和新生成的化合物 A_mB_n；②组成在 $A_mB_n \sim B$ 范围内的二组分系统，冷却到 T_1（或加热到 T_2）时，固相反应的结果是 A 晶相消失，剩余 B 晶相和新生成的化合物 A_mB_n；③组成刚好在 A_mB_n 的二组分系统，冷却到 T_1（或加热到 T_2）时，固相反应的结果是 A、B 全部化合生成化合物 A_mB_n。实际上，由于固态物质之间的反应速度很慢，因而达到平衡状态需要的时间很长，尤其是在低温下，上述平衡状态是很难达到的，系统往往处于 A、B、A_mB_n 三种晶体同时存在的非平衡状态。

如图 3－18 所示，若化合物在低共熔温度以下，则只在 T_D 以上发生分解，而在低温时却是稳定的。

5. 具有多晶转变的二组分系统相图

二组分系统中某组分或化合物具有多晶转变时，相图上该组分或化合物所对应的相区内便会出现一些新的界线，把同一种物质的不同晶型稳定存在的范围划分开来，使该物质的每一种稳定晶型都有其存在的相区。根据晶型转变温度（T_P）与低共熔温度（T_E）的相对高低，此类相图又可分为两种类型。

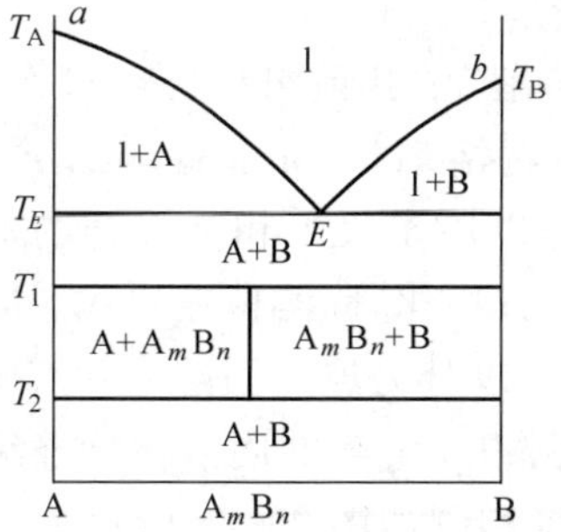

图 3-17　固相中有化合物生成的二组分系统相图

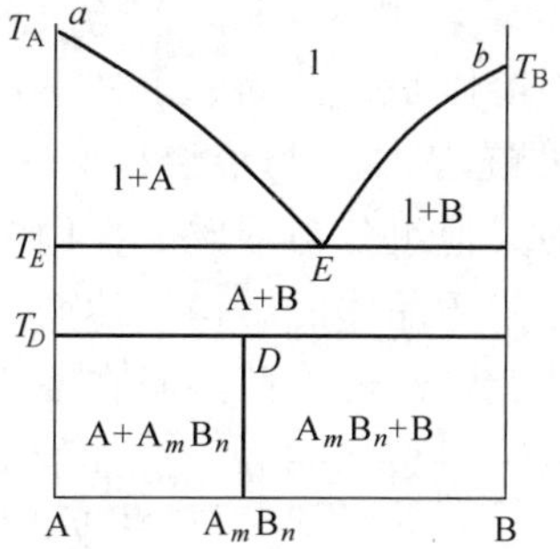

图 3-18　固相中有化合物分解的二组分系统相图

(1)$T_P>T_E$。多晶转变温度高于低共熔温度，说明多晶转变是在有液相存在时发生的。

图 3-19 为此类型的相图。图中组分 A 有 α 和 β 两种晶型，其中 A_α 相在 T_P 温度以上稳定，而 A_β 相在 T_P 温度以下稳定，发生晶型转变的温度为 T_P，P 点称为多晶转变点，在 T_P 温度下进行的平衡过程为：$A_\alpha \rightleftharpoons A_\beta$。由于系统中三相平衡共存，$F=0$，所以多晶转变点也是无变量点。通过多晶转变点 P 的水平线 IP，称为晶型转变的等温线，它把 A_α 和 A_β 稳定存在的相区划分开来。图 3-19 中熔体 M 的冷却析晶过程表示如下：

$$\text{液相点}：M \xrightarrow{l} L_1 \xrightarrow{l\to A_\alpha} p \xrightarrow{A_\alpha \to A_\beta} P \xrightarrow{l\to A_\beta} E \xrightarrow{l\to A_\beta+B} E(\text{液相消失})$$

$$\text{固相点}：S_1 \xrightarrow{A_\alpha} I \xrightarrow{A_\alpha+A_\beta} I \xrightarrow{A_\beta} G \xrightarrow{A_\beta+B} M_2 \xrightarrow{A_\beta+B} M'$$

(2)$T_P<T_E$。多晶转变温度低于低共熔温度，说明多晶转变是在固相中发生的。

在 T_P 温度下进行的平衡过程为：$A_\alpha \overset{B}{\rightleftharpoons} A_\beta$。图 3-20 为此种类型的相图。图中 P 点为组分 A 的多晶转变点，显然在 A-B 系统中的纯 A 晶体在 T_P 温度下都会发生这一转变，因此 P 点发展为一条晶型转变等温线。在此线以上的相区，A 晶体以 α 形态存在，此线以下的相区，则以 β 形态存在。图 3-20 中熔体 M 的冷却析晶过程表示如下：

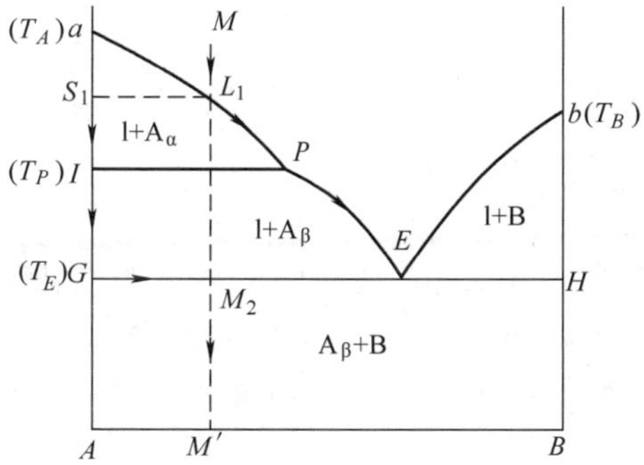

图 3-19　具有多晶转变的二组分系统相图($T_P>T_E$)

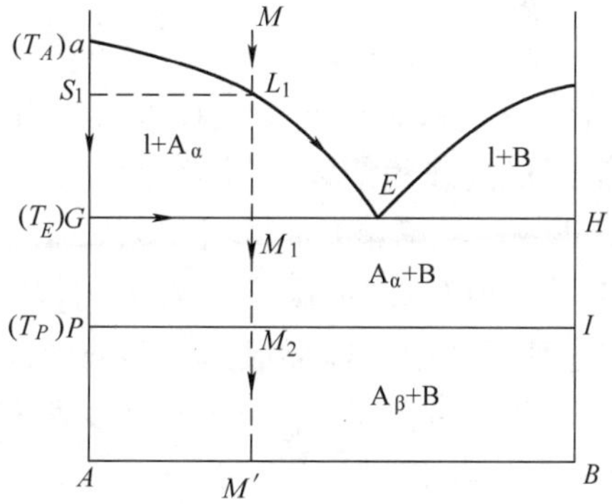

图 3-20　具有多晶转变的二组分系统相图($T_P<T_E$)

$$\text{液相点}：M \xrightarrow{l} L_1 \xrightarrow{l\to A_\alpha} E \xrightarrow{l\to A_\alpha+B} E(\text{液相消失})$$

$$\text{固相点}：S_1 \xrightarrow{A_\alpha} G \xrightarrow{A_\alpha+B} M_1 \xrightarrow{A_\alpha+B} M_2 \xrightarrow{A_\alpha\to A_\beta} M_2 \xrightarrow{B+A_\beta} M'$$

多晶转变在硅酸盐系统中普遍存在，如在 CaO-SiO_2 二组分系统中 CS、C_2S 和 SiO_2 都具有多晶转变。

6. 形成连续固溶体的二组分系统相图

所谓固溶体是指在固态条件下，一种组分（溶剂）内"溶解"了其他组分（溶质）而形成的单一、均匀的晶态固体。与溶液相似，一般称含量较高的组分为溶剂（或称主晶体、基质晶体），称含量较少的其他组分为溶质。在固溶体中不同组分之间是以原子尺度相互混合的，这种混合并不破坏原基质晶体的结构。然而与构成固溶体的各纯组分相比，固溶体在组成、结构和性能上都发生了变化。若按照溶质在溶剂中的溶解度来分类，可以分为连续固溶体和有限固溶体。

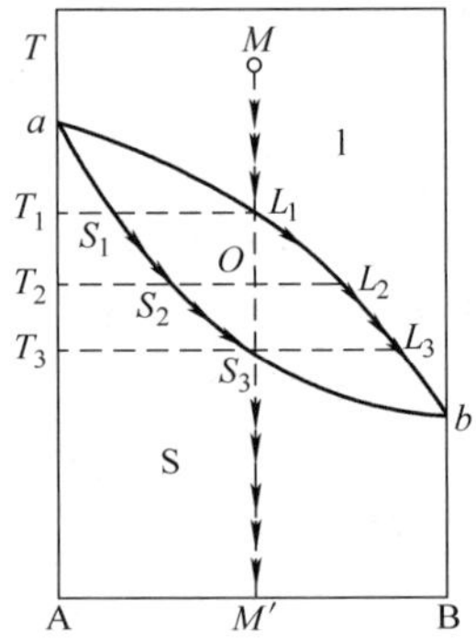

图 3-21　形成连续固溶体的二组分系统相图

溶质和溶剂能以任意比例相互溶解的固溶体称连续固溶体。形成连续固溶体的二组分系统相图如图 3-21 所示。

图 3-21 中 aL_2b 线是液相线，aS_3b 线是固相线，液相线和固相线上都是液相和固溶体两相平衡共存，$P=2$，$F=1$。液相线以上的相区是高温熔体的单相区，固相线以下的相区是固溶体的单相区，处于液相线与固相线之间的相区则是液相与固溶体平衡共存的二相区。在单相区内，$F=2$，在二相区内 $F=1$。由于此系统内只有液相和固溶体两相，不可能出现三相平衡状态，因此，这种类型相图的特点是没有一般二组分相图上常常出现的无变量点。

高温熔体 M 冷却到 T_1 温度时开始析出组成为 S_1 的固溶体，随后液相组成沿液相线向 L_3 变化，固相组成沿固相线向 S_3 变化。冷却到 T_2 温度，液相点到达 L_2 点，固相点到达 S_2 点，系统的状态点则在 O 点。根据杠杆规则，此时液相量：固相量$=OS_2:OL_2$。冷却到 T_3 温度，固相点 S_3 与系统的状态点重合，意味着最后一滴液相在 L_3 消失，液相消失，析晶结束。所以熔体 M 的析晶结束点在 L_3 点，析晶产物是单相的固溶体 S。

图 3-21 中熔体 M 的冷却析晶过程表示如下。

液相点：$M \xrightarrow{l} L_1 \xrightarrow{l \to S_{(AB)}} L_2 \xrightarrow{l \to S_{(AB)}} L_3$（液相消失）

固相点：$S_1 \xrightarrow{S_{(AB)}} S_2 \xrightarrow{S_{(AB)}} S_3 \xrightarrow{S_{(AB)}} M'$

镁橄榄石-铁橄榄石系统以及硅酸盐工业重要原料之一的长石类矿物（如钙长石和钠长石）都能形成连续固溶体。

7. 形成有限固溶体的二元系统相图

溶质只能以一定的限量溶入溶剂，超过限度便会出现第二相，这种固溶体称为有限固溶体。在这种系统中可以形成两种不同的固溶体：一种是 B 溶解到 A 中形成的固溶体，用符号 $S_{A(B)}$ 表示；另一种是 A 溶解到 B 中形成的固溶体，用符号 $S_{B(A)}$ 表示。两种溶解度不同的固溶体是两种不同的相。

具有有限固溶体的二元系统中最多可以有三相，即液相与两种固溶体，当系统三相共存时，自由度 $F=0$，因此，这类相图上具有二元无变量点。根据无变量点性质的不同，这类相图又可以分为具有低共熔点和具有转熔点两种类型。

1）具有低共熔点的有限固溶体的二元相图

此类相图如图 3-22 所示。图中 aE 线是与 $S_{A(B)}$ 固溶体平衡的液相线，bE 线是与 $S_{B(A)}$ 固溶体平衡的液相线。aC 和 bD 是两条固相线。E 点是低共熔点，在 E 点上进行的过程是：$l_E \rightleftharpoons S_{A(B)}+S_{B(A)}$。$C$ 点表示组分 B 在组分 A 中的最大固溶度，D 点则表示了组分 A 在组分 B

中的最大固溶度。CF 是固溶体 $S_{A(B)}$ 的溶解度曲线，DG 则是固溶体 $S_{B(A)}$ 的溶解度曲线。从这两条溶解度曲线的走向可以看出 A、B 二个组分在固态互溶的溶解度是随温度下降而下降的。相图中的六个相区里有三个单相区和三个二相区。

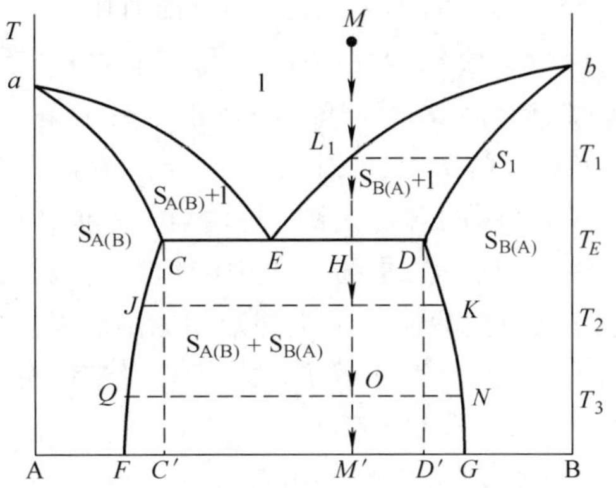

图 3-22　具有低共熔点的有限固溶体的二组分系统相图

将熔体 M 冷却到 T_1 温度，液相对固溶体 $S_{B(A)}$ 饱和，并从液相中析出组成为 S_1 的固溶体 $S_{B(A)}$，继续冷却，液相点沿着液相线向 E 点移动，固相点沿着固相线从 S_1 向 D 点移动。到达低共熔温度 T_E 时，进行低共熔过程，从液相 l_E 中同时析出固熔体 $S_{A(B)}$ 和 $S_{B(A)}$，系统进入三相平衡状态，$F=0$，系统的温度不变，液相的组成也不能变，但液相量在不断减少，$S_{A(B)}$ 和 $S_{B(A)}$ 的量在不断增加。由于 $S_{A(B)}$ 析出，所以固相组成要由 D 向 H 点移动，当固相组成到达 H 点与系统的状态点重合时，最后一滴液相在 E 点消失，析晶结束。最后的析晶产物是 $S_{A(B)}$ 和 $S_{B(A)}$ 两种固溶体。温度继续下降时，$S_{A(B)}$ 的组成沿 CF 线变化，$S_{B(A)}$ 的组成沿 DG 变化，到达 T_3 温度时，$S_{A(B)}$ 的组成为 Q，而 $S_{B(A)}$ 的组成为 N，两种固溶体的相对含量为 $S_{B(A)}:S_{A(B)}=ON:OQ$。图 3-22 中熔体 M 的冷却析晶过程可用下式表示。

$$\text{液相点}:M\xrightarrow{l}L_1\xrightarrow{l\rightarrow S_{B(A)}}E\xrightarrow{l\rightarrow S_{B(A)}+S_{A(B)}}E(\text{液相消失})$$

$$\text{固相点}:S_1\xrightarrow{S_{B(A)}}D\xrightarrow{S_{B(A)}+S_{A(B)}}H\xrightarrow{S_{B(A)}+S_{A(B)}}M'$$

在这种类型的二组分系统相图中，并不是所有的高温熔体都要在 E 点析晶结束，有一部分高温熔体(如组成在 C'点以左和组成在 D'点以右的系统)其冷却结晶过程类似于连续固溶体，析晶结束点是在液相线上的某一点，且析晶结束时系统的自由度数 $F=1$。具体的析晶结束点的位置与原始熔体的组成有关。

2)具有转熔点的有限固溶体的二组分系统相图

如图 3-23 所示，固溶体 $S_{A(B)}$ 和 $S_{B(A)}$ 之间没有低共熔点，而有一个转熔点 P。在 P 点进行的平衡过程为：$l_P+S_{B(A)}\longrightarrow S_{A(B)}$

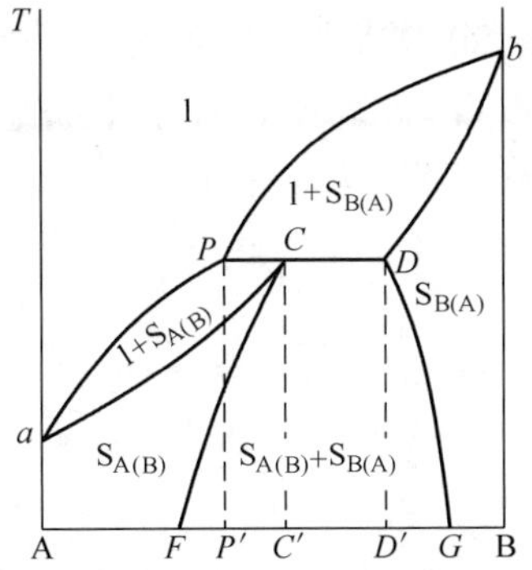

图 3-23　具有转熔点的有限固溶体的二组分系统相图

在这类相图中，组成在 $P'\sim D'$范围内的原始熔体冷却到 T_P 温度时都将发生上述转熔过程，但是只有组成在 $C'\sim D'$范围内的熔体在 P 点液相消失，析晶结束。组成在 $P'\sim C'$范围内的熔体是 $S_{B(A)}$ 先消失，转熔过程结束，但析晶并没有结束，它们和组成在 $A\sim P'$范围的熔体都是在与 $S_{A(B)}$ 平衡的液相线上的某一点析晶结束。组成在 $D'\sim B$ 范围内的原始熔体则在与 $S_{B(A)}$ 平衡的液相线上析晶结束。

8. 具有液相分层的二组分系统相图

前面所讨论的各类二组分系统中二个组分的液相都是完全互溶的，但实际中有些系统二个组分在液态并不完全互溶，只能有限互溶。这时就会出现液相分层的现象。两层液相中，一层是组分 B 在组分 A 中的饱和溶液，另一层是组分 A 在组分 B 中的饱和溶液。例如，水和酚只能部分互溶。30 ℃时，酚在水中的溶解度是含酚 9%，含水 91%；而水在酚中的溶解度是含水 30%，含酚 70%。因此，30 ℃时，酚与水构成的二元系统中，当酚的含量小于 9%时，系统只有一相，当酚的含量达到 9%时，酚在水中的溶解度达到饱和，继续增加酚的含量，系统就会成为两个液层：一层是酚在水中的饱和溶液；另一层是水在酚中的饱和溶液。当系统中酚的含量超过 70%时，酚能将水全部溶解，系统又成为单一的液相。因此含酚量大于 9%和小于 70%的所有酚、水二组分系统，在 30 ℃时都会分为两部分，由于两者的密度不同而分为上、下两层，这时系统处于两相平衡。

具有液相分层的二组分系统相图如图 3-24 所示。这类相图可以看做是具有低共熔点的相图上插入一个液体分相的区域 CKD。二液区内的等温结线 $L'_1L'_2$，$L''_1L''_2$ 的两端表示各个温度下互相平衡的两个液相的组成。温度升高，两层液相的溶解度都增大，因而其组成越来越接近，到达 K 点，两层液相的组成已完全一致，分层现象消失，故 K 点是个临界点，K 点的温度称为临界温度。在二液区 CKD 以外，不再发生二液分层现象，而成为液相的单相区。曲线 aC、DE 均为与 A 晶相平衡的液相线，bE 是与 B 晶相平衡的液相线。除低共熔点 E 外，系统中还有一个无变量点 D，在 D 点发生的平衡过程为：$l_C \rightleftharpoons l_D + A$，即冷却时从液相 l_C 中析出 A 晶相，同时液相 l_C 转变为液相 l_D；加热时过程反向进行。

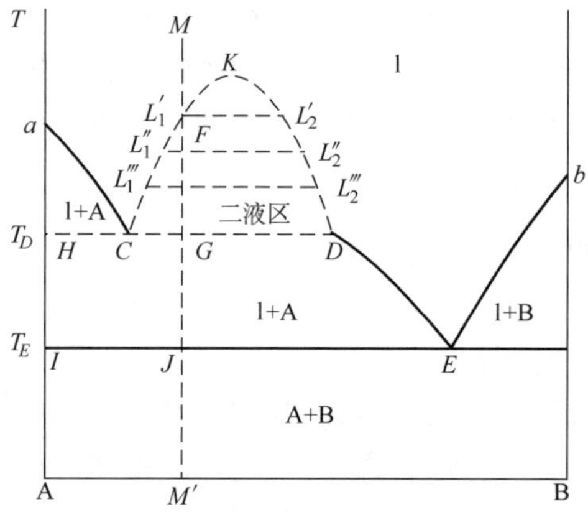

图 3-24　具有液相分层的二组分系统相图

组成为 M′的高温熔体从 M 点冷却到达 L'_1 时，液相开始分层，第一滴组成为 L'_2 的液相出现，随后 l_1 液相沿 KC 线向 C 点变化，l_2 液相沿 KD 线向 D 点变化。冷却到 T_D 温度，l_1 液相到达 C 点，l_2 液相到达 D 点，l_C 液相(即到达 C 点的 l_1 液相)不断分解为 l_D 液相和 A 晶相，系统中三相平衡共存，$F=0$，系统的温度维持恒定，直到 l_C 液相消失。l_C 液相消失后，系统温度又可继续下降，液相组成从 D 点沿液相线 DE 向 E 点变化，在这个过程中不断地从液相中析出 A 晶相。当温度到达 T_E 时，液相在 E 点进行低共熔过程，从液相中同时析出 A 和 B 晶相，直到析晶结束。上述析晶过程可表示如下。

液相点：$M \xrightarrow{l} \begin{cases} L'_1 \xrightarrow{l_1} C \\ L'_2 \xrightarrow{l_2} D \xrightarrow{l_C \to l_D + A} D(l_C\ 消失) \xrightarrow{l \to A} E \xrightarrow{l \to A+B} E(液相消失) \end{cases}$

固相点：$H \xrightarrow{A} I \xrightarrow{A+B} J \xrightarrow{A+B} M'$

以上介绍了二组分凝聚系统相图的基本类型。硅酸盐专业的实际相图一般都比较复杂，但使用时可以把它分解成几个简单的系统，这些简单的分系统都不会超出前面所介绍的基本类型。对复杂的二元相图可按下述步骤进行分析。

(1)对一个复杂的二组分系统的相图，首先应了解系统中是否有化合物，化合物是一致熔、不一致熔，还是在固相中生成或分解，以及系统中有没有固溶体形成，物质是否有多晶转变等。

总之，先要了解系统中各种物质的性质。

(2)以一致熔二元化合物的等组成线为分界线，把复杂系统分解为若干个简单的分二元系统。

(3)分析各分二元系统中点、线、区所表达的相平衡关系。

(4)分析熔体的冷却析晶过程或混合物的加热过程，应用杠杆规则计算系统中成平衡的两相相对含量或百分含量。

3.3.3 专业二元系统相图

1. CaO-SiO_2 系统相图

CaO-SiO_2 系统中一些化合物是硅酸盐水泥的重要矿物组成，在高炉矿渣、石灰石质耐火材料中也有本系统的化合物。因此本系统所涉及的范围比较广泛。

阅读像 CaO-SiO_2 系统相图(如图 3 - 25)这样图面比较复杂的二元相图，首先看系统中生成几个化合物以及各化合物的性质，根据一致熔化合物可把系统划分成若干分二元系统，然后再对这些分二元系统逐一加以分析。

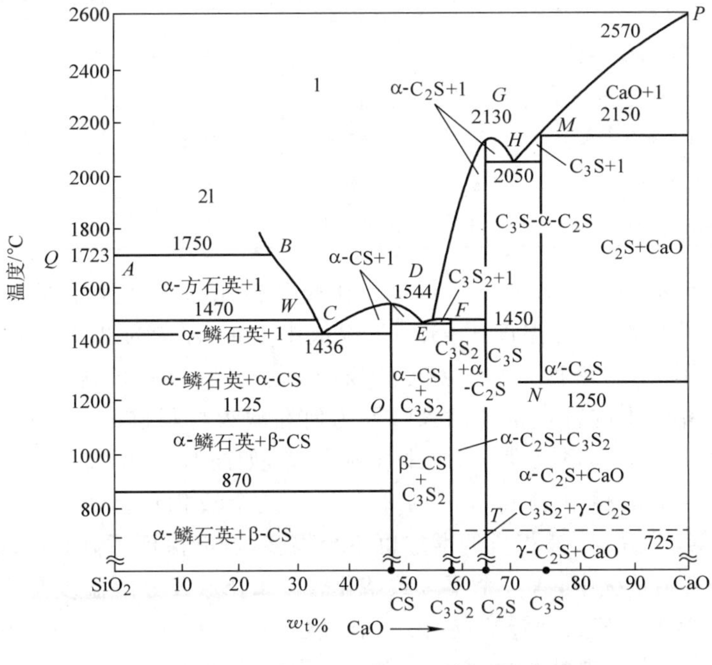

图 3 - 25　CaO-SiO_2 系统相图

根据图 3 - 25 上的竖线可知，在 CaO-SiO_2 二元系统中共生成四个化合物：CS($CaO \cdot SiO_2$，硅灰石)和 C_2S($2CaO \cdot SiO_2$，硅酸二钙)是一致熔化合物，C_3S_2($3CaO \cdot 2SiO_2$，硅钙石)和 C_3S($3CaO \cdot SiO_2$ 硅酸三钙)是不一致熔化合物，因此，$CaO \cdot SiO_2$ 系统可以划分成 SiO_2-CS，CS-C_2S，C_2S-CaO 三个分二元系统。然后，对这三个分二元系统逐一分析各液相线、相区，特别是无变量点的性质，判明各无变量点所代表的具体相平衡关系。相图上每一条横线都是一根三相线，当系统的状态点到达这些线上时，系统都处于三相平衡的无变量状态。其中有低共熔线、转熔线、化合物分解或液相分解线以及多条晶型转变线。晶型转变线上所发生的具体晶型转变，需要根据和此线紧邻的上下二个相区所标示的平衡相加以判断。如 1 125 ℃的晶型转变线，线上相区的平衡相为 α-鳞石英和 α-CS，而线下相区则为 α-鳞石英和 β-CS，此线必为

α-CS 和 β-CS 的转变线。CaO-SiO_2 系统中的无变量点见表 3－4 所示。

表 3－4　CaO-SiO_2 系统中的无变量点

图上点号	相间平衡	平衡性质	组成/%		温度/℃
			CaO	SiO_2	
P	CaO ⇌ 液体	熔化	100	0	2 570
Q	SiO_2 ⇌ 液体	熔体	0	100	1 723
A	α-方石英＋液体 B ⇌ 液体 A	分解	0.6	99.4	1 705
B	α-方石英＋液体 B ⇌ 液体 A	分解	28	72	1 705
C	α-CS＋α-鳞石英 ⇌ 液体	低共熔	37	63	1 436
D	α-CS ⇌ 液体	熔体	48.2	51.8	1 544
E	α-CS＋C_3S_2 ⇌ 液体	低共熔	54.5	45.5	1 460
F	C_3S_2 ⇌ α-C_2S＋液体	转熔	55.5	44.5	1 464
G	α-C_2S ⇌ 液体	熔体	65	35	2 130
H	α-C_2S＋C_3S ⇌ 液体	低共熔	67.5	32.5	2 050
M	C_3S ⇌ CaO＋液体	转熔	73.6	26.4	2 150
N	α'-C_2S＋CaO ⇌ C_3S	固相反应	73.6	26.4	1 250
O	β-CS ⇌ α-CS	多晶转变	51.8	48.2	1 125
R	α'-C_2S ⇌ α-C_2S	多晶转变	65	35	1 450
T	γ-C_2S ⇌ α'-C_2S	多晶转变	65	35	725

先讨论相图左侧的 SiO_2-CS 分二元系统。在此分二元的富硅液相部分有一个分液区，*C* 点是此分二元的低共熔点，*C* 点温度 1 436 ℃，组成中 CaO 含量为 37%。由于在与方石英平衡的液相线上插入了 2*L* 分液区，使 *C* 点位置偏向 CS 一侧，而距 SiO_2 较远，液相线 *CB* 也因而较为陡峭。这一相图上的特点常被用来解释为何在耐火材料硅砖生产中可以采取 CaO 作为矿化剂而不会严重影响其耐火度。用杠杆规则计算，如向 SiO_2 中加入 1%CaO，在低共熔温度 1 436 ℃下所产生的液相量为 1∶37（约 2.7%）。这个液相量是不大的，并且由于液相线 *CB* 较陡峭，温度继续升高时，液相量的增加也不会很多，这就保证了硅砖的高耐火度。

在 CS-C_2S 分二元系统中，有一个不一致熔化合物 C_3S_2，其分解温度是 1 464 ℃。*E* 点是 CS 与 C_3S_2 的低共熔点。*F* 点是转熔点，在 *F* 点发生 $l_P+\alpha$-$C_2S \rightleftharpoons C_3S_2$ 的相变化。C_3S_2 常出现于高炉矿渣，也存在于自然界。

最右侧的 C_2S-CaO 分二元系统，含有硅酸盐水泥的重要矿物 C_3S 和 C_2S。C_3S 是一个不一致熔化合物，仅能稳定存在于 1 250 ℃～2 150 ℃的温度区间，在 1 250 ℃分解为 α'-C_2S 和 CaO，在 2 150 ℃则分解为 *M* 点组成的液相和 CaO。C_2S 有 α、α'、β、γ 之间的复杂晶型转变。常温下稳定的 γ-C_2S 加热到 725 ℃转变为 α'-C_2S，α'-C_2S 则在 1 420 ℃转变为高温稳定的 α-C_2S。但在冷却过程中，α'-C_2S 往往不平衡转变为 γ-C_2S，而是过冷到 670 ℃左右转变为介稳态的 β-C_2S，β-C_2S 则在 525 ℃再转变为稳定态 γ-C_2S。β-C_2S 向 γ-C_2S 的晶型转变伴随 9%的体积膨胀，可以造成水泥熟料的粉化。由于 β-C_2S 是一种热力学非平衡态，没有能稳定存在的温度区间，因而在相图上没有出现 β-C_2S 的相区。C_3S 和 β-C_2S 是硅酸盐水泥中含量最高的二种水硬性矿物，但当水泥熟料缓慢冷却时，C_3S 将会分解 β-C_2S，将其转变为无水硬活性的 γ-

C_2S。为了避免这种情况发生，生产上采取急冷措施，将 C_3S 和 β-C_2S 迅速越过分解温度或晶型转变温度，在低温下以介稳态保存下来。介稳态是一种高能量状态，有较强的反应能力，这或许就是 C_3S 和 β-C_2S 具有较高水硬活性的热力学上的原因。

2. Al_2O_3-SiO_2 系统相图

Al_2O_3-SiO_2 系统相图与许多常用的耐火材料的制造和使用有着密切关系，在陶瓷工业中也得到广泛的应用。因此，该系统相图是研究硅酸盐材料的基本相图之一。

Al_2O_3-SiO_2 系统只有一个化合物 $3Al_2O_3 \cdot SiO_2$（莫来石 A_3S_2）形成。莫来石具有耐高温、耐浸蚀、高强度等优良性能，它是耐火材料和陶瓷制品中的重要晶相。长期以来，对此化合物进行了许多研究，由于实验条件不同，结果也不尽相同。图 3－26 是 Aksay 和 Pask 于 1974 年发表的 Al_2O_3-SiO_2 系统相图。图中表明 Al_2O_3 与 SiO_2 形成莫来石（A_3S_2）固溶体，它是不一致熔化合物，分解温度为 1 828±10 ℃，在此温度下莫来石分解为 P 点的液相和 Al_2O_3 晶体，即 $Al_2O_3 \xrightleftharpoons[\text{冷却}]{\text{加热}} l_P + Al_2O_3$，$P$ 点为转熔点。莫来石固溶体与方石英共同形成低共熔点 E，低共熔温度为 1 587±10 ℃。

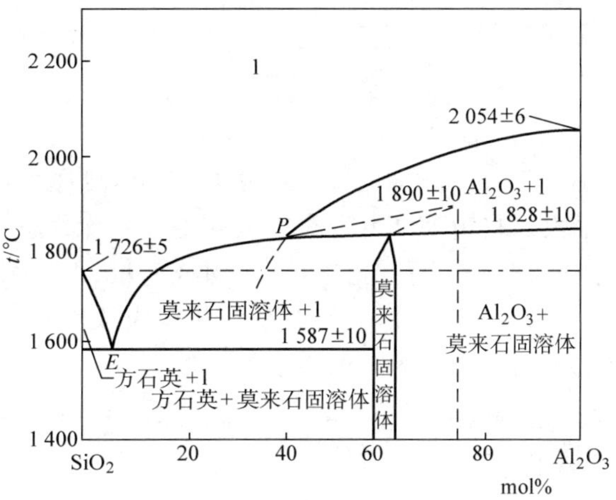

图 3－26　Al_2O_3-SiO_2 系统相图

铝硅质耐火材料通常按 Al_2O_3 含量（质量百分数）不同分为以下几类：①硅砖，其 Al_2O_3 含量 ＜1%；②半硅质砖，其 Al_2O_3 为 15%～30%；③黏土砖，其 Al_2O_3 为 30%～48%；④高铝砖，其 Al_2O_3 为 48%～90%；⑤莫来石砖，其 Al_2O_3 为 70%～72%；⑥刚玉砖，其 Al_2O_3 含量＞90%。

在本系统相图 SiO_2 一端，含 Al_2O_3 小于 1%的范围是硅砖制品的范畴。硅砖具有在高温（1 620～1 660 ℃）下长期使用不变形的优点，广泛应用于炉顶砌筑，如玻璃池窑的窑顶。由图可见，SiO_2（方石英）的熔点是 1 726 ℃，但它的液相线很陡，表明 SiO_2 中加入少量的 Al_2O_3，就会使 SiO_2 的熔点急剧下降，增加 Al_2O_3 的含量，会使液相量迅速增加，硅砖的耐火度显著下降。因此，对硅砖来说，Al_2O_3 是十分有害的杂质成分。要制造高质量的硅砖，必须对原料进行特殊的选择和处理，尽量减少原料中 Al_2O_3 的含量。另外在硅砖的使用中，应当避免与黏土砖、高铝砖等含 Al_2O_3 的材料混用，以免造成硅砖耐火性能的急剧下降。

本系统中 Al_2O_3 含量＞9%时（即在 E 点的右侧），Al_2O_3 从有害组分逐渐转变为能提高熔融温度的有益组分。尤其当 Al_2O_3 含量超过 15%以后，随 Al_2O_3 含量的增加，材料的耐火性能逐步得到改善。这是由于 Al_2O_3 含量的增加，液相线的温度不断提高及耐高温的莫来石晶相在材料中的含量也不断增加的缘故。半硅质砖和黏土砖在 1 587 ℃以下稳定晶相均为莫来石固溶体（A_3S_2）和方石英（SiO_2），但半硅质砖中以方石英为主，含莫来石的量较少，因此，其耐火度偏低，而黏土砖中由于莫来石含量较多，故比半硅质砖有较高的耐火度。另外，在黏土砖的组成范围内，液相线以 1 700 ℃为界由陡峭变为平坦。这说明，在 1 700 ℃以下使用黏土砖时，虽会出现液相，但温度变化时，液相量增减不大；当温度超过 1 700 ℃时，温度稍有增加，液相量会迅速增多，从而使黏土砖软化而不能安全使用。因此，在高温下为安全使用，应该使用高铝砖。高铝砖中，当 Al_2O_3 的含量超过 72%时，耐火砖中含有的主要晶相是莫来石(A_3S_2)固溶体或莫来石固溶体与刚玉(Al_2O_3)的混合物，这种材料在 1 828 ℃以下不会出现液相，因此具有很高的耐火度。例如，有一种熔铸莫来石砖，是以莫来石的组成(72% Al_2O_3 与 28% SiO_2)配料加热熔融烧制而成，它具有很高的耐火度和优良的抗腐蚀性，常用以砌筑玻璃池窑。刚玉砖以刚玉为主要晶相，具有更高的耐火度，是本系统中最高温耐火材料，常在实验室中用于制成各种耐高温的盛具。

3.4 三元凝聚系统

对于三组分凝聚系统，组分数 $C=3$，相律的表达式为 $F=C-P+1=4-p$。当相数 $P=1$ 时，最大的自由度 $F=3$，即三组分凝聚系统状态是由三个独立变量确定的，它们是温度和两个组分的组成(三个组分共有三个组成变量，由于组分之间具有确定的关系，所以独立的组分变量只有两个)。因此，三组分系统相图应该用立体相图来表示。这个立体相图是以三组分系统组成为底，以温度为高的三棱柱。

生产硅酸盐制品的原料都是多组分的，因此，三组分凝聚系统相图在硅酸盐系统中更接近生产实际，更有实用价值。

3.4.1 三元系统组成表示法——浓度三角形

三组分系统的组成与二组分系统一样，可以用质量百分数表示，也可以用摩尔百分数表示。由于增加了一个组分，其组成已不能用直线表示，通常是使用一个每条边被均分为一百等分的等边三角形来表示，这种三角形称为浓度三角形，如图 3－27 所示。浓度三角形的三个顶点表示三个纯组分 A、B、C；三条边表示三个二组分系统 A-B、B-C 和 A-C 的组成，而在三角形内的任意一点都表示一个含有 A、B、C 三个组分的三组分系统的组成。

如果已知某个三组分系统在浓度三角形内的组成点位置，其组成可以通过平行线法来确定。例如，图 3－28 中的 M 点的三个组分的含量可用下面的方法求得：经 M 点作 BC 边的平行线，在 AB 边上截得 $a=A\%=50\%$，经 M 点作 AC 边的平行线，在 BC 边上截得 $b=B\%=30\%$；经 M 点作 AB 边的平行线，在 AC 边上截得 $c=C\%=20\%$。根据等边三角形的几何性质，不难证明：$a+b+c=BD+AE+ED=AB=BC=CA=100\%$。因此，在浓度三角形的任意

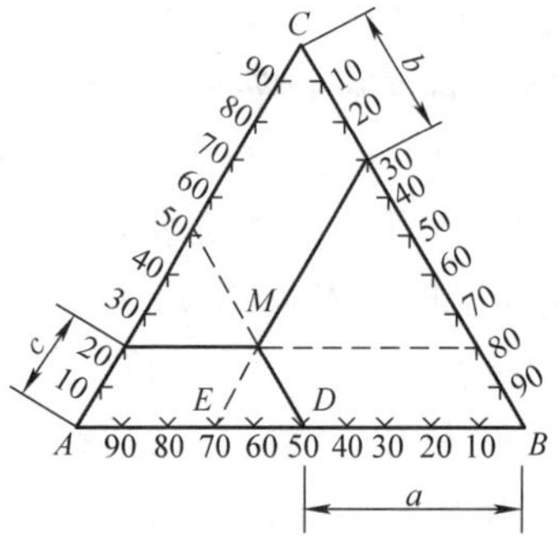

图 3－27 浓度三角形

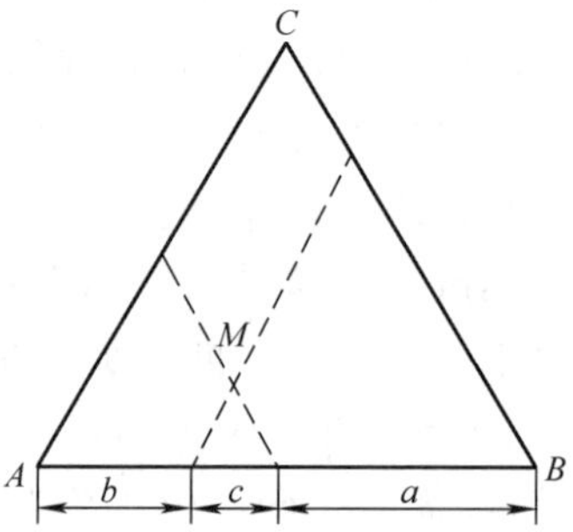

图 3－28 平行线法确定组成

一条边上表示三角形内任意一点 M 的组成方法是：过 M 点作三角形两条边的平行线，根据它们在第三条边上的交点来确定组成，如图 3－28 所示。经 M 点作 AC 和 BC 两条边的平行线与第三条边 AB 相交，把 AB 边分为三段，远离 A 顶点的一段代表 A 的含量，远离 B 顶点的一段代表 B 组分的含量，中间一段代表对面顶点 C 组分的含量，这样 M 点的组成在一条边上就表示出来了。

3.4.2　浓度三角形中组成变化的几个规则

1. 等含量规则

在浓度三角形中，平行于一条边的直线上所有各点的组成中含对面顶点组分的量相等，这就是等含量规则。

图 3－29 中 ED 线平行于 AB 边，因此 ED 线上的 M_1、M_2、M_3 等各点中含 C 组分的量相等，但其他两个组分 A、B 的含量不等。

2. 定比例规则

从浓度三角形某顶点向对边作一直线，则直线上所有各点的组成中含其他两个顶点组分的数量之比都相等，而顶点组分的含量则随着远离顶点而降低，这就是定比例规则。

如图 3－30，通过顶点 C 向对边 AB 作射线 CD，CD 线上各点的组成中 A、B、C 三组分的含量都不相同，但 A 与 B 含量的比值是不变的，都等于 $BD : AD$。

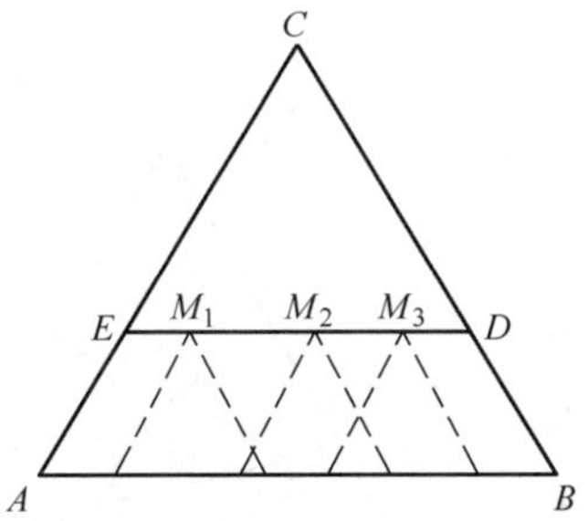

图 3－29　等含量规则

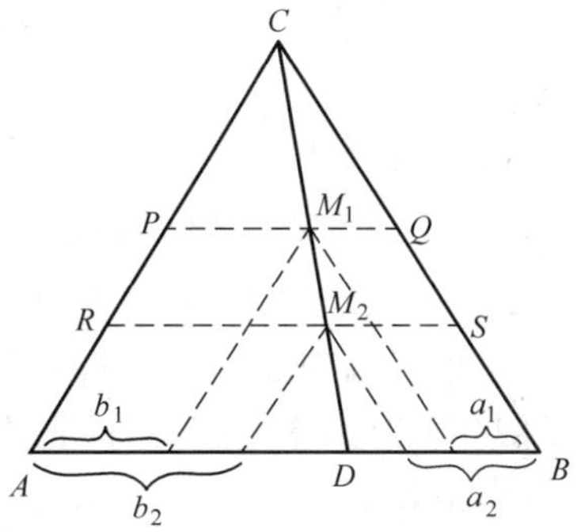

图 3－30　定比例规则

3. 背向规则

在浓度三角形中，一个三组分系统的组成点越靠近某个顶点，该顶点所代表的组分的含量就越高，反之，组成点越远离某个顶点，系统中该顶点组分的含量就越少。由定比例规则可以推知，在浓度三角形中若有一熔体在冷却时析出某一顶点所代表的组分，则液相中该顶点组分的含量不断减少，而其他两个组分的含量之比保持不变，这时液相组成点必定沿着该顶点与熔体组成点的连线向背离该顶点的方向移动。这一推论称为背向规则。

如图 3－30 中，若从组成为 M_1 的熔体中析出 C 晶相，则液相中 C 晶相的含量不断减少，而且 A、B 量的比例保持不变，液相必定沿着 CM_1 线向背离 C 的方向移动。

4. 杠杆规则

二组分系统中的杠杆规则可以推广到三组分系统中来，并且得到更广泛的应用。

在三组分系统的相平衡中，常常需要解决以下两方面的问题：①当两个组成和质量为已知的三组分混合物（或相）混合成一个新混合物（或相）时，如何求出新混合物的组成；②若已知组成的某三组分混合物(或相)分解成两个具有确定组成的新混合物(或相)时,如何求出两个新混合物(或相)的相对数量关系。这类问题在浓度三角形内应用杠杆规则即可得到解决。

三组分系统的杠杆规则表述如下:当两个组成已知的三组分混合物(或相)混合成一个新混合物(或相)时,则新混合物(或相)的组成点必在两个原始混合物(或相)组成点的连线上,且位于两点之间,两个原始混合物(或相)的质量之比与它们的组成点到新混合物(或相)组成点之间的距离成反比。

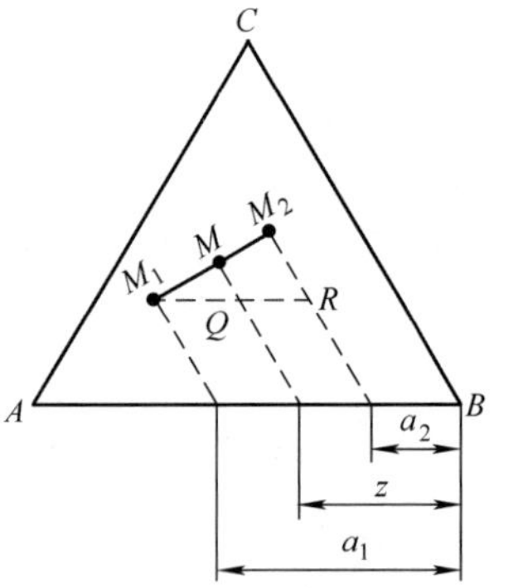

图 3-31 三组分系统中的杠杆规则

图 3-31 中,两个已知的三组分系统 M_1 和 M_2,其质量分别为 m_1 和 m_2,根据杠杆规则,混合后形成的新系统 M 的组成点一定在 M_1M_2 的连线上,且在 M_1 和 M_2 之间,且满足 $\frac{m_1}{m_2}=\frac{MM_2}{M_1M}$。

根据上述杠杆规则可以推论:由一相分解为两相时,这两相的组成点必在原来的相点的两侧,且三者成一条直线。

在三组分系统中,还会遇到已知三个三组分混合物生成一个新混合物,求新混合物的组成,或者一种混合物分解成三种物质,求它们的质量比等问题。解决这类问题要应用两次杠杆规则,并可由此导出浓度三角形中的重心位置规则。

5. 重心位置规则

如图 3-32 所示,在三组分系统中有三个混合物 M_1、M_2 和 M_3,它们的质量分别为:$m_1=100$ kg、$m_2=200$ kg、$m_3=300$ kg。若三个混合物形成一个新混合物 M,欲求 M 组成点的位置,要应用两次杠杆规则。首先将 M_1 与 M_2 混合成中间混合物 M'(其质量 $m'=m_1+m_2=300$ kg),则 M' 点必在 M_1、M_2 连线上,且满足 $\frac{M_1M'}{M_1M_2}=\frac{m_2}{m_1+m_2}=\frac{200}{100+200}=\frac{2}{3}$。按此比例在 M_1M_2 线段上求得 M' 点,如图 3-32 所示。然后,将 M' 与 M_3 混合成新混合物 M,则 M 点必在 $M'M_3$ 的连线上,且满足 $\frac{M'M}{M'M_3}=\frac{m_3}{m'+m_3}=\frac{300}{300+300}=\frac{1}{2}$。

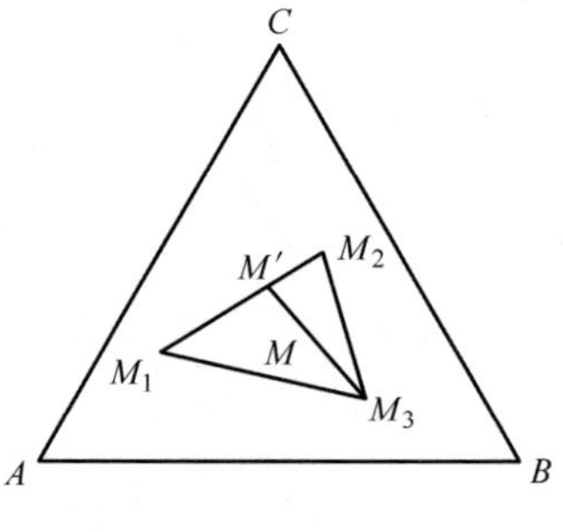

图 3-32 重心位置规则

因此,线段 $M'M_3$ 的中点 M 即为新混合物的组成点。上述求 M 点的过程可表述为 $M=M_1+M_2+M_3$,表明 M 相可以通过 M_1、M_2、M_3 三相合成而得到。反之,从 M 相可以分解出 M_1、M_2、M_3 三相。若 M 为液相点,则此过程为低共熔过程。若将 M_1、M_2 和 M_3 三点连成三角形,则 M 点一定在 $\Delta M_1M_2M_3$ 的内部,且位于 M_1、M_2 和 M_3 三点的质量重心上,M 的这种位置称为重心位置。

据上述分析可总结出重心位置规则:若三个原始混合物 M_1、M_2 和 M_3,按 $M=M_1+M_2+M_3$ 的关系形成新混合物 M 时,则新混合物 M 的组成点一定处在三个原始混合物组成点连成的 $\Delta M_1M_2M_3$ 内的重心位置。

6. 交叉位置规则

如图 3－33 所示，在三组分系统中有三个原始混合物 M_1、M_2 和 M_3。若新混合物 M 在$\triangle M_1M_2M_3$ 外，M_2M_3 边一侧，如果求 M 的位置也要应用两次杠杆规则，即 $M_2+M_3=M'$，$M+M_1=M'$，综合二式可得 $M_2+M_3=M+M_1$，说明 M_2 和 M_3 可以合成得到 $M+M_1$；反之，$M+M_1$ 合成也可以得到 M_2+M_3。若 M 点为液相组成点的位置，便是液相回吸一种晶相而结晶析出其他两种晶相的一次回吸过程。如果把 M_1、M_2 和 M_3 连成三角形，则 M 点一定位于 $\Delta M_1M_2M_3$ 外某条边的外侧，而且在其他两条边的延长线所夹的范围内，M 点的这种位置称为交叉位置。

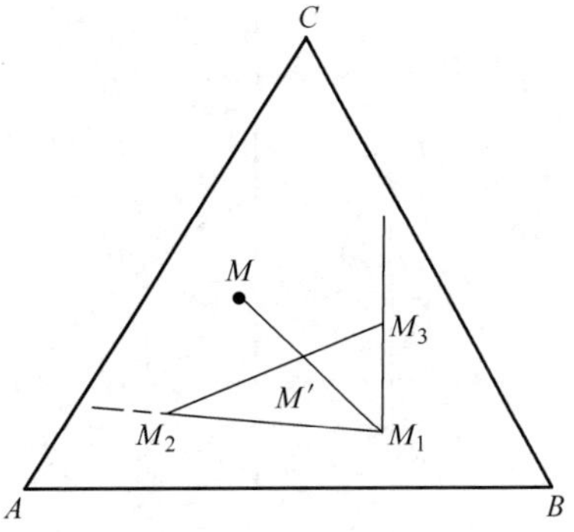

图 3－33　交叉位置规则

据上述分析可总结出交叉位置规则：在三组分系统中，如果从 M_1、M_2 和 M_3 三个原始混合物得到新混合物 M，而新混合物组成点 M 又在三个原始混合物组成点 M_1、M_2 和 M_3 所连成的$\triangle M_1M_2M_3$ 一条边的外侧呈交叉位置，如图 3－33 所示，则新混合物 M 必从 M_2+M_3 中取出一定量的 M_1 才能得到，且取出 M_1 的量越多，M 点离 M_1 越远，即 $M=(M_2+M_3)-M_1$ 或 $M+M_1=M_2+M_3$。

7. 共轭位置规则

在三组分系统中，如果从 M_1、M_2 和 M_3 三个原始混合物得到新混合物 M，而 M 点又在三个原始混合物组成点 M_1、M_2 和 M_3 所连成的$\triangle M_1M_2M_3$ 外的一个顶点的外侧，且在形成此角顶的二条边的延长线范围内的位置，如图 3－34 所示，M 点的这种位置称为共轭位置。

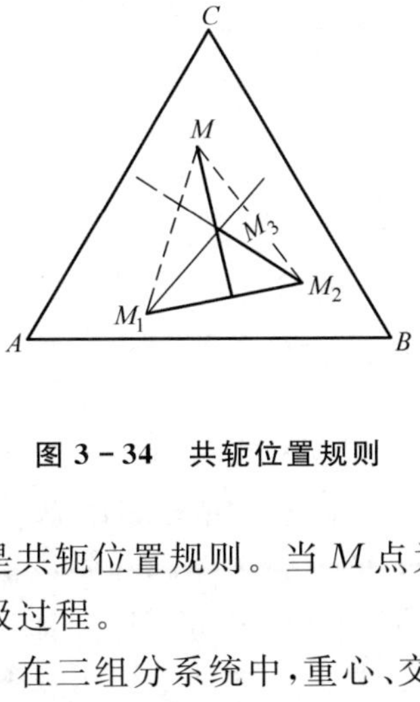

图 3－34　共轭位置规则

连接 MM_1 及 MM_2，则得到另一个 ΔMM_1M_2 的重心位置，故有 $M_3=M+M_1+M_2$，或 $M=M_3-(M_1+M_2)$。说明新混合物 M 是从 M_3 中取出一定量的 M_1+M_2 得到的，如果从 M_3 中取出 M_1+M_2 越多，则 M 点离 M_1 及 M_2 越远。这就是共轭位置规则。当 M 点为液相点时，便是液相回吸两种晶相而析出另外一种晶相的二次回吸过程。

在三组分系统中，重心、交叉和共轭位置规则，对判断三组分系统的无变量点的性质是非常重要的。

3.4.3　三元凝聚系统相图的基本类型

1. 具有一个低共熔点的三元系统相图

具有一个低共熔点的三元系统是三组分在液相中完全互溶，在固相中完全不互溶，三组分各自从液相分别析晶，不形成固溶体，不生成化合物的系统，因而是最简单的三元系统。

1)立体相图

图 3－35(a)是一个具有一个低共熔点的三组分系统的立体相图。它是以浓度三角形为底，以温度为高的三棱柱。当 A、B、C 三个组分在液态完全互溶，固态完全不互溶时，即形成这

种相图。

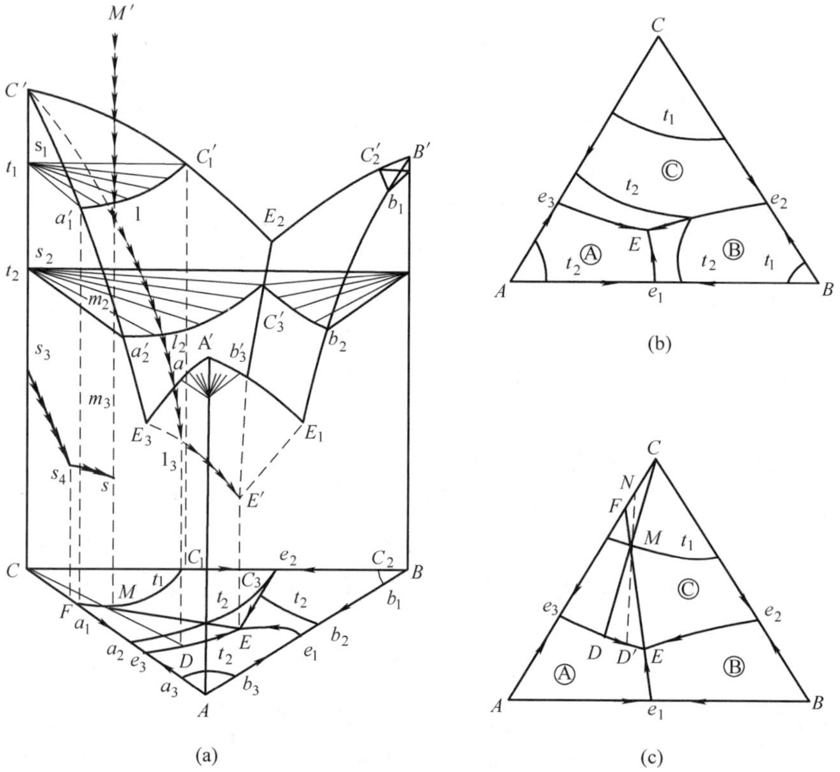

图 3-35　具有一个低共熔点的三组分系统相图

(a)立体相图　(b)平面投影图　(c)熔体 M 的冷却析晶过程

图中，三条棱 AA'、BB'、CC'分别表示三个纯组分在不同温度下的状态，A'、B'和 C'是三个纯组分的熔点。三个侧面是三个最简单的二组分系统 A-B、B-C 和 A-C 系统的状态图，E_1、E_2 和 E_3 为相应的二组分系统的低共熔点。

二组分系统的液相线，在三组分系统状态图中发展为液相面，如 $A'E_1E'E_3$ 液相面，即是从 A 组分在 A-B 二组分系统中的液相线 $A'E_1$ 和在 A-C 二组分系统中的液相线 $A'E_3$ 发展而成。因此，$A'E_1E'E_3$ 液相面是一个饱和曲面，凡是在该液相面上方的高温熔体冷却到该液相面的温度时便开始对 A 晶相饱和，析出 A 的晶体。三棱柱体内部的这三个花瓣状的曲面也可看做是不同组成的三元系统全部熔融为液相的温度相连而成，故称为液相面。不同组成的三元熔体冷却到三个液相面时，首先析出的晶体分别是 A、B 和 C，因此，三个液相面也分别称为 A、B 和 C 的初晶面。所以液相面代表了一种二相平衡状态。在 $A'E_1E'E_3$ 液相面上是液相与 A 晶相两相平衡，在 $B'E_2E'E_1$ 液相面上是液相与 B 晶相两相平衡，而在 $C'E_2E'E_3$ 液相面上则是液相与 C 晶相平衡。根据相律，在液相面上相数 $P=2$，自由度数 $F=2$。

三条曲线 E_1E'、E_2E'、E_3E'是两相邻的液相面的交界线，称为界线。它们是在各二组分系统中由于加入了第三组分使二组分低共熔点下降而形成的，因此，三条界线均以相应的二组分低共熔点为最高点。界线上的液相同时对两种晶相饱和，因此，界线上均表示液相与两个固相平衡共存，相数 $P=3$，自由度 $F=4-3=1$。

三个液相面或三条界线相交于 E'点，E'点上的液相同时对 A、B、C 三种晶相饱和，冷却时将同时析出这三种晶相。因此，E'点是系统的三元低共熔点。在E'点处于四相平衡状态，自由度$F=0$，因而是一个无变量点。通过E'点作的平行于底面的平面称为固相面（也就是析晶结束面，图中未画出）。

在整个立体状态图中，液相面以上的空间是液相存在的单相区；固相面以下是三种固相平衡共存的相区；在液相面和固相面之间的空间内是液相和一种晶相平衡共存的二相区或液相与两种晶相平衡共存的三相区。

在立体相图中，若已知某三元系统或系统中某一相的组成和温度，即可在三棱柱体内找到与之对应的点，根据该点的位置，也可知道该系统或相的状态，因此，三棱柱体内的每一点均称为状态点。

2）平面投影图分析

立体相图不便于应用，实际使用的都是立体相图的投影图，即把立体相图上所有的点、线和面垂直投影到底面浓度三角形上，使立体相图简化为平面相图，图 3－35(b)便是立体图在平面上的投影。在投影图中，三角形的三个顶点A、B、C是三个单组分系统的投影；三条边是三个二组分系统的投影，e_1、e_2和e_3分别是三个二组分系统的低共熔点的投影；三个初晶区Ⓐ、Ⓑ、Ⓒ是三个液相面的投影；三条界线e_1E、e_2E和e_3E是空间三条界线的投影，而低共熔点E则是空间状态图中E'点的投影。投影图上各点、线、区中平衡共存的相数和自由度数与立体图上对应的点、线、面上相同。

立体相图投影到浓度三角形上后，由于浓度三角形上的各点只表示系统和各相的组成，因此，投影图上的各点称为系统或各相的组成点，而不称为状态点。

投影图上的温度通常用以下方法表示。

(1)将一些固定的点（如纯组分或化合物的熔点、二组分和三组分的无变量点等）的温度直接标在图上或另列表注明。

(2)在界线上用箭头表示温度的下降方向。三角形边上的箭头则表示二组分系统中液相线温度下降的方向。具有一个低共熔点的三元系统相图，在三角形的边上，温度总是从纯组分的熔点向二元低共熔点下降；在界线上，温度从二元低共熔点向三元低共熔点下降，如图 3－35(b)所示。

(3)在初晶区内，温度用等温线表示。在立体图中通过温度轴每隔一定的温度间隔（例如间隔 100 ℃）作与底面浓度三角形平行的等温面，这些等温面与液相面相交所形成的交线乃立体图中的等温线，将这些等温线投影到底面浓度三角形中便得到投影图初晶区内的等温线。显然，液相面越陡，投影图上等温线就越密。所以，投影图上等温线的疏密可以反映出液相面的倾斜程度。根据投影图上的等温线可以确定熔体在什么温度下开始析晶以及系统在某温度时与固相平衡的液相组成。由于等温线使相图的图面变得复杂，所以有些相图中并不画出等温线。

3）冷却析晶过程

由于实际应用的主要是投影图，而不是立体相图，所以三组分熔体的冷却析晶过程的讨论以投影图为主。在投影图上分析一个熔体的冷却析晶过程，亦即讨论冷却过程中液相组成点和固相组成点的变化路线以及最终析晶的产物。现以图 3－35(c)中的熔体 M 为例进行分析。

三组分熔体 M 在析晶过程中虽然不断有晶体析出，固、液相组成都在不断地变化，但系统的总组成不发生变化，只是温度下降，因此，在投影图上系统的组成点M在冷却过程中始终不动。M点位于 C 的初晶区内，在熔体 M 冷却到 C 的液相面以前，系统保持一个液相，因此在投影图上液相组成点位于M点不动。当熔体 M 冷却到t_1温度，与 C 的液相面相交时，晶相 C 首先从液相中结晶析出，即 l→C，析出的固相组成在C点。随着 C 组分不断从液相中结晶析出，液相中 C 组分的含量不断减少，而其他两个组分 A 和 B 含量的比例保持不变，根据背向规则，液相组成点应沿着CM连线向背离C的方向移动。在这个过程中从液相中一直析出 C 晶相，固相的组成点虽然一直在 C 点不动，但固相量在不断地增加。系统中两相平衡共存，自由度数 $F=2$。

当液相组成点到达界线 e_3E 上的 D 点时，液相同时对 A、C 两种晶相饱和，系统中三相平衡共存。冷却时从液相中同时析出 A 晶相和 C 晶相，即 $l \rightarrow A+C$，继续冷却，液相将沿着界线由 D 点向 E 点变化，由于有 A 晶相析出，固相组成点不再停留在 C 点，而沿着 CA 边由 C 向 A 移动。根据杠杆规则，液相组成点、固相组成点和系统总组成点 M 应在同一条直线上，这样随着析晶过程的进行，杠杆以系统的总组成点 M 为支点旋转，当液相组成沿界线变化时，杠杆与 CA 边的交点即为与液相平衡的固相组成点。例如，当液相组成点到达 D' 时，与该液相平衡的固相的组成点在杠杆与 CA 边的交点 N 处。

当温度刚降至低共熔温度 T_E 时，液相组成点到达 E 点，固相组成点到达 F 点。这时，继续对系统冷却，从液相中同时析出 A、B、C 三种晶相，即 $l \rightarrow A+B+C$。因为系统中四相平衡共存，$P=4$，$F=0$，因此，温度维持恒定，液相的组成不变，但液相量不断减少。由于固相已是 A、B、C 三种晶相的混合物，所以固相组成点离开 F 点进入三角形内部，沿 FM 连线从 F 向 M 变化。当固相组成点与系统组成点 M 重合时，液相消失，析晶过程结束。最终的析晶产物是 A、B、C 三种晶相。析晶结束后，系统又处于三相平衡，温度可以继续下降。

上述析晶过程可用下式表示。

$$\text{液相点：}M \xrightarrow{l \rightarrow C} D \xrightarrow{l \rightarrow C+A} E \xrightarrow{l \rightarrow A+B+C} E(\text{l 消失})$$

$$\text{固相点：}C \longrightarrow C \xrightarrow{C+A} F \xrightarrow{A+B+C} M$$

从以上析晶过程的讨论，可以总结出在具有一个低共熔点的三组分系统投影图上表示熔体冷却析晶过程的规律。

(1)原始熔体 M 在哪个初晶区内，冷却时，从液相中首先析出该初晶区所对应的那种晶相，在该组分的析出过程中，液相组成点的变化路线遵守背向规则。

(2)冷却过程中系统的总组成点始终不变，而且系统的组成点、液相组成点和固相组成点始终在一条直线上，并以系统组成点为支点旋转。液相组成点的变化途径一般从系统的组成点开始，经过相应的初晶区、界线，直到三组分低共熔点为止；固相组成点的变化途径则从三角形的某一个顶点开始，经过三角形的一条边，进入三角形内部，直到与系统的总组成点重合，表示析晶过程的结束。

(3)无论熔体 M 在三角形内何种位置，析晶产物都是 A、B、C 三种晶相，而且都在低共熔点上析晶结束。因此，三组分低共熔点一定是析晶的结束点。

加热过程与冷却析晶过程相反。组成为 M 的三组分混合物加热到 T_E 温度时开始出现液相，系统中四相平衡，系统温度保持恒定，A、B、C 三种晶相的量不断减少，液相量不断增加。B 晶相首先熔融完，这样系统处于三相平衡，温度可以继续升高。随着温度的升高，液相沿界线由 E 点向 D 点变化，固相沿 CA 边由 F 点向 C 点变化，A 晶相和 C 晶相不断熔融，液相量继续增加，当固相组成达到 C 点时，且晶相熔融完毕，系统中只剩下液相和 C 晶相两相。继续加热，C 晶相不断熔融，液相组成点在初晶区内沿 DMC 线由 D 点向 M 点变化。当液相组成点到达 M 点时，C 晶相也完全熔融，系统成为单一的液相。

4)冷却结晶过程中各相量的计算

在三组分系统投影图上，应用杠杆规则可以计算系统在冷却过程中平衡各相的相对含量，如图 3－35(c)。

现以熔体 M 为例，当液相组成刚刚到达 D 点(A 组分尚未析出)时，系统中为组成 D 的液相与 C 晶相两相平衡共存，它们的相对含量符合杠杆规则，它们的百分含量分别为：

$$C\%=\frac{DM}{CD}\times 100\%$$

$$l\%=\frac{CM}{CD}\times 100\%$$

当液相刚刚到达 E 点时，固相组成点到达 F 点，A、B、C 低共熔混合物还没来得及析出，系统中有三相，即组成为 E 的液相、A 晶相和 C 晶相。它们的相对含量也符合杠杆规则，液相与固相的百分含量分别为：

$$l\%=\frac{MF}{FE}\times 100\%$$

$$s_{A+C}\%=\frac{ME}{FE}\times 100\%$$

在固相中 A、C 两种晶体的相对含量为$\frac{A}{C}=\frac{CF}{AF}$，所以

$$A\%=\frac{CF}{AC}\times\frac{ME}{FE}\times 100\%$$

$$C\%=\frac{AF}{AC}\times\frac{ME}{FE}\times 100\%$$

当液相消失，析晶结束时，系统中含 A、B、C 三种晶相。它们的相对含量可以由 M 点的位置从浓度三角形中用平行线法直接求得。

2. 具有一个一致熔二元化合物的三组分系统相图

1)相图分析

在三组分系统中，某两个组分间生成的化合物称为二元化合物，因此，二元化合物的组成点必是在浓度三角形的某一条边上。图 3－36 是一个一致熔二元化合物的三组分系统相图，设在 A、B 两组分间生成一个一致熔化合物 S(A_mB_n)，AB 边是该二组分系统相图(图中虚线画出的部分)的投影，因此 S 点不仅是化合物的组成点，也代表化合物的熔点；e_1、e_2 分别是 A-S 和 B-S 两个分二组分系统的低共熔点，温度自 S 点分别向 e_1 和 e_2 下降。AC 和 BC 边表示两个最简单的二组分系统，二组分低共熔点分别为 e_4 和 e_3。

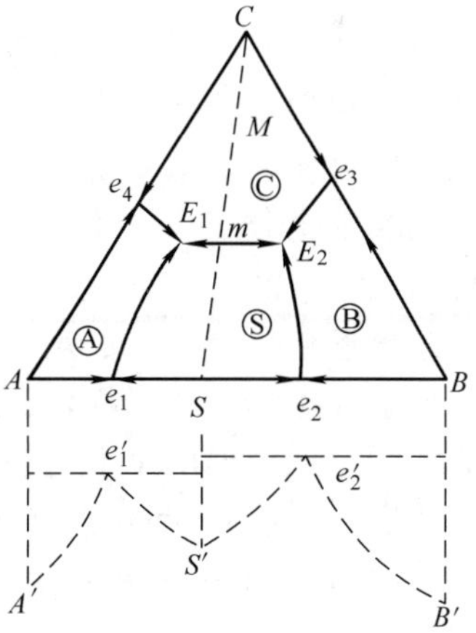

图 3－36　具有一个一致熔二元化合物的三组分相图

在三组分相图中，一致熔化合物占有自己的初晶区Ⓢ，它是 A-B 二组分系统中化合物的液相线 $e'_1S'e'_2$ 向三元系统相图内扩展而成的。而表示化合物 S 析晶的液相线位于 S 点的两侧，所以在三组分系统相图中，一致熔化合物的组成点在它的初晶区内，并且是它的初晶区内的温度最高点。这是一致熔化合物的特点。如图所示，该相图中共有四个初晶区、五条界线和两个三元无变量点。

2)连线规则

在图 3－36 中，把化合物 S 看成一个纯组分，则连接 CS 即可构成一个独立的以 C 和 S 为组分的二元系统，C 和 S 两个晶相组成点之间的连线称连(结)线。连线 CS 同Ⓒ、Ⓢ两个初晶区之间的界线相交于 m 点，m 点是 C-S 二组分系统的低共熔点，此时 m 为 CS 连线上的温度最低点。从界线 E_1E_2 上来看，二组分低共熔点 m 由于加入了第三组分 A 和 B，其温度应该分别向 E_1 或 E_2 下降，因此，m 点是 E_1E_2 界线上的温度最高点。m 点又称为鞍形点。

在其他界线上也可以看到类似的规律。例如，图中 e_4E_1 界线是Ⓐ、Ⓒ两个初晶区的界线，它与 AC 连线的交点 e_4 是界线 e_4E_1 上的温度最高点，界线上的温度由 e_4 点向 E_1 点下降。根据上述分析可以总结出判断三元系统中界线温度下降方向的连线规则：连接相邻两个初晶区固相组成点的直线(或其延长线)与这两个初晶区的界线(或界线的延长线)相交，则交点是该界线上的温度最高点，界线上的温度随离开此点的方向而下降。

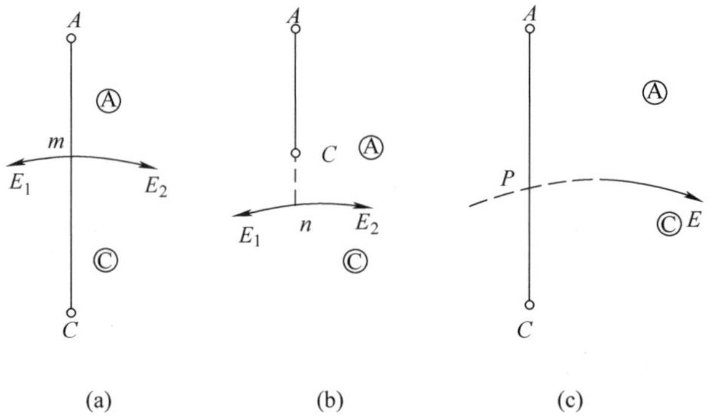

图 3－37　连线规则

(a)关系 1　(b)关系 2　(c)关系 3

连线与对应相区界线的位置关系可能有以下三种情况，如图 3－37 所示。图中 A 和 C 表示两个组分的固相组成点；Ⓐ和Ⓒ表示两个组分的初晶区；曲线 E_1E_2 或 EP 表示两个初晶区的界线。图 3－37(a)中界线与相对应的连线直接相交；图 3－37(b)中界线与相对应的连线的延长线相交；图 3－37(c)中界线的延长线与相对应的连线相交。但不论哪种情况，交点都是界线上的温度最高点。

3)三角形化

由图 3－36 可以看出连线 CS 把三组分系统相图划分为两个三角形：$\triangle ASC$ 和 $\triangle BSC$。每个分三角形是一个具有低共熔点的三组分系统相图，这使复杂的相图简单化了。实际上，对于生成化合物的复杂三组分相图，可以把某些组分及化合物的周围组成连接起来，将原三角形划分成若干个分三角形使之简化，这种方法称为相图的三角形化。划分出的分三角形也称副三角形。

三角形化的具体方法是：凡是相邻的初晶区的固相组成点都应连成直线，不相邻的初晶区的固相组成点不连。这样，三组分系统相图上每一条界线都对应一条连线，这些连线在相图上划分出的副三角形的个数与三组分无变量点的个数相等，即每个三组分无变量点都对应一个副三角形，而且副三角形之间不能重叠。无变量点可以在副三角形内，也可以在副三角形外。

例如，在图 3－38 相图中，D 和 G 是两个二元化合物，且都是一致熔化合物。图中可以画出两条连线，即 DG 和 AG，但不存在连线 BD，因为Ⓑ、Ⓓ两个初晶区不相邻，它们没有共同的界线。两条连线把 A-B-C 三组分相图划分出三个副三角形，即$\triangle ABG$、$\triangle ADG$ 和$\triangle DGC$，它们对应的无变量点分别是 E_1、E_2 和 E_3。另外，根据连线规则可以确定各界线上温度下降的方向。

4)冷却析晶规律

对于图 3－38 的相图，由于划分出两个副三角形都是具有一个低共熔点的简单三组分系统，因此，在这类相图中讨论熔体的冷却析晶过程与在图 3－37(c)中讨论的情况完全相同。根据重心位置规则可以总结出在这类相图中熔体的冷却析晶规律：原始熔体组成点在哪个副三角形内,该副三角形所对应的无变量点是其析晶结束点,最终析晶的产物是该副三角形所对应的三个顶点表示的物质。该规律也适用于其他三元相图,用来确定析晶结束点和最终析晶产物。

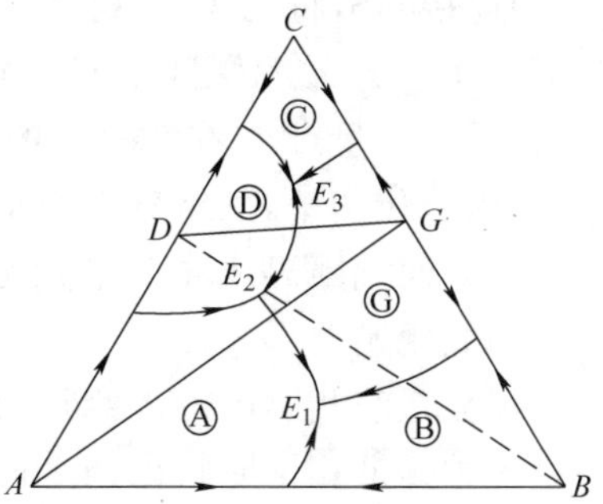

图 3-38　副三角形划分法

3. 具有一个一致熔三元化合物的三组分系统相图

如图 3-39 所示,在三组分系统中有一个一致熔的三元化合物 S,其组成点在它自己的初晶区内,并且是该区的温度最高点。此相图中共有四个初晶区、六条界线和三个三元低共熔点。连线 *AS*、*BS* 和 *CS* 都代表一个真正的二组分系统,m_1、m_2 和 m_3 分别是其二元低共熔点。

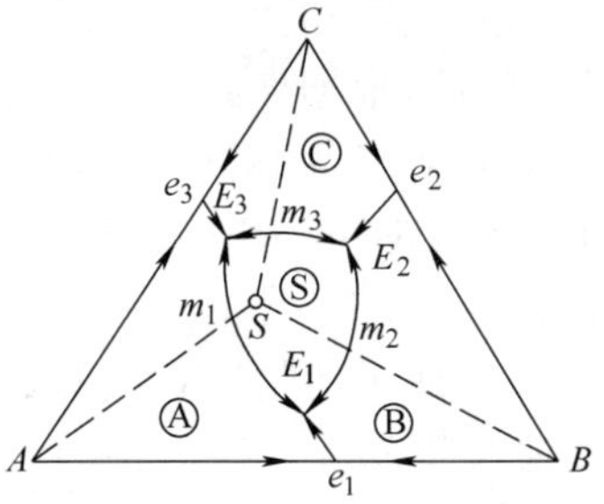

图 3-39　具有一个一致熔三元化合物的三组分系统相图

用连线规则可以判断各界线的温度下降方向,用标在界线上的箭头表示。可以看出 m_1、m_2 和 m_3 均为鞍形点。

根据划分副三角形的方法可以把系统划分为三个副三角形,即△*ASC*、△*BSC* 和△*ABS*。可以看出每一个副三角形都相当于一个最简单的三组分系统。

4. 具有一个不一致熔二元化合物的三组分系统相图

1)相图分析

图 3-40 是具有一个不一致熔二元化合物的三组分系统相图。A、B 两组分间生成一个不一致熔化合物 S。*AB* 边是该二组分系统相图(图中虚线所示)的投影。从 A-B 二组分系统相图可以看出,A 与 S 形成的低共熔点 e'_1 是该二组分系统相图中所有液相线上的温度最低点,因此,投影到 *AB* 边上,温度下降方向均指向低共熔点 e_1。*BC* 边和 *AC* 边分别表示具有一个低共熔点的二组分系统,其低共熔点分别为 e_2 和 e_3。图中有四个初晶区、五条界线和两个三元无变量点。各界线上温度下降方向用连线规则来判断,如图所示。该系统相图的特点如下。

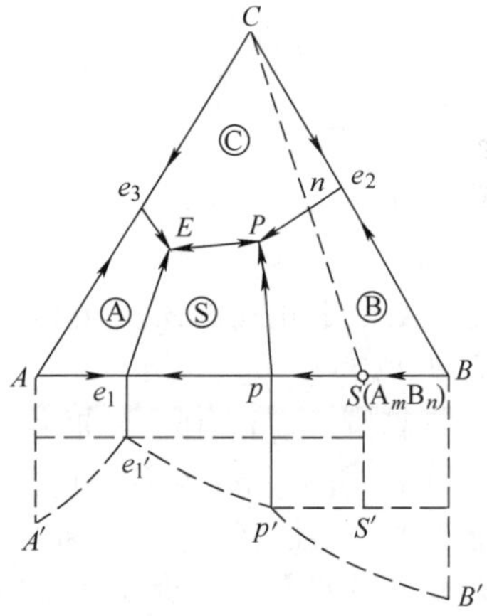

图 3-40　具有一个不一致熔二元化合物的三组分系统相图

(1)从 A-B 二组分系统相图可以看出,由于化合物 S 在转熔温度时的液相组成点不是 S',而是 p',$p'e'_1$ 为化合物 S 初析晶的液相线,化合物 S 的组成点不在 $p'e'_1$ 的下方,而在一侧,三组分相图中化合物 S 的初晶区是由液相线 $p'e'_1$ 向相图内部扩展而成。所以,不一致熔化合物的组成点 *S* 不在它的初晶区内,而在初晶区之外,这是不一致熔化合物的重要特点。由此可以总结出判断化合物性质的方法:不论二元或三元化合物,其组成点在自己的初晶区内的,是一致熔化合物;组成点在自己的初晶区外的,是不一致熔化合物。

(2)界线 *pP* 是二组分转熔点 *P* 延伸到三角形内部形成的,它是一条转熔线,冷却时发生回吸;相图中的其他界线均为共熔线,冷却时发生共析晶。因此,三组分相图中的界线因析晶性质不同而有所差异。

(3)连接 CS，将△ABC 划分为两个副三角形，即 ΔASC 和 ΔSCB，它们对应的无变量点分别为 E 和 P。三元无变量点 E 在它对应的副三角形内部，是低共熔点，冷却时在该点发生共析晶；三元无变量点 P 在它对应的副三角形外部，是转熔点，冷却时在该点发生回吸。由此可见，在三组分相图中，三组分无变量点的性质也有差别。

那么如何判断界线和三组分无变量点的析晶性质呢？下面将分别讨论两者的判断方法。

2)切线规则

三组分系统相图中的界线均表示液相与两个固相平衡共存，但由于析晶性质不同而分为两种。一种是液相同时析出两个固相，这种析晶性质的界线称为共析晶线(或共熔线)；另一种是液相回吸一种固相，析出另一种固相，这种析晶性质的界线称为回吸线(或转熔线)。判断界线上液相的析晶性质是共析晶还是回吸要应用切线规则。

切线规则的要点是：作界线上任意一点的切线，让切线与该界线所对应的两个固相组成点的连线相交。若交点在连线之内，则冷却时在该点发生共析晶(或共熔)过程；若交点在连线的延长线上，则发生回吸(转熔)过程，且远离交点的那个晶相被回吸。因此，根据切线规则，作图 3-40 中 e_1E 界线上任意一点的切线，都在 AS 连线之间相交，所以 e_1E 界线为共析晶线，在线上进行的是共析晶过程：$l \rightleftharpoons A+S$。若作 pP 界线上任意一点的切线，都与 BS 连线的延长线之间相交，因此，界线 pP 是一条回吸线，在线上进行的是回吸过程：$l+B \rightleftharpoons S$。

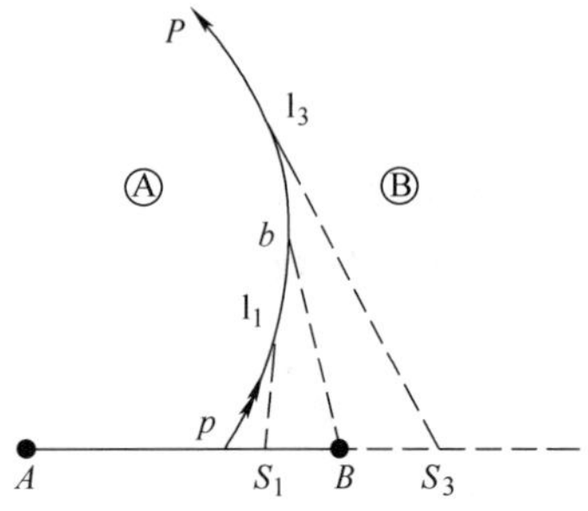

图 3-41　切线规则

有时还会碰到图 3-41 中 pP 线所示的情况，即相区界线的性质是发生变化的，高温段为共析晶线，低温段为回吸线，界线性质发生转变的点为 b 点。

为了在相图上区分不同性质的界线，在界线上表示温度下降方向时，共析晶界线用单箭头表示，而回吸界线用双箭头表示。

3)三元无变量点性质的判断

三组分系统相图中无变量点的性质可以根据无变量点与对应的副三角形的位置关系来判断。若无变量点处于相对应的副三角形内的重心位置，该无变量点为低共熔点；若无变量点处于相应的副三角形之外，则是转熔点，而且在交叉位置的是单转熔点，在共轭位置的是双转熔点。

所谓相对应的副三角形是指与该无变量点处液相平衡的三个晶相的组成点连成的三角形。如图 3-40 中，与 E 点的液相平衡的三种晶相是 A、S 和 C 晶相，因此，E 点对应的副三角形是△ASC，且处于重心位置，所以 E 点是低共熔点，在 E 点进行的过程是：$l_E \rightleftharpoons A+S+C$。与 P 点对应的副三角形是△BSC，P 点处于交叉位置，所以 P 点是单转熔点(回吸一种晶相的转熔过程称单转熔，或称一次转熔过程)，在 P 点进行的过程是：$l_P+B \rightleftharpoons S+C$。又如在图 3-44中的 R 点上，与液相平衡的是 A、B、S 三种晶相，因此与之对应的副三角形是△ABS，R 点在三角形的共轭位置，所以 R 点是双转熔点(回吸两种晶相的转熔过程称为双转熔，或称二次转熔过程)，相平衡关系为：$l_R+A+B \rightleftharpoons S$。

判断无变量点性质的另一个方法是根据无变量点周围三条界线的温度下降方向进行判断。每一个三元无变量点都是三条界线的交汇点。若无变量点周围三条界线上的温降箭头都指向它，该无变量点是低共熔点；若两个箭头指向它，一个离开它，这个无变量点是单转熔点；若一个箭头指向它，另外两个离开它，这个无变量点是双转熔点。单转熔点又称双升点，因为从该点出发有两条升温界线。双转熔点又称双降点，因为从该点出发有两条降温的界线。

4）冷却析晶过程

下面举例说明具有一个不一致熔二元化合物的三组分系统相图中熔体的冷却析晶过程。图 3－42 是图 3－40 系统富 B 部分的放大图。

（1）配料 1 位于△*BSC* 中，根据三角形规则，其结晶产物必是 B、S、C 三种晶体，而且它的高温熔体一定在与副三角形 *BSC* 相应的无变量点 *P* 析晶结束。

熔体 1 的组成点位于 B 的初晶区内，所以熔体冷却到析晶温度时，首先析出 B 晶相，此时液相组成沿着 *B*1 射线向背离 *B* 的方向移动，在这个过程中从液相中不断地析出 B 晶相，固相组成在 *B* 点。当液相组成到达低共熔界线 e_2P 上的 *a* 点时，从液相中同时析出 B 和 C 两种晶相，此时 $p=3$，$F=1$。系统的温度继续下降，液相组成将沿着 e_2P 线逐渐向 *P* 点变化，相应的固相组成则离开 *B* 点沿着 *BC* 边向 *C* 点移动。当液相组成到达 *P* 点时，固相组成在 *BC* 边上到达 *b* 点。液相在 *P* 点进行转熔过程，液相回吸析出的 B 晶相，析出 S 和 C 晶相。这时 $p=4$，$F=0$。系统的温度不变，液相组成在 *P* 点不动，但液相量在不断减少。由于固相中增加了 S 晶相，所以固相组成点不再停留在 *BC* 边上，而沿着 *b*1 线向 1 点变化。当固相组成到达 1 点，与原始熔体的组成点重合时，液相消失，转熔过程结束，结晶结束。最后的析晶产物为 B、S、C 三种晶相。

熔体 1 的冷却析晶过程可用下式表示。

液相点：$1 \xrightarrow{l \longrightarrow B} a \xrightarrow{l \longrightarrow B+C} P \xrightarrow{l+B \longrightarrow S+C} P$（液相消失）

固相点：$B \xrightarrow{B} B \xrightarrow{B+C} b \xrightarrow{S+B+C} 1$

（2）配料 2 在△*ASC* 中，它的高温熔体将在 *E* 点析晶结束，结晶产物为 A、S、C 三种晶体。

如图 3－42 熔体 2 的析晶过程，在液相组成点到达 *P* 点前与熔体 1 完全相同。当液相到达 *P* 点时，固相到达 *BC* 边的 *n* 点，然后在 *P* 点发生转熔过程：$l_p + B \rightleftharpoons S + C$，温度恒定，液相组成在 *P* 点不变，但液相量不断减少，固相组成沿 *n*2 线向三角形内移动。当固相点到达 Δ*BSC* 的 *SC* 边上的 *d* 点时，B 晶相全部被液相回吸完，转熔过程结束，但结晶过程没有结束，组成为 *P* 的液相尚有剩余（液相量∶固相量＝*d*2∶*P*2），系统为三相平衡共存，$P=3$，$F=1$。温度继续下降，液相点将离开 *P* 点沿 *PE* 界线向 *E* 点变化，*PE* 是条共熔的界线，S 和 C 同时结晶析出，相应的固相点在 *SC* 连线上移动。当液相点到达 *E* 点时，固相点从 *d* 点到达 *h* 点。在 *E* 点发生低共熔过程：$l_E \rightleftharpoons S + A + C$，系统又进入四相平衡状态，$P=4$，$F=0$，温度保持不变，液相组成不变，但固相组成中因增加 A 晶相，固相点要离开 *SC* 连线沿 *h*2 线向三角形内变化。当固相点到达 2 点时，与原始熔体的状态点重合，液相在 *E* 点消失。此系统的析晶产物为 A、S 和 C 三种晶相。

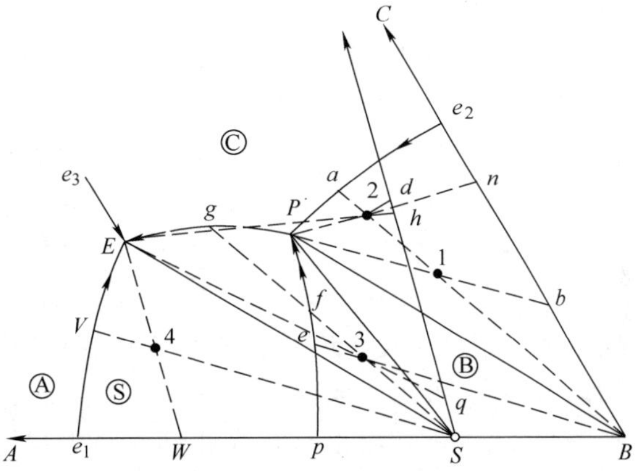

图 3－42　富 B 部分放大相图

上述析晶过程可用下式表示。

液相点：$2 \xrightarrow{l \longrightarrow B} a \xrightarrow{l \longrightarrow B+C} P \xrightarrow{l+B \longrightarrow S+C} P \xrightarrow{l \longrightarrow S+C} E \xrightarrow{l \longrightarrow S+C+A} E$（液相消失）

固相点：$B \xrightarrow{B} B \xrightarrow{B+C} n \xrightarrow{S+B+C} d \xrightarrow{S+C} h \xrightarrow{S+A+C} 2$

(3)配料 3 也在$\triangle ASC$中，它的高温熔体的结晶产物和结晶结束点与熔体 2 相同，但结晶过程不同。

熔体 3 同样处在初晶区Ⓑ中，当冷却到析晶温度时，首先析出 B 晶相。到达界线 pP 上的 e 点时，由于界线 pP 是转熔线，液相回吸已析出的 B 晶相，生成 C 晶相，$P=3$，$F=1$，液相点在 pP 界线上由 e 点向 P 点变化，相应的固相点离开 B 点沿着 BS 边向 S 点移动。当液相点到达 f 点时，固相点沿 BS 边移动到 S 点，此时固相中的 B 已被回吸完，只剩下 S 晶相。此时系统中只有液相与 S 晶相，$P=2$，$F=2$。液相组成点将离开界线发生穿相区现象，即液相组成从 f 点开始沿着 $S3$ 射线穿过 S 的初晶区向 g 点移动，在整个穿相区过程中，液相不断析出 S 晶相，固相组成点在 S 点不动，但 S 晶相的量在增加。到 g 点后，S 和 C 同时析出，$F=1$，随着系统温度的降低，液相组成沿着界线由 g 点向 E 点变化，固相点则离开 S 点沿 SC 连线向 C 方向变化。当液相点刚到 E 点时，固相点到达 q 点。在 E 点进行低共熔过程，A、S、C 三种晶体同时析出，固相点则离开 q 点沿 $q3$ 线向 3 点移动。当固相点到达 3 点与系统的组成点重合时，最后一滴液相在 E 点消失，析晶结束，最后的析晶产物是 A、S、C 三种晶体。

熔体 3 的冷却析晶过程可表示如下。

液相：$3 \xrightarrow{l \longrightarrow B} e \xrightarrow{l+B \longrightarrow S} f \xrightarrow{l \longrightarrow S} g \xrightarrow{l \longrightarrow S+C} E \xrightarrow{l \longrightarrow A+S+C} E$（液相消失）

固相：$B \xrightarrow{B} B \xrightarrow{B+C} S \xrightarrow{S} S \xrightarrow{S+C} q \xrightarrow{S+A+C} 3$

从以上三个熔体的冷却析晶过程可以看出以下几个规律。

①在转熔线上的析晶过程，有时会出现液相组成点离开界线进入初晶区的现象，称之为“穿相区”。“穿相区”现象一定发生在界线转熔的过程中，当被回吸的晶相被回吸完时，系统中只剩下液相和一种晶相两相平衡共存，系统的自由度数由 $F=1$ 变为 $F=2$ 时，才可能发生。

②双升点 P 上的相平衡关系是：$l+B \rightleftharpoons S+C$。冷却时，在 P 点上的析晶过程可能有三种不同的结果。一是液相先消失，B 晶相有剩余，析晶过程在 P 点结束，析晶产物是 S、B、C 三种晶相，凡是组成在$\triangle BSC$内的熔体都属这种情况。二是晶相 B 先消失，液相有剩余，转熔结束，结晶未结束，液相组成要继续沿着界线降低温度，析出晶体，凡是组成在$\triangle PSC$内的熔体都属这种情况。三是液相与 B 晶相同时消失，析晶结束，析晶产物为 S、C 两种晶相。凡组成在 SC 连线上的熔体都属于这种情况。

综上所述，可以看出低共熔点 E 一定是析晶结束点，转熔点 P 不一定是析晶结束点。

(4)此部分主要分析配料点 4 的平衡加热过程。配料点 4 在$\triangle ASC$中，加热到 T_E 温度开始出现液相，此时系统中四相平衡共存，$A+S+C \rightarrow l_E$。就是说 A、S、C 晶体都在不断共同熔融生成组成为 E 的熔体。由于四相平衡、液相点不动，根据杠杆规则，固相点应在 $E4$ 线的延长线上变化。当固相点到达 AS 连线上的 W 点时，固相中的 C 晶相已完全熔融成为液相，这时系统中三相平衡共存（液相、A 晶相和 S 晶相）。温度继续升高时，液相点沿着 Ee_1 界线变化，A 和 S 不断熔融，相应的固相组成点在 AS 边上变化。当液相点移动到 V 点时，固相点到达 S 点，这意味着系统中的 A 晶相也已熔完，系统进入液相与 S 晶相两相平衡的状态。随着温度继续升高，固相点仍旧在 S 点，液相点则应沿着 $V4$ 线向 4 点靠近，液相量不断增加，S 晶相的量不断减少。当液相点到达 4 点时，S 晶相完全熔融成为液相。至此，所有的晶相都已熔化，系统成为液相，为一单相体系。因此，加热过程中液、固相的变化途径与冷却过程相反。

5. 具有一个不一致熔三元化合物的三元系统相图

A、B、C三个组分形成一个不一致熔三元化合物S，在相图中，化合物的组成点S在它的初晶区之外。据S点在相图中的不同位置，该系统中的三元无变量点会出现双升点和双降点两种情形，因此，此类相图又分为两种。

(1)具有双升点类型的相图。如图3－43所示是具有双升点类型的相图，由S点引出三条连线将整个相图划分成三个副三角形。根据连线规则可以判断界线上温度下降方向如图箭头所示，其中界线PE_2上，m是温度最高点；界线E_1E_2上，n是温度最高点。应用切线规则可判断各界线的性质，界线PE_2是回吸线，其相平衡关系为：$l+A \rightleftharpoons S$。除界线PE_2外，其他界线均为共析晶线。该系统有三个无变量点E_1、E_2、P，它们分别与三个副三角形$\triangle BSC$、$\triangle ASC$、$\triangle ABS$相对应，E_1、E_2在对应的副三角形内部呈重心位置，故E_1、E_2是共析晶点（低共熔点）；P点在对应的副三角形$\triangle ABS$一条边的外侧呈交叉位置，故P点为一次回吸点（单转熔点），其相平衡关系为：$l+A \rightleftharpoons S+B$。可以看出，交于$P$点的三条界线上，温度下降方向有两条指向$P$点，故$P$点是双升点。

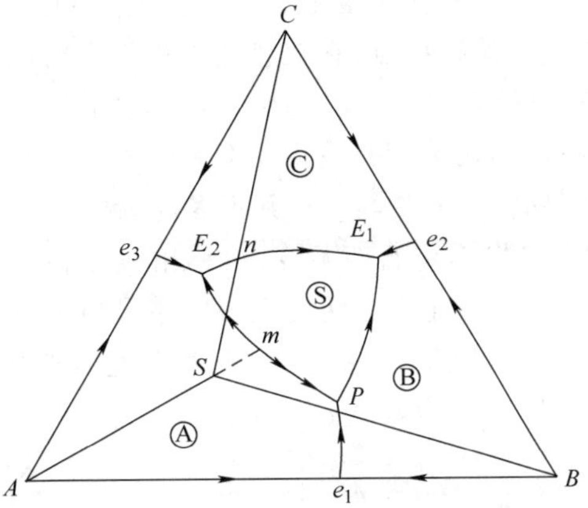

图3－43　具有双升点类型的相图

(2)具有双降点的相图。如图3－44所示，用同样的方法把相图副三角形化。判断界线上温度下降方向、界线性质和无变量点的性质。由相图可以看出，E_1E_2是共熔性质的界线，E_2R是转熔线，而E_1R是条性质发生变化的界线，靠近R的一端是转熔性质，靠近E_1的一端是共熔性质。R点在对应的副三角形$\triangle ABS$的共轭位置，为二次回吸点（双转熔点），其相平衡关系为：$l_R+A+B \rightleftharpoons S$。从$R$点周围的三条界线温度下降方向看，有两条界线上的箭头离开它，所以R又称双降点。

6. 固相具有多晶转变的三组分系统相图

如图3－45所示，该系统中固相B有α、β、γ三种晶型，固相C有α、β两种晶型。该相图的特点是，B、C两个组分的初晶区利用多晶转变等温线把各个晶型的稳定区分隔开来，每种稳定

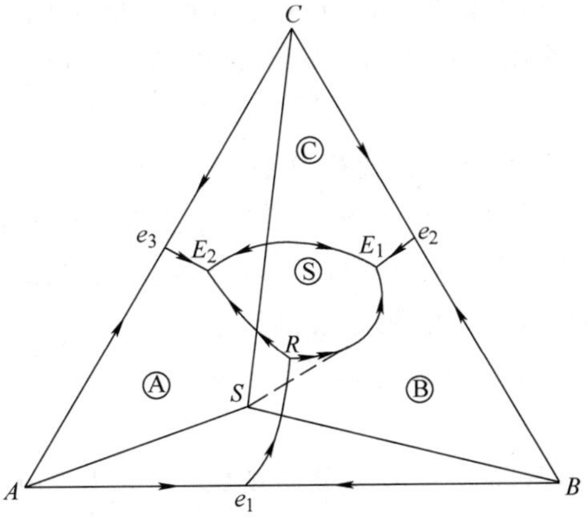

图3－44　具有双降点的相图

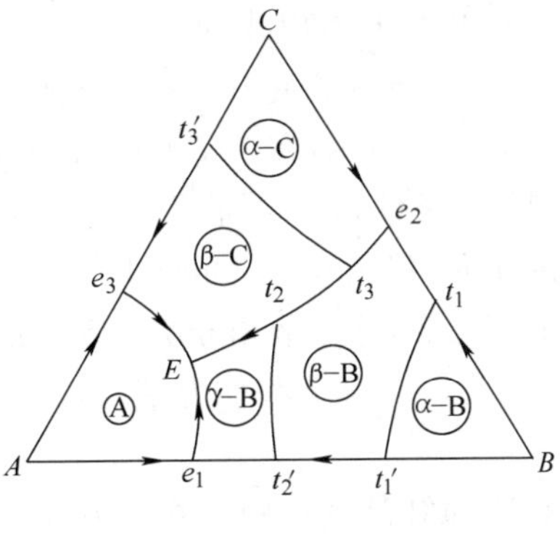

图3－45　固相具有多晶转变的三组分系统相图

晶型都有自己的初晶区。要注意多晶转变等温线与一般界线的区别，在多晶转变等温线的两侧一定有同组分的不同晶型存在，而且在多晶转变等温线上不标箭头。相图中多晶转变等温线与界线的交点也是三元无变量点，但性质上与共熔点和转熔点不同，三组分多晶转变点一定不是析晶结束点，它在相图中也没有对应的副三角形，这是三组分多晶转变点与三组分低共熔点和转熔点的主要区别。例如，多晶转变等温线 $t_3t'_3$ 与界线 e_2E 的交点 t_3 称为三组分多晶转变点，其相平衡关系为：α-C $\rightleftharpoons$ β-C，即在液相和固相 β-B 存在的条件下，α-C 与 β-C 之间进行多晶转变，液相与 β-B 并不参与，系统中四相平衡共存，$F=0$。熔体冷却时，当液相组成点到达 t_3 时，系统温度不变，液相组成点在 t_3 不动，在 α-C 全部转变为 β-C 之前，系统中液相量不变，所以三元多晶转变点一定不是析晶结束点。

7. 具有一个高温分解、低温稳定存在的二元化合物的三元系统相图

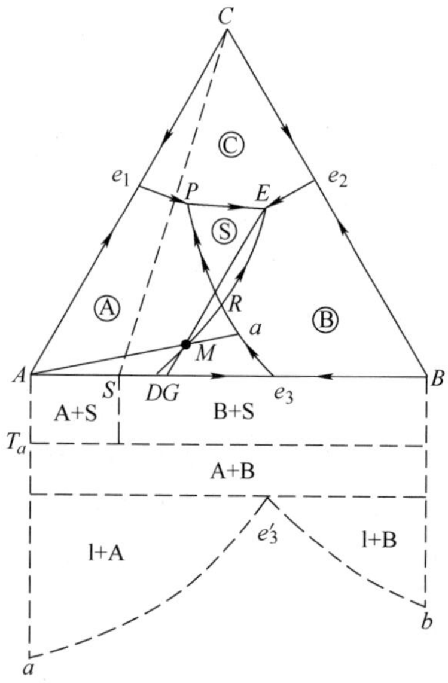

图 3-46　具有一个高温分解、低温稳定存在的二元化合物的三元系统相图

如图 3-46 所示。化合物 S 的组成点在 AB 边上，从虚线所示的 A-B 二元相图可以看出，这个化合物在 T_R 温度以下才能稳定存在，温度高于 T_R 则分解为 A、B 两种晶相。由于其分解温度低于 A、B 二组分的低共熔温度，因而不可能从 A、B 二元的液相线直接析出 S 晶体，即 S 晶体的初晶区不会与 AB 边相连。此系统的特点是：系统有三个三元无变量点 P、E 和 R，但只能划分出与 P 和 E 对应的两个副三角形。P 点在对应的 $\triangle ASC$ 外的交叉位置，是双升点。E 点在对应的 $\triangle BSC$ 内的重心位置，是低共熔点。R 点周围的三个初晶区是Ⓐ、Ⓑ、©，对应的三种晶相的组成点 A、B、S 在一条直线上，不能形成一个副三角形。但在 R 点上却为四相平衡共存，$P=4$，$F=0$。在 R 点上进行的过程是化合物的形成或分解过程，即：$m\text{A}+n\text{B} \rightleftharpoons \text{S}(\text{A}_m\text{B}_n)$。这种无变量点称为过渡点。从 R 点周围三条界线上的温降方向看，类似于双降点，所以 R 点称为“双降点式的过渡点”。

在过渡点上，由于 $F=0$，系统的温度不变，液相组成在 R 点上不变，实际上液相量也不变，这个情况和前面介绍的各种无变量点有所不同。在 R 点进行化合物的形成或分解过程时，液相只起介质作用。过渡点一定不是析晶结束点。

8. 具有液相分层的三组分系统相图

如图 3-47 所示，在 A-B-C 三元系统中，A-B 二组分系统具有液相分层（见虚线所示），二液区的边界线为 $I'G'J'$，G' 是临界点。由于 C 组分的加入，二组分相图中的二液区边界曲线在空间中扩展成曲面，它在浓度三角形上的投影为三组分相图上的二液区 IJK。其中 K 点是曲面上温度最低的临界点，它是液相分层的温度最低点，温度低于 K 点，液相分层将不存在。

图中 $L_1L'_1$，$L_2L'_2$ 等称为结线，每条结线的两端表示在一定温度下互相平衡的两个液相的组成。

凡在冷却结晶过程中液相组成经过二液区的熔体都将发生液相分层现象，分为 L 和 L' 两种组成的液相，同时析出晶相 A。随着 A 晶相的不断析出，液相中 A 的量不断减少，也就是富 A 的 L 液相要转变为富 B 的 L' 液相。当液相完全转变为 L' 液相时，液相分层现象结束。

3.4.4 分析复杂相图的主要步骤

以上介绍了三组分系统相图的基本类型以及分析相图所需的重要规则和方法，这些都是分析复杂相图的基础。三组分系统的专业相图经常包含多种化合物，使相图上化合物的初晶区、界线和无变量点大大增多，相图变得复杂。但只要掌握分析相图的基本规则和方法，便能达到读懂和应用专业相图的目的。下面介绍分析复杂三组分相图的主要步骤。

(1)判断化合物的性质。遇到一个复杂的三元相图，首先要了解系统中有哪些化合物，其组成点和初晶区的位置，然后根据化合物的组成点是否在它的初晶区内，判断化合物的性质属一致熔还是不一致熔。

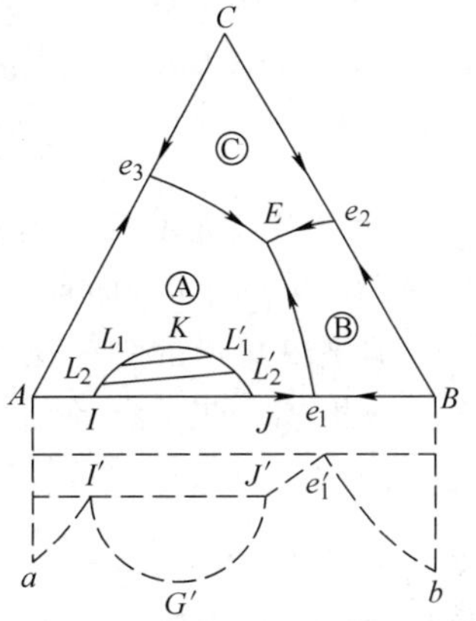

图 3－47 具有液相分层的三组分系统相图

(2)划分副三角形。根据划分副三角形的原则和方法把复杂的三组分相图划分为若干个分三组分系统，使复杂相图简化。

(3)判断界线的温度走向。根据连线规则判断各条界线的温度下降方向，并用箭头标出。

(4)判断界线性质。应用切线规则判断界线是共析晶线还是回吸线，确定相平衡关系。共析晶线用单箭头，回吸线用双箭头标出温度下降方向。

(5)确定三组分无变量点的性质。根据三组分无变量点与对应的副三角形的位置关系，或根据交汇于三元无变量点的三条界线的温度下降方向，来判断无变量点是低共熔点、一次回吸点还是二次回吸点，确定三元无变量点上的相平衡关系。

(6)分析熔体的冷却析晶过程，用杠杆规则计算冷却过程中各相的含量。

3.4.5 专业三元凝聚系统相图

此部分主要介绍在硅酸盐方面应用很广泛，尤其对硅酸盐水泥有重要意义的 CaO-Al_2O_3-SiO_2 系统相图，与玻璃密切相关的 Na_2O-CaO-SiO_2 系统相图以及与陶瓷密切相关的 K_2O-Al_2O_3-SiO_2 系统相图。

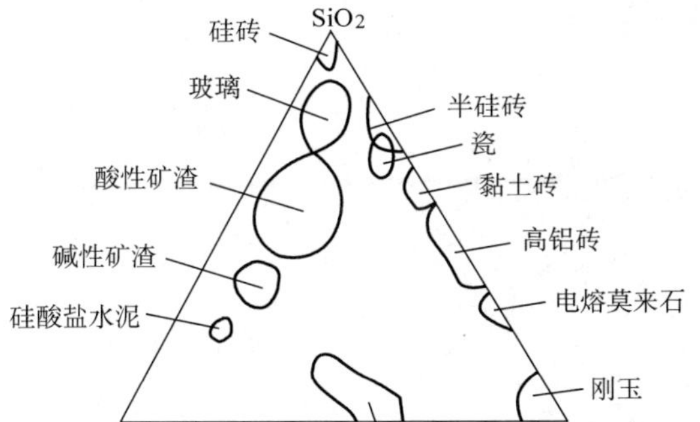

图 3－48 CaO-Al_2O_3-SiO_2 系统中重要硅酸盐制品的组成范围

1. CaO-Al_2O_3-SiO_2 系统相图

CaO-Al_2O_3-SiO_2 系统相图包括了一系列的硅酸盐工业制品和高炉矿渣等，其组成范围如图 3－48 所示。

1)相图分析

图 3－48 是 CaO-Al_2O_3-SiO_2 系统中包含的主要硅酸盐制品的组成范围。本系统共有 15 个化合物，其中有 3 个纯组分，即 CaO、Al_2O_3 和 SiO_2，它们的熔点分别为2 570 ℃、2 045 ℃和 1 723 ℃。另外有 10 个二元化合物和两个三元化合物，这些化合物的性质见表 3－5。

表 3-5　$CaO-Al_2O_3-SiO_2$ 系统的化合物

化合物	性质	熔点/℃	化合物	性质	分解温度/℃
$CaO \cdot SiO_2$	一致熔	1 544	$3CaO \cdot 2SiO_2$	不一致熔	1 464
$2CaO \cdot SiO_2$	一致熔	2 130	$3CaO \cdot Al_2O_3$	不一致熔	1 539
$12CaO \cdot 7Al_2O_3$	一致熔	1 392	$CaO \cdot Al_2O_3$	不一致熔	1 600
$3Al_2O_3 \cdot 2SiO_2$	一致熔	1 850	$CaO \cdot 2Al_2O_3$	不一致熔	1 762
$CaO \cdot Al_2O_3 \cdot 2SiO_2$	一致熔	1 553	$CaO \cdot 6Al_2O_3$	不一致熔	1 830
$2CaO \cdot Al_2O_3 \cdot SiO_2$	一致熔	1 584	$3CaO \cdot SiO_2$	不一致熔	2 150

15 个化合物都有自己对应的初晶区，SiO_2 的初晶区被 1 470 ℃的多晶转变等温线分为方石英和鳞石英两个区，而且在靠近 SiO_2 处还有一个液相分层的二液区。

根据副三角形的划分法则，可划分出 15 个副三角形，与此对应的有 15 个三元无变量点，请自己分析各无变量点的相平衡关系和平衡性质。需要指出的是，本系统实际有 16 个三元无变量点，方石英和鳞石英的晶型转变等温线和界线的交点“16”是个多晶转变点，在这个点上的相平衡关系为：方石英$\xrightleftharpoons{l, A_3S_2}$鳞石英，只是它没有对应的副三角形，故未列入表中。

界线的温度下降方向及界线的性质如图 3-49 所示。系统中的无变量点见表 3-6 所示。

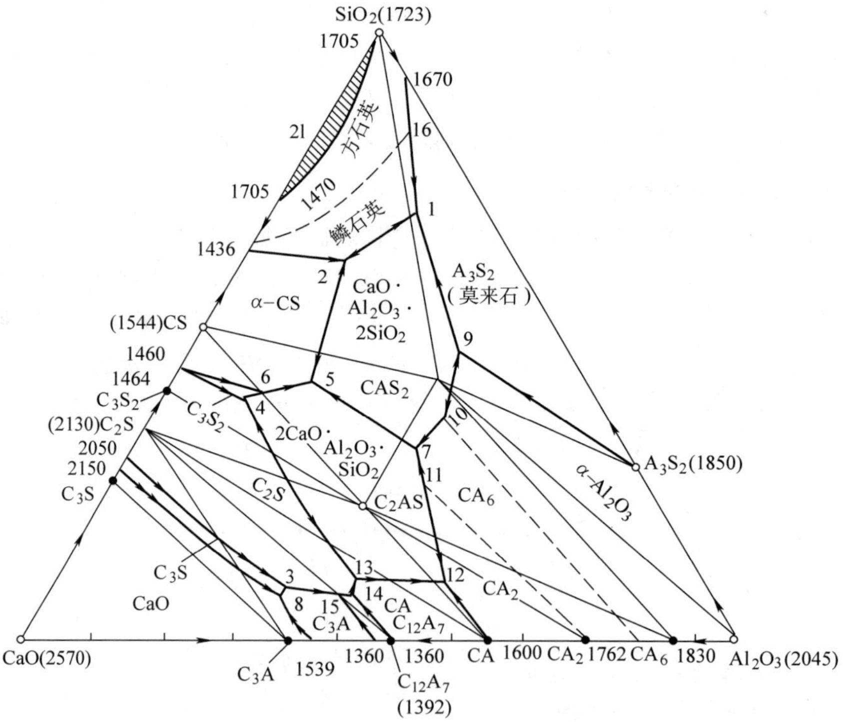

图 3-49　$CaO-Al_2O_3-SiO_2$ 系统相图

$CaO-Al_2O_3-SiO_2$ 系统中的富钙部分对硅酸盐水泥的生产有重要意义，所以主要讨论富钙区（高钙区）的情况。

2)相图中的高钙区——$CaO-C_2S-C_{12}A_7$ 系统

表 3-6 $CaO-Al_2O_3-SiO_2$ 系统中的无变量点

图上点号	相间平衡	平衡性质	平衡温度/℃	组成/%		
				CaO	Al_2O_3	SiO_2
1	液⇌鳞石英+CAS_2+A_3S_2	低共熔点	1 345	9.8	19.8	70.4
2	液⇌鳞石英+CAS_2+α-CS	低共熔点	1 170	13.3	14.7	62.0
3	C_3S+液⇌C_3A+α-C_2S	双升点	1 455	58.3	33.0	8.7
4	α'-C_2S+液⇌C_3S_2+C_2AS	双升点	1 315	48.2	11.9	39.9
5	液⇌CAS_2+C_2AS+α-CS	低共熔点	1 265	38.0	20.0	42.0
6	液⇌C_2AS+C_3AS_2+α-CS	低共熔点	1 310	47.2	11.8	41.0
7	液⇌CAS_2+C_2AS+CA_6	低共熔点	1 380	29.2	39.0	31.8
8	CaO+液⇌C_3S+C_3A	双升点	1 470	59.7	32.8	7.5
9	Al_2O_3+液⇌CAS_2+A_3S_2	双升点	1 512	15.6	36.5	47.9
10	Al_2O_3+液⇌CA_6+CAS_2	双升点	1 495	23.0	41.0	36.0
11	CA_2+液⇌C_2AS+CA_6	双升点	1 475	31.2	44.5	24.3
12	液⇌C_2AS+CA+CA_2	低共熔点	1 500	37.5	53.2	9.3
13	C_2AS+液⇌α'-C_2S+CA	双升点	1 380	48.3	42.0	9.7
14	液⇌α'-C_2S+CA+$C_{12}A_7$	低共熔点	1 335	49.5	43.7	6.8
15	液⇌C_2S+C_3A+$C_{12}A_7$	低共熔点	1 335	52.0	41.2	6.8

$CaO-C_2S-C_{12}A_7$ 系统的富钙部分分相图见图 3-50 所示。

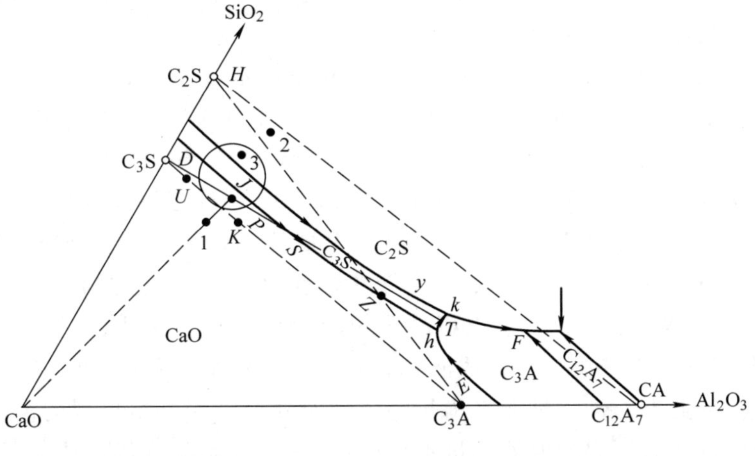

图 3-50 $CaO-C_2S-C_{12}A_7$ 系统的富钙部分分相图

从上图可以看出，硅酸盐水泥中的主要矿物 C_2S、C_3S 和 C_3A 都在此系统内。按照划分副三角形的方法可划分出三个副三角形，即△$CaO-C_3S-C_3A$、△$C_3S-C_3A-C_2S$ 和△$C_3A-C_2S-C_{12}A_7$。它们对应的无变量点为 h(1 470 ℃)、k(1 455 ℃)和 F(1 335 ℃)。前两个点为双升点，后者为低共熔点。界线性质用切线规则进行判断，CaO 和 C_3S 初晶区的界线在 Z 点，由转熔性质的界线转变为共熔性质的界线；而 C_3S 和 C_2S 初晶区的界线则在 y 点，从共熔性质转变为转熔性质，这是两条性质较复杂的界线。其余界线除 CaO 和 C_3A 初晶区的界线为转熔性质外，都是共熔性质。

3)$CaO-C_2S-C_{12}A_7$ 系统相图的应用

$CaO-C_2S-C_{12}A_7$ 系统相图在硅酸盐水泥配料的选择、产品性能的估计以及生产工艺过程的控制等方面均有重要的指导意义。

(1)硅酸盐水泥配料范围的选择。硅酸盐水泥生料的主要成分是 CaO、Al_2O_3、SiO_2 和

Fe_2O_3。因 Fe_2O_3 含量较低，可以并入 Al_2O_3 一起考虑。这样，三组分配料便可以应用 CaO-Al_2O_3-SiO_2 系统相图了。

硅酸盐水泥熟料在 1 450 ℃左右烧成，要有 30%左右的液相，以利于 C_3S 的生成。为使硅酸盐水泥熟料性能符合要求，熟料中各主要矿物的含量一般为：C_3S 40%～60%，C_2S 15%～30%，C_3A 6%～13%，C_4AF 10%～16%。

根据三角形规则，熔体的配料点落在哪个三角形内，最后的析晶产物便是这个副三角形的三个顶点所代表的晶相。所以硅酸盐水泥的配料应选在△C_2S-C_3S-C_3A 内。如果配料点在△CaO-C_3S-C_3A 内，析晶产物为 CaO、C_3S、C_3A，那么在煅烧和冷却过程中无论如何控制，最后烧出的熟料中也难免含有过高的游离氧化钙，造成水泥安定性不良。若配料点在副三角形△C_2S-C_3A-$C_{12}A_7$ 中，则析晶产物为 C_2S、C_3A 和 $C_{12}A_7$，缺少了硅酸盐水泥中最主要的矿物 C_3S，使熟料强度很低，而且存在较多的水硬性很小的 $C_{12}A_7$，它是硅酸盐水泥中不希望有的成分。所以，硅酸盐水泥的配料应选在△C_2S-C_3S-C_3A 中。考虑到熟料中各种矿物组成含量的要求，以及烧成时所需的液相量，可以把配料范围进一步缩小。实际硅酸盐水泥的配料范围是在△C_2S-C_3S-C_3A 中靠近 C_2S-C_3S 边的小圆圈内，如图 3－50 所示。

(2)烧成。硅酸盐水泥的烧成过程并不是把配好的料加热至完全熔融，然后平衡冷却析晶。而是采用部分熔融的烧结法生产熟料，因此，熟料矿物的形成并非完全来自液相析晶，固态组分之间的固相反应起着更为重要的作用。

为了加速固相反应，液相开始出现的温度及液相量非常重要。由图 3－50 可以看出，凡是配料组成在△C_2S-C_3S-C_3A 中的系统都要加热到 1 455 ℃(k 点)才会出现液相。由于在 1 200 ℃以下组分间通过固相反应生成的是反应速度快的 $C_{12}A_7$、C_3A 和 C_2S，因此液相开始出现的温度并不是 k 点的 1 455 ℃，而是与 $C_{12}A_7$、C_3A、C_2S 三种晶相平衡的 F 点，温度为 1 335 ℃(实际上，由于配料中还含有 Fe_2O_3 以及少量的 Na_2O、K_2O 和 MgO 等其他氧化物，液相约在 1 200 ℃便开始出现了)。F 点是个低共熔点，在这点上过程为 $C_{12}A_7+C_3A+C_2S \rightarrow l_F$(加热过程)。当 $C_{12}A_7$ 完全熔融后，液相沿 Fk 界线变化，升温过程中，C_2S 和 C_3A 继续溶入液相，液相量不断增加。系统中一旦形成液相，生成 C_3S 的固相反应 $C_2S+CaO \rightarrow C_3S$ 的反应速度即大大加快。因此 $C_{12}A_7$ 这种非平衡相的出现对降低液相开始出现的温度，促进 C_3S 的大量生成是有帮助的。若所出现的液相量不合适，可采用提高烧成温度或调整配料等措施进行调节。但在高温下继续提高烧成温度比较困难，而且还增加能耗，所以一般不提倡采用此法。调整配料时，主要调整 Al_2O_3 的加入量，增加 Al_2O_3 含量会使液相量增多，降低 Al_2O_3 含量会使液相量减少。根据杠杆规则可以很清楚地看出这点。

(3)冷却。水泥熟料烧成后需要冷却，采取不同的冷却制度对熟料的相组成及含量都有影响。冷却制度可分为急冷、平衡冷却和独立析晶(介于二者)之间三种情况。

A. 急冷。急冷过程中，由于冷却速度很快，使液相完全失去析晶能力，液相中的质点来不及进行有序排列便固化了，使液相全部转变为玻璃相。对图 3－50 的 CaO-C_2S-$C_{12}A_7$ 系统中的 P 点，如果液相刚到 k 点便马上急冷，得到的产物是 C_3S、C_3A 和玻璃相(液相急冷全部转变为玻璃相)。

B. 平衡冷却。平衡冷却过程中，由于冷却速度很慢，使每一步过程都达到平衡，其析晶产物符合三角形规则。图 3－50 中的 P 熔体，平衡冷却得到的产物是 C_2S、C_3S 和 C_3A 三种晶相。

C. 独立析晶。如果冷却速度既不是快到使液相全部转变为玻璃相，又不是慢到足以使过程平衡进行，则往往会发生独立析晶现象。独立析晶通常是在转熔过程中发生的，由于冷却速度较快，被回吸的晶相有可能会被新析出的固相包裹起来，使转熔过程不能继续进行，从而使液相进行另一个单独的析晶过程，这就是所谓的独立析晶。仍以图 3－50 中的熔体 P 为例，当液相在 k 点进行 $l+C_3S \rightarrow C_3A+C_2S$ 的转熔过程时，如果冷却速度较快，C_3S 被析出的 C_2S 和 C_3A 所包裹，液相便不能和 C_3S 接触了，回吸过程无法进行。这时系统相当于只有液相、C_2S 和 C_3A 三相，液相便作为一个原始熔体离开 k 点，沿着 kF 界线向 F 点移动，进行独立的析晶过程，到达 F 点进行低共熔过程：$l \rightarrow C_2S+C_3A+C_{12}A_7$。所以熟料中有可能出现 $C_{12}A_7$ 晶相。当然这种独立析晶也不一定会进行到底，有时，由于冷却速度较快，液相来不及析晶而转变成玻璃相，使熟料中残留部分玻璃相。可见独立析晶是一个非平衡过程，熔体 P 在 k 点发生独立析晶后的产物是 C_2S、C_3S、C_3A 和 $C_{12}A_7$，还可能有玻璃相。

综上所述，对一定的配料（如 P 点的配料），由于采取的冷却方法不同，所得到的熟料的矿物组成和相对含量也不同，平衡冷却得到的 C_3S 含量可能比急冷时少，因为在 k 点，C_3S 要被液相回吸。

必须指出，所谓急冷成玻璃体或发生液相独立析晶，这只不过是非平衡冷却过程中的两种理想化了的模式，实际过程往往比这两种理想模式更复杂，或者二者兼而有之。

(4)石灰极限线。硅酸盐水泥的强度与熟料中 C_3S 的含量有关，C_3S 含量高，强度一般较高。为了在熟料中获得较多的 C_3S，在配料时常常提高 CaO 的含量。但 CaO 的含量并不是越高越好，因为高到 CaO 不能完全化合时，熟料中会形成游离 CaO，它的水化速度慢，而且体积效应大，影响水泥的安定性。因此，配料时 CaO 的含量有个极限，体现在相图中，是一条石灰(氧化钙)极限含量线，简称石灰极限线。

从理论上讲，石灰极限线取在 C_3S-C_3A 线上即可，因为在平衡析晶条件下，配料在 C_3S-C_3A 线以右，析晶产物中便不会有 CaO 晶相出现。这条理论上的石灰极限线的方程为

$$CaO_{max}=2.8SiO_2+1.65Al_2O_3 \tag{3-15}$$

但实际上，由于生产过程达不到平衡状态，开始析出的 CaO 有可能不完全被回吸而成为熟料中的游离 CaO。因此在实际生产中将石灰极限线向右移动了一点，以 C_3S-h 线作为石灰极限线，配料中 CaO 的最大含量不能超过这条线。此线的方程为

$$CaO_{max}=2.8SiO_2+1.18Al_2O_3$$

2. Na_2O-CaO-SiO_2 系统相图

平板玻璃、中碱和高碱玻璃纤维、器皿玻璃和瓶罐玻璃等都属于钠钙硅酸盐玻璃范畴，其主要化学成分是 Na_2O、CaO 和 SiO_2。利用 Na_2O-CaO-SiO_2 系统相图有助于确定合理的玻璃组成和熔制温度，并能解决玻璃析晶等有关问题。因此，本系统对于钠钙硅酸盐玻璃的生产具有重要意义。

由于一般玻璃组成都在高 SiO_2 部分，而且 Na_2O 含量高的熔体化学活性很高，造成研究上的困难，因此，现在已经详细研究过的只是 Na_2O-CaO-SiO_2 系统相图中的高硅部分，即 NS-CS-SiO_2 系统。

1)相图介绍

图 3－51 为 NS-CS-SiO_2($Na_2O \cdot SiO_2$-$CaO \cdot SiO_2$-SiO_2)系统相图。系统中共有 4 个二元化合物，即 NS、NS_2、N_3S_8 和 CS；4 个三元化合物，即 N_2CS_3、NC_2S_3、NC_3S_6 和 NCS_5。这些化

合物的性质和熔点(或分解温度)列于表 3－7 中。

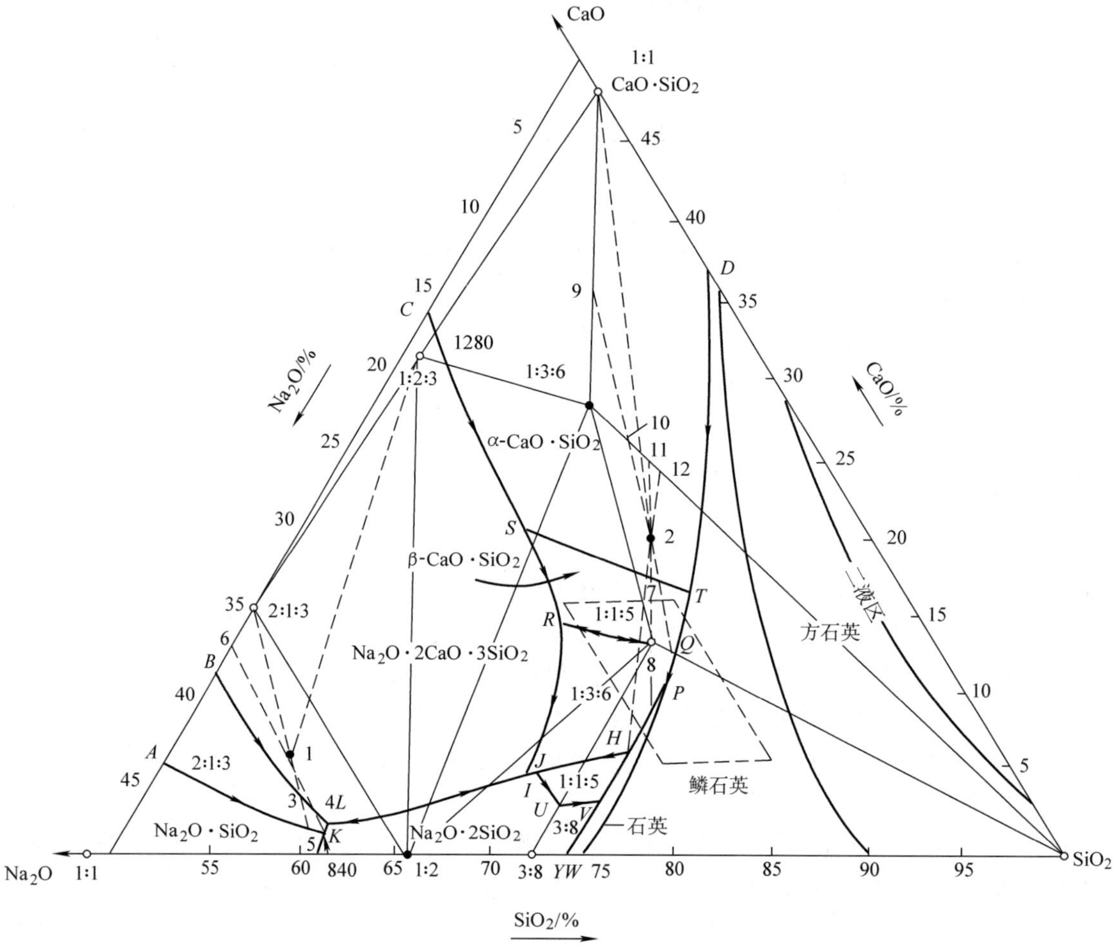

图 3－51　$Na_2O\cdot SiO_2$-$CaO\cdot SiO_2$-SiO_2 系统的相图

表 3－7　Na_2O-CaO-SiO_2 系统的化合物性质

化合物	性质	熔点/℃	化合物	性质	分解温度/℃
$Na_2O\cdot SiO_2$(NS)	一致熔	1 088	$2Na_2O\cdot CaO\cdot 3SiO_2$($N_2CS_3$)	一致熔	1 141
$Na_2O\cdot 2SiO_2$(NS_2)	一致熔	874	$Na_2O\cdot 3CaO\cdot 6SiO_2$($NC_3S_6$)	一致熔	1 047
$CaO\cdot SiO_2$(CS)	一致熔	1 540	$3Na_2O\cdot 8SiO_2$(N_3S_8)	一致熔	793
$Na_2O\cdot 2CaO\cdot 3SiO_2$($NC_2S_3$)	一致熔	1 284	$Na_2O\cdot CaO\cdot 5SiO_2$($NCS_5$)	一致熔	827

每个化合物都有自己的初晶区,此外还有 SiO_2 的初晶区。SiO_2 的初晶区内有两条多晶转变的等温线(一条是方石英和鳞石英间的晶型转变等温线,一条是鳞石英和石英间的晶型转变等温线)和一个液相分层的二液区。在 CS 的初晶区内有一条表示 α-CS 和 β-CS 晶型转变的等温线。本系统共有 12 个三元无变量点。这些无变量点的性质、温度和组成列于表 3－8 中。除晶型转变点 P、T、S 没有对应的副三角形外,每个无变量点都有自己所对应的副三角形,所以系统中共有 9 个副三角形。

表 3-8　Na_2O-CaO-SiO_2 系统富硅部分的无变量点

图上点号	相平衡关系	平衡性质	平衡温度/℃	组成/%		
				Na_2O	CaO	SiO_2
K	$l \rightleftharpoons NS+NS_2+N_2CS_3$	低共熔点	821	37.5	1.8	60.7
L	$l \rightleftharpoons NS_2+N_2CS_3$	双升点	827	36.6	2.0	61.4
I	$l \rightleftharpoons NS_2+NC_3S_6$	双升点	785	25.4	5.4	69.2
J	$l \rightleftharpoons NS_2+NCS_5$	双升点	785	25.0	5.4	69.6
U	$l \rightleftharpoons NS_2+N_3S_8+NCS_5$	低共熔点	755	24.4	3.6	72.0
V	$l \rightleftharpoons N_3S_8+NCS_5+S$(石英)	低共熔点	755	22.0	3.8	74.2
H	$l+S$(石英)$+NC_3S_6 \rightleftharpoons NCS_5$	双降点	827	19.0	6.8	74.2
P	α-石英 $\xrightleftharpoons{1+NC_3S_6}$ α-鳞石英	晶型转变	870	18.7	7.0	74.3
Q	$l+\beta\text{-}CS \rightleftharpoons NC_3S_6+S$	双升点	1 035	13.7	12.9	73.4
R	$l+\beta\text{-}CS \rightleftharpoons NC_2S_3+NC_3S_6$	双升点	1 035	19.0	14.5	66.5
T	$\alpha\text{-}CS \xrightleftharpoons{1+\alpha\text{-鳞石英}} \beta\text{-}CS$	晶型转变	1 100	14.4	15.6	73.0
S	$\alpha\text{-}CS \xrightleftharpoons{1+NC_2S_3\text{-鳞石英}} \beta\text{-}CS$	晶型转变	1 100	17.7	16.5	62.8

2)相图应用

钠钙硅酸盐玻璃主要是以纯碱、石灰石和石英砂为原料，经过熔制、成型而制成各种玻璃制品。熔制是玻璃生产中的一个重要工艺过程，在保证玻璃性能的前提下，如能降低熔制温度，就可以节约能源，减轻熔炉侵蚀，而且便于玻璃的成型和加工。玻璃原料中的主要化学成分是 Na_2O、CaO 和 SiO_2，而且 SiO_2 的含量较高。从该系统高硅部分的相图中可以看出，低共熔点 V 的平衡温度最低，为 755 ℃，因此，从降低熔制温度这一点来说，玻璃的理想配料组成点应选在低共熔点 V。

另一方面，因为玻璃是非晶态固体，如果在玻璃中出现析晶(或称失透)，将成为玻璃的一种缺陷，它将破坏玻璃的均一性，严重影响玻璃的外观、透光性、机械强度和热稳定性。利用相图可以帮助选择合适的玻璃组成，减少玻璃的析晶性能。大量试验结果表明，组成位于低共熔点的熔体比组成位于界线上的熔体析晶能力小，而组成位于界线上的熔体又比组成位于初晶区内的熔体析晶能力小。这是由于从组成位于低共熔点或界线上的熔体中有几种晶相同时析出的趋势，在结晶时不同结构之间相互干扰，而降低了每种晶相的析晶能力。因此，从降低玻璃的析晶能力来说，最理想的玻璃配料组成点也应选在低共熔点 V 上。

但是在考虑玻璃的配料时，不仅要满足降低熔制温度和降低析晶能力的要求，同时还要考虑玻璃的化学稳定性、热稳定性和机械强度等性能。若配料组成点选在 V 点，虽然熔制温度较低，玻璃又不易析晶，但其中 Na_2O 的含量太高(22%)，其化学稳定性和强度不能满足使用要求。各种实用的钠钙硅酸盐玻璃的化学组成范围为：12%～18%的 Na_2O，6%～16%的 CaO，68%～82%的 SiO_2。因此，其组成点位于相图 3-51 上 PQ 界线附近用虚线画出的平行四边形区域内，并不在低共熔点 V 上。但在这个范围内的配料熔体，在平衡冷却的条件下也会发生析晶而不能形成玻璃，为了形成玻璃，必须迅速冷却，使熔体过冷而成为玻璃相。

相图还可以应用于分析玻璃生产中产生失透现象的原因。对上述成分玻璃的析晶能力的研究表明，析晶能力最小的玻璃是 Na_2O 和 CaO 含量之和等于 26%、SiO_2 含量为 74%的玻璃，即配料组成位于 *PQ* 界线附近的玻璃。这与上面讨论的玻璃析晶能力的一般规律是一致的。如果配料中 SiO_2 含量增加，组成点离开界线进入 SiO_2 初晶区，则从熔体中析出鳞石英或方石英的可能性增加；若配料中 CaO 含量增加，容易出现硅灰石(CS)析晶；而 Na_2O 含量增加时，则容易析出失透石(NC_3S_6)晶体。这是由于组成点离开了界线进入初晶区造成的。玻璃析晶(失透)所析出的晶体称为玻璃失透结石，简称玻璃结石。对玻璃结石进行矿物组成鉴定，结合相图可以对结石产生的原因进行分析，并提出相应的解决措施。例如，鉴定得知玻璃结石是鳞石英，那么造成玻璃析晶有可能是配料中 SiO_2 含量偏高了，这样可以通过降低配料中的 SiO_2 含量使结石得到避免或减少。但有时玻璃的析晶除配料不当的原因外，也可能是由工艺原因造成的，例如原料混合不均匀，使局部玻璃液中某种组成的含量增多，或在析晶的温度范围内停留时间过长，都容易引起析晶。所以，一方面必须参照相图选择既不容易析晶、又符合性能要求的玻璃组成；另一方面，还要严格控制工艺制度，才能防止玻璃析晶。

此外，在玻璃中加入一种新的氧化物，在一般情况下，都会降低玻璃的析晶能力。因此，在生产上经常在钠钙硅酸盐玻璃组成中加入少量 Al_2O_3 和 MgO，以改善玻璃的工艺和使用性能。

3. K_2O-Al_2O_3-SiO_2 系统相图

本系统是传统陶瓷中的一个重要系统，日用瓷和电瓷的配料组成均包含在这个系统中。但研究本系统相图存在许多困难，这是由于 SiO_2 和 Al_2O_3 熔点很高，而 K_2O 在高温时又很容易挥发。因此，到目前为止，仅给出了 SiO_2 含量在 30%以上的相平衡关系，如图 3-52 所示。本系统三个组分 K_2O、SiO_2 和 Al_2O_3 能生成若干个化合物，目前能确定下来的，有5 个二元

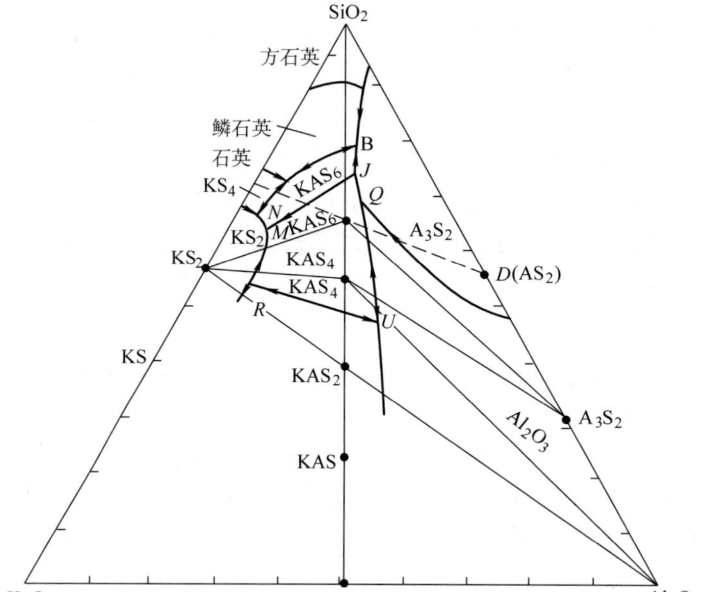

图 3-52 K_2O-Al_2O_3-SiO_2 三元系统相图

化合物和4个三元化合物。二元化合物有：单硅酸钾 $K_2O \cdot SiO_2$(KS)、二硅酸钾 $K_2O \cdot 2SiO_2$(KS_2)、四硅酸钾 $K_2O \cdot 4SiO_2$(KS_4)、尖晶石 $K_2O \cdot Al_2O_3$(KA)和莫来石 $3Al_2O_3 \cdot 2SiO_2$(A_3S_2)；三元化合物有：钾铝硅酸盐 $K_2O \cdot Al_2O_3 \cdot SiO_2$(KAS)、钾霞石 $K_2O \cdot Al_2O_3 \cdot 2SiO_2$($KAS_2$)、白榴石 $K_2O \cdot Al_2O_3 \cdot 4SiO_2$($KAS_4$)和钾长石 $K_2O \cdot Al_2O_3 \cdot 6SiO_2$($KAS_6$)。4个三元化合物中 K_2O 和 Al_2O_3 含量之比均相同，根据定比例规则，它们的组成点均在连接 SiO_2 与KA组成点的直线上，且按 SiO_2 分子减少的顺序排列着。从相图上可以看出，白榴石 KAS_4 在1 686 ℃一致熔融；钾霞石 KAS_2 约在1 800 ℃完全熔化；钾长石 KAS_6 是一个不一致熔化合物，它在1 150 ℃分解为白榴石 KAS_4 和富硅液相；化合物KAS的性质到目前为止仍未搞清楚，初晶区的范围也未能确定。

每个化合物都有自已的初晶区。由于本相图只给出了 SiO_2 含量在30%以上的部分，所以相图上只有 SiO_2、KS_4、KS_2、A_3S_2、KAS_6 和 KAS_4 六个化合物的初晶区，其他化合物的初晶区的位置尚未确定。SiO_2 具有多晶转变，因此，SiO_2 初晶区被多晶转变等温线划分为石英、鳞石英和方石英三个晶型的初晶区。

相区界线上温度下降方向以及界线的性质利用连线规则和切线规则来判断；相图上共有8个三元无变量点，根据三角形化的原则和方法，可以划分出与三元无变量点对应的副三角形。

一般长石质瓷(包括日用瓷、卫生瓷和电瓷等)都是用长石、石英和高岭土为原料配制成型，经高温煅烧而成的。为了使产品具有足够的机械强度和良好的热稳定性以及一定的半透明度，要求瓷体中具有一定数量的莫来石晶相和足够的玻璃相。这是由于莫来石能以细小的针态晶体交叉分布，形成网状骨架，从而增强瓷体的机械强度和热稳定性；玻璃相是在煅烧过程中产生的液相经不平衡冷却得到的，足够的玻璃相可以填充瓷体中的空隙，形成致密的瓷体并使瓷体具有一定的半透明度。那么，应当如何配料，才能在瓷体中获得所需要的莫来石晶相和玻璃相呢？

从图3-52相图可以看出，为了在瓷体中生成莫来石，配料点必须选在副三角形 SiO_2-KAS_6-A_3S_2 内。但是，如果只用石英(SiO_2)和钾长石(KAS_6)配料，则配料点在 SiO_2-KAS_6 边上，就不会生成莫来石。为了生成莫来石，需要加入第三种原料——高岭土。高岭土($Al_2O_3 \cdot 2SiO_2 \cdot 2H_2O$)经高温煅烧脱水后的产物为偏高岭土 $Al_2O_3 \cdot 2SiO_2$(AS_2)，偏高岭土不是本系统的化合物，但在相图上可以找到它的组成点 D。若把偏高岭土(AS_2)、钾长石(KAS_6)和石英(SiO_2)连成一个三角形，该三角形在副三角形 SiO_2-KAS_6-A_3S_2 之内，且绝大部分与莫来石初晶区重叠。因此，若配料点选在△AS_2-KAS_6-SiO_2 中的莫来石初晶区之内时，烧成的瓷体中就含有莫来石晶体。△AS_2-KAS_6-SiO_2 称为配料三角形。而△SiO_2-KAS_6-A_3S_2 称为制品三角形(见图3-53)。

在图3-53中，副三角形 SiO_2-KAS_6-A_3S_2 所对应的三元无变量点是低共熔点 E，低共熔温度为985 ℃。连接 E 点与莫来石组成点 m 的直线 Em 把三角形分为两部分。若配料点位于 Em 线以上，如1～5点的配料，冷却时，从熔体中首先析出莫来石 A_3S_2，当液相与 GE 界线相交后，即从液相中同时析出石英和莫来石，当温度降至985 ℃，也就是液相组成刚刚到达 E 点时，系统中有液相及莫来石和石英两种晶相。若配料点刚好落在 Em 线上，熔体冷却时，当温度刚到985 ℃时，系统中有液相和莫来石晶相。若配料组成点在 Em 线下方的莫来石初晶区之内，熔体冷却时也是首先析出莫来石晶体，但液相组成点的变化路线最后是经 JE 界线到

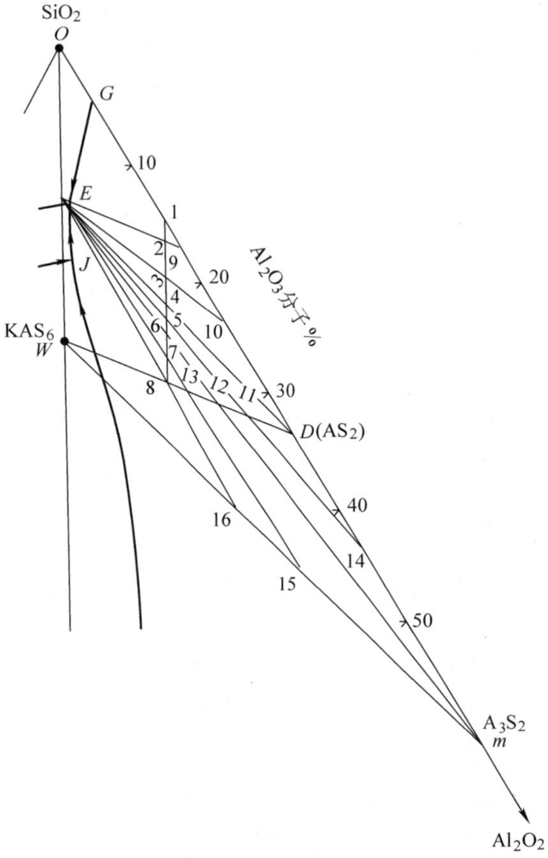

图 3-53　配料三角形与制品三角形

达 E 点，液相组成刚到达 E 点时，系统中有液相、莫来石和长石两种晶相。如 7、8 两点的配料。

从上述分析可知，位于配料三角形中莫来石初晶区内的不同组成的陶瓷配料，加热熔融后冷却到 985 ℃（E 点的温度）时，除获得相应的晶相外还有组成为 E 的液相。这种液相由于含有大量的熔融长石和石英，液体的黏度极高，在不平衡冷却时难以析晶而凝固成介稳态的玻璃相。因此，通过合理选择配料点，恰当地控制冷却过程，就能在瓷体中获得所要求的相组成。长石质瓷中，硬瓷、卫生瓷的主要相组成是莫来石与石英晶相和玻璃相，所以它们的配料范围应在 Em 线上方；电瓷通常含有单一的莫来石晶相和玻璃相，其配料应在 Em 线附近；而精白瓷中含有莫来石和长石两种晶相和玻璃相，所以其配料应在 Em 线下方。实际上产品中的莫来石量的多少是取决于配料中高岭土的含量。

以上是从相平衡的角度，从熔体的冷却析晶过程分析了应该如何配料才能获得所需要的晶相和玻璃相。但是，实际生产中，各种陶瓷配料不可避免地会含有其他杂质组分，因此并不是加热到完全熔融后再进行冷却，加热与冷却过程也不可能是平衡过程，因此，开始出现液相的温度、液相量及固液相组成的变化均不与相图指示的热力学平衡态完全相同。但相图指出了过程变化的方向及限度，对分析问题仍有很大帮助。

思考与习题

3-1　名词解释

凝聚系统；介稳平衡；无变量点、一致熔融化合物与不一致熔融化合物；共熔界线与转熔界线；连线规则与切线规则；低共熔点、单转熔点（双升点）与双转熔点（双降点）；液相独立析晶。

3-2　小水滴与水蒸气混在一起，它们都有相同的组成和化学性质，是否是同一相？

3-3　试举例说明怎样利用相图来分析、解决生产问题？

3-4　在下列系统中，最多有几相？最多有几个自由度？

（1）在单组分系统中；（2）在二组分凝聚系统中；（3）在三组分凝聚系统中。

3-5　SiO_2 具有多晶转变现象，为什么在 SiO_2 系统相图中只有三相平衡点而没有四相、五相……平衡点呢？

3-6　根据 C_2S 相图回答下列问题。

(1)C_2S 有哪几种晶型？加热冷却过程中它们如何转变？

(2)为什么 γ-C_2S 不能自发转变成 β-C_2S，而 β-C_2S 可以自发转变成 γ-C_2S？

(3)水泥生产中 β-C_2S 转变成 γ-C_2S 时有何现象发生？为了防止 β-C_2S 转变成 γ-C_2S 应采取什么措施？

3-7　25 ℃时，丙醇(A)-水(B)系统气液两相平衡时，组分 B 的蒸气分压、液相组成与总压的关系如下：

x_B	0	0.100	0.200	0.400	0.600	0.800	0.950	0.980	1.000
p_B/kPa	0	1.08	1.79	2.65	2.89	2.91	3.09	3.13	3.17
p/kPa	2.90	3.67	4.16	4.72	4.78	4.72	4.53	3.80	3.17

(1)画出压力-组成图，并指出发生何种偏差？

(2)组成为 $x_B=0.300$ 的系统在平衡压力 $p=4.16$ kPa 时达到气液两相平衡，求平衡时气相组成 y_B 及液相组成 x_B。　($y_B=0.429, x_B=0.21$)

(3)上述系统 5 mol 在 $p=4.16$ kPa 时达到平衡，气液两相物质的量各为多少？

($n_g=2.18$ mol, $n_l=2.82$ mol, $n_{A,g}=1.25$ mol, $n_{B,g}=0.94$ mol)

(4)上述系统 10 kg 在 $p=4.16$ kPa 时达到平衡，气液两相物质的量各为多少？

($m_g=3.87$ kg, $m_l=6.13$ kg)

3-8　101.325 kPa 下水 H_2O(A)和醋酸 HAc(B)溶液的正常沸点与液相组成、气相组成的关系如下：

t/℃	100.0	102.1	104.4	107.5	113.8	118.1
x_B	0	0.300	0.500	0.700	0.900	1.000
y_B	0	0.185	0.374	0.575	0.833	1.000

(1)画出气液平衡的温度-组成图。

(2)由相图确定 $x_B=0.800$ 时溶液的沸点。　($t=110.2$ ℃)

(3)由相图确定 $y_B=0.800$ 时蒸气的露点。　($t=112.8$ ℃)

(4)由相图确定 105 ℃时平衡的气、液相组成。　($y_B=0.417, x_B=0.544$)

3-9　已知 Sn-Zn 相图如题 3-9 图，解答以下问题。

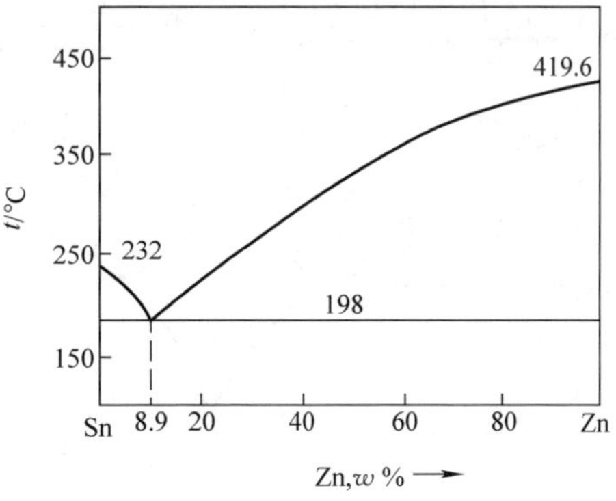

题 3-9 图

(1)在图中标明各区域的相态及自由度。

(2)绘出纯 Sn、含 Zn 量为 8.9%及 60%的步冷曲线，由 500 ℃冷却至 150 ℃。

(3)指出自由度 $F=0$ 的点。

(4)将 5 000 g 含 40% Zn 的溶液冷却到 250 ℃，析出多少 Zn？　(1 kg)

3－10　已知 Mg(A)和 Ca(B)能形成一致熔化合物。该二组分系统的热分析数据如下：

Ca 的质量百分数 w_B/%	0	0.100 0	0.190	0.460	0.550	0.650	0.790	0.900	1.000
步冷曲线转折点温度 t/℃		610	514	700	721	650	466	466	—
步冷曲线水平段温度 t/℃	651	514	514	514	721	466	466	466	843

(1)画出液固平衡的熔点-组成相图。

(2)求此化合物的组成。　(Ca_3Mg_4)

(3)将 w_B＝0.400 的混合物 700 g 熔化后，冷却到 514 ℃前所得到的固体最多是多少？

(m＝408 g)

3－11　Cu(A)-Ni(B)二组分系统的实验数据如下：

Ni 的质量百分数 w_B/%	0	0.100 0	0.400	0.700	1.000
开始析晶的温度 T/K	1 356	1 413	1 543	1 648	1 725
析晶结束的温度 T/K	1 356	1 676	1 458	1 583	1 725

(1)画出相图。

(2)含 w_B＝0.500 的熔体从 1 673 K 冷却到 1 473 K，问在什么温度开始有固体析出，析出的固体组成如何？最后一滴熔体凝固时的温度是多少？此时熔体的组成如何？

(T＝1 583 K，$w_B(s)$＝0.700，T＝1 498 K，$w_{B(l)}$＝0.270)

(3)含 w_B＝0.300 的熔体 0.250 kg 冷却到 1 473 K 时，固体和熔体中的镍的质量各为多少？　($m_{(Ni,l)}$＝0.033 9 kg，$m_{(Ni,s)}$＝0.041 1 kg)

3－12　根据题 3－12 图所示的二组分系统相图回答以下问题。

(1)注明各区存在的相。

(2)写出无变量点的性质及其相平衡关系。

(3)写出 M_1 和 M_2 熔体的平衡冷却析晶过程。

(4)计算 M_2 熔体刚冷至 T_P 温度及离开 T_P 温度时系统中存在各相的百分含量。

3－13　题 3－13 图是一个未完成的具有一个不一致熔化合物并形成固溶体的二组分系统相图。请利用给出的各点完成此相图的草图。

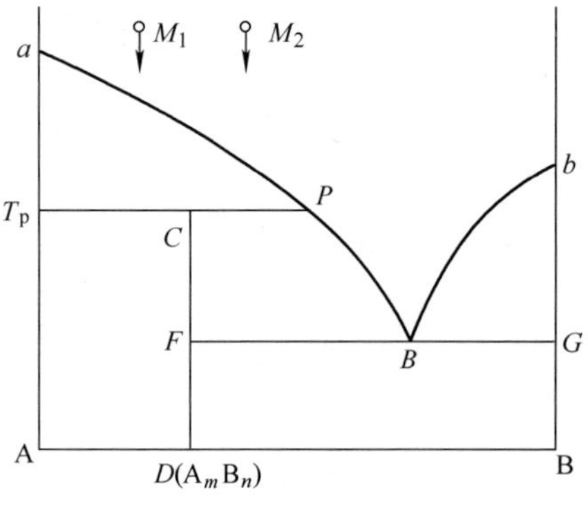

题 3－12 图

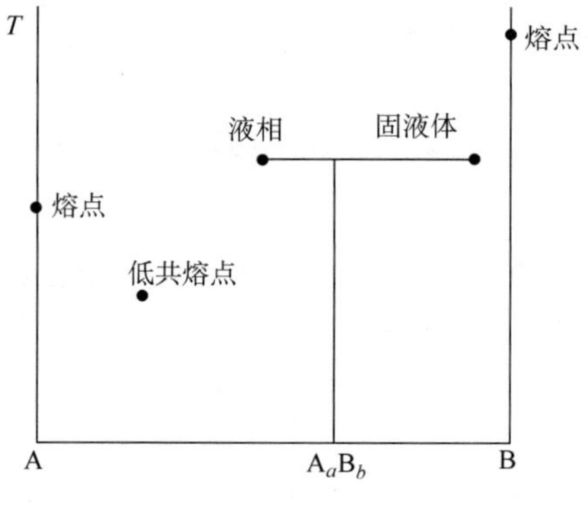

题 3－13 图

3-14　根据 Al_2O_3-SiO_2 系统相图回答下列问题。

(1) Al_2O_3 的存在对硅砖的质量有何影响？为保证硅砖的耐火度，使用硅砖时应注意什么？

(2)硅砖、黏土砖和高铝砖的主要晶相是什么？

3-15　在浓度三角形中画出下列配料的组成点的位置。M 点(A＝10%、B＝70%、C＝20%)，N 点(A＝10%、B＝70%、C＝70%)，P 点(A＝70%、B＝20%、C＝10%)。若将 3 kg M，2 kg N 和 5 kg P 混合，试根据杠杆规则用作图法找出新配料点 Q 的组成点位置。

3-16　题 3-16 图为 A-B-C 三元系统的相图，据此相图解答以下问题。

(1)判断化合物 K 和 D 的性质。

(2)画出各界线温度下降方向。

(3)划分副三角形。

(4)判断各无变量点的性质。

3-17　题 3-17 图所示是具有一个一致熔化合物的三组分系统相图，D 是化合物的组成点，据此图回答下列问题。

(1)写出 M_1 和 M_2 的冷却析晶过程。

(2)熔体 M_1 冷却到液相组成刚到结晶结束点时，系统中有几相平衡共存？各相含量是多少？

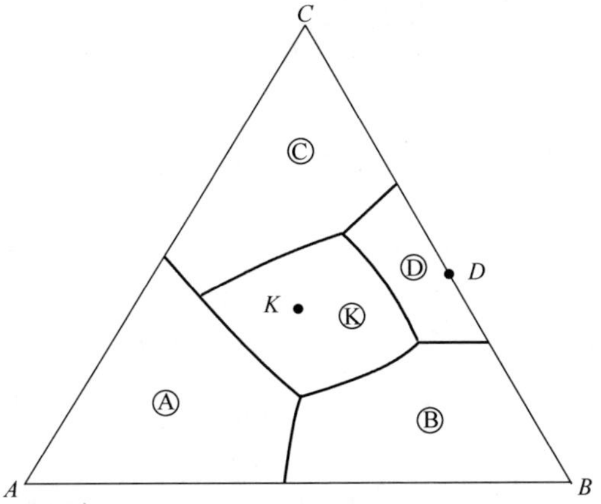

题 3-16 图

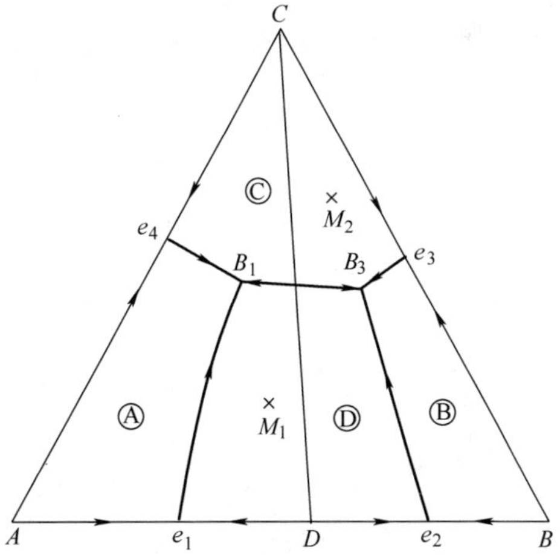

题 3-17 图

3-18　题 3-18 图是一个三元系统相图，根据此相图回答下列问题。

(1)判断无变量点的性质，写出相平衡关系式。

(2)分析熔体 M_1、M_2 和 M_3 的冷却析晶过程。

(3)加热组成为 M_4 的混合物，将于什么温度出现液相？在什么温度下完全熔融？

3-19　题 3-19 图为一个三组分系统相图。根据此相图回答下列问题。

(1)判断化合物 D 的性质，标出界线温度变化的方向并判断其性质；判断无变量点的性质。

(2)写出熔体 M_1 和 M_2 的冷却析晶过程。

3-20　在 CaO-Al_2O_3-SiO_2 系统的高钙区(图 3-50)中，试分析熔体 1、2、3 的冷却析晶过程，并计算析晶结束后所得到的产物中各相的百分含量。

3-21　CaO-C_2S-$C_{12}A_7$ 系统相图中，硅酸盐水泥的配料范围如何选择？为什么？

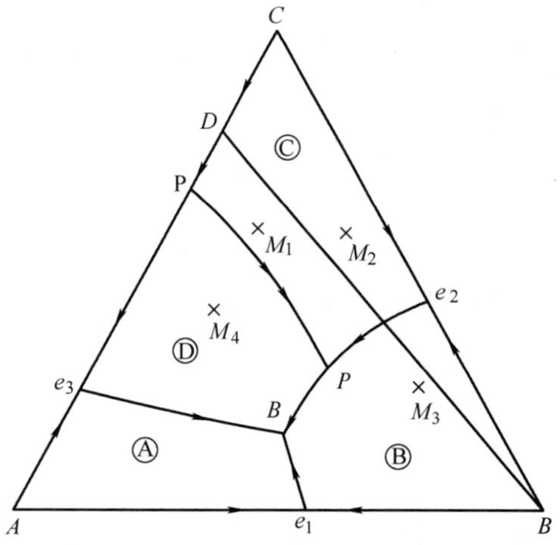

题 3－18 图

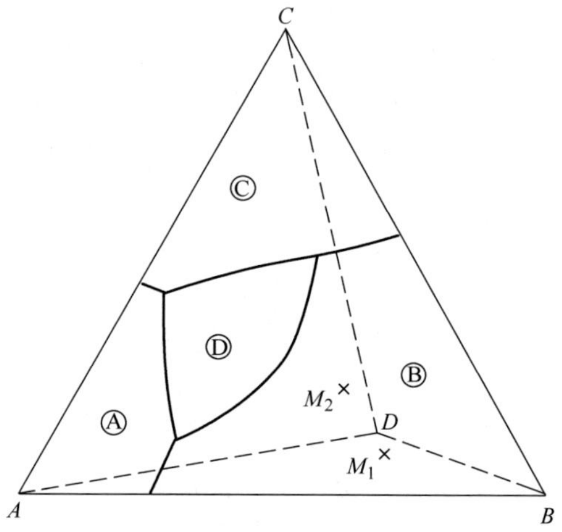

题 3－19 图

第二篇

无机材料聚集状态

4

晶体结构

本章学习要求

(1)通过化学键和硅酸盐晶体结构的学习,能解释硅酸盐晶体与化学键有关的问题,如石棉矿链状结构、矿石形态呈纤维状、黏土矿物和云母矿呈片状等问题。

(2)掌握最紧密堆积原理和两种堆积方式,并能理解 NaCl 晶体结构,可看做 Cl^- 做立方密堆积,Na^+ 填在全部八面体空隙中;镁橄榄石 $Mg_2[SO_4]$,可看做 O^{2-} 做近似六方密堆积,Si^{4+} 填充在四面体空隙数目的 1/8 中,Mg^{2+} 填充到八面体空隙数目的 l/2 中,且它们在晶体中是均匀而有规律地分布存在。

(3)能理解当正离子极化力不强、负离子的极化性不大时,负离子多面体主要由正离子半径与负离子半径比来决定形状,它们之间遵从每个正离子倾向于由尽可能多的负离子包围它,但负离子之间不重叠,又与中心正离子相接触时处于稳定状态。

(4)理解鲍林规则的内容,并能分析不复杂的离子化合物的晶体结构。

(5)知道硅酸盐矿物的分类依据、各类的结构特点和典型矿物名称,并能看懂它们的结构图。

(6)清楚晶体缺陷概念,知道点缺陷形成的原因和典型缺陷的名称。

(7)掌握固溶体的概念和分类方法,了解影响置换固溶体形成的主要因素,知道固溶体活化晶格和稳定晶格作用原理。

自然界中的物质一般以三种聚集状态存在,即气态、液态和固态。固态物质又可以分为晶态和非晶态。1912 年 X 射线晶体衍射实验成功,使测定晶体内部的具体结构成为现实。这不仅解决了晶体结构的测定难题,而且在晶体性质之间相互关系的研究领域中,取得了巨大的进展。硅酸盐工业所用的原料及其制品大多数是以晶体状态存在的物质。而实际晶体物质一般都有缺陷或形成固溶体,所以本章对晶体结构、晶体缺陷以及固溶体等方面的知识做一般性介绍。

4.1 晶体化学基本原理

晶体的性质是由晶体的组成和结构决定的,而组成和结构之间又存在密切的内在关系。

晶体化学是研究晶体的化学组成、内部结构和各种性质之间关系的一门学科。不同的晶体具有不同的结构，而不同结构的晶体又具有不同的性质，如水泥熟料中 β-Ca_2SiO_4 具有胶凝性，而 γ-Ca_2SiO_4 在室温下是惰性的。另一方面，晶体结构又与晶体的化学组成相联系，化学组成的改变就意味着晶体质点排列方式的改变。所以，晶体化学的任务主要是研究晶体的组成、内部结构和性质之间的关系。

由于硅酸盐晶体一般都是离子晶体，因此，这里主要讨论离子晶体化学原理方面的内容。

4.1.1　晶体中的键型

晶体是具有格子构造的固体，即晶体中的质点在空间有规律的排列。不同晶体具有不同的机械强度（硬度、抗压强度、抗拉强度等）。这是由于组成晶体的质点之间存在着一定的结合力，这种结合力一般称为化学键。典型的化学键有离子键、共价键和金属键，此外还有分子键和氢键，这是晶体中结合键的五种形式，主要类型键的图解见图 4－1 所示。

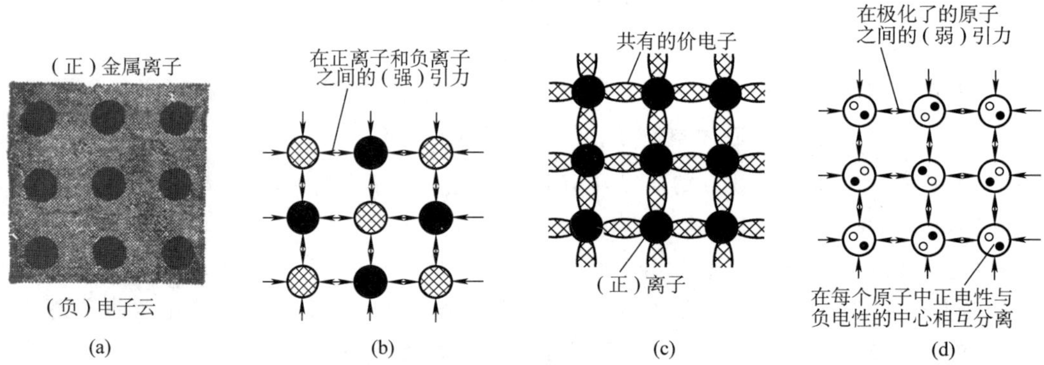

图 4－1　四种主要类型键的图解

(a)金属键(钠)；(b)离子键(NaCl)；(c)共价键(钻石)；(d)分子键(氢)

1. 离子键

当金属元素的原子与非金属元素的原子结合时，金属原子失去价电子成为阳离子，非金属原子得到电子成为阴离子，两种离子通过静电引力结合，这种键称为离子键。离子键无方向性和饱和性。由离子键结合而成的晶体称为离子晶体，如 NaCl 晶体。

离子晶体是由正、负离子相间排列在晶格结点上而形成的。正、负离子之间以离子键相结合。离子键的键能比较大，所以离子晶体具有较高的熔点和沸点，硬度大，质脆，延展性差，挥发性差，易溶于极性溶剂，是热和电的不良导体，但在溶于水或熔融状态时能够导电。

2. 共价键

当两种电负性相差很小或相等的非金属元素的原子相互结合时，由双方原子各提供一定数量的电子组成共用电子对，通过这些共用电子对把原子联系起来，这种键称为共价键。共价键具有方向性和饱和性。由共价键结合而成的晶体称为共价晶体（原子晶体）。

由共价键键合的固体材料，其特征是具有高的硬度和低的导电性。

3. 金属键

由于金属原子的外层价电子和原子核联系比较松弛，容易丢失外层价电子，当每一个金属原子都贡献出它们的价电子，形成由整个金属晶体所共有的“电子云”，这种类型的化学键称为金属键。金属键没有方向性和饱和性。由金属键结合而成的晶体称为金属晶体。

由于自由电子的存在和晶体的紧密堆积结构，使金属具有一些共同的性质，例如具有较大的密度，金属光泽，良好的导电性、导热性和延展性。

4. 分子键

分子键是由范德华力形成的，它主要是由于分子正、负电荷中心不重合，使分子之间产生吸引力。这种键没有方向性和饱和性，而且是各种键中键力最弱的一种。由分子键结合而成的晶体称为分子晶体。

在分子晶体中，存在单个分子。分子内的原子之间是以共价键相结合的，但分子与分子之间的作用力却远比离子键、共价键要弱。因此，分子晶体一般熔点、沸点低，硬度小，有较大挥发性，在固态或熔化时通常不导电。

5. 氢键

氢键发生于某些极性分子之间。例如，在一些氢氧化物、含水化合物及层状结构的硅酸盐中，可能存在氢键。这些极性分子含有与高电负性原子（N、O 或 F）共价键结合着的氢，由于高电负性原子对共用电子对的吸引比氢原子强，因此负电荷中心比正电荷中心更靠近高电负性原子，致使氢类似于一个原子核，它可以与另一个分子内的高电负性原子之间形成很强的静电引力，这种引力便称为氢键。氢键具有方向性和饱和性，其键力比分子键要强得多，但比其他化学键弱。

由氢键键合的 HF、H_2O 和 NH_3 的熔点和沸点比由分子键键合的 CH_4 和 Ne_2 等高得多。氢键键合的物体，其液态稳定范围较宽，而分子键键合的物质，液态的稳定范围较窄。

对于很多硅酸盐晶体来说，是由几种类型键组合起来构成晶体，例如黏土矿物中就存在着带共价键性的离子键，如 Mg—O 键和 Al—O 键（Al—O 键中共价键占 37%，离子键占 63%），带离子键性的共价键 Si—O 键（共价键占 50%，离子键占 50%）。

4.1.2 球体的最紧密堆积

在金属晶体和离子晶体中，金属键和离子键没有方向性和饱和性。原子和离子都具有一定的有效半径，因而可看成是具有一定大小的球体。从几何角度看，金属原子间或离子间的相互结合便可以看成是球体间的相互堆积。根据晶体中质点的相互结合遵循内能最小的原则，故从球体堆积角度来看，球体的堆积密度越大，系统的内能就越小，此即最紧密堆积原理。在没有其他因素（例如价键的方向性）的影响下，晶体中的质点是服从最紧密堆积原理的。

一般用空间利用率描述紧密堆积程度，空间利用率是指质点的体积与质点所占整个空间体积比值的百分数。例如，半径为 r 的球体共 n 个，做最紧密堆积，并堆积成一个边长为 a 的正立方体，则

$$\text{球体空间利用率}=\frac{n(4/3)\pi r^3}{a^3}\times 100\% \qquad (4-1)$$

从几何角度来看，质点最紧密堆积可分为等径球体和不等径球体两种堆积。如果晶体由同一种质点组成，如 Cu、Ag、Au 等单质晶体为前一种堆积方式；如果由不同的质点组成，如 NaCl、MgO 等则为后一种堆积方式。

1. 等径球体的最紧密堆积

等径球体在平面内做最紧密排列时，必然如图 4-2 所示，每个球周围都有 6 个球相邻接触，每 3 个相邻接触的球之间有一个弧线三角形的凹坑。分别把球心位置标为 A，把尖角向下的凹坑位置标为 B，而把尖角向上的凹坑位置标作 C，B 和 C 两种空隙相间排列。当最紧密堆

积向空间发展时，第二层球必须放在第一层球形成的凹坑上，每个球都与第一层的 3 个球相接触，这样堆积才是最紧密的。第二层球可以都放在 B 的位置上，也可以同时都放在 C 的位置上，二者是等效的。等径球体的两层最紧密堆积见图 4－3 所示。继续再堆第三层球时，必然也要放在第二层球形成的凹坑上。这时有两种情况：若第三层球放在第二层球所形成的尖角向上的凹坑上，则第三层球的位置与第一层球重叠，这样依次排下去，可以用 ABABA……来表示，见图 4－4。如果第三层球放在第二层球所形成的尖角向下的凹坑上，则第三层球的位置与空隙 C 的位置相对应，这样依次排下去，形成 ABCABC……的堆积方式，见图 4－5。

图 4－2　等径球体的最紧密堆积及其空隙

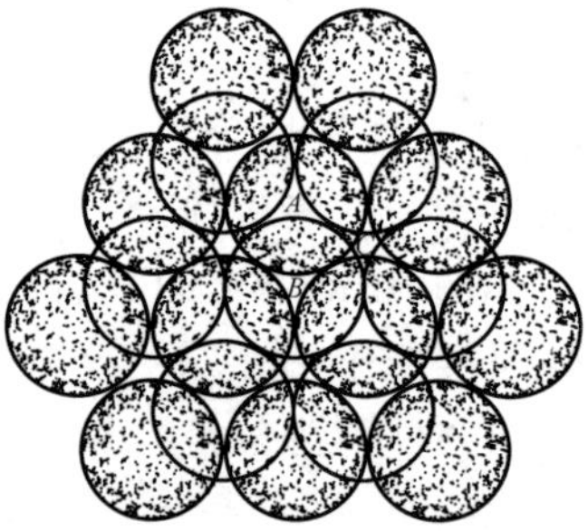

图 4－3　等径球体的两层最紧密堆积

对于第一种 ABABA……紧密堆积方式，若把球心连接起来，便形成了六方底心格子，即在这种堆积中可以找出六方晶胞，故称为六方最紧密堆积。从第二种 ABCABC……紧密堆积中可以找出面心立方晶胞，故称为立方最紧密堆积。两种不同类型的晶胞及其密排方向见图 4－4、图 4－5、图 4－6 和图 4－7。

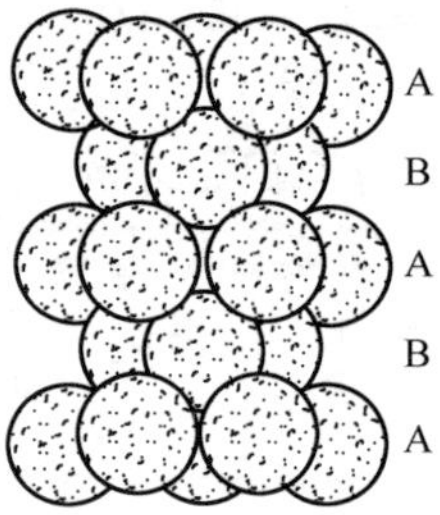

图 4－4　六方最紧密堆积

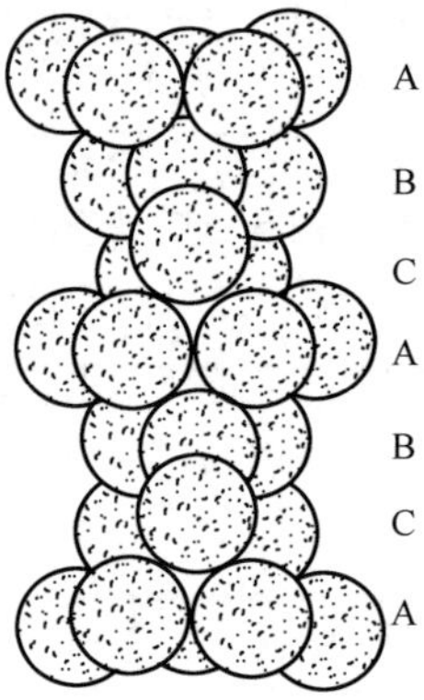

图 4－5　立方最紧密堆积

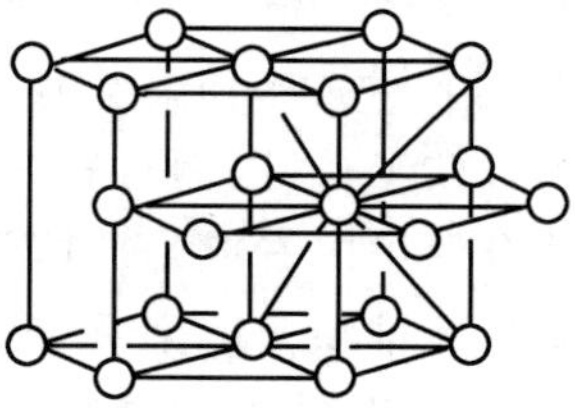

图 4－6　六方晶胞

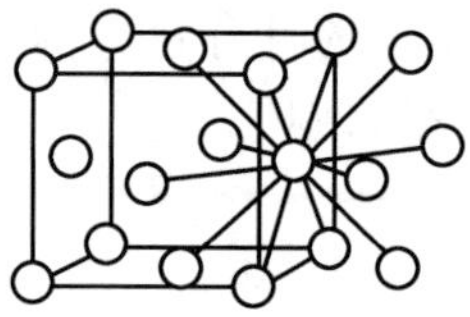

图 4－7　面心立方晶胞

六方最紧密堆积和立方最紧密堆积是晶体结构中最常见的两种密堆方式，如金属镁、锌、铍等晶体结构属六方最紧密堆积，而铜、金、铂等晶体结构则属于立方最紧密堆积。

不论在六方密堆积中还是在立方密堆积中，每个球周围都有 12 个同种球包围着。这两种密堆积的空间利用率都是 74.05％，即仍存在着 25.95％的空隙。

等径球体做最紧密堆积时，球体之间存在着两种空隙。一种是图 4－8(a)中的由 4 个球围成，不穿透两层的空隙(如图中3个A球和1个在B位置上的第2层球围成的空隙)，称为四面体空隙，因为把4个球的中心连起来是个四面体。另一种是图4-8(b)中由6个球围成，连续穿透两层的空隙(如图中3个A球和第2层3个B球包围的C空隙)，称为八面体空隙，因为把空隙周围6个球的中心连起来刚好是个八面体。

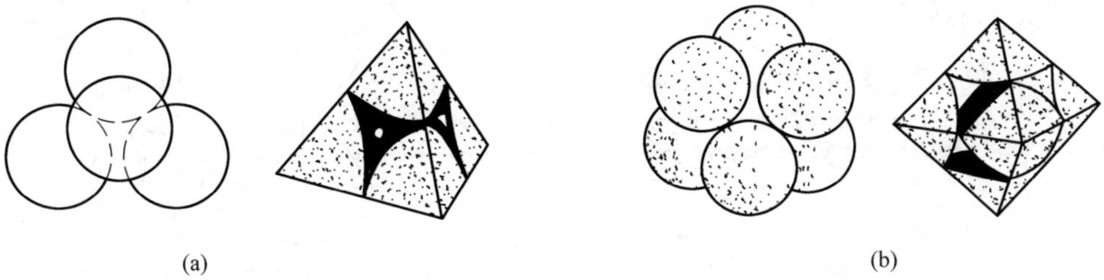

图4-8 球体之间的空隙

(a)四面体空隙；(b)八面体空隙

由图4-8不难看出，每个球周围都有8个四面体空隙和6个八面体空隙。因为四面体空隙是由4个球围成的，属于一个球的四面体空隙就只有1/4个；八面体空隙是由6个球围成的，属于一个球的八面体空隙只有1/6个。这样属于每个球的四面体空隙个数为$1/4\times8=2$个；八面体空隙个数为$1/6\times6=1$个。因此，由n个等径球体堆积的系统中，四面体空隙的总数为$2n$个，八面体空隙的总数为n个。

从几何角度不难看出，由4个等径球体围成的四面体空隙与6个等径球体围成的八面体空隙进行体积比较，四面体空隙比八面体空隙的体积要小。

除等径球体的紧密堆积外，还有一种体心立方结构的堆积和一种简单立方结构的堆积，它们虽不是紧密的，但却是一种有效的和对称的堆积方案。在体心立方堆积中，每个球周围有8个球包围着它，空间利用率是68%；在简单立方堆积中，每个球周围有6个球包围着它，空间利用率是52%。

2. 不等径球体的紧密堆积

不等径球体堆积时，较大的球体按照等径球体的密堆积方式堆积，较小的球体则按其本身大小填充在不同的空隙中。离子晶体就属于此种情况。离子晶体一般是半径较大的阴离子做等径球体的密堆积，半径较小的阳离子填充于空隙中。由于不可能是阴离子完全做最紧密堆积，而阳离子正好无缝隙地填充在空隙中，而且在离子晶体中又必须是阳离子和阴离子相接触，结构才能稳定，故实际在离子晶体结构中，阳离子往往把阴离子的堆积“撑开”，使阴离子之间不能互相接触，只是近似于做最紧密堆积。

在离子化合物晶体中，在阴离子相互不重叠而又要与阳离子相互接触的情况下，每个阳离子都倾向于尽可能与更多的阴离子接触，才能使结构更稳定。

硅酸盐多为离子晶体，基本上可看成O^{2-}离子做最紧密堆积或近似做紧密堆积，Si^{4+}离子和其他金属阳离子填充到全部或部分空隙中。

4.1.3 离子半径、配位数和配位多面体

1. 离子半径

硅酸盐、碳酸盐等离子晶体，它们的结构都是稳定的。在此类晶体中，当正离子与负离子接近到一定的范围时，带不同电荷的离子间的引力和两离子外层电子的斥力已经达到平衡，保

持了结构的稳定状态，在此条件下，每种离子各有一定的作用范围，即作用圈，其他离子不能进入这个作用圈，从离子的核中心到此作用圈的半径称为离子半径。

一般情况下，离子间的平均距离(r_0)为两个相接触的离子半径之和。具有 NaCl 型结构的晶体中，面间距就是正、负离子半径之和，见图 4－9。若能定出其中一种离子半径，就可以推算出另一种离子半径。

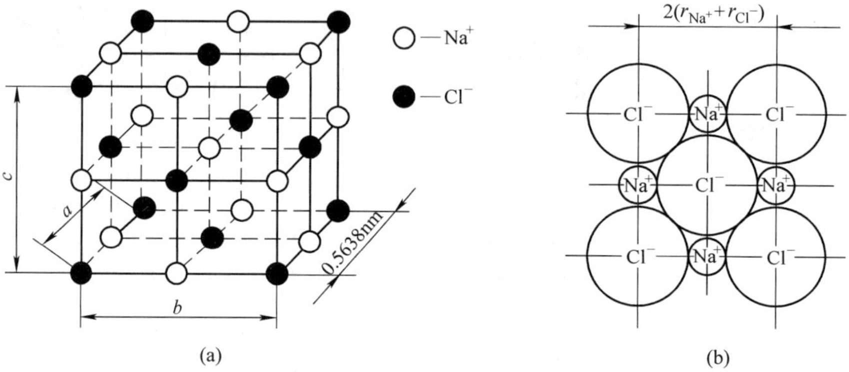

图 4－9　NaCl 晶体结构

(a)NaCl 晶体结构；(b)NaCl 晶体平面的配位情况

例如，NaCl 晶体中 r_0＝0.282 nm，r_{Na^+}＝0.102 nm，则 r_{Cl^-}＝0.282－0.102＝0.180 nm。

在晶体结构中，原子和离子半径具有重要的几何意义，是晶体化学中的最基本的参数之一，它对晶体结构有重要影响。

2. 配位数和配位多面体

一个原子或离子的配位数是指在晶体结构中，该原子或离子的周围，与它直接相邻并结合的原子个数或所有离子的个数。例如，在两种最紧密堆积中，每个原子周围都有 12 个球与它相邻并结合，所以每个原子的配位数是 12；在 NaCl 晶体中，Cl^- 离子做立方最紧密堆积，Na^+ 离子填充于八面体空隙中，每个 Na^+ 离子周围都有 6 个 Cl^- 离子，所以 Na^+ 离子的配位数是 6。

金属单质是由同种原子堆积而成，而且金属键又没有方向性和饱和性，所以配位数一般都比较高，多为 12 或 8。

共价晶体由于共价键具有方向性和饱和性，只有在成键的方向上才有相邻结合的原子，原子间不能按最紧密堆积排列，所以原子的配位数比较低，一般不大于 4。

在离子晶体中，就其稳定性而言，不但要求邻近的阳离子与阴离子密切接触，而且要求阳离子周围的负离子越多越好，即配位数越高越稳定。

在晶体结构中，阳离子和阴离子存在这样几种位置关系：①阳离子与阴离子相互接触，但阴离子之间被阳离子撑开了，相互不接触，这种结构可以稳定存在，如图 4－10(a)所示；②阳离子与阴离子接触，阴离子之间也正好接触，这种结构也是稳定的，如图 4－10(b)所示；③阳离子半径小，填不满阴离子之间的空隙，造成阳离子与阴离子不接触，只有阴离子间相互接触，如图 4－10(c)所示。这种结构是不稳定的，质点要重排，降低了配位数，如图 4－10(d)所示。由于阴离子的堆积一般要被阳离子撑开，只能近似做密堆积，所以离子晶体中离子的配位数一般不如金属晶体的配位数高，但比共价晶体的配位数高。

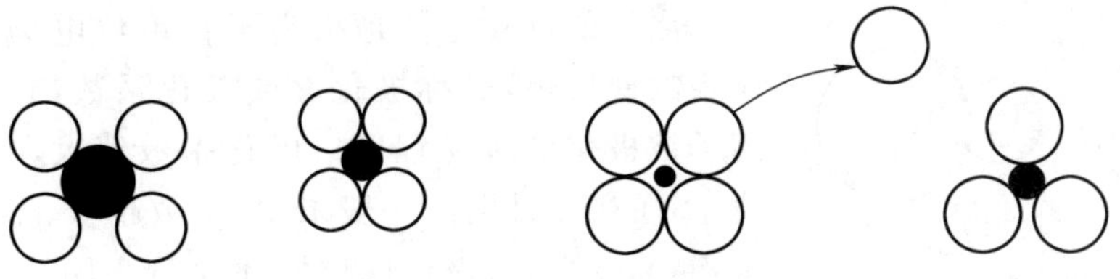

图 4－10　离子的相对位置与结构稳定性的关系

(a)稳定;(b)仍稳定;(c)不稳定;(d)质点重排后仍稳定

对于离子晶体,在一般条件下,阳离子的配位数可以用阳离子和阴离子半径的比值来确定。阳离子和阴离子半径的比值、配位数及离子结合形状见表 4－1。例如,在 NaCl 晶体中,Na^+ 离子的配位数为 6,但同是碱金属的氯化物,在 CsCl 晶体中,Cs^+ 离子的配位数却是 8。这是由于 Cs^+ 离子半径大于 Na^+ 离子半径的缘故。

必须指出,决定一个离子配位数的因素很多,有温度、压力、阳离子类型、极化性能以及阳离子与阴离子半径比值等。然而,对于典型的离子化合物来说,在通常的温度和压力条件下,如果离子的变形现象不发生或者变形很小时,阳离子的配位数主要取决于阳离子和阴离子的半径比值。

配位数是反映晶体结构的重要数据。配位数不同,结构则不同,表现出来的性质就不同。例如 γ-Ca_2SiO_4 和 β-Ca_2SiO_4 其化学组成相同,但在 γ-Ca_2SiO_4 中,Ca^+ 离子的配位数全部是 6。因此,γ-Ca_2SiO_4 就很稳定。在 β-Ca_2SiO_4 中,Ca^+ 离子的配位数有两种,一种配位数为 6,一种配位数为 8,其配位数不规则,而且 Ca^+ 离子和 O^{2-} 离子间的距离也不等,所以 β-Ca_2SiO_4 具有较高的能量,处于介稳状态,容易和水发生反应,具有较高的水化活性。

配位多面体是指在晶体结构中,与某一个阳离子(或原子)成配位关系而相邻结合的各个阴离子(或原子)的中心连线所构成的多面体。阳离子(或中心原子)位于配位多面体的中心,各个配位阴离子(或原子)则处于配位多面体的角顶上。配位多面体的形状取决于阴离子的数量多少,或成四面体,或成八面体,或成其他形状。在许多复杂的硅酸盐矿物中,配位多面体的几何形状不像理想的那样规则,甚至在有些场合下,可能出现较大的偏差。配位多面体与配位数的关系见表 4－1。

表 4－1　正负离子半径比值与配位数的关系

r_+/r_-	正离子的配位数	负离子多面体形状	实例
0.000～0.155	2	哑铃形	干冰 CO_2
0.155～0.225	3	三角形	B_2O_3
0.225～0.414	4	四面体形	SiO_2
0.414～0.732	6	八面体形	NaCl、MgO
0.732～1.000	8	立方体形	ZrO_2、CaF_2

4.1.4　离子极化

一个离子的电荷分布由于临近相反电荷的离子而引起畸变,这一现象称之为极化。在离子的极化过程中,对于每个离子来说都具有双重作用,即自身被极化和极化周围的离子,这种离子的极化情况常用可极化性和极化力来说明,离子极化示意如图 4－11 所示。

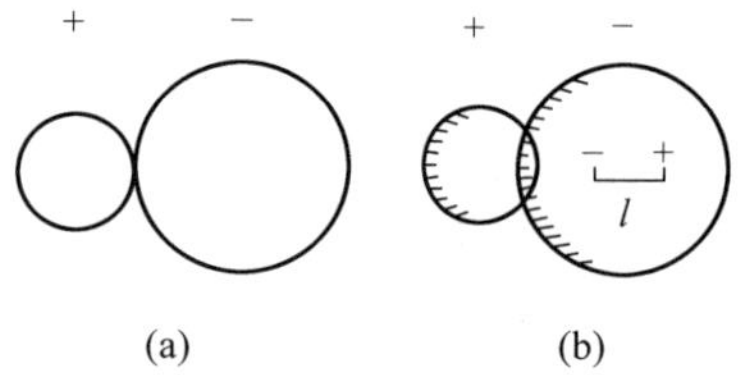

图 4-11 离子极化示意

(a)未极化;(b)已极化

离子的可极化性是指离子在单位电场强度作用下所产生的偶极矩,又称极化率或极化系数,它的大小反映了离子被极化的难易程度。极化率数值大,可极化性强;数值小,可极化性弱。一般来说,价数越低、半径越大的负离子,越易变形,可极化性越强,例如 I^-、Br^- 等。

正离子与负离子相反,有能够使接近它的负离子极化而变形的能力,通常把这种能力称为极化力。离子极化力的大小取决于这个离子的电价和半径。价数越高,半径越小的正离子,极化率越小,其极化力越大,例如 B^{3+}、Al^{3+} 等。

若晶体中的正离子极化力不强,负离子的可极化性不大时,极化作用对晶体的结构类型影响不大,配位数主要由正离子半径与负离子半径的比值大小来决定。若极化力强的正离子和可极化性大的负离子形成晶体时,则离子的极化上升为主要矛盾,对晶体结构类型将产生影响,极化作用就会使正离子与负离子之间的距离减小,共价键性增强,配位数降低,一般配位数为 8 的降到配位数为 6,配位数为 6 的降到配位数为 4。例如,氧化锶 SrO 的正、负离子半径之比为 0.96,Sr^{2+} 的配位数应为 8,但实际 Sr^{2+} 的配位数为 6;又如,碘化银 AgI 的正、负离子半径之比为 0.515,Ag^+ 的配位数应为 6,而实际 Ag^+ 的配位数为 4。

4.1.5 简单离子化合物的结构

硅酸盐晶体在无机化合物中是比较复杂的,分类也特殊,因此在说明硅酸盐晶体结构之前,先介绍几种典型且简单的离子型化合物。在结晶化学中对无机化合物的晶体结构是按化学式的类型进行分类的,可以分为 AB 型、AB_2 型、A_2B_3 型、ABO_3 型、AB_2O_4 型等。

1. AB 型晶体

AB 型晶体是二元化合物中最简单的一种,共有 4 种主要结构形式:氯化钠(NaCl)型、氯化铯(CsCl)型、闪锌矿(立方 ZnS)型和纤锌矿(六方 ZnS)型。

1)氯化钠(NaCl)型

氯化钠属立方晶系,从图 4-12 NaCl 晶体结构可以看出,在晶体结构中,Cl^- 离子构成立方最紧密堆积,Na^+ 离子填充在全部八面体空隙之中,Na^+ 离子与 Cl^- 离子的配位数皆为 6;从配位多面体看,可以看做 Na^+ 离子与 Cl^- 离子构成的配位八面体以对棱的方式整齐的堆积起来而构成晶体。以 NaCl 晶胞为例,介绍晶胞中质点数的计算方法。

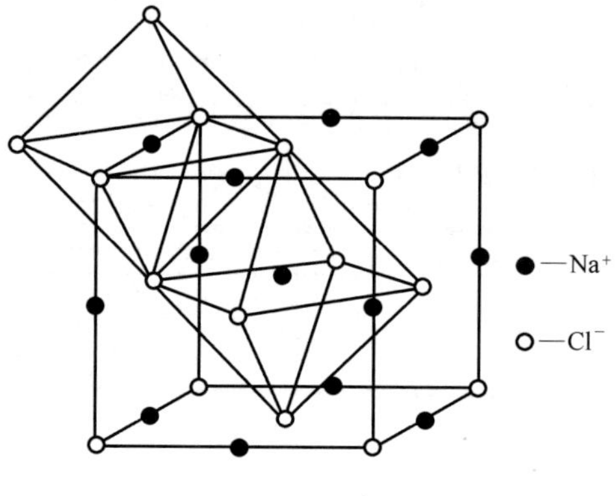

图 4-12 NaCl 晶体结构

由于晶体格子在空间是周期性重复排列的,故处在晶胞定点处的质点数为 8 个晶胞所共有。因此,它对某个指定晶胞的贡献只有 1/8;同理,处在棱上的质点为 4 个晶胞所共有,它对指定的晶胞贡献只有 1/4;而处在面上的质点为两个晶胞所共有,它对某个指定晶胞的贡献只有 1/2;而晶胞体内的质点为该晶胞所有,贡献为 1。由此,在 NaCl 晶胞内,Na^+ 离子的个数为(1/4)×12+1=4;Cl^- 离子的个数为(1/8)×8+(1/2)×6=4,即每个晶胞中含有 4 个 NaCl“分子”。

具有 NaCl 型结构的氧化物有 MgO、CaO 和 BaO 等。该结构正负离子电价相等，配位数都是 6，且结构对称、稳定。

2）氯化铯（CsCl）型

CsCl 属立方晶系，具有简单立方格子，其晶体结构见图 4-13。Cl^- 离子占据立方体的角顶，Cs^+ 离子处于立方体的体心位置。Cs^+ 离子的配位数为 8，Cl^- 离子的配位数也是 8。一个晶胞中含有一个 CsCl“分子”。

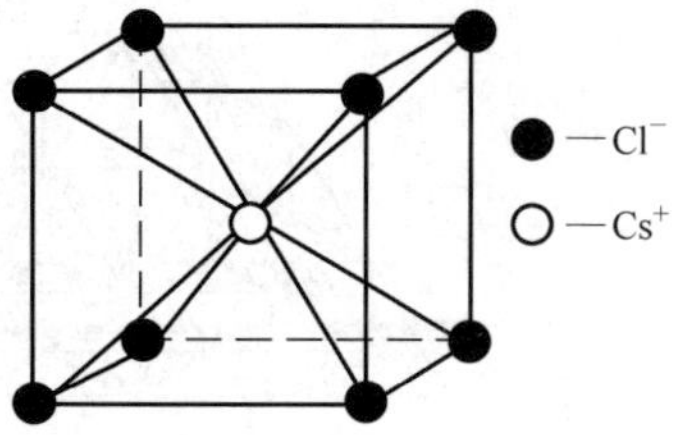

图 4-13　CsCl 晶体结构

属于 CsCl 型结构的晶体还有 CsBr、CsI、NH_4Cl 等。

3）闪锌矿（立方 ZnS）型

闪锌矿（立方 ZnS）属立方晶系。ZnS 是立方面心格子，见图 4-14。S^{2-} 离子位于立方面心的结点位置，而 Zn^{2+} 离子交错地分布于立方体内的 1/8 小立方体的中心。从离子堆积角度看，S^{2-} 离子看成立方最紧密堆积，则 Zn^{2+} 离子填充于 1/2 的四面体空隙之中。Zn^{2+} 离子的配位数是 4，S^{2-} 离子的配位数也是 4。

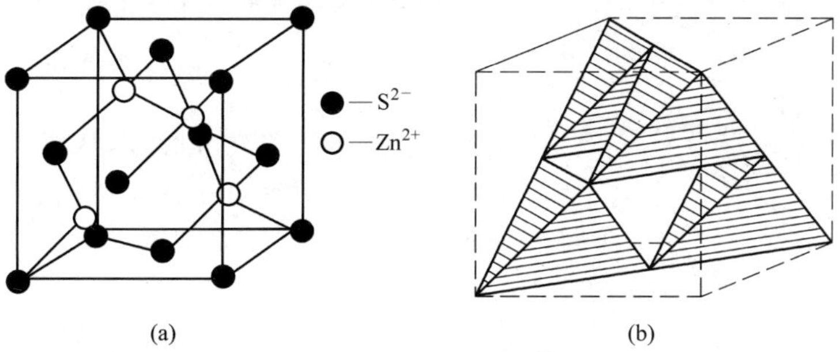

图 4-14　闪锌矿晶体结构

（a）晶胞图；（b）$[Zn_4S_4]$ 多面体图

由于 Zn^{2+} 是有 18 电子构型的阳离子，S^{2-} 是半径较大易于被极化的阴离子，故两种离子相互极化的结果使 Zn—S 键已带有相当程度的共价性质。

具有此种结构型式的有 Be、Cd、Hg 的硒化物、硫化物、碲化物以及 CuCl、β-SiC、GaAs 和 InSb。

4）纤锌矿（六方 ZnS）型

纤锌矿属于六方晶系，其晶体结构见图 4-15。S^{2-} 按六方最紧密堆积方式排列，而 Zn^{2+} 则填入半数的四面体空隙中。正负离子的配位数均为 4。氧化物 BeO、ZnO 也具有纤锌矿的结构型式。

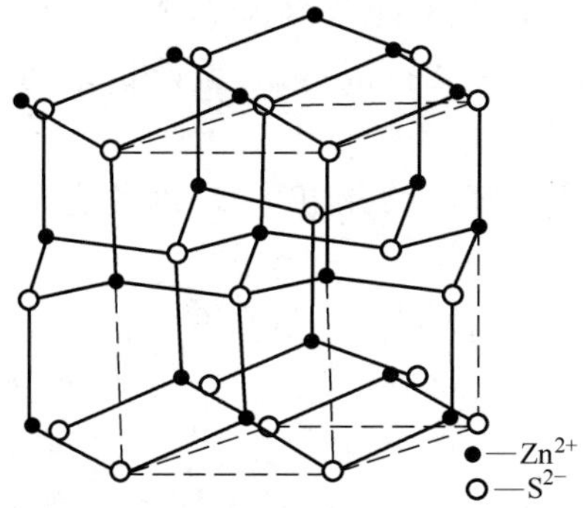

图 4-15　纤锌矿晶体结构

图 4-16 表示了闪锌矿和纤锌矿结构中形成的 $[ZnS_4]$ 多面体层的配置关系。图 4-16(a) 图为在闪锌矿中的 $[ZnS_4]$ 层，图 4-16(b) 图为纤锌矿中的 $[ZnS_4]$ 层。

以上讨论的 AB 型二元化合物的几种晶体结构类型，从 CsCl、NaCl 到 ZnS，阳、阴离子半径的比值是逐步下降的。对于 CsCl 和 NaCl 而言，是较典型的离子晶体，离子的配位关系符合鲍林规则。但是，在 ZnS 晶体结构中，已不完全是离子键，而是由离子键向共价键过渡。

(a) (b)

图 4－16　闪锌矿和纤锌矿结构中形成[ZnS_4]层的配置关系

(a)闪锌矿中的[ZnS_4]层；(b)纤锌矿中的[ZnS_4]层

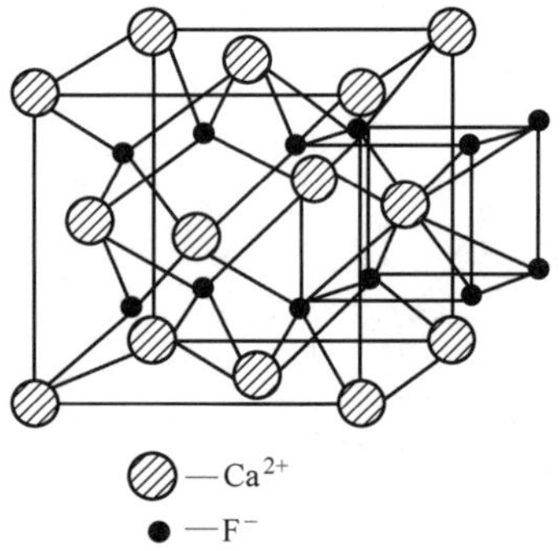

图 4－17　萤石晶体结构

2. AB_2 型晶体

AB_2 型晶体中主要介绍萤石(CaF_2)型和金红石(TiO_2)型结构。

1)萤石(CaF_2)型

萤石(CaF_2)属于简单立方晶系，从图 4－17 可以看出，Ca^{2+} 离子位于立方晶胞的各个角顶及面心，而 F^- 离子则位于 8 个小立方体的体中心。Ca^{2+} 离子和 F^- 离子的配位数分别为 8 和 4。或者把 F^- 离子看成简单立方堆积，则只一半立方体空隙被 Ca^{2+} 离子填充。该体系电性中和，满足晶体构造稳定条件。

CaF_2 主要作熔剂，用于水泥、玻璃、陶瓷和冶金等工业。碱金属氧化物 Li_2O、Na_2O、K_2O 和 Rb_2O 的结构属于反萤石型，它们的正离子和负离子的位置与上述结构完全相反，即碱金属离子占有 F^- 的位置，而 O^{2-} 占有 Ca^{2+} 的位置。

2)金红石(TiO_2)型

金红石属四方晶系，从图 4－18 可以看出，Ti^{4+} 占据四方原始格子的角顶和体心位置，6 个 O^{2-} 离子中有 4 个位于上、下底面平行的对角线上，另外两个 O^{2-} 位于通过体心 Ti^{4+} 离子且与上、下底面 2 条对角线方向垂直的对角线上。从离子堆积的角度看，O^{2-} 离子可以看做近似于六方最紧密堆积，Ti^{4+} 离子填充了半数的八面体空隙。Ti^{4+} 离子的配位数为 6，而 O^{2-} 离子的配位数为 3。从图 4－19 中可以看出[TiO_6]八面体以共棱的方式排成链状，链与链之间的[TiO_6]八面体是共顶的。

TiO_2 在光学性质上具有很高的折射率，在电学性质上则具有高的介电系数，因此它是制备高折射率玻璃的原料，也是无线电陶瓷中有用的晶相。

属于金红石型结构的晶体有 SnO_2、MnO_2、GeO_2、PbO_2、VO_2、MoO_2、NbO_2、CoO_2、MnF_2、MgF_2 等。

3. ABO_3 型晶体

ABO_3 型和 AB_2O_4 型属于多元化合物范畴。其中 A、B 分别代表了两种不同的阳离子。ABO_3 型晶体以钙钛矿($CaTiO_3$)型和方解石($CaCO_3$)为例进行介绍。

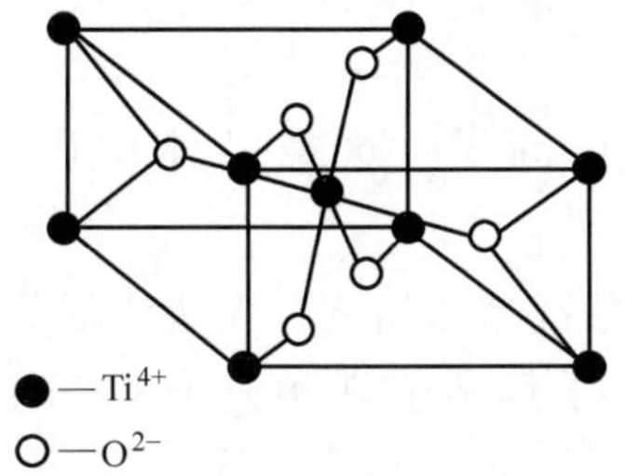

图 4-18 金红石晶体结构

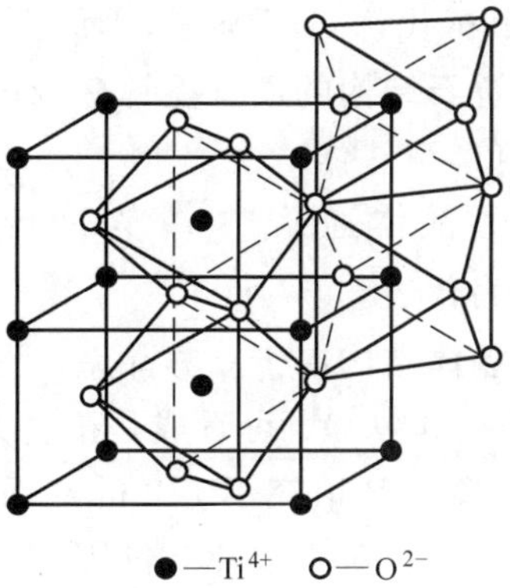

图 4-19 金红石晶体结构中[TiO_6]八面体链的排列

1)钙钛矿($CaTiO_3$)型

钙钛矿具有假立方体型,在低温时转变为斜方晶系。在这种结构中,O^{2-}和较大的正离子Ca^{2+}一起按面心立方最紧密堆积排列,而较小的正离子Ti^{4+}则占有八面体空隙的四分之一。图 4-20 所示为理想的 $CaTiO_3$ 型结构的立方晶胞。Ca^{2+}在立方体的顶角,Ti^{4+}在立方体的中心,也是在立方体 6 个面中心的O^{2-}所形成的八面体空隙的中心。[TiO_6]八面体群相互以顶角相连形成三维的空间结构,填充在[TiO_6]八面体形成的空隙的Ca^{2+},被 12 个O^{2-}所包围。因此,Ca^{2+}和Ti^{4+}的配位数分别为 12 和 6,如图 4-20(b)所示。

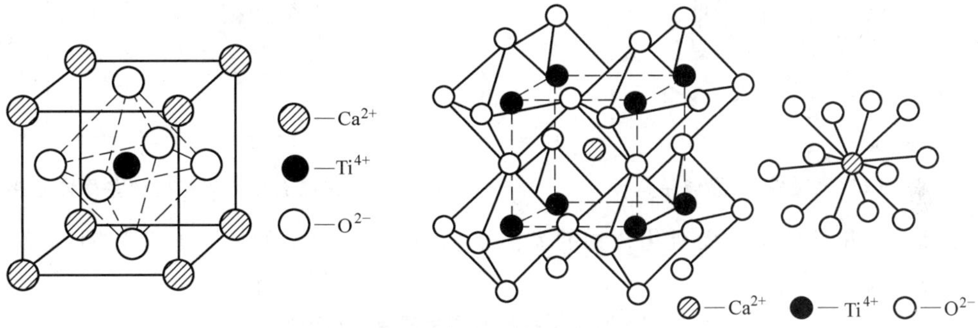

(a) (b)

图 4-20 $CaTiO_3$ 结构

(a)晶胞图;(b)多面体间的连接以及Ca^{2+}的配位情况

钙钛矿结构在电子陶瓷中十分重要,在电子陶瓷材料中,如 $BaTiO_3$、$PbTiO_3$、$SrTiO_3$、PbZrO、$PbHfO_3$、$KNbO_3$、$NaNbO_3$、$KTaO_3$、$NaTaO_3$ 等都具有钙钛矿型结构。

2)方解石($CaCO_3$)型

方解石属三方晶系,图 4-21 为方解石的晶胞结构。在方解石结构中,Ca^{2+}离子的配位数为 6,Ca^{2+}与O^{2-}之间是离子键;C 的配位数为 3,每个 C 周围有三个O^{2-}离子,形成平面三角形配位,C 位于三角形中心,O^{2-}位于三角形的三个顶点,在络阴离子[CO_3]$^{2-}$内,C 和O^{2-}之间是共价键。

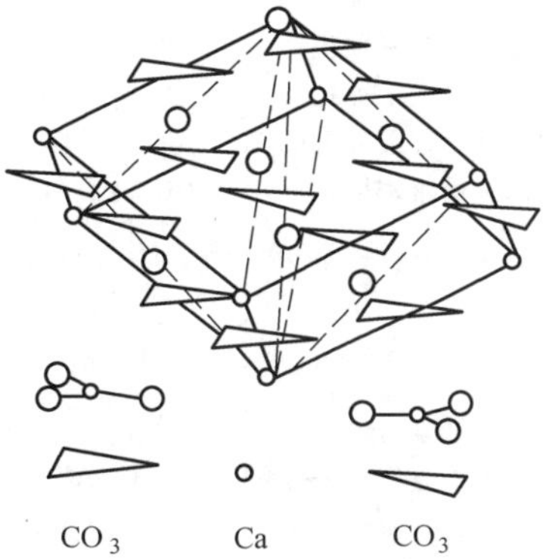

图 4-21 方解石晶胞结构

当用 Mg^{2+} 离子代替 Ca^{2+} 离子，则成为菱镁矿 $MgCO_3$。

具有方解石结构的还有菱锌矿（$ZnCO_3$）、菱铁矿（$FeCO_3$）和菱锰矿（$MnCO_3$）等。

4. AB_2O_4 型晶体

AB_2O_4 型晶体通式中 A 为二价正离子，B 为三价正离子。这类晶体中以尖晶石（$MgAl_2O_3$）为代表。

尖晶石晶体结构属于立方晶系。图 4－22 中给出了尖晶石晶体结构。A 为 Mg^{2+} 离子，B 为 Al^{3+} 离子。其中 O^{2-} 可看成是按立方最紧密堆积排列，二价阳离子 A 填充于 1/8 的四面体空隙，三价阳离子 B 填充于 1/2 的八面体空隙中。其中八面体之间共棱相连，八面体与四面体之间共顶相连。对于这种二价阳离子分布在 1/8 的四面体空隙中，三价阳离子分布在 1/2 八面体空隙的尖晶石，称为正尖晶石；如果二价阳离子分布在八面体空隙中，而三价阳离子一半分布在四面体空隙中，另一半分布在八面体空隙中的尖晶石，称为反尖晶石，例如 $MgFe_2O_3$（镁铁尖晶石），其中 Mg^{2+} 离子不在四面体空隙中，而在八面体空隙中，Fe^{3+} 离子一半在四面体空隙中，一半在八面体空隙中。尖晶石型晶体结构中多面体连接方式见图 4－23 所示。

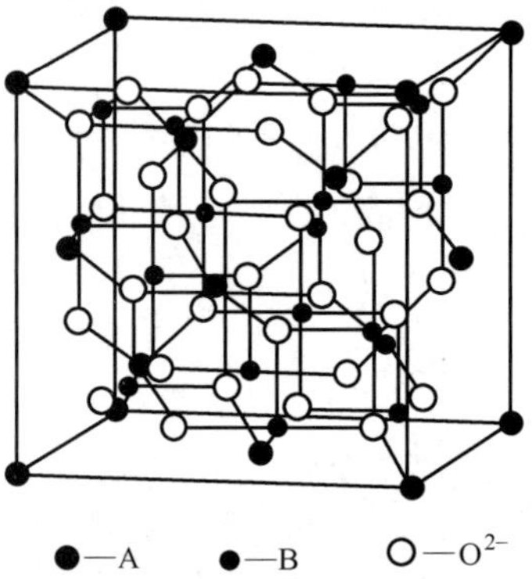

图 4－22　尖晶石型晶体结构

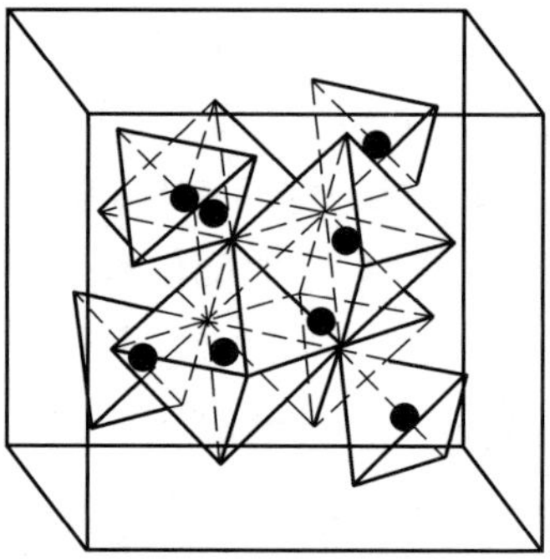

图 4－23　尖晶石型晶体结构中多面体连接方式

前面讨论了几种典型的无机化合物的晶体结构，现将阴离子的堆积方式和阴阳离子的配位关系归纳成表 4－2。

表 4－2　阴离子堆积方式与晶体结构类型

负离子堆积方式	正负离子的配位数	正离子占据的空隙位置	结构类型	实　例
立方最紧密堆积	6∶6　AB	全部八面体	NaCl 型	MgO、CaO、SrO、BaO、MaO、FeO、CoO
立方最紧密堆积	4∶4　AB	1/2 四面体	闪锌矿	ZnS、CdS、HgS、BeO、SiC
立方最紧密堆积	4∶8　A_2B	全部四面体	反萤石型	Li_2O、Na_2O、K_2O、Rb_2O
立方最紧密堆积	(4+4)∶4　AB_2	1/4 四面体	萤石型	CaF_2、ThO_2、CeO_2、UO_2、ZrO_2
扭曲了的六方最紧密堆积	6∶3　AB_2	1/4 八面体	金红石型	TiO_2、SnO_2、GeO_2、PbO_2、VO_2、NbO_2、MnO_2
六方最紧密堆积	12∶6∶6　ABO_3	1/4 八面体(B)	钙钛矿型	$CaTiO_3$、$SrTiO_3$、$BaTiO_3$、$PbTiO_3$、$PbZrO_3$、$SrZrO_3$
立方最紧密堆积	4∶6∶4　AB_2O_4	1/8 四面体(A) 1/2 八面体(B)	尖晶石型	$MgAI_2O_4$、$FeAl_2O_4$、$ZnAI_2O_4$、$FeCr_2O_4$
立方最紧密堆积	4∶6∶4　$B(AB)O_4$	1/8 四面体(A) 1/2 八面体(AB)	反尖晶石型	$FeMgFeO_4$、$Fe^{3+}[Fe^{2+}Fe^{3+}]O_4$
六方最紧密堆积	4∶4　AB	1/2 四面体	纤锌矿型	ZnS、BeO、ZnO、SiC
扭曲了的六方最紧密堆积	6∶3　AB_2	1/2 八面体	碘化镉型	CdI_2、$Mg(OH)_2$、$Ca(OH)_2$
六方最紧密堆积	6∶4　A_2O_3	2/3 八面体	刚玉型	α-Al_2O_3、α-Fe_2O_3、Cr_2O_3、Ti_2O_3、V_2O_3
简单立方	8∶8　AB	全部立方体空隙	CsCl 型	CsCl、CsBr、CsI

化学式为 AB 型、AB_2 型、ABO_3 型和 AB_2O_4 型 4 种类型的具体晶体结构，它们之间化学式类型不同，晶体结构也不同。这就是说，晶体结构不但与正、负离子半径之比、离子之间极化作用有关系，还受化学结构式类型，即质点的种类和相对数量的影响。

4.1.6　鲍林规则

1929 年鲍林(Pauling)在哥尔德希密特定律的基础上，提出了晶体中离子结合的基本规律，通称鲍林规则。此规则适用于离子晶体及带有不明显共价键成分的离子晶体，不适用于共价键的晶体。

1. 负离子多面体规则

负离子多面体规则指出，在离子晶体中，每个正离子被包围在负离子所组成的多面体之内，而每一个负离子占据着多面体的一个顶角，其中正离子与负离子之间的距离是由它们的半径之和所决定的，该正离子的配位数取决于正、负离子半径之比，而与离子的化合价无关。例如，硅酸盐结构中硅氧四面体$[SiO_4]^{4-}$的正负离子半径比为$\frac{r_{Si^{4+}}}{r_{O^{2-}}}=\frac{0.41}{1.40}=0.29$，其配位数为 4，离子的结合形式为四面体。

2. 电价规则

在晶体结构中，由正离子分配给它周围的每个负离子的电价称为静电键强度，其符号用 E 表示，它的定义式为

$$E=\frac{Z^+}{n} \tag{4-2}$$

式中：E ——静电键强度；

Z^+——正离子价数；

n ——离子配位数。

电价规则指出，在一个稳定的离子化合物结构中，每一个负离子的电价等于或接近所有正离子分配给该负离子各静电键强度的总和，即

$$Z^- = \sum_i E_i = \sum_i \frac{Z^+}{n_i} \tag{4-3}$$

式中 Z^- 是负离子的电荷数(电价数)，是指某一负离子和它周围的每个正离子形成的静电强度，而每一个负离子可以参与若干个正离子配位多面体。

利用电价规则可以检查离子晶体的稳定性，如 NaCl 晶体 $E_{Na\to Cl}=\frac{1}{6}$，每 1 个 Cl^- 离子被 6 个 Na^+ 所包围，共得到静电价强度为 $\sum_i E_i = \sum_{Na^+} E_{Na^+} = 6\times\frac{1}{6} = 1$，正好等于 Cl^- 离子的电价，故 NaCl 结构是稳定的。

3. 负离子多面体的共顶共棱和共面规则

在实际晶体中，$[SiO_4]$四面体在相互连接时，2 个四面体一般只共用 1 个顶点；$[AlO_6]$八面体一般共用棱，而在某些场合下，还可以共用面。

在 1 个晶体结构中，共用棱特别是共用面的存在会降低这个结构的稳定性，对于高电价低配位数的正离子来说，这个效应特别巨大。这是因为 2 个离子配位多面体中的正离子间存在静电斥力，如共用的顶点数增加，静电斥力会急剧增加，使结构不稳定。静电斥力的大小取决

于 2 个正离子之间的距离，如 2 个正离子配位四面体共用 1 个顶点时，其四面体的中心距离假定为 1，则公用 2 个顶点和 3 个顶点时分别为 0.58 和 0.33。对 2 个正离子配位八面体，则正离子之间的距离分别为 1、0.71 和 0.58，如图 4 - 24 所示。四面体相连接时比八面体相连接时影响大。另外，正离子电价高，影响也大，所以发生上述现象。

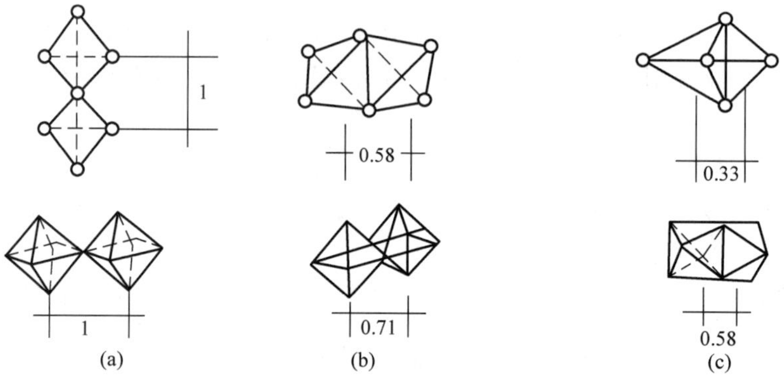

图 4 - 24　2 个正离子配位四面体中正离子间的相对距离

(a)共用 1 个顶点；(b)共用 2 个顶点；(c)共用 3 个顶点

4. 不同种类正离子配位多面体的连接规则

当晶体中存在着 1 种以上的正离子时(例如多元化合物和硅酸盐)，就会产生 1 种以上的配位多面体。这些正离子的电价可能有高有低，配位数可能有多有少。那些具有高电价低配位数的配位多面体之间应尽量不互相连接，因此，鲍林第四规则可以这样叙述："在含有 1 种以上正离子的晶体中，电价较大、配位数较低的那些正离子的配位多面体之间，有尽量互不结合的趋势。"

5. 节约规则

在同一晶体中，不同组成的构造单位的数目趋向于最少。例如，含有氧和硅及其他正离子的晶体中，不会同时出现[SiO_4]四面体和[Si_2O_7]双四面体等不同组成的离子团。

4.2　硅酸盐晶体结构

硅酸盐是含氧盐矿物大类中品种最多的一类矿物，呈现出差别极大的结晶形态。这是因为 Si—O 键存在各种排列，进而演变成不同的硅酸盐晶体。硅酸盐晶体结构有岛状结构、链状结构、层状(也称片状)结构和架状结构。硅酸盐晶体结构类型见表 4 - 3 所示。

表 4 - 3　硅酸盐晶体结构类型

结构类型		[SiO_4]共用 O^{2-} 离子数	形状	络阴离子	Si∶O	实　例
岛状	孤立体	0	四面体	$[SiO_4]^{4-}$	1∶4	镁橄榄石 $Mg_2[SiO_4]$
	组群体	1	双四面体	$[Si_2O_7]^{6-}$	2∶7	硅钙石 $Ca_3[Si_2O_7]$
		2	三节环 四节环 六节环	$[Si_3O_9]^{6-}$ $[Si_4O_{12}]^{8-}$ $[Si_6O_{18}]^{12-}$	1∶3	蓝锥矿 $BaTi[Si_3O_9]$ 绿宝石 $Be_3Al_2[Si_6O_{18}]$

续表

结构类型	$[SiO_4]$共用O^{2-}离子数	形状	络阴离子	Si∶O	实　例
链状	2 2,3	单链 双链	$[Si_2O_6]^{4-}$ $[Si_4O_{11}]^{6-}$	1∶3 4∶11	透辉石 $CaMg[Si_2O_6]$ 透闪石 $Ca_2Mg_5[Si_4O_{11}]_2(OH)_2$
层状	3	平面层	$[Si_4O_{10}]^{4-}$	4∶10	滑石 $Mg_3[Si_4O_{10}](OH)_2$
架状	4	骨架	$[SiO_2]$ $[(Al_xSi_{4-x})O_8]^{x-}$	1∶2	石英 SiO_2 钠长石 $Na[AlSi_3O_8]$

4.2.1　岛状结构

在岛状结构中，$[SiO_4]$四面体以孤立状或组群状存在，见图 4－25。孤立体或组群体再通过其他金属离子联系起来。

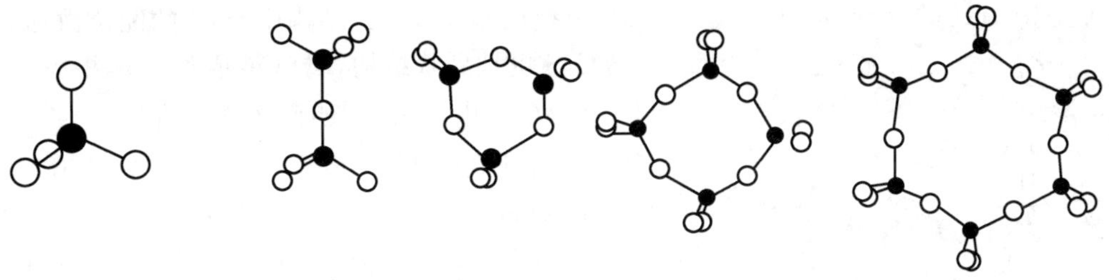

$[SiO_4]^{4-}$　$[Si_2O_7]^{6-}$　$[Si_3O_9]^{6-}$　$[Si_4O_{12}]^{8-}$　$[Si_6O_{18}]^{12-}$

(a)　(b)

图 4－25　孤立状和组群状硅氧四面体群的各种形状

(a)岛状结构(孤立)；(b)岛状结构(组群)

孤立体中只有一种氧——活性氧，即$[SiO_4]$四面体之间没有共用的氧，四面体中的氧除了和硅相连外，剩下的一价将与其他金属阳离子相连，这种氧又称非桥氧。而组群体中除了这种活性氧外，还有另外一种，这种氧为两个$[SiO_4]$四面体共用，电价饱和，一般不再与其他金属阳离子配位，故这种公共氧叫非活性氧(又称桥氧)。

属于岛状结构的矿物有锆英石 $Zr[SiO_4]$、橄榄石$(Mg,Fe)_2[SiO_4]$、硅线石 $Ca[Si_2O_7]$、蓝晶石 $Al_2O_3 \cdot SiO_2$ 以及水泥熟料中的 C_2S 和 C_3S 结构。

现以镁橄榄石 $Mg_2[SiO_4]$和熟料中 C_2S、C_3S 为例具体说明这类矿物的特点。

1. 镁橄榄石 $Mg_2[SiO_4]$的结构

图 4－26 所示为镁橄榄石单位晶胞的立体结构。Mg^{2+}与周围邻近 6 个 O^{2-} 连接，每个 Mg^{2+} 为 O^{2-} 提供 2/6 即 1/3 个正价；Si^{4+} 与邻近周围 4 个 O^{2-} 相接，每个 Si^{4+} 为 O^{2-} 提供 4/4 即 1 个正价，每个 O^{2-} 邻近 3 个 Mg^{2+} 和一个 Si^{4+} 连接，共得到价数为 $(1/3)\times3+1=2$ 的正价。因而 O^{2-} 电价是饱和的，满足电价规则；同时还表明由 1 个 Si^{4+} 和 4 个 O^{2-} 形成$[SiO_4]$四面体孤立地存在，通过 Mg^{2+} 把它们联系起来构成

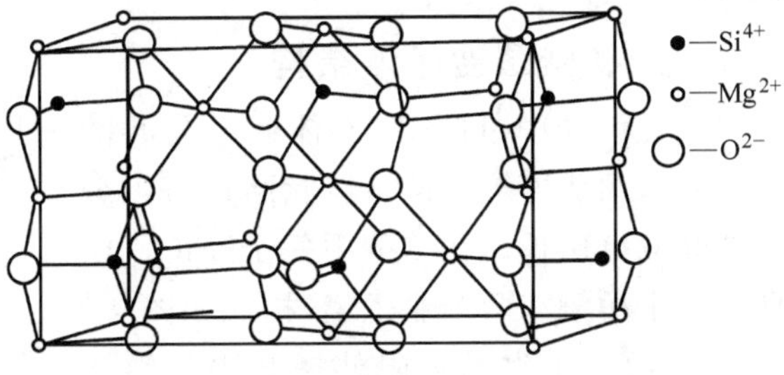

图 4－26　镁橄揽石单位晶胞的立体结构

晶体。

从图中还可以看出，1 个晶胞的范围内有 4 个 Si^{4+}、8 个 Mg^{2+} 和 16 个 O^{2-}。经过计算，可得出 1 个晶胞内存在 16 个八面体空隙和 32 个四面体空隙，其中八面体空隙有半数为 Mg^{2+} 所占，而四面体空隙仅有 1/8 填充着 Si^{4+}，故它们是均匀地分布在晶体结构中。

由于结构中各方向键力较强且均匀，故镁橄榄石晶体硬度较高，外形呈粒状，是高度稳定的矿物，其熔点高达 1 890 ℃，是镁质耐火材料的矿物成分，一些绝缘陶瓷也含镁橄榄石晶体。镁橄榄石中的 Mg^{2+} 可被 Fe^{2+} 任意取代形成橄榄石 $(Mg,Fe)_2[SiO_4]$；Mg^{2+} 也可被 Ca^{2+} 取代，形成钙橄榄石 $CaMg[SiO_4]$。

2. 硅酸二钙 $C_2S(Ca_2SiO_4)$ 和硅酸三钙 $C_3S(Ca_3SiO_5)$ 的结构

硅酸二钙是水泥熟料的重要矿物组成之一，具有多种晶型。这里只介绍 γ-C_2S 和 β-C_2S 两种，其中 γ-C_2S 是常温下的稳定态，β-C_2S 在常温下可以介稳存在。

γ-C_2S 具有镁橄榄石型结构，只是将 Mg^{2+} 换成 Ca^{2+}，因此结构中 Ca^{2+} 的配位数均为 6。

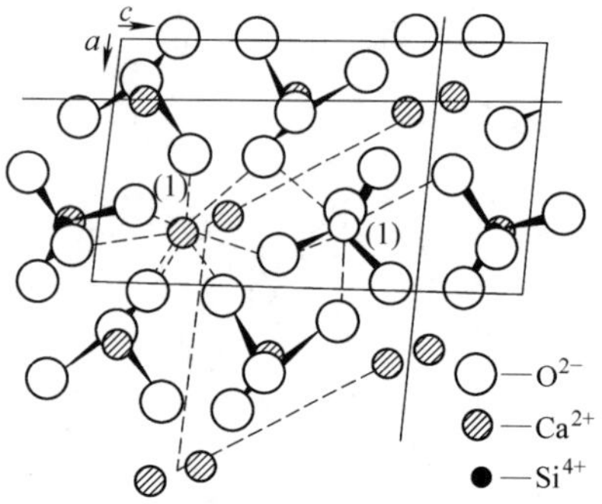

图 4-27　β-Ca_2SiO_4 晶体结构

β-C_2S 也是岛状结构，属单斜晶系。由图 4-27 可以看出，在 β-C_2S 中，$[SiO_4]$ 四面体孤立存在，靠 Ca^{2+} 离子把它们联系起来。Ca^{2+} 离子的配位有 2 种情况：Ca^{2+}(Ⅰ)的配位数为 6，Ca^{2+}(Ⅱ)的配位数为 8。而且不论 Ca^{2+}(Ⅰ)还是 Ca^{2+}(Ⅱ)，与 O^{2-} 间的距离都不相等。也就是说，在 β-C_2S 中配位不规则，结构中有些部位的质点较密，有些部位则空隙较大。

γ-C_2S 和 β-C_2S 化学组成相同，同属于岛状硅酸盐结构，但由于内部结构有差异，所以性质上的差别也是明显的。目前一般认为 γ-C_2S 因配位规则，结构稳定，因此在常温下几乎是惰性的，不和水反应；β-C_2S 由于配位不规则，具有较高的能量，比较活泼，能与水发生反应，形成水化产物。因此水泥熟料中的硅酸二钙希望以 β 型存在。

水泥熟料中的另一种重要矿物是硅酸三钙 $C_3S(Ca_3SiO_5)$，也是岛状结构。Ca^{2+} 离子的配位数为 6，但 Ca^{2+} 离子周围的 6 个 O^{2-} 中有 5 个集中在 Ca^{2+} 离子的一侧，只有 1 个 O^{2-} 在另一侧。这样在只有 1 个 O^{2-} 离子的这一侧便出现了大的"空洞"，而且 Ca^{2+} 离子与每个 O^{2-} 间的距离也不相等。这种结构使得 Ca_3SiO_5 处于较高的能量状态，活性大，和水反应的速度比 β-C_2S 快。

4.2.2　链状硅酸盐晶体结构

链状硅酸盐中，硅氧四面体通过公共的氧连接起来组成连续的链。链状结构可以分为单链和双链两种。在单链中每个 $[SiO_4]$ 四面体有两个桥氧和两个非桥氧，构成如图 4-28 所示的向一维空间无限伸展开去的链状结构，并按 $[Si_2O_6]^{4-}$ 为结构单位不断重复。

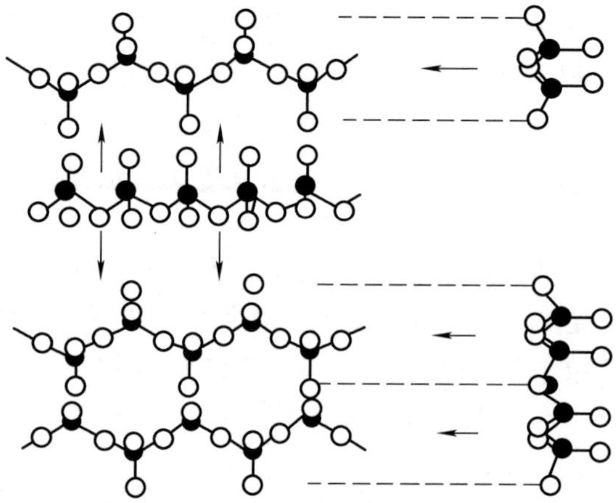

图 4-28　硅氧四面体所构成的链

故单链结构单元的化学式为$[Si_2O_6]_n^{4n-}$。

两条相同的单链通过尚未公用的氧连接成的带，称为双链。它以$[Si_4O_{11}]^{6-}$为结构单元向一维空间无限伸展开去。故双链结构单元的化学式为$[Si_4O_{11}]_n^{6n-}$。可以看出，在带状结构中的$[SiO_4]$四面体中，一半有2个非活性氧，另一半则有3个非活性氧。

辉石类硅酸盐(如透辉石、顽火辉石)含有$[Si_2O_6]_n^{4n-}$单链，链与链之间通过金属正离子相连接，最常见的为Mg^{2+}和Ca^{2+}，但常有被其他正离子替代的情形发生。例如，Mg^{2+}可被Fe^{2+}替代，且亦见有($Mg^{2+}+Ca^{2+}$)离子对被($Na^{+}+Al^{3+}$)、($Na^{+}+Fe^{3+}$)或($Li^{+}+Al^{3+}$)等离子对所替代。

角闪石类硅酸盐含有双链$[Si_4O_{11}]_n^{6n-}$。例如，斜方角闪石$(Mg,Fe)_7[Si_4O_{11}]_2(OH)_2$和透闪石$Ca_2Mg_5[Si_4O_{11}]_2(OH)_2$。

莫来石的结构也是链状排列，它的晶体都呈针状和柱状，在一些陶瓷制品和铝质耐火材料中，这些莫来石晶体可形成密集的相互交错的针状莫来石结晶网，使这些制品具有一系列的优良性能。

在具有硅氧链的硅酸盐矿物中，因链内的Si—O键要比链之间的Mg—O键强得多(Mg^{2+}一般为6个或8个O^{2-}包围的正离子)，因此，这些硅酸盐很容易沿链(或带)间结合较弱处劈裂成为柱状或纤维。例如，双链结构单元的存在是角闪石棉呈细长纤维的根本原因。

4.2.3 层状硅酸盐结构

层状硅酸盐结构中，硅氧四面体通过3个桥氧在二维平面内无限延伸成六节环状的硅氧四面体层，见图4-29。在这种层中可以取出矩形单位$[Si_4O_{10}]^{4-}$，所以硅氧层的化学式为$[Si_4O_{10}]_n^{4n-}$，每个硅氧四面体只有1个非桥氧，它的电价不饱和，将与硅氧层以外的阳离子配位，从而构成1个整体结构。活性氧可以是全部朝上，如高岭石；也可以是一层朝上一层朝下，中间有外加正离子构成复网层，如蒙脱石(其结构见图4-30)。

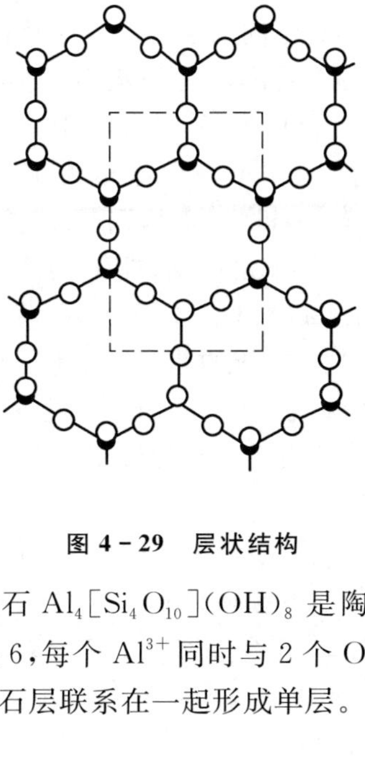

图4-29　层状结构

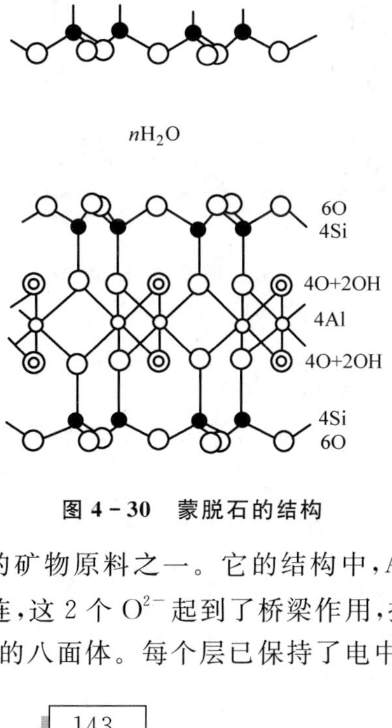

图4-30　蒙脱石的结构

高岭石$Al_4[Si_4O_{10}](OH)_8$是陶瓷工业中最重要的矿物原料之一。它的结构中，Al^{3+}的配位数是6，每个Al^{3+}同时与2个O^{2-}、4个$(OH)^-$相连，这2个O^{2-}起到了桥梁作用，把硅氧层和水铝石层联系在一起形成单层。Al^{3+}只填充了2/3的八面体。每个层已保持了电中性，层间靠氢键连接,显然层间结合力是弱的,所以高岭石易成碎片。高岭石的结构见图 4-31 所示。

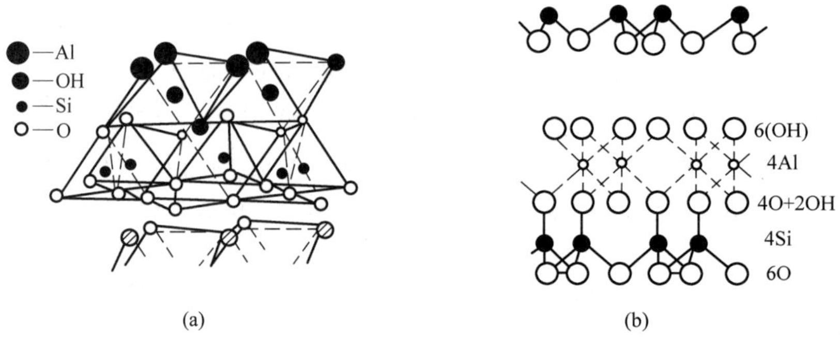

图 4-31　高岭石的结构与层序

(a)高岭石的结构;(b)高岭石的层序

属于这一类结构的矿物有滑石、叶蜡石、微晶高岭石(蒙脱石)、水云母(伊利石)和白云母等。这些矿物的结构中大部分是由复网层(双四面体层)构成。

4.2.4　架状硅酸盐结构

架状硅酸盐结构特点:每个硅氧四面体的 4 个角顶都与相邻的硅氧四面体共顶,形成向三维空间延伸的骨架。也就是说,每个$[SiO_4]$四面体中的 4 个"O"都成为桥氧,因此作为骨架的硅氧结构单元的化学式为 $nSiO_2$。石英及其变体便属于这一类结构。虽然石英是氧化物,但它具有典型的架状结构。

SiO_2 在硅酸盐工业中是多种行业的原料,如玻璃、陶瓷、耐火材料等。它存在多种变体,可分为三个系列,即石英、鳞石英和方石英。它们之间的转变关系见前 73 页。

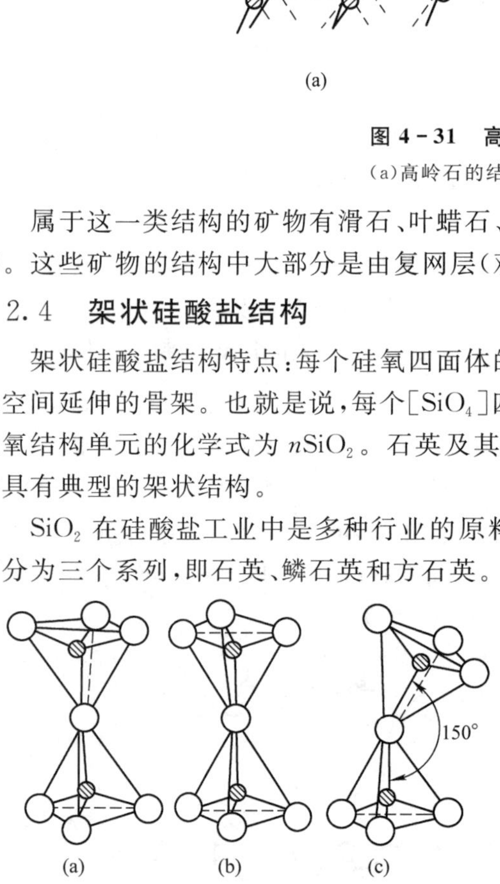

图 4-32　石英的结构模型

(a)α-方石英;(b)α-鳞石英;(c)β-石英

在 SiO_2 晶体中,每个 O 同时连接 2 个四面体。由于 2 个四面体结合排列方式不同,造成各变体之间具有不同的结构形式,如图 4-32 所示。从图中可以看出,α-方石英中 2 个硅氧四面体之间有一对称中心;α-鳞石英中则有一对称面,两者之间的 Si—O—Si 键角为 180°;β-石英的键角为 150°,但键拉直时,则与 α-方石英中的结合方式相同。由此可知,在不同系列的硅氧间转化时,由于结构上差异很大,须将 Si—O 键拆开重新组合形成新的骨架,因此转化缓慢并须足够的能量;然而,在同一系列硅氧的高低温变体之间的转变,仅仅是 Si—O 键发生了一些扭转,键与键之间的角度稍有变动,因此转变较容易进行,即前者是重建性转变,后者是位移性转变。

如果结构中由 Al^{3+} 取代 Si^{4+} 时,则结构单元可以$[AlSiO_4]$或$[AlSi_3O_8]$等形式存在,(Al+Si)∶O 仍为 1∶2。但取代后,会有过剩的负电荷,为保持电荷平衡,将有一些半径大而电荷较低的阳离子,如 K^+、Na^+、Ca^{2+}、Ba^{2+} 等进入结构。长石族晶体便属于这一类。

α-鳞石英、α-方石英中$[SiO_4]$的不同连接方式见图 4-33,α-方石英晶体结构见图 4-34。

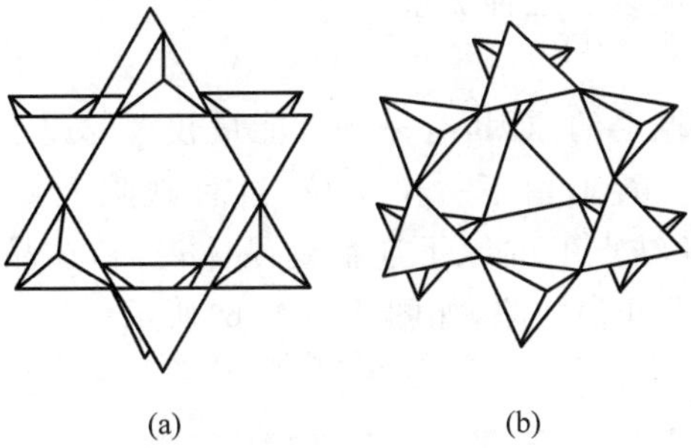

图 4-33 α-鳞石英、α-方石英中[SiO_4]的不同连接方式

(a)α-鳞石英;(b)α-方石英

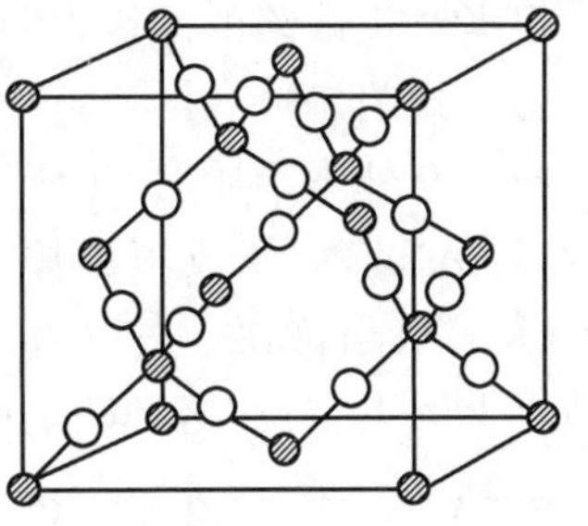

图 4-34 α-方石英晶体结构

最主要的架状硅酸盐矿物是长石族,包括正长石系(如钾长石 K[$AlSi_3O_8$]、钡长石 Ba[$Al_2Si_2O_8$])和斜长石系(如钠长石 Na[$AlSi_3O_8$]、钙长石 Ca[$Al_2Si_2O_8$]等),主要用于陶瓷原料。还有沸石,用于吸附材料,起分子筛作用,可作吸附水泥外加剂。

4.3 晶体的缺陷

前面讨论的晶体结构都是理想晶体,在这种晶体中的原子或离子都按严格的格子构造进行排列。而许多实际晶体,在形成晶体的过程中,由于某种原因往往使有的原子或离子脱离原来的位置而发生位置偏离,这就造成了晶体结构缺陷。

由于晶体中存在着结构缺陷,在高温下,对固体质点扩散、固相反应、晶体的生长、烧结过程起着重要影响,同时由于晶体存在结构缺陷,也会使固体材料的物理性质和化学性质发生变化。

晶体结构缺陷,按几何形状可划分为点缺陷、线缺陷和面缺陷。

(1)点缺陷。点缺陷是三维方向上尺度都很小的缺陷。它只在点阵的某些位置上发生,影响范围仅限于周围邻近的几个原子。如空位、间隙原子、杂质原子等都属于点缺陷。

(2)线缺陷。晶体中产生的一维方向上的缺陷,在其他二维方向上尺度都很小,这种缺陷可以直接用电子显微镜观察到,是一种显微缺陷,线缺陷又称位错。

(3)面缺陷。面缺陷是在二维方向上伸展的缺陷。这种缺陷的范围更大,甚至可以用光学显微镜观察到。

4.3.1 晶体的点缺陷

理想中的一些原子被外界原子所代替,或者在晶格间隙中掺入原子,或者留有原子空位,破坏了有规则的周期性排列,引起质点间势场的畸变,这样造成晶体结构的不完整,仅仅局限在原子位置,这种缺陷称为点缺陷。

根据对理想晶体偏离的几何位置及成分进行分类,此缺陷可分为两种类型。

(1)间隙缺陷。在发生间隙缺陷时,原子进入晶体中,处于正常结点之间的间隙位置,成为间隙原子或离子,见图 4-35(a)。

(2)空位缺馅。在发生空位缺陷时,晶体中正常结点没有被原子或离子所占据,成为空结点,称为空位,见图 4-35(b)。

根据产生缺陷的原因，还可以把点缺陷分成以下三种类型。

1)热缺陷

在没有外来杂质时，由于晶格上原子的热振动的原因，有一部分能量较大的原子离开正常位置，进入间隙，变成填隙原子，并在原来的位置上留下一个空位，这种缺陷叫做弗伦克尔(Frenkel)缺陷，如图 4－36(a)所示。或者正常结点上的原子迁移到晶体表面，在晶格内部正常结点上留下空位，这种缺陷叫做肖特基(Sehottky)缺陷，如图 4－36(b)所示。

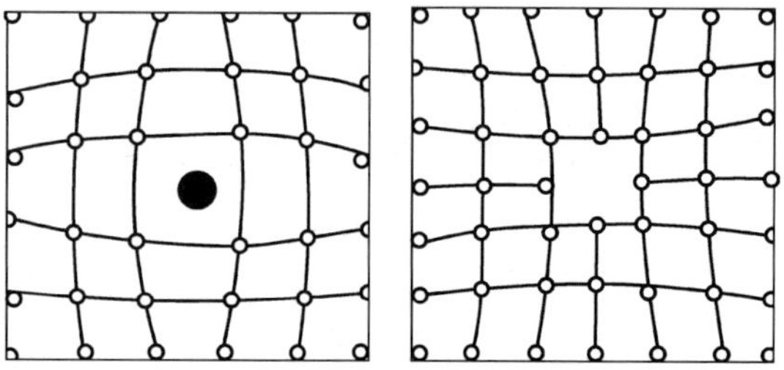

(a) (b)

图 4－35　晶体位置缺陷

(a)间隙缺陷；(b)空位缺陷

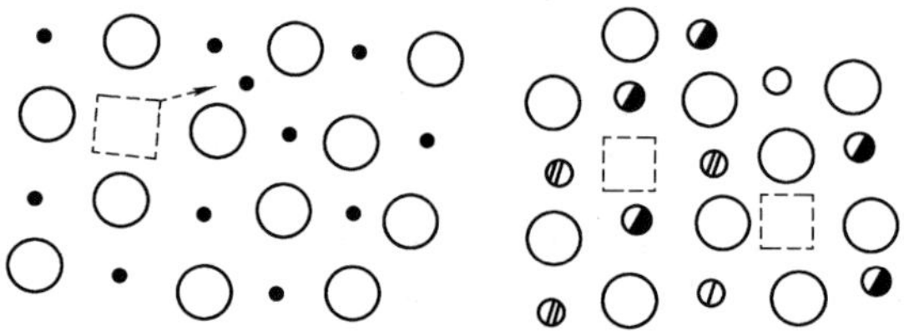

(a) (b)

图 4－36　两种热缺陷

(a)弗伦克尔缺陷；(b)肖特基缺陷

对于离子晶体产生肖特基缺陷时，为了保持电中性，正离子空位和负离子空位必须是同时成对地产生，这是离子晶体中肖特基缺陷的特点。例如，在 NaCl 晶体中，产生一个 Na^+ 空位，同时要产生一个 Cl^- 空位。由于原子热振动而产生的缺陷称为热缺陷，弗伦克尔缺陷和肖特基缺陷都是热缺陷的类型。缺陷浓度随着温度的上升而成指数地上升，对于某一特定材料，在一定温度下，都有一定浓度的热缺陷。

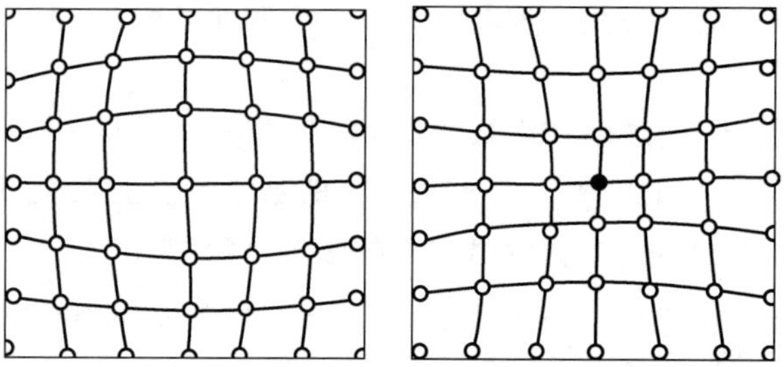

(a) (b)

图 4－37　杂质缺陷

(a)杂质取代前；(b)杂质取代后

2)杂质缺陷

杂质缺陷是由于外来原子进入晶体而产生的缺陷。杂质质点进入晶格后，取代原来的原子进入正常结点位置，生成置换杂质原子；或进入晶格的间隙位置，生成间隙杂质原子。由于杂质进入晶体之后，使原有的晶格发生局部变化，如图 4－37 所示，其性能也相应地发生了变化。例如，基本无色透明的α-Al_2O_3 晶体(刚玉)，掺入 1%Cr^{3+} 离子后形成杂质缺陷，即为具有良好光学性能的红宝石。Si 作为杂质原子可以掺入砷化镓(GaAs)晶体中，取代 Ga 或 As 的位置，形成取代式杂质缺陷。如果杂质原子的离子价数与被取代原子的价数不同，还会引入空位或引起离子价态变化。

3)非化学计量化合物的结构缺陷

一些化合物在形成过程中，由于受环境中所含气体组成浓度不同，或者说气体气氛不同(氧化气氛或还原气氛)的影响，发生了氧化或还原反应，这样形成的化合物在化学组成上发生了化学计量偏离，成为非化学计量化合物。这种化合物的晶体结构与原化合物相比，产生了点缺陷，这种缺陷包括四种类型：负离子空位、正离子间隙、负离子间隙和正离子空位。

由于非化学计量化合物存在结构缺陷，使它的性能发生了变化，生成N型或P型半导体材料。例如 TiO_2，可以写成 TiO_{2-x}（$x=0\sim1$），是一种N型半导体。

另外，根据产生缺陷的起源，可分为本征缺陷和化学杂质缺陷。本征缺陷是指那些不含外来杂质，但其本身结构并不完整的缺陷，如弗伦克尔缺陷和肖特基缺陷。化学杂质缺陷又称非本征缺陷，是由杂质原子（或离子）进入基质晶体以后引起的缺陷。

4.3.2　晶体的线缺陷

实际晶体在结晶时受到杂质、温度变化或振动产生的应力作用，或由于晶体受到打击、切削、研磨等机械应力的作用，使晶体内部质点排列变形，原子行列间相互滑移，而不再符合理想晶体有序的排列而形成线状缺陷，称为位错。其中最简单的是刃型（棱）位错和螺型（螺旋）位错。

1）刃型（棱）位错

设想有一块晶体如图4-38(a)所示，它受到剪切应力的作用，上半部分相对下半部分沿 $ABEF$ 面向右滑移。假如只有 $EFGH$ 左边的部分滑移过一个原子间距 b，其余部分未发生滑移，那么 EF 就是滑移面上已滑移部分和尚未滑移部分的分界线。这条分界线 EF 就称为位错线。从图4-38(b)可以看出，滑移的结果使晶体上半部原子密度增大，在位错线附近的原子已不在理想晶格中的原子位置上，由于偏离了理想点阵，因此这是一种缺陷。

从质点的排列情况看，形成这种缺陷后，在滑移面的上半部多出半片原子面，如图4-38(b)中的 HE 即多出的半片垂直于纸面的原子面的投影。这半片原子面就像刀刃似的劈入晶体中，因此称为刃型位错，又称棱位错。

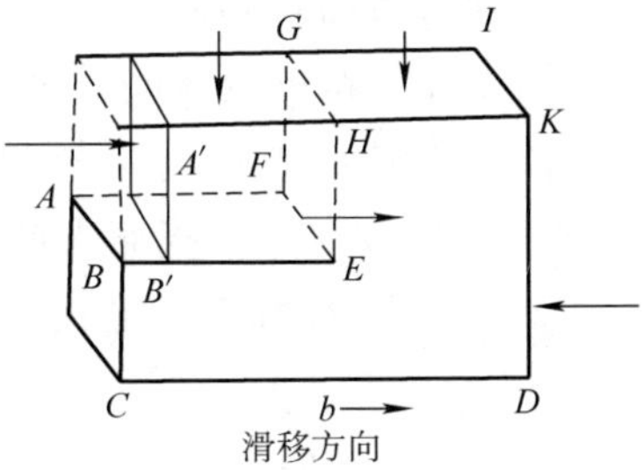

(a)

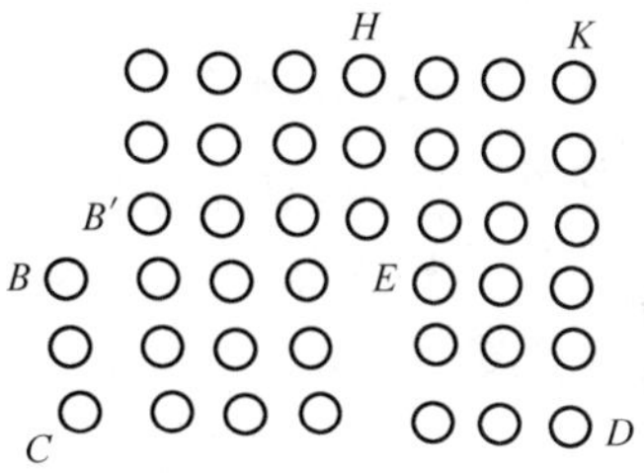

(b)

图4-38　刃型位错示意

(a)晶体示意；(b)位错后

刃型位错的特点是位错线方向与滑移方向垂直，表示符号为“⊥”。

2）螺型位错

若在一块晶体上施加剪切应力，使左、右两部分在滑移面 $ABCD$ 上沿 AD 方向滑移过一个原子间距，如图4-39(a)所示。AD 是在滑移面上已经发生相对滑移的前半部分和还没有发生滑移的后半部分的分界线，即位错线。由图4-39(a)可以看出，原来垂直于位错线 AD 的晶面发生滑移后已不是一个平面了，从 B' 点出发，绕位错线 AD 顺时针方向旋转一周到 B，B 和 B′并不能重合，它比 B′低了一层原子面。所以每转一周，就比原来的出发处降低一层晶面。连续绕 AD 旋转，就会以螺旋状不断下降，故称为螺型位错。螺型位错的特点是滑移方向与位错线方向平行。

位错是晶体中常见的一种晶体缺陷，它对晶体的性质有很大影响。例如，晶体的塑性变形和晶体位错密切相关，利用位错理论可以解释和预测晶体的变形规律；位错的存在使晶体结构

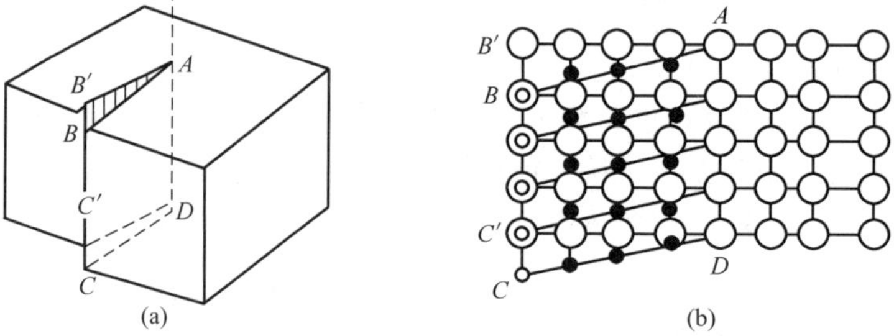

图 4－39　螺型位错示意

(a)晶体示意;(b)位错后

发生畸变,在大的空隙处,使杂质原子易于移动;在位错线上的原子价不饱和,活化了晶格,具有吸引杂质原子的能力,另一方面也降低了材料的弹性。

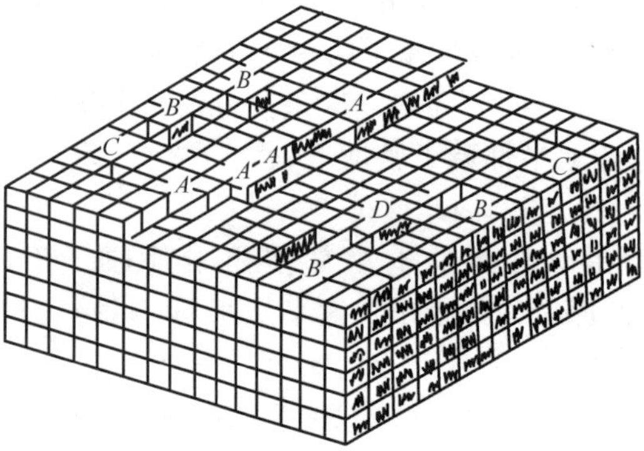

图 4－40　在高于绝对零度下的晶体表面

4.3.3　晶体的面缺陷

晶体的面缺陷是指在晶面两侧的原子排列不同,包括晶体表面和多晶体的界面。这里重点讨论晶界的结构。在高于绝对零度下的晶体表面见图 4－40。

晶界是晶粒之间界面的简称。它是多晶体中由于晶粒取向不同而形成的。根据相邻两个晶粒取向角度的偏差大小,可分为小角度晶界和大角度晶界两种类型。

小角度晶界可看成由一系列刃型位错排列而成。为了填补相邻两个晶粒取向之间的偏差,使原子的排列尽量接近原来的完整晶格,每隔几行就插入一片原子,这样,小角度晶界就成为一系列平行排列的刃型位错,如图 4－41(*a*)和(*b*)所示。图中 θ 角为倾斜角,通常为 $2°\sim3°$。

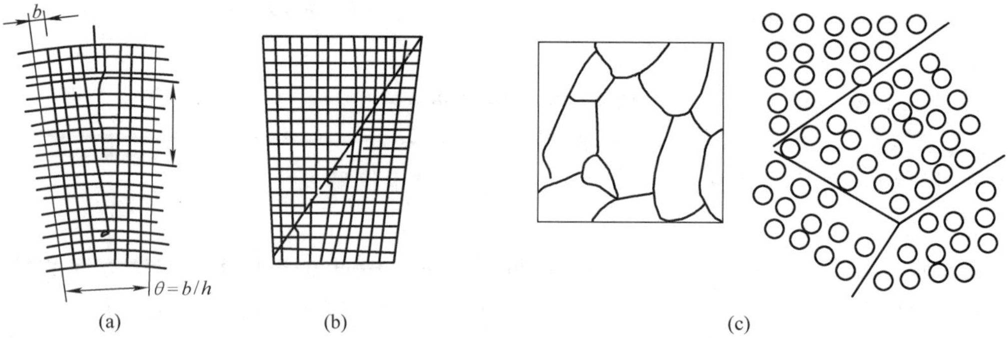

图 4－41　面缺陷形成过程示意

(a)刃型位错;(b)刃型位错;(c)晶界结构

一般认为,多晶体中,晶粒完全无序排列就可能生成大角度的晶界,形成镶嵌块状结构,如图 4－41(c)。在这种晶界中,原子排列接近于无序的状态。

在晶界处,由于面缺陷的存在,一方面晶格发生较大的畸变,使该处质点的平均能量比内部质点平均能量要高,为降低能量,要吸附一些杂质(包括气体),故晶界成为杂质密集的部位;

另一方面，在晶界处空隙较大，若温度较高，就成为杂质迁移和气体排出的快速通道。由于这两方面的作用，在烧结过程中，晶界对气体的排除、熔点的降低、防止二次结晶、限制晶粒长大以及改变晶体材料的各种物理性质和化学性质都有重大的影响。

大多数固体是多晶体，陶瓷是一种典型的多晶体，晶界是多晶体中最常见的缺陷，故它对陶瓷材料具有特别重要的意义。例如，在陶瓷生产中，除了严格控制烧成温度外，还常常通过掺杂质来控制晶粒长大，特别是二次再结晶，因为杂质富集在晶界上可以阻止晶界过快地移动。

晶体中的缺陷破坏了点阵结构，会对晶体的物理、化学性质产生重要影响，在晶体的光学、电学、磁学、声学、热学和力学等方面出现新的功能特性。人们已经利用晶体缺陷制造出许多性质优异的功能材料和结构材料。例如 ZrO_2 高温陶瓷材料的熔点为 2 983 K，可制成火箭、宇宙飞船的前锥体，它是多成分集合体，其内部具有众多面缺陷的晶体。若在 ZrO_2 中加入 Cr_2O_3 形成复合陶瓷，其耐热性比 ZrO_2 要高 4 倍。

4.4 固溶体

实际生产中得到的无机材料几乎都不是理想晶体，其结构中存在着空位、间隙原子等各种可能的缺陷，而且还经常有外组分的“掺杂”，导致成分和结构都不同于理想晶体，从而形成各种不同类型的固溶体。在无机材料的发展过程中，固溶体占有重要的地位，人们在不断地利用物质间形成固溶体这一途径，发展和合成性能优异的新材料。

固溶体是指固态条件下，一种组分内“溶解”了其他组分而形成的单一、均匀的晶态固体。为了便于理解，把外来杂质看成溶质，把原有晶体看成溶剂，这样固溶体的含义就成为：固溶体为一种晶体的粒子溶入另一种晶体的结构中，基本上未引起其晶格类型改变的晶态物质。

如果原始晶体分子式为 AC 和 BC，生成固溶体之后，分子式可写成 $(A_{1-x}B_x)C$，其中 $x=0\sim1$。例如 MgO 与 CaO 生成固溶体，可写成 $(Mg_{1-x}Ca_x)O$。

4.4.1 固溶体的分类

在无机材料中各种类型的固溶体很多，对固溶体可以从不同的角度进行分类。

1. 按溶质原子在溶剂晶格中的位置划分

固溶体实际是一种杂质缺陷，外来杂质的质点进入主晶体晶格后可以占据不同的位置。根据溶质原子在溶剂晶格中的位置可以将固溶体分为两类。

1)置换型固溶体

溶质原子进入溶剂晶格后占据某些结点位置，这种固溶体称置换型固溶体。例如 MgO-CoO 的固溶体结构如图 4-42 所示，Co^{2+} 离子占据了 Mg^{2+} 离子的位置。

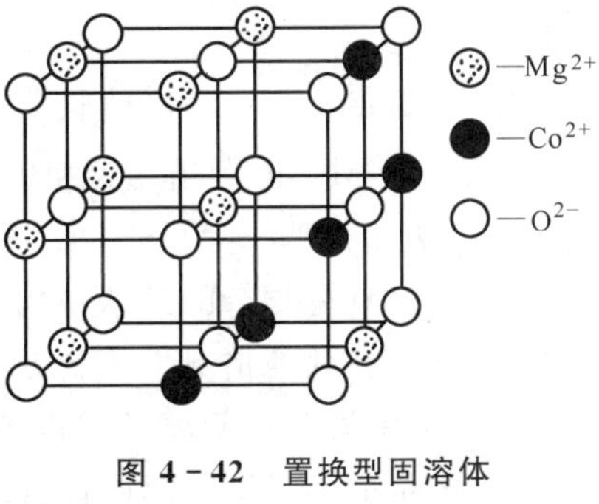

图 4-42　置换型固溶体

在固溶体形成过程中，若存在不等价取代，会出现空位结构，如 Al_2O_3 在 MgO 中有一定的溶解度，当 Al^{3+} 离子进入 MgO 晶格时，它占据了 Mg^{2+} 离子的位置，Al^{3+} 离子比 Mg^{2+} 高出一价，为了保持电中性，在 MgO 晶体中就会产生 Mg^{2+} 空位。

4 晶体结构

金属中许多合金都是置换型固溶体，在无机材料中所形成的固溶体绝大多数也是置换型固溶体。

2）间隙型固溶体

如果溶质的质点进入溶剂晶格的间隙位置，这种固溶体称间隙型固溶体。

间隙型固溶体在金属材料中比较常见，因为半径较小的 H、C、B 等元素的原子容易进入金属晶体的晶格间隙中，例如钢便是碳在铁中的间隙型固溶体。在无机材料中一般是半径小的阳离子进入半径大的阴离子或阴离子团形成的间隙位置中。例如，少量的 CaO 加入到 ZrO_2 中时，就有可能出现 Ca^{2+} 离子进入间隙的情况；阴离子进入晶格间隙位置比较困难，但在空隙比较大的萤石型结构中有可能形成阴离子进入间隙的间隙型固溶体，其晶体结构见图 4-43。

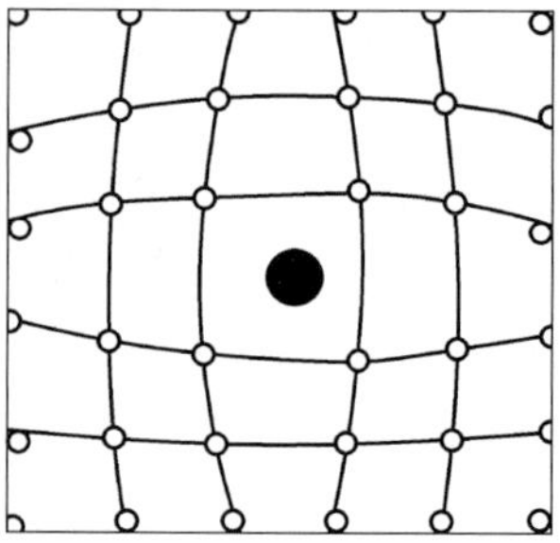

图 4-43　间隙型固溶体

2. 按溶质原子在溶剂晶体中的溶解度分类

固溶体和溶液一样，溶质在溶剂中的溶解度是不同的。根据溶质在溶剂中的溶解度可将固溶体分为两类，即无限固溶体和有限固溶体。

无限固溶体是指溶质和溶剂两种晶体可以按任意比例无限制地相互溶解，无限固溶体又称连续固溶体或完全互溶固溶体。

如果杂质原子或离子在固溶体中的溶解度是有限的，存在一个溶解度极限，那么这样的固溶体就是有限固溶体，也可称为不连续固溶体或部分互溶固溶体。例如 MgO-CaO 系统，虽然二者都是 NaCl 型结构，但由于离子半径相差较大，取代有一定限度，故生成有限固溶体。

4.4.2　固溶体形成实例

赛龙（Sialon）是固溶体的理论在 Si_3N_4-Al_2O_3 系统研究应用的产物。Si_3N_4 具有各种优越的性能，有优于 Al_2O_3 的高温强度、优良的热导性、耐火性和电绝缘性，是一种最有发展前途的高温结构材料，但在 20 世纪 70 年代以前一直未能得到工业应用，根本原因在于氮化硅是一种共价键型化合物，烧结困难，即使在很高的温度下，扩散系数也很小，一直很难固态烧结。从 20 世纪 50 年代开始，日本德国、英国的陶瓷学家对 Si-Al-O-N 四元系统相图进行了近 20 年的研究。20 世纪 70 年代初，在这些研究的基础上，发展成赛龙理论，使氮化硅的应用进入了一个工业应用阶段。取得突破的原因之一是发现 β-Si_3N_4 与 Al_2O_3 之间在 1 700 ℃左右存在着一个广阔的固溶体区域。氮化硅在 1 700～2 000 ℃下，与氧化铝反应热压烧结的产物，含 Al_2O_3 的量可达 70%，而结构仍然为 β-Si_3N_4。这种含有 Al_2O_3 的 Si_3N_4 的均匀单相固溶体即赛龙。

钙长石 Ca[$Al_2Si_2O_8$]和钠长石 Na[$AlSi_3O_8$]能形成完全互溶固溶体就是利用 $Na^+ + Si^{4+} \rightleftharpoons Ca^{2+} + Al^{3+}$ 进行相互置换的结果。类似这种置换关系，在铝硅酸盐矿物中是很普遍的。还有像钠沸石 Na_2[$Al_2Si_3O_{10}$]·$2H_2O$ 和钙沸石 Ca[$Al_2Si_3O_{10}$]·$3H_2O$ 等矿物，它们的晶胞都比较大，具有复杂的架状结构，构造中形成了宽广的通道，等离子和水分子就处在这些通道内。因此，在其他情况下不能出现的 $Ca^{2+} \rightleftharpoons 2Na^+$ 或 $Ba^{2+} \rightleftharpoons 2K^+$ 的互相置换也能发生。在工业上常被用作阳离子交换剂。又例如在黏土矿物中，常发生 Al^{3+} 和 Mg^{2+} 或 Fe^{2+} 的互相置换，电价的不足则依靠吸附在细小黏土粒子表面上的正离子来补偿。因此，陶瓷工艺中常利用此特性进行离子交换，制备稳定的黏土悬浊液泥浆。

熔点甚高的 ZrO_2（2 680 ℃），由于在 1 200 ℃要进行晶型转变（单斜四方），伴随着较大的体积收缩，因此，不宜用于耐高温材料。但若添加 CaO 使它和 ZrO_2 形成立方 CaF_2 型固溶体，就发生无晶型转变，成为一种极有价值的高温材料，叫稳定化氧化锆。

MgO 和 FeO 的离子半径相差 6.5%，它们的正离子价数相同，均属 NaCl 型晶体结构，并且它们的化学亲合性小，不生成化合物，具备形成连续固溶体的充分条件。方镁石在 1 370～2 800 ℃ 的高温条件下，可以连续吸收 FeO 形成镁方铁矿（Fe_xMg_{1-x}）O 固溶体，这相当于用 Fe^{2+} 离子置换了方镁石中的 Mg^{2+} 离子，由于它们的化学价数目相同，形成的这种固溶体没有空位。

用熔融法制备尖晶石（$MgAl_2O_4$）单晶，很难得到纯尖晶石，容易得到富铝尖晶石，即含有多余铝的尖晶石。这是由于在制备过程中 Al_2O_3 溶入尖晶石形成固溶体的原因，这相当于用 Al^{3+} 离子置换了尖晶石的 Mg^{2+} 离子，但在置换时为了保持电中性，在固溶体中每溶入 2 个 Al^{3+} 离子，必须替代 3 个 Mg^{2+} 离子，在固溶体内产生 1 个正离子空位。

从上述镁方铁矿固溶体和富铝尖晶石固溶体的形成过程不难看出，硅酸盐固溶体是在高温下结晶时形成的。

4.4.3 固溶体的作用

固溶体含有杂质原子或离子，这些原子或离子的进入使晶体的结构、物理性质和化学性质都发生了某些变化。利用这些变化可以试制新材料，也可以用来在硅酸盐制品的生产过程中有如下作用。

1. 活化晶格作用

当物质形成固溶体时，它的晶格常发生变形、扭曲等变化，在这些变化的位置能量增高，质点处于活化状态成为活化晶格。晶格活化对固相反应能起促进作用。

2. 稳定晶格作用

形成固溶体也可以稳定晶格。若一种物质有多种变体，当条件发生变化就会进行多晶转变。当加入一定量物质形成固溶体，就可以阻止多晶转变，所以从晶格转变来看，固溶体起到了稳定晶格的作用。例如高熔点的 ZrO_2 添加适量的 CaO，形成稳定化氧化锆；又如在水泥塑料中少量的 P_2O_5、Cr_2O_3、BaO、Mn_2O_3 和 V_2O_5 等氧化物，可防止 β-C_2S 转变成 γ-C_2S 等。

3. 改变晶体的性质

铁的晶格中填入碳形成填隙式固溶体，根据含碳量的不同可分为高碳钢、中碳钢和低碳钢；Al_2O_3 单晶无色透明，称为白宝石，利用 Cr_2O_3 与 Al_2O_3 能生成连续固溶体的特性，可以得到淡红宝石和红宝石，红宝石可作装饰材料、手表轴承材料（即钻石）和激光材料；还有纯 ZrO_2 是一种绝缘体，当加入 Y_2O_3 生成固溶体时，电导率随杂质（Y_2O_3）浓度的增加呈直线上升的趋势，现在复合添加的氧化锆固溶体已被用为高温发热体，在空气中可耐 1 800 ℃ 的高温。

思考与习题

4-1 比较各类型化学键的相同点和不同点。

4－2　根据离子半径比的关系，确定下列正离子的配位数各是多少？

$r_{O^{2-}}$ ＝0.132 nm　$r_{Si^{4+}}$ ＝0.039 nm　r_{K^+} ＝0.133 nm　$r_{Al^{3+}}$ ＝0.057 nm　$r_{Mg^{2+}}$ ＝0.075 nm

4－3　下列硅酸盐矿物各属于何种结构类型？

γ-$Ca_2[SiO_4]$；$K[AlSi_3O_8]$；$CaMg[Si_2O_6]$；$Mg_2Al[AlSiO_7]$；$Mg_2[Si_4O_{10}](OH)_2$

4－4　名词解释

(1)配位数与配位多面体；

(2)弗伦克尔缺陷和肖特基缺陷；

(3)刃型位错和螺型位错；

(4)置换型固溶体和间隙型固溶体。

4－5　解释以下问题。

(1)在硅酸盐晶体结构中，四面体$[SiO_4]$或孤立存在，或共顶连接，而不共棱更不共面；

(2)在硅酸盐晶体结构中经常出现 Al^{3+} 取代$[SiO_4]$四面体中的 Si^{4+}，而 Si^{4+} 却从来不会置换$[AlO_6]$八面体中的 Al^{3+}。

4－6　$Mg_2[SiO_4]$晶体中是否遵循鲍林规则中的各条规则？试分析之。

4－7　β-C_2S 和 γ-C_2S 化学组成相同，又同属岛状结构，但性质上却有很大差别，试从结构与性质关系的角度给予说明。

4－8　为什么 Al_2O_3 和 Ca_2F 的结构不同，离子半径差别也大，但它们却能在很大范围内形成有限固溶体？

4－9　从化学组成、相组成考虑，试比较固溶体与化合物、机械混合物的差别。

4－10　说明为什么只有置换型固溶体的两个组分之间才能相互完全溶解，而填隙型固溶体则不能。

5

表面现象

本章学习要求

1. 掌握表面层分子的受力情况，理解表面能产生的原因，理解表面吉布斯函数。

2. 掌握表面张力的概念及其方向，了解表面张力的测定方法以及影响表面张力的因素。

3. 了解内聚力和附着力，并会解释润湿现象和不润湿现象。

4. 掌握弯曲表面附加压力产生的原因、方向及其大小。

5. 了解毛细现象及产生毛细现象的原因，了解液体在毛细管中上升或下降高度的影响因素及相关计算。

6. 了解弯曲液面上方的平衡蒸气压的影响因素，并能应用开尔文公式进行分析和计算。

7. 能解释各种介稳状态（过热液体、过冷液体、过饱和蒸汽、过饱和溶液存在的原因及其破坏方法）、微小晶体的熔点比普通晶体的熔点低、微小晶体比普通晶体的溶解度大。

8. 理解吸附概念及吸附现象产生的原因，了解物理吸附和化学吸附的区别。

9. 了解单分子层吸附理论，了解其吸附方程与吸附等温线。

10. 了解溶液表面吸附的概念，理解吉布斯吸附等温式的表达形式及其应用。

11. 理解表面活性物质的概念和分类以及其的重要应用（去污作用、塑化作用、减水作用、助磨作用）。

5.1 物质的表面与界面

表面现象是自然界中普遍存在的现象。一些常见的表面现象包括：露珠自动呈球形；滴定管或玻璃毛细管内的液面呈凹形液面；水在玻璃毛细管中自动地上升；在玻璃板上或在水中的汞自动呈球形；汞在锌板上能平铺开；脱脂棉易被水润湿；微小液滴易于蒸发；微小晶体易于熔化和溶解；固体表面能自动吸附其他物质等。此外，在硅酸盐材料的生产过程中，也会遇到和表面现象有关的过程，如水泥熟料粉磨时加入助磨剂，浮法生产平板玻璃时玻璃厚度的控制等，都是利用物质的表面特性。对于物质高度分散、表面积很大的物系，表面现象就更加明显。

产生界面现象的原因，是因为处在界面层中的分子与系统内部分子之间存在分子受力情况的不同。在恒温、恒压条件下，自发过程向着吉布斯自由焓减小的方向进行，系统的吉布斯自由焓越小，系统的热力学稳定性越高。上述状态或过程，均是吉布斯自由焓最小或吉布斯自由焓变小的缘由。

随着界面物理化学的深入研究，界面现象所涉及的内容或领域越来越广泛。要想深入解释这些现象，必须了解相关的基本理论知识。

5.1.1 表面与界面

物质与真空、本身的蒸气或含饱和蒸气的空气相接触的分界面，称为表面。包括：气-液表面(g-l)和气固表面(g-s)。一个相与另一相接触的分界面，称为界面。界面的类型取决于物质的聚集状态，一般有气-液(g-l)、固-液(s-l)、液-液(l-l)、气-固(g-s)、固-固(s-s)五种界面。界面通常约有几个分子的厚度，在此界面层内，物质无论其组成、结构、质点所处的能量状态及性质均与它两侧紧邻的相体内部很不一致。因此，界面层处表现出许多特殊的物理化学性质。表面现象实际上是指发生在相的界面上的一些行为，现在习惯上将其称为界面现象。

5.1.2 表面积与比表面

物质的表面包括内表面与外表面。外表面包括所有明显的表面，以及宽度大于深度的所有裂隙的劈面；内表面则包括深度超过宽度的裂隙和孔洞的壁面，而不包括封闭的内孔。

对于一定量的物质来说，分散度就是物质的分散(粉碎)程度。系统的分散程度越大，粒径就越小，物质的表面积就越大，通常用比表面积来表示多相分散系统的分散程度。对于块状物料来说，比表面积就是单位体积物质所具有的表面积，定义式为

$$A_S = \frac{A}{V} \tag{5-1}$$

式中：A_S ——比表面积，m^{-1}；

A ——物质的总表面积，m^2；

V ——总体积，m^3。

对于边长为 a 的立方体颗粒，其比表面积可表示为 $A_S = \frac{A}{V} = \frac{6a^2}{a^3} = \frac{6}{a}$。

对于直径为 D 的球体，其比表面积为 $A_S = \frac{A}{V} = \frac{4\pi(D/2)^2}{4\pi(D/2)^3/3} = \frac{6}{D}$。

从以上二式可知，比表面积同立方体的边长或球体的直径成反比。也就是说，对一定量的物质来说，物质的分散程度越高，颗粒尺寸越小，物质的总表面积 A 和比表面积 A_S 就越大。因此，比表面积是物质分散度的度量。分散度越大，表面现象越明显。

对于松散物质或多孔性物质，其表面积是用单位质量物质所具有的表面积来表示，其定义式为

$$A_W = \frac{A}{m} \tag{5-2}$$

式中：A_W ——比表面积，$m^2 \cdot kg^{-1}$；

A ——物质的总表面积，m^2；

M ——物质的质量，kg。

对于疏松和多孔的物质，总表面积和比表面积都较大。

5.2 表面能、表面自由焓与表面张力

5.2.1 表面能、表面功与表面自由焓

产生界面现象的主要原因是处在界面层中物质的分子与系统内部的分子存在分子引力上的差异。任何一个相表面，其表面层的分子和内部分子受力情况不同，以纯液体与其蒸气相接触为例，气液界面分子受力情况如图 5-1 所示。在液体内部的任何一个分子，其周围均由同类分子包围着，平均地看，所受周围分子的引力是球形对称的，各个方向的力彼此互相抵消，合力为零，所以液体内部的分子可以任意移动，而不消耗功。而处在表面层的分子则不相同，液体内部分子对它的吸引力，大于外部气体分子对它的吸引力，所受到的合力不会等于零，处于表面层的分子受到垂直指向液体内部方向的合力，使这些表面层的分子都有自动移到液体内部去的趋势，并尽可能减小它的表面积。这就是水滴、汞滴能自动呈球形的原因。

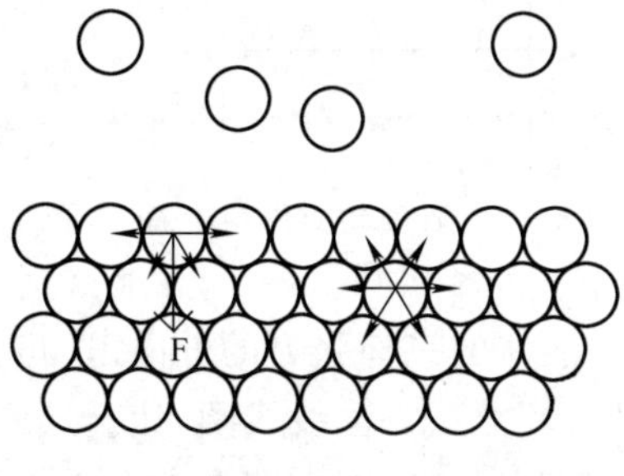

图 5-1 气液界面分子的受力情况

由于表面层的分子都受到指向液体内部的力的作用，因此，若要把液体分子从内部移到液体的表面层去，环境就必须克服这个力而做功，增加新表面过程所做的功，称为表面功（用 W' 表示）。位于液体表面层的每个分子比起内部分子来，都具有较高的位能。表面层中的分子比液体内部分子多出的总能量，称为表面能（ΔG_f）。如果是两相的界面，则称为界面能。它是内能的一种形式。

系统在恒温恒压下发生界面面积的改变，此时所增加或减小的界面能即是界面吉布斯函数的变化。通常把物质表面层的分子比物质内部分子过剩的吉布斯函数，称为表面吉布斯函数（即表面自由焓），以“ΔG_f”表示，“f”代表表面。

在恒温、恒压和一定组成的条件下，可逆地增加系统的表面积 dA，环境必须对系统做的非体积功，称为表面功，以符号“W_R'”表示，R 代表可逆，表面功是热力学中非体积功的一种。表面吉布斯函数和表面功的关系如下：

$$\Delta G_f = -W_R' \text{（表面功）} \tag{5-3}$$

狭义地说，当以可逆的方式形成新表面时，环境对体系所做的表面功变成了单位表面层分子所增加的吉布斯函数。也可表示为

$$dG_f = -\delta W_R' = \sigma \cdot dA \quad \text{（或 } \Delta G_f = -W_R' = \sigma \cdot \Delta A\text{）}$$

$$\sigma = \frac{dG_f}{dA} \tag{5-4}$$

式(5-4)中的 σ 为恒温、恒压和恒定组成的条件下，可逆地增加单位表面积时体系所增加的表面能（吉布斯自由焓），故称其为比表面能或比表面自由焓，其单位为 $J \cdot m^{-2}$。

5.2.2 表面张力

从力学角度看，液体表面层的分子受到液体内部分子的拉力作用；从能量的观点看，表面层的分子与内部分子相比增加了表面能，因此液体表面有收缩的趋势。

如图 5-2 所示，若在一定条件下，将金属丝框（金属丝搭在框上可自由滑动）蘸上肥皂液，

5 表面现象

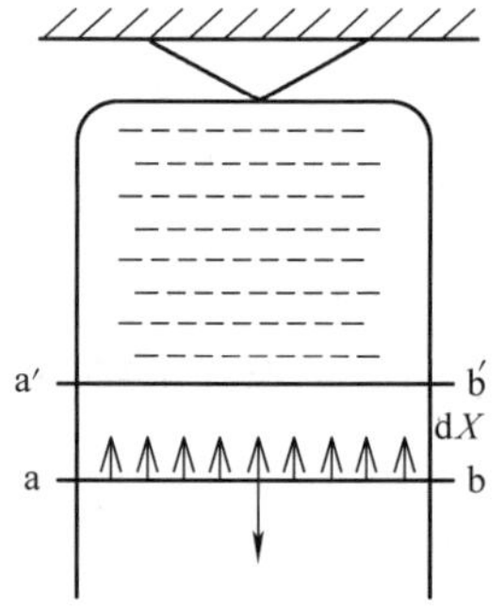

图 5－2　表面功的作用示意

再缓慢地用力(F)往下拉，使肥皂液在框架上形成一层肥皂膜(图 5－2 中 ab 段)。当松开金属丝，作用在液膜边沿的表面张力将使得可滑动的金属丝向上移动 dX 距离(到 a′b′段)，同时使肥皂膜的表面积增加 dA。

液体的表面张力是沿着液体的表面垂直作用于单位长度上平行于液体表面的紧缩力，用符号“σ”表示，其单位为$N \cdot m^{-1}$。通过图 5－2 所示的实验可以看出，表面张力的方向为沿着相的表面和表面相切力图缩小液体的表面积的方向。力的方向是沿着肥皂膜正反两个表面，并与这两个表面相切，且与单位长度(金属丝)垂直，此表面张力是使肥皂液膜表面积缩小的力。

液体的表面张力的方向，还可由另一实验证明，如图 5－3 所示。把一金属丝弯成一个环状架，环上系一丝线线圈，让金属圈(包括丝线)蘸上一层肥皂液膜，小心地将线圈内的液膜刺破，会看到丝线圈立即在表面张力的作用下，拉成圆形。表面张力的方向是力图缩小液体的表面积的方向。

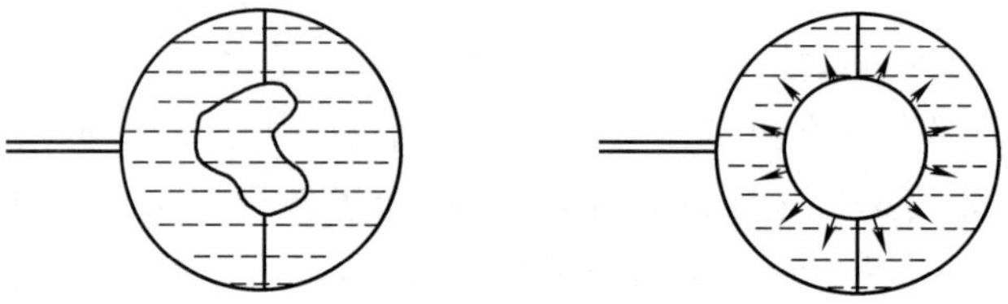

图 5－3　表面张力的方向

表面张力是物质的一种特性，是作用在单位长度上的力，其定义式为

$$\sigma=\frac{F}{2L} \tag{5-5}$$

式中：σ——表面张力，$N \cdot m^{-1}$；

F——受力的大小，N；

L——受力线段的长度，m。

上式改写成 $F=2L\sigma$，又 $dA=2LdX$，增加单位表面积环境所做的功 $\delta W_R'=-FdX=-2L\sigma dX=-\sigma dA$。

比表面自由焓($\sigma=dG_f/dA$)与表面张力($\sigma=F/2L$)在数值上完全相同，量纲也一致，但物理意义不同，单位也不一样。

在恒温、恒压下，表面张力为垂直作用于单位长度上平行于液体表面的收缩力，还等于增加液体单位表面积系统所增加的吉布斯自由焓，即比表面吉布斯自由焓。

[**例** 5－1]　20 ℃及 101.325 kPa 下，把半径 $r_1=1$ mm 的水滴分散成半径 $r_2=10^{-3}$ mm 的小水滴。问：环境至少要做多少焦耳的功？(20 ℃时，水的表面张力 $\sigma=0.0728\ N \cdot m^{-1}$)

解：环境至少做的功是指在可逆过程中所做的功，则可逆过程的功为

$$W_R'=-\sigma \cdot \Delta A=-\sigma \cdot (A_2-A_1)$$

$$A_1=4\pi r_1^2, A_2=n(4\pi r_2^2)$$

水滴分散前后体积不变，则$\frac{4}{3}\pi r_1^3=n\left(\frac{4}{3}\pi r_2^3\right)$，得到 $n=\left(\frac{r_1}{r_2}\right)^3$。

$$A_2=\left(\frac{r_1}{r_2}\right)^3(4\pi r_2^2)=4\pi r_1^2\left(\frac{r_1}{r_2}\right)$$

$$\begin{aligned}W_R'&=-\sigma\left(4\pi r_1^2\cdot\frac{r_1}{r_2}-4\pi r_1^2\right)=-4\pi r_1^2\sigma\cdot\left(\frac{r_1}{r_2}-1\right)\\&=-4\times3.14\times(10^{-3})^2\times0.0728\times\left(\frac{10^{-3}}{10^{-6}}-1\right)\\&=-9.13\times10^{-4}\ \mathrm{J}\end{aligned}$$

表面张力的测定方法有最大气泡法、滴重法、玻璃丝收缩法和拉筒法等。最大气泡法适用于黏度较小的液体及溶液表面张力的测定；滴重法、玻璃丝收缩法和拉筒法均适用于不同黏度范围硅酸盐熔体的表面张力的测定。其中，滴重法的原理是：液体从垂直的毛细管口下滴时，当液滴的质量与表面张力维持液滴不下落的力平衡时，液滴将从管口滴下并有下面的关系：

$$mg=2\pi r\sigma \tag{5-6}$$

$$\sigma=mg/2\pi r=V\rho g/2\pi r \tag{5-7}$$

式中：m、V、ρ——液滴的质量、体积和密度；

r——毛细管的半径；

g——重力加速度。

通过测定毛细管口下滴液体的质量(或体积)，即可算出液体的表面张力。当运用此法测定熔融玻璃液的表面张力时，所测出的数值的精确度不高，这是因为玻璃液的黏度很高，再加上玻璃液中某些组分挥发及玻璃析晶等因素也会产生影响。

[**例** 5-2]　用滴重法测定表面张力的实验数据如下：已知滴定管滴下 50 个液滴，滴下的液体的质量为 1.65 g，滴管的内径为 1.35 mm，试求液体的表面张力。

解：根据 $mg=2\pi r\sigma$，得到

$$\sigma=\frac{mg}{2\pi r}=\frac{mg}{\pi d}=\frac{(1.65\times10^{-3}\div50)\times9.8}{3.14\times1.35\times10^{-3}}=0.0763\ \mathrm{N\cdot m^{-1}}$$

熔融玻璃的表面张力在玻璃制品生产过程中有重要的意义。玻璃液的澄清过程就是要消除玻璃液中的可见气泡，此过程与玻璃液的表面张力有重要关系，表面张力越小，黏度越小，熔体内的气泡就容易逸出。玻璃液的均化过程，是除去与玻璃体化学组成不同的条纹和其他不均匀体，如果条纹的表面张力比玻璃熔体的表面张力大，条纹会缩成球形，则很难被拉成带状或线状，条纹的消失也就困难，因此，条纹的表面张力越小越有助于均化。不均匀体的表面张力越低、密度越大，不均匀体就容易在熔体表面上散流，同时下沉与下层玻璃液混合，则有利于消除不均匀体。浮法生产平板玻璃的自由厚度，也是基于表面张力的作用。其他玻璃制品的生产及玻璃灯工的实习(如拉制玻璃滴管、玻璃毛细管、玻璃棒及玻璃制品的烘口)，均需考虑表面张力这一性质。

5.2.3　影响表面张力大小的因素

影响表面张力大小的因素有如下几点。

(1)表面张力是物质本身所具有的特性，它与物质的性质有关。对不同的物质，若分子间相互作用力越大，相应的表面张力也越大，规律一般为：一般是液态金属键物质(如金、银)的表面张力最大，其次是离子键的物质(如盐的熔体)，再次是极性分子物质(如水)，最小的是非极性分子(如乙醚)。

(2)表面张力与温度有关。对于大多数物质，表面张力随温度的升高而降低。可以解释为，当温度升高时，液体密度减小，而蒸气密度增加，表面层分子受到两相分子的引力差值减小，表面张力也随之减小。硅酸盐熔体的表面张力随温度的变化不大。

(3)表面张力和与它相接触的另一相的性质有关。这是因为不同性质的物质接触时，表面层的分子受到的力场不同，使得表面张力随另一相(物质)种类的变化而变化。

表 5－1 列出某些物质液态时的表面张力。

表 5－1　一些物质在某温度下的表面张力

物质	温度/℃	$\sigma\times10^{-3}$/J・m^{-2}	物质	温度/℃	$\sigma\times10^{-3}$/J・m^{-2}
水	20	72.75	Ag	1 100	878.5
水	30	71.4	Al_2O_3	2 080	700
水	100	58.9	Al_2O_3(s)	1 850	905
苯	20	28.9	Cu	1 083	1 300
甲苯	20	28.5	Pt	1 770	1 865
氯仿	25	26.7	NaCl	801	114
四氯化碳	25	26.4	Na_2SO_4	884	196
$(C_2H_5)_2O$(乙醚)	25	26.43	Na_3PO_4	620	209
甲醇	20	22.5	硅酸钠	1 000	250
乙醇	20	22.4	B_2O_3	900	80
丙酸	20	26.7	FeO	1 420	585
丁酸	20	26.5	MgO	25	1 000
H_2O(s)	0	120	TiC(s)	1 100	1 190
Hg	20	487	$KClO_3$	368	81
Sn	332	544	$NaNO_3$	308	117
Ti	1 680	1 588	云母	20	4 500
Fe	1 535	1 880	CaF_2	25	0.450
Co	1 450	1.700	LiF	25	0.34
Pb	350	0.442	$CaCO_3$	25	0.230

5.3　润湿现象

润湿是固、液界面上的重要行为，它对硅酸盐材料的生产非常重要。例如，陶瓷、玻璃、水泥等工艺及搪瓷的胚釉结合、陶瓷与金属的封界、水泥的水化以及复合材料的结合等理论都与润湿现象有关。

润湿现象是液体跟固体接触面上的现象，跟固体接触的液体薄层，称为附着层。液体分子附着于固体表面以降低固体的表面能。固体、液体表面上的气体被液体取代的过程，称为润湿。

将水滴在玻璃板上，水会自动散开即为润湿，水滴在石蜡上则成扁球形；将汞放在玻璃板上，汞会自动缩成球形，而将汞放在锌板上，就会慢慢散开。液滴呈球形的称为液体不润湿固体，液体沿固体表面散开的称为液体润湿固体。

当液体跟固体接触时，接触层中的液体分子，一方面受到液体内部分子的作用(内聚力)，同时受到固体分子的作用(附着力)，如果附着力大于内聚力，液体润湿固体，液体将沿固体表面散开，又称为铺展；相反，如果内聚力大于附着力，液体将不润湿固体，在固体表面上小液滴呈球形。

如何衡量润湿程度呢？将一滴液体置于水平光滑的固体表面上，则往往呈现如图 5－4 所示的两种情况。在三相接触点 O 处，存在三个界面张力，即 $\sigma_{s\text{-}g}$、$\sigma_{s\text{-}l}$、$\sigma_{g\text{-}l}$。其中 $\sigma_{g\text{-}l}$ 与 $\sigma_{s\text{-}l}$ 之间的夹角，称为接触角（润湿角），用"θ"表示。在气、液、固的三相接触点处，三个界面张力的合力为零，呈力的平衡状态。存在下列关系：

$$\sigma_{s\text{-}g}=\sigma_{s\text{-}l}+\sigma_{g\text{-}l}\cos\theta \tag{5-8a}$$

$$\cos\theta=\frac{\sigma_{s\text{-}g}-\sigma_{s\text{-}l}}{\sigma_{g\text{-}l}} \tag{5-8b}$$

上式表示表面张力与接触角的关系，称为杨氏方程，又称润湿方程。该方程只适用于气、液、固三相稳定接触，三个界面张力之间必须满足 $\sigma_{s\text{-}g}-\sigma_{s\text{-}l}\leqslant\sigma_{g\text{-}l}$［即：$\sigma_{s\text{-}g}-\sigma_{s\text{-}l}-\sigma_{g\text{-}l}$（铺展系数）$\leqslant 0$］。

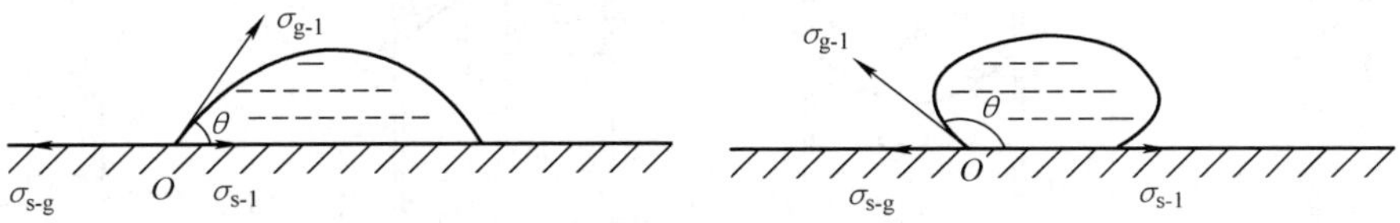

图 5－4　接触角与表面张力的关系

（a）润湿；（b）不润湿

由上式可知，在一定的条件下，θ 的大小表示液体在固体表面的状况，有如下几种可能。

（1）当 $\theta=0°$ 时，液体可在固体表面铺展成一层薄膜，称为铺展。

（2）当 $0°<\theta<90°$，液体润湿固体表面，称为润湿。

（3）当 $90°<\theta<180°$，液体不能润湿固体表面。

（4）当 $\theta=180°$，液滴在固体表面呈球形，称为完全不润湿。

接触角越小，则该液体在固体表面上的润湿性能越好。液体与固体间是否润湿取决于两相物质的极性，通常是极性相似的两物质相润湿；极性不同的物质之间不润湿。

润湿现象在生产与生活中有广泛应用。与水不润湿的防雨布料、眼镜防雾、电镀、焊接、陶瓷液相烧结过程、水泥生料成球等，都是应用润湿的理论。浮法成型平板玻璃，是使熔融玻璃液漂浮在熔融金属锡的表面上，利用了玻璃液与金属锡液互不润湿的道理。在陶瓷制品的生产中，为了能使釉液均匀地覆盖于制品上，要求釉液在常温下必能覆盖在生坯的表面，而且在高温煅烧时，釉液对坯体也应是充分润湿的。此外，在陶瓷多晶体中，主晶相与周围低共熔物都是润湿的，在晶粒互相接触的地方，为了使系统的能量最低，会自动地减小晶界面积，因而晶界的形状发生了变化，晶粒也就长大了。

5.4　弯曲表面下的附加压力和毛细现象

5.4.1　弯曲表面下的附加压力

1. 弯曲表面下附加压力的产生

当液面弯曲时，由于表面张力的作用造成弯曲液面内外的压力差，称为附加压力（p_S）。如图 5－5 所示，对于凸形液面上任一截面周界上的表面张力（其方向垂直于周界线且与液体表面相切）之合力，指向液体内部，曲面就好像紧绷在液体上一样。平衡时，凸形液面整个截面周界上的表面张力的合力不为零，方向指向液体内部，该合力使液体表面积缩小，这个收缩力使表面内的液体承受大于表面外的压力。对于凹形液面，表面张力的合力方向指向液体外部，也是力图缩小液体的表面积。

2. 弯曲表面附加压力的大小

试想用一根毛细管向液体内吹入气泡，在毛细管的下端形成一个半径为 R 的气泡(如图 5 - 6 所示)，气泡处于平衡时，泡内气体的压力应等于气泡外压力加上附加压力，即

$$p' = p + p_S \tag{5-9a}$$

$$p_S = p' - p \tag{5-9b}$$

即气泡内外的压力差等于附加压力。

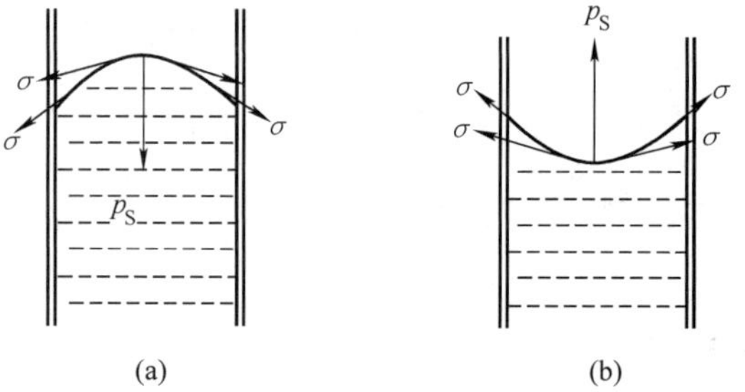

图 5 - 5　弯曲液面下的附加压力

(a)凸形液面；(b)凹形液面

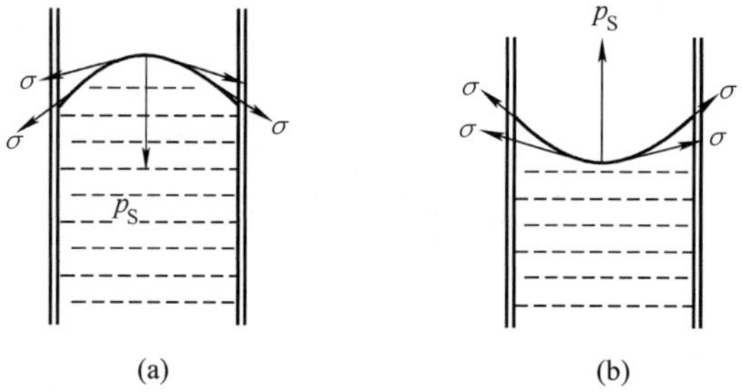

图 5 - 6　附加压力与曲率半径的关系

在恒温及可逆的情况下，推动活塞向下移动，使气泡的体积增加 dV，其表面积相应地增加 dA。泡内气体及包围气泡的界面层作为系统，此过程中体系膨胀所做的净功在数值上等于反抗附加压力所消耗的功($\delta W = p_S \cdot dV$)。此功用于克服表面张力的作用，使气泡的表面积增大 dA，即用于增加系统的表面能($dG = \sigma \cdot dA$)。故存在下列关系：

$$p_S \cdot dV = \sigma \cdot dA \tag{5-10}$$

半径为 R 的球形气泡的体积为 $V = 4\pi R^3/3$，表面积为 $A = 4\pi R^2$，所以 $dV = 4\pi R^2 dR$，$dA = 8\pi R dR$，将此二关系式代入式(5 - 10)得

$$p_S = \frac{2\sigma}{R} \tag{5-11}$$

式中：R ——曲率半径，m；

p_S——弯曲液面的附加压力，Pa；

σ ——液体的表面张力，$N \cdot m^{-1}$。

从式(5 - 11)可以看出，在一定温度下，弯曲液面的附加压力与其表面张力成正比，与弯曲液面的曲率半径成反比。一定温度下，同一种液体，R 不同，p_S 也不同；不同种液体，R 一定，σ 不同，p_S 不同。

对于凸形液面(液滴)，$R>0$，$p_S>0$，为正值，方向指向凸形液面的曲率中心(液体内部)；对于凹形液面(气泡)，$R<0$，$p_S<0$，为负值，方向指向凹形液面的曲率中心(即液体的外部气相)；对于水平液面，$R \to \infty$，$p_S = 0$，不会产生附加压力。

5.4.2　毛细现象

通常把内径等于或小于 1 mm 的管子称为毛细管。如果把玻璃毛细管的下端插入带颜色的水里，可看到水沿管壁上升使管中的水面(凹形)高出容器里的水面，如果把玻璃毛细管浸入水银里，发生的现象恰好相反，管中的水银面(凸形)要比容器中的水银面低，如

图 5－7所示。

这种润湿管壁的液体在毛细管中自动上升，不润湿管壁的液体在毛细管中自动下降的现象，称为毛细现象。

由于附加压力的作用，凹液面下的液体所承受的压力，将小于管外水平液面下液体承受的压力，所以液体将被压入管内使液柱上升，直至上升液柱所产生的静压力与附加压力在数值上相等时，才可达平衡。即

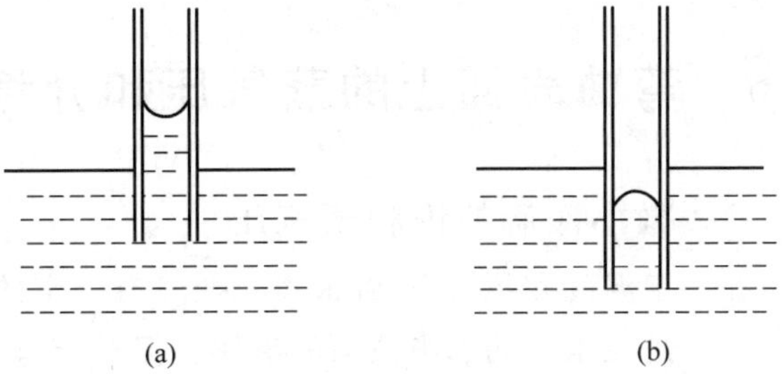

图 5－7　毛细现象

(a)水在玻璃毛细管中上升；

(b)汞在玻璃毛细管中下降

$$p_s=\frac{2\sigma}{R}=\rho g h \qquad (5-12)$$

式中：ρ——液体的密度，$kg \cdot m^{-3}$；

h——液柱上升的高度，m；

g——重力加速度常数，$N \cdot kg^{-1}$。

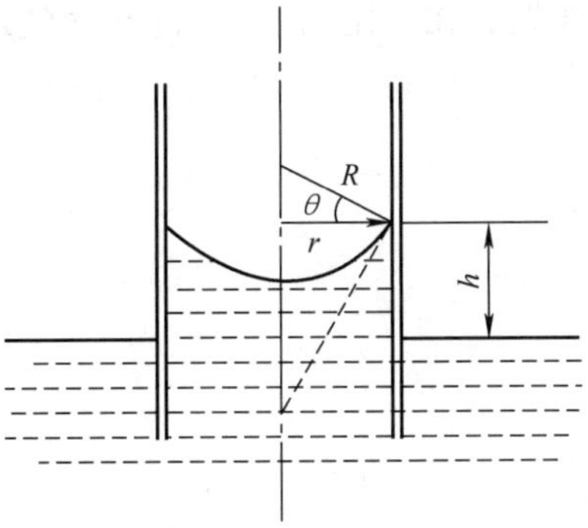

图 5－8　毛细现象

由图 5－8 可看出，$\cos\theta=\frac{r}{R}$，代入上式得

$$h=\frac{2\sigma\cos\theta}{\rho g r} \qquad (5-13)$$

上式表明，在一定温度下，对于一定的液体来说，毛细管的半径越小，接触角越小，则液体在毛细管中升高或下降得越多。

5.4.3　毛细现象和附加压力的实例

毛细现象与日常生活和工农业生产有密切关系。在毛细管内，如果某液体能润湿管壁，则液体在毛细管内呈凹形液面，由于凹形液面的蒸气压小于同温度下平液面的蒸气压，因此，在一定温度下对平液面尚未达到饱和状态的蒸气，对凹形液面来说已达到饱和或过饱和状态。在已达饱和的水蒸气中放入一个玻璃毛细管，将会看到毛细管中有液体凝结，这一现象称为毛细管凝结。蒸气在多孔固体表面被吸附时，在细孔道内容易发生毛细凝结现象。毛细管凝结在生产中常会遇到。例如，在陶瓷生坯中就有很多毛细管孔隙，水能润湿生坯，水则易在毛细管孔内凝结，故生坯需加温干燥以排除水分。

硬化的水泥浆体（例如混凝土制品），水泥石的孔隙可近似地看成水泥凝胶结合的水蒸发失去时留下的空孔隙与被水化物填充的毛细管孔隙所构成。在水泥凝胶之间存在着毛细管孔，毛细管孔内的毛细孔水呈凹形液面，毛细孔中的水蒸气易于凝结，冬季施工中由于气温下降，水冻结为冰，因此水泥铺面在冬天施工易于开裂。

玻璃液的澄清过程主要是清除玻璃液中可见气泡，对于小于临界泡径的气泡，其液面呈凹形，附加压力的方向指向气泡内部，此附加压力将使气泡缩小，从而使泡内气体的压力增大，泡内气体易溶于玻璃液中使小气泡被吸收。泡径越小，气泡自动缩小直至消失的趋势越大。

5.5 弯曲表面上的蒸气压和介稳状态

5.5.1 微小液滴的饱和蒸气压

在一定温度和压力下，纯液态物质具有一定的饱和蒸气压，此液态物质是指大量的其半径可以认为是无限大的水平液面的液体。但对于弯曲液面或液滴半径足够小时，它们的饱和蒸气压又怎样呢？做一个简单的实验。在一块蜡板上面，一边洒一些小水滴，再放一杯水，然后罩上玻璃罩，设罩内水蒸气已饱和。恒温条件下，过一段时间可以发现，小水珠不见了，它转移到杯中了。这表明对平液面已达饱和的蒸气对小液滴来说是未饱和，所以小液滴继续蒸发为蒸气后又凝结为杯中的水。实验表明，微小液滴的蒸气压大于平面液体的蒸气压，即微小液滴更易于挥发。物质的饱和蒸气压不但与温度有关，还与物质的分散度有关。同种液体在相同温度下，其饱和蒸气压随分散度的增加(微粒半径的减小)而增大。在一定温度下，饱和蒸气压与液滴半径的定量关系，可从热力学推得为

$$\ln\frac{p_r}{p^0}=\frac{2\sigma M}{\rho RT}\left(\frac{1}{r}-\frac{1}{r^0}\right) \tag{5-14a}$$

式中：p_r ——半径为 r 的纯液滴的饱和蒸气压，Pa；

p^0 ——平面纯液体的饱和蒸气压，Pa；

σ ——纯液体的表面张力，$N\cdot m^{-1}$；

M ——纯液体的摩尔质量，$kg\cdot mol^{-1}$；

r ——纯液体液滴的半径，m；

R ——通用气体常数，$J\cdot K^{-1}\cdot mol^{-1}$；

T ——热力学温度，K。

对于液面为平液面的液体，r^0 趋于无穷大，则式(5-14a)改写为

$$\ln\frac{p_r}{p^0}=\frac{2\sigma M}{\rho RT}\cdot\frac{1}{r} \tag{5-14b}$$

式(5-14a)及式(5-14b)均称为开尔文公式。

对于凸形液面(小液滴)，$r>0$，$\ln\frac{p_r}{p^0}>0$，$p_r>p^0$，即小液滴的饱和蒸气压大于平液面的饱和蒸气压。对于凹形液面(小气泡)，$r<0$，$\ln\frac{p_r}{p^0}<0$，$p_r<p^0$，即小液滴的饱和蒸气压小于平液面的饱和蒸气压。

运用开尔文公式可以说明许多表面现象。例如，硅胶的干燥作用是一种毛细管凝结现象。陶瓷泥浆喷雾干燥也是利用这个道理，由于泥浆喷成雾状，颗粒很小，料中水分的饱和蒸气压很大，它与热蒸气会合后，很快得到干燥。若将一根玻璃毛细管插入饱和水蒸气中，就能发现进入毛细管的蒸气凝结为水。说明毛细管内凹形液面水的蒸气压低于平液面水的蒸气压。

[例 5-3] 在 100 ℃时，水的表面张力为 5.89×10^{-2} $N\cdot m^{-1}$，水的密度为 9.584×10^{2} $kg\cdot m^{-3}$，问在相同温度的水中，101 325 Pa 外压的条件下，如在水中产生一个半径为 10^{-7} m 的气泡，则该小气泡能否产生并逸出水面？

解：根据开尔文公式(5－14b)　$\ln\dfrac{p_r}{p^0}=\dfrac{2\sigma M}{\rho RT}\cdot\dfrac{1}{r}$

$$=\frac{2\times5.89\times10^{-2}\times18\times10^{-3}}{9.584\times10^{2}\times8.314\times373\times10^{-7}}=7.134\times10^{-3}$$

得到$\dfrac{p_r}{p^0}=0.992\ 9$，从而

$$p_r=0.992\ 9\times101\ 325=100\ 605.59\ \text{Pa}$$

曲率半径为 10^{-7} m 的小气泡受到的附加压力为

$$p_S=\frac{2\sigma}{r}=\frac{2\times5.89\times10^{-2}}{10^{-7}}=11.78\times10^{5}\ \text{Pa}$$

设小气泡在水的表面生成，则可忽略水对小气泡所产生的静压力。则小气泡需要克服的总压力为

$$p=p_{外}+p_S=101\ 325+1\ 178\ 000=1\ 279\ 325\ \text{Pa}。$$

因为 $p_r<p$，小气泡内的蒸气压力远小于外部对它产生的压力，所以，小气泡一旦生成，就会立即消失。

[**例** 5－4]　已知 $CaCO_3$(s)在 500 ℃时的分解压力为 101.325 kPa，密度 $\rho=3.9\times10^3\ \text{kg}\cdot\text{m}^{-3}$，表面张力 $\sigma=1.210\ \text{N}\cdot\text{m}^{-1}$。若将 $CaCO_3$(s)研磨成粒径 $D=6\times10^{-6}$ m 的粉末，求其在 500 ℃下的分解压是多少？

解：将 $CaCO_3$(s)的粉末看成是凸形表面的微粒，据式(5－14b)得

$$\ln\frac{p_r}{p^0}=\frac{2\sigma M}{\rho RT}\cdot\frac{1}{r}=\frac{2\times1.210\times100\times10^{-3}}{3.9\times10^{3}\times8.134\times773}\times\frac{1}{6\times10^{-6}/2}=3.218\times10^{-3}$$

$$\frac{p_r}{p^0}=1.003\ 2$$

$$p_r=1.003\ 2p^0>P_{外}$$

磨细的 $CaCO_3$(s)比大颗粒的 $CaCO_3$(s)更易分解。

5.5.2　介稳状态和新相的生成

微小晶体与微小液滴(凸形表面)一样，微小晶体的饱和蒸气压衡大于普通晶体的饱和蒸气压，从而导致微小固体颗粒分解压增加、溶解度增加、熔点下降等一系列表面现象。但在蒸气的冷凝、液体的凝固和溶液的结晶等过程中，由于最初生成的新相的颗粒是极其微小的，其比表面和表面吉布斯函数都很大，体系处于不稳定的高能状态，称为介稳状态。在体系中要产生新相是较难的，在相应过程中就会引起各种过饱和现象，例如过饱和蒸气、过冷的液体、过热的液体、过饱和溶液等。介稳状态是系统中难于产生新相而能较长时间存在，并处于热力学不稳定的高能量状态。

1. 过饱和蒸气

在相平衡的条件下，应凝结而未凝结的蒸气(蒸气压大于饱和蒸气压)，称为过饱和蒸气。

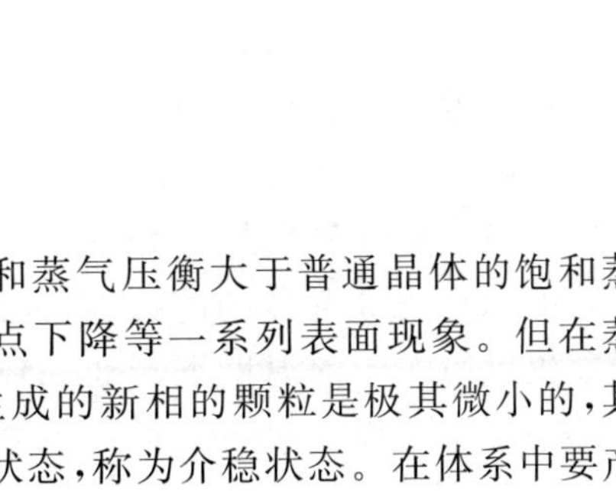

图 5－9　过饱和蒸气现象示意

蒸气的过饱和现象之所以发生，是因为新生成的微小液滴的蒸气压大于平液面上的蒸气压。如图 5－9 所

示，图中 OC 及 $O'C'$ 曲线分别表示平液体和微小液滴的饱和蒸气压曲线。不难看出，同一温度下微小液滴的蒸气压（p_2）大于平液面上方的饱和蒸气压（p_1）。当体系状态为 B 点的蒸气在压力为 p_1 的条件下冷却到 T_1 温度（即 A_1 点时），按平衡条件可发生相变，但新相为小液滴，还未达到饱和，故实际上在 A_1 点不会出现液滴，此时的蒸气称为过饱和蒸气。要生成液滴，则需恒温蒸发到达 A_2 点，或恒压降温到达 A_3 点，方可发生相变成为液滴。所以图中的 A_1A_2、A_1A_3 区间的蒸气均为过饱和蒸气，也就是介稳状态。

为了使蒸气的凝结易于发生，须有新相液滴核心易于形成及长大的中心，此中心可以是微小晶体、粗糙表面或灰尘等。比如人工降雨，就是用高射炮将干冰射向云层中，或用飞机喷洒某些固体微晶，使过饱和蒸气快速凝结，以达到降雨的目的。

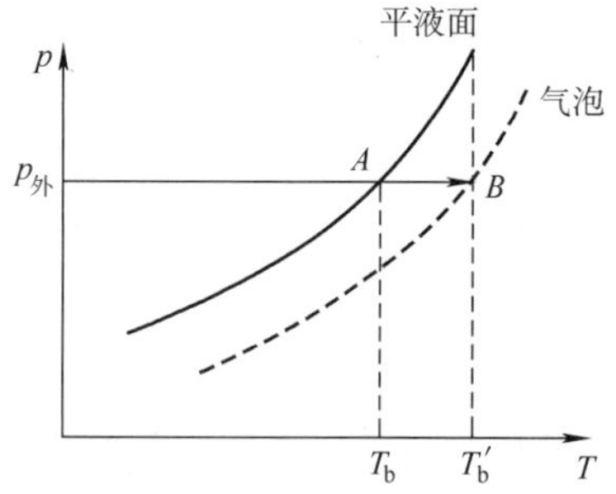

图 5-10　过热液体现象示意

2. 过热液体

按相平衡的条件，高于沸点而不会沸腾的液体，称为过热液体。如图 5-10 所示，如果在液体中不存在新相种子，液体在沸腾温度（T_b）时将难以沸腾，这是因为液体沸腾时，液体内部要形成极微小的气泡（新相），而气泡（凹形液面）的附加压力（指向气泡中心）使气泡难以形成。要使小气泡得以形成，必须继续升高温度，使小气泡内蒸气的压力等于或超过它应克服的压力，所克服的压力为大气压力、静压力和附加压力的和，生成稳定的小气泡后液体才开始沸腾，此时液体的温度（T_b'）必高于该液体的正常沸点（T_b）。

为了防止过热现象发生，通常在液体里投入素瓷片或毛细管等多孔性惰性物质，因为这些多孔性物质内已吸附了空气，加热时这些气体就成为产生新相的种子，使相变在接近沸点温度时进行，避免液体在加热过程中发生过热暴沸现象。

3. 过冷液体和微小晶体的熔点

按照相平衡条件，低于凝固点而未凝固的液体，称为过冷液体。

为什么会出现过冷现象？如图 5-11 所示，图中 DC 表示平面液体蒸气压曲线，AO 表示普通晶体的饱和蒸气压曲线，BD 表示微小晶体的饱和蒸气压曲线，由于微小晶体的平衡蒸气压衡大于同温度下普通晶体的蒸气压，BD 曲线必在 AO 曲线上方，O 点是普通晶体与熔融液相平衡共存的状态点，温度 T' 即为普通晶体的熔点（正常熔点）。D 点对应的温度 T'' 为微小晶体的熔点。从图中的温度坐标可以看出，即微小晶体的熔点（T''）比普通晶体的熔点（T'）低。当熔融液中，一旦析出微小晶体又立即融化，此熔融液相须降低温度，液体的蒸气压才有可能达到微小晶体的饱和蒸气压而开始凝固。在凝固之前的液体为过冷液体，这是热力学中的不稳定态。-5 ℃ 的水为过冷水，在过冷的液体中，只要加入小晶体作为新相的种子，就能使液体迅速凝固形成晶体。

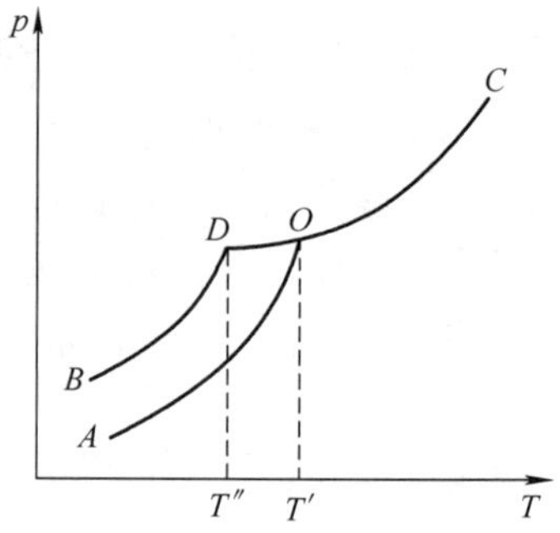

图 5-11　过冷现象示意

4. 过饱和溶液和微小晶体的溶解度

按相平衡条件，大于溶质的饱和浓度而无晶体析出的溶液，称为过饱和溶液。

如图 5-12 所示，曲线 BD 和 AO 分别表示微小晶体和普通晶体的饱和蒸气压随温度变化的曲线。从图中不难看出，相同温度下微小晶体(凸形表面)的蒸气压大于普通晶体的蒸气压。曲线1、2、3、4分别表示不同溶解度溶质平衡时的蒸气压随温度变化的曲线。我们已知同一温度时，溶质的蒸气压与溶液中溶质的浓度成正比，所以图中曲线1、2、3、4饱和溶液的浓度依次增大($c_1 < c_2 < c_3 < c_4$)。在恒定温度 T_1 条件下，蒸发溶液使溶液的浓度增大，当蒸发到 C 点时(浓缩到 c_2 浓度)，按相平衡条件应析出普通的大块的晶体。但此时析出的新相溶质是微小的晶体，它的蒸气压较普通晶体的蒸气压大，此时不能析出晶体。只有继续恒温蒸发直到 D 点，此时微小溶质的蒸气压与饱和溶液4的蒸气压相等，溶质晶体才能析出。对普通晶体来说，应在 C 点开始析晶，而实际上新生成的溶质微小晶体在 D 点才析出，此时溶液的浓度已过饱和，称为过饱和溶液。

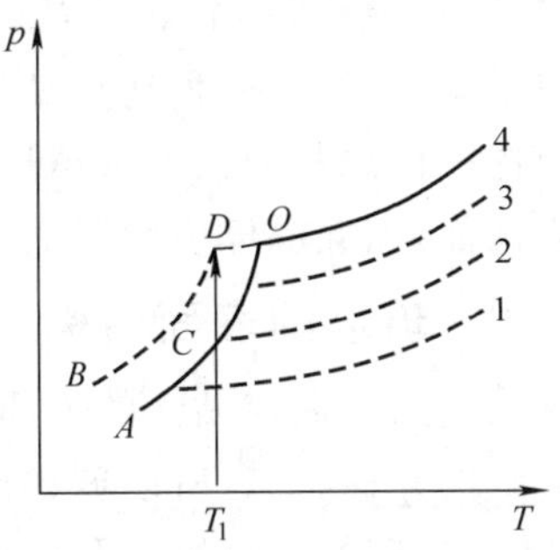

图5-12 分散度对溶解度的影响

另将开尔文公式应用于微晶的溶解度，开尔文公式可写成：

$$\ln\frac{c}{c^0}=\frac{2\sigma M}{\rho RT}\cdot\frac{1}{r} \tag{5-14c}$$

c 和 c^0 分别是微小晶体和普通晶体的溶解度，r 是微小晶体的半径。从公式可得出：一定温度下，晶粒越小，溶解度越大；微小晶体的溶解度比普通晶体的溶解度大。

在结晶操作过程中，若过饱和的程度太大，将生成细小的晶粒，不利于过滤、提纯或洗涤，会影响产品的质量。在实际生产中，为了防止出现过饱和现象，常加入小晶种使之成为新结晶相的核心，从而迅速形成大的晶粒。

上述各种介稳状态都不是处于真正的平衡态，从热力学观点来讲都是不稳定的。有时，亚稳状态却能维持相当长的时间，皆与新相难以生成有关。在生产或科研过程中，有时需要保持这种介稳态，如玻璃态物质可永久保持；有时需要破坏这种状态，如盐的精制与提纯。总之，介稳状态是一种高能量的热力学不稳定体系，它可以根据人们的需要采取有效的方法去破坏或保留。

5.6 固体表面结构

固体硅酸盐材料，可以分为晶体和非晶体；表面结构也可以分为宏观结构和微观结构。这里的表面结构是指微观质点的排列状态。

对于不同的物质，影响条件不同，其表面结构状态也不同。化学组成相同的物质因其所受的处理过程不同，常表现出很大的活性差异。固体所参与的任何反应总是从表面开始的，因此固体活性受其表面积和表面结构的影响。从热力学角度来讲，固体的活性状态意味着它处于较高的能量状态。固体的比表面积、晶格畸变和缺陷是产生活性的本质原因。同一物质只要通过机械或化学的方法处理使固体微细化，就能大大提高其活性。具有极高反应能力的固体常称为活性固体。例如，在硅酸盐水泥烧成前，要对物料进行研磨加工，以提高物料活性。经过加温研磨后的高岭土，将逐渐脱去结构水，同时使物料处于高能量状态并富于活性。

5.6.1 晶体表面结构

表面力的存在使固体表面处于较高的能量状态。晶体表面由于粒子之间的作用力，其表面层的粒子受到一个不对称的力场作用，使表面层的粒子比内部的粒子的能量高。为了使表面层呈稳定状态，一种途径是通过表面层离子(等质点)极化变形和重排引起原来晶格的畸变，像液体一样总是力图形成球形表面来降低表面能；另一种途径是固体表面吸附其他物质来降低表面能，因此晶体表面层的结构不同于内部结构。

5.6.2 玻璃的表面结构

玻璃的表面与晶体的表面类似，表面层质点处于一个引力场的作用，由于玻璃是通过急冷而得到的介稳状态，所以玻璃比相同组成的晶体具有更大的内能，其表面力场的作用会更加明显，致使玻璃的表面组成及结构与其内部不同。

玻璃的形成过程中，从熔体逐渐冷却转变为玻璃体是一个黏度逐渐增加，流动性逐渐减小的连续过程。在这个过程中，由于玻璃中的各个成分对表面能的贡献不同，为了保持表面能最小，在玻璃成型和退火过程中，玻璃中的各成分为了减低表面自由焓而自动地转移和扩散，同时易挥发组分(碱或氟)自表面挥发，从而即使是新鲜的玻璃表面，其化学成分、表面结构也不同于内部结构。

5.7 固体表面的吸附

5.7.1 吸附的概念与分类

在一定条件下，物质的原子或分子附着在另一种物质表面上的现象，称为吸附，也就是在物质的相界面层上自动地富集某些物质的现象。吸附是表面浓度发生自动改变的过程。例如，用活性炭吸附糖液中的有色杂质；防毒面具中的活性炭能吸附空气中的有害气体；油污总是附着于水的表面等。

具有吸附能力的物质称为吸附剂或基质，如活性炭。被吸附的物质称为吸附质。

吸附作用是自动进行的过程，是在恒温、恒压下的热力学的自发过程，因而是吉布斯函数减小的过程，即 $\Delta G_{T,p}<0$。应用公式 $\Delta G=\Delta H-T\Delta S$，因为吸附是吸附物的分子运动混乱度减小的过程，从熵的物理意义可知，吸附是熵减小的过程，即 $\Delta S<0$，要保证 $\Delta G_{T,p}<0$，必有 $\Delta H<0$。所以等温吸附是放热的过程。

不仅固体表面能发生吸附，液体的表面也能发生吸附。为什么会发生吸附作用呢？从微观角度讲，这是因为物质表面层的原子或离子具有不饱和键和过剩的表面能，从热力学第二定律可知，系统有自动降低表面能的趋势。降低表面能的方法有二种：一是通过减小表面积(固体表面质点极化变形，液体表面减至最小尽量呈球形)；二是通过吸附其他物质。因此，吸附是降低表面能的自动过程。

吸附作用按作用力的性质不同，分为物理吸附和化学吸附两类。

(1)物理吸附。吸附剂与吸附质分子之间靠分子间力(范德华力)产生的吸附，称为物理吸附。范德华力很弱，但存在于各种分子之间。所以，一种吸附剂可吸附许多不同种类的气体，故物理吸附一般没有选择性。吸附剂表面吸附了气体分子之后，还可以在被吸附了的气体分子上再吸附更多的气体分子，因此物理吸附可以是多分子层吸附。物理吸附与气体在固体表面凝结相类似，其吸附热(吸附质在吸附过程中所放出的热)与气体的液化热有着相同的数量级，由于这类吸附的作用力较弱，所以解吸(脱附)也较容易进行，而且吸附速率快，易于达到吸附平衡。

(2)化学吸附。吸附剂与吸附质分子之间靠化学键力产生的吸附,称为化学吸附。与物理吸附不同,产生化学吸附的作用力是很强的化学键力,在化学吸附过程中吸附剂与吸附质之间发生类似于化学反应的过程,化学吸附过程发生键的断裂与形成化学吸附有很强的选择性。化学吸附的吸附热与化学反应热的数量级差不多,比物理吸附的吸附热大得多。吸附剂表面与被吸附的气体分子间形成化学键以后,就不能与其他气体分子形成化学键,故化学吸附是单分子层吸附。化学吸附的作用力较强,所以化学吸附不易解吸。化学键的生成与破坏比较困难,吸附量与解吸速率都较小,且不易达到吸附平衡,当温度升高时可加快化学吸附的速率,故化学吸附常在较高的温度下进行。

物理吸附和化学吸附不是绝对不相容的,在指定条件下两者可同时发生,其区别见表 5-2 所示。并且在不同的情况下,吸附性质也可以发生变化。如 CO(g)在 Pd 上的吸附,低温下是物理吸附,高温时则表现为化学吸附。

表 5-2　物理吸附和化学吸附的区别

性质	物理吸附	化学吸附	性质	物理吸附	化学吸附
吸附力	范德华力	化学键力	吸附热	近于液化热	近于反应热
吸附层	单层或多层	单层	吸附平衡	快,易达到	慢,不易达到
选择性	无或很差	较强	吸附温度	吸附物沸点附近或以下	远高于吸附物的沸点
可逆性	可逆	不可逆			

5.7.2　气体在固体表面上的吸附

固体吸附剂吸附气体或蒸气,是固体与气体界面上最重要的特征之一。固体表面的重要行为,如黏附、摩擦和润湿等在很大程度上受气体吸附膜的影响。吸附剂对吸附质的吸附能力用吸附量来表示,在一定温度下,吸附量随吸附温度 T 和吸附压力 p 而变化的关系,可用不同的方程式来表示。

在一定温度和压力下,当吸附的速率与脱附的速率相等时,便达到了吸附平衡。吸附平衡时,一定量的吸附剂对被吸附气体吸附能力的大小用吸附量来表示。吸附量的大小,一般用一定 T、p 下吸附达平衡时,被吸附气体在标准状况下的体积与吸附剂质量之比表示,称为平衡吸附量,简称吸附量(通常用“Γ”表示)。吸附量的定义式为

$$\Gamma=\frac{V}{m}\quad(\text{吸附量 }\Gamma\text{ 的单位为 m}^3\cdot\text{kg}^{-1})\tag{5-15a}$$

$$\Gamma=\frac{n}{m}\quad(\text{吸附量 }\Gamma\text{ 的单位为 mol}\cdot\text{kg}^{-1})\tag{5-15b}$$

气体的吸附量与气体的温度及压力有关,一般可表示为 $\Gamma=f(T,p)$。

恒压下,反映吸附量与温度之间关系的曲线,称为吸附等压线;恒温下,反映吸附量与压力之间关系的曲线,称为吸附等温线;吸附量一定时,反映平衡温度与平衡压力之间关系的曲线,称为吸附等量线。吸附等温式的种类很多,下面简单介绍两种常见的吸附等温式。

1. 弗罗因德利希吸附等温经验式

弗罗因德利希吸附等温式如下:

$$\Gamma=kp^n\tag{5-16}$$

式中:p——吸附平衡时气体的压力;

k、n——经验常数。

5 表面现象

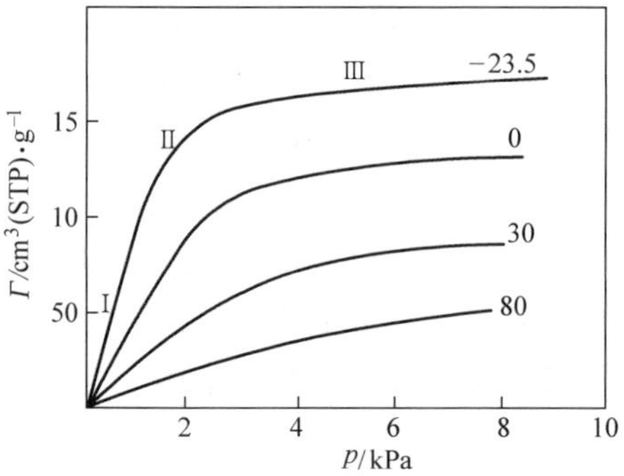

图 5－13　氨在木炭上的吸附等温线

该经验式只适用于中压范围。

2. 单分子层吸附理论——兰格缪尔吸附等温式

典型的吸附等温线如图 5－13 所示。

(1)当压力一定时，温度越高，平衡吸附量越低，即温度升高，吸附剂的吸附能力逐渐降低。

(2)当温度一定时，平衡吸附量随着压力的升高而增加，但在吸附等温线的不同部分，压力的影响是不同的。

这种吸附等温线可以分为三段：低压部分段，吸附量与压力 P 近似成正比；压力中等段，压力继续升高时吸附量随着压力的增加而趋势逐渐减小；当压力足够高的段吸附量基本上不随压力而变化，相当于达到吸附的饱和状态。

兰格缪尔单分子层吸附理论基于四点假设。

(1)单分子层吸附。吸附剂具有吸附能力是因为吸附剂表面的原子力场没有饱和，有剩余键力即化学键力。气体分子只有碰撞到尚未被吸附的空白表面上才能够发生吸附。

(2)吸附剂表面是均匀的。即吸附剂表面各处的吸附能力完全相同。

(3)被吸附的气体分子与其他分子间无相互作用力。气体分子在吸附和脱附过程中，均不受邻近的其他已被吸附分子的影响。

(4)吸附平衡是动态平衡。气体分子只有碰撞到吸附剂的空白表面上方可被吸附。已被吸附在吸附剂表面的分子中具有较高能量的分子，可以脱附返回气相。当吸附速率与脱附速率相等时，达到吸附平衡。吸附平衡实质上是一种动态平衡。

兰格缪尔依据以上四点假设，推导出了兰格缪尔吸附等温方程式。首先确定表面覆盖度(θ)的概念。θ 的定义式为

$$\theta=\text{已被气体分子覆盖的固体表面积/固体总的表面积} \tag{5-17}$$

$$\theta=\frac{\Gamma}{\Gamma_\infty}=\frac{bp}{1+bp} \tag{5-18a}$$

式中：b——吸附系数(吸附平衡常数)，它的大小表示固体表面吸附气体能力的强弱；

Γ——平衡压力为 p 时的吸附量；

Γ_∞——饱和吸附量，即 1 kg 吸附剂表面盖满一层吸附物分子时所能吸附的最大物质的量。

单分子层吸附等温线，表示在一定温度下吸附剂表面发生单分子层吸附时，平衡吸附量 Γ 随平衡压力 p 的变化关系为

$$\Gamma=\Gamma_\infty\frac{bp}{1+bp} \tag{5-18b}$$

在低压下，$bp\ll1$，$\Gamma=\Gamma_\infty bp$，Γ 与 p 近似为线性关系；在高压下，$bp\gg1$，$\Gamma=\Gamma_\infty$，Γ 几乎不随压力而变化，表明吸附已经达到饱和。

在一定温度下，对于指定的吸附剂和吸附质来说，Γ_∞ 和 b 都是常数。可将上式改写成如下线性方程：

$$\frac{1}{\Gamma}=\frac{1}{\Gamma_\infty}+\frac{1}{\Gamma_\infty bp} \tag{5-19}$$

利用实验数据，由$\frac{1}{\Gamma}$对$\frac{1}{p}$作图得一直线，斜率$=1/\Gamma_\infty b$，截距$=1/\Gamma_\infty$。

此外，表面覆盖度的另一种表示为$\theta=V/V_S$。对于一定的吸附剂，在指定的温度下，V代表平衡分压为p时实际吸附的气体的体积，V_S代表单分子层饱和吸附时被吸附的气体的体积。兰格缪尔吸附等温式的另外一种表达式为

$$\theta=\frac{V}{V_S}=\frac{bp}{1+bp} \tag{5-20a}$$

$$\frac{p}{V}=\frac{1}{V_S}p+\frac{1}{bV_S} \tag{5-20b}$$

式中V、p均是可直接测量的量，以p/V对p作图得一直线，通过直线的斜率和截距可求出式中的b或V_S。

兰格缪尔吸附等温式是界面现象中最重要的公式，应用时多采用作图法，该式只适用于单分子层的化学吸附。

在陶瓷、水泥、耐火材料生产与使用中，吸附现象很常见。固体表面层对气体的吸附，往往不利于颗粒表面胶结剂的胶结，也不利于物料的烧结。高岭石粉末压块的断裂强度随水蒸气相对压力的提高而下降，便是由于吸附气体后降低了固体表面能的缘故。吸附作用在水泥生产中有着重要的应用，当用球磨粉碎机破碎固体时，固体表面布满许多极细的裂痕，如果这时存在着能够润湿固体的某种液体，此液体会渗入到固体表面的微小裂隙中去，形成吸附膜，而且液体能自动向深处扩展，可产生一种劈裂作用，降低了固体的硬度，使其易于破碎。

5.7.3 固体在溶液中的吸附

固体吸附剂表面不但能够吸附气体，而且对溶液中的溶质也可以进行选择性的吸附。固体吸附剂在溶液中的吸附比对气体的吸附要复杂得多，由于固体吸附剂除吸附溶质外，还可以吸附溶剂，溶质在溶液中还可以发生电离、水解、氧化等反应；被吸附的离子也可以被其他同号离子所替换；还有温度、浓度等外界因素的影响。固体在溶液中的吸附可总结出如下规律。

(1)降低固体表面能越多的溶质(即表面活性大的溶质)越易被吸附。

(2)固体在溶液中的吸附也是放热的，吸附热越大，吸附作用越易发生，吸附量随温度的升高而降低。

(3)溶质的溶解度越小，越易被吸附，因为溶解度越小，溶质与溶剂间的作用力相对越弱，则被吸附的倾向也越大。

(4)极性吸附质易被极性吸附剂优先吸附，非极性吸附质易被非极性吸附剂优先吸附。

固体吸附剂对溶液中溶质或溶剂的吸附可以是化学吸附，也可以是物理吸附。下面介绍几种常见的固体吸附剂。

1. 硅胶

硅胶又名氧化硅胶或硅胶凝胶，它是一种透明乳白色、表面多孔的球状固体。其特性具有亲水性，易吸收水蒸气；在非水溶液中能吸收大量极性物质，具有选择性吸附，对碱性有机染料的吸附作用相当强，而对酸性的物质吸附较弱。主要用作干燥剂，用于除去气体或有机物质；作回收剂，广泛吸收易挥发物质；作净化剂，净化脂肪和石油产品等。

2. 活性氧化铝

活性氧化铝又名活性矾土，是一种白色多孔性颗粒状固体，为吸附能力很强的吸附剂，对

气体、蒸气和某些液体水分有选择性吸附本领。

3. 活性炭

活性炭是一种多孔结构的木炭，是一种非极性吸附剂，对气体、蒸气有强的吸附能力，用途甚广，可作脱色剂，还可用于溶剂的回收、气体回收和物质分离提纯等。

4. 分子筛

分子筛是一种含水铝硅酸盐，其化学式为$(M_2^+ \cdot M^{2+})O \cdot Al_2O_3 \cdot nSiO_2 \cdot mH_2O$，是一种架状的多孔结构，分子筛晶胞体积大，硅(铝)氧骨架密度低，有极大的内表面和比表面，使它具有很高的活性和吸附容量。不同结构的分子筛具有不同尺寸的孔洞，使分子筛具有选择性吸附、分离和筛选特性。普通吸附剂在吸附物浓度很低时，只要吸附物分子直径小于分子筛的孔径，仍然对其具有较高的吸附能力；其次，它在较高的温度时仍有较高的吸附能力。因此，分子筛常在工业上用作净化剂、干燥剂。

5.7.4 固体之间的黏附

黏附对于不同材料间的焊接，橡胶、玻璃纤维增强塑料、石膏和水泥等复合材料的结合等具有特殊的意义。良好的黏附要求黏附的地方完全致密并具有高的黏附强度。

固体表面的剩余力场使得固体表面具有表面能，当两个固体表面直接接触，通过固体表面之间的吸引力或通过固体表面之间的液体黏结，把两固体紧密地连结在一起的作用，称为黏附。黏附通常是发生在固、液界面上的行为，良好的黏附所需的化学条件如下。

(1)润湿性。液体与固体间应充分良好的润湿，润湿越好，黏附也越好。

(2)黏附功要大，以保证黏附牢固。固体之间的黏附牢固程度可用黏附功来表示，是指把单位黏附界面拉开所需的功。

(3)黏附面的界面张力$\sigma_{s\text{-}l}$要小，以保证黏附界面的热力学稳定。$\sigma_{s\text{-}l}$越小，黏附界面越稳定，黏附力也越大。

(4)黏附剂与被黏附体间的相溶性或亲和性要好，以保证黏附界面的良好键合和强度。所谓相溶或亲和，是指两者润湿时的吉布斯自由焓变化降低($\Delta G \leqslant 0$)，相溶性越好，则黏附越牢。

5.8 表面活性物质

5.8.1 溶液表面的吸附作用

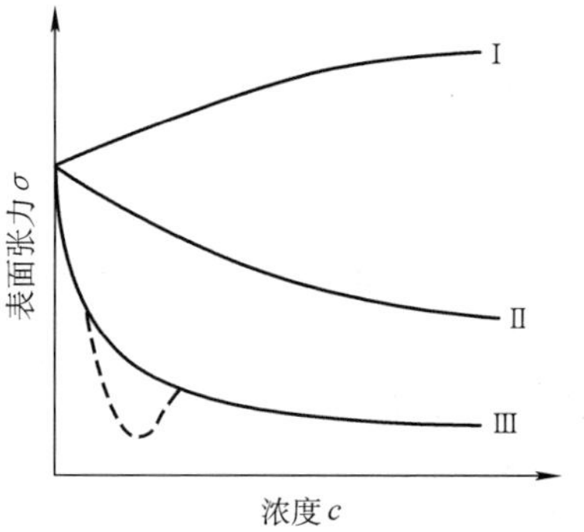

图 5-14 表面张力与浓度关系示意

任何纯液体(水)在一定温度下都有一定的表面张力，当加入溶质后，溶液的表面张力往往发生变化，这便是溶液表面吸附的表现。溶液中的溶质在表面层的浓度与其在溶液本体中的浓度不同的现象，称为溶液表面的吸附。

在一定温度下，纯水中加入不同种类溶质时，溶液的浓度对表面张力的影响可分为三种类型，如图5-14所示。图中曲线Ⅰ表明，在水中逐渐加入某种溶质时，溶液的表面张力随溶液浓度的增加稍有升高。图中曲线Ⅱ表明，在水中逐渐加入某溶质时，溶液的表面张力随溶液浓度的增加而降低，此溶质为低脂肪酸、醇、醛等有机化合物。图中曲线Ⅲ表明，在水中加入少量的某溶质时，就能使溶液的表面张力急剧下降，至某一浓度之后，溶液的表面张力几乎不随溶液浓度增加而变化。此类物质有长碳链的脂肪酸盐（如肥皂——硬脂酸钠）、烷基苯磺酸盐（如洗衣粉——12 烷基苯磺酸钠）、烷基硫酸脂盐（$ROSO_3Na$）等。

当溶质在表面层的浓度大于本体中的浓度时，称为正吸附；当溶质在表面层的浓度小于本体中的浓度时，称为负吸附。为什么会发生这种现象呢？根据系统表面自由焓总是趋于最小的原理，溶质若能降低表面能量，则会在表面层相对的增浓；而增加表面能的溶质在表面层会相对降低浓度，以降低物系表面能量。

凡能使溶液的表面张力降低的物质，称为表面活性物质；凡能使溶液的表面张力升高的物质，称为表面惰性物质。但习惯上只把那些溶入少量就能显著降低溶液表面张力的物质，称为表面活性物质（或称表面活性剂）。

2. 吉布斯吸附等温式

溶质在溶液表面的吸附量 Γ 与溶液的表面张力 σ、溶质浓度 c 之间的关系为

$$\Gamma = -\frac{c}{RT}\left(\frac{\partial\sigma}{\partial c}\right)_T \tag{5-21}$$

式中表面吸附量 Γ 为溶质的表面浓度比内部浓度的过剩量，通常称为表面过剩浓度，单位为 $mol \cdot m^{-1}$，上式即为吉布斯吸附等温式。

式中，当 $(\partial\sigma/\partial c)_T > 0$，则 $\Gamma < 0$，发生了负吸附，溶质在表面的浓度低，表明加入溶质后溶液的表面张力增加；当 $(\partial\sigma/\partial c)_T < 0$，则 $\Gamma > 0$，发生了正吸附，溶质在表面的浓度高，表明加入溶质后溶液的表面张力降低。

具体应用吉布斯吸附等温式时，常以 Γ 对 c 作图，得到一条曲线，求得曲线上各不同浓度处的斜率，即为该浓度下的 $(\partial\sigma/\partial c)_T$ 之值。再代入式（5-21）即求得指定浓度下的吸附量 Γ 值。

5.8.2　表面活性物质的结构与作用

表面活性剂分子都由性质完全不同的两部分所组成，一部分是亲水性的极性基团（憎油基），如—COOH、—$CONH_2$、—OH 等；另一部分是亲油性的非极性基团（憎水基），如碳链含有 8～18 个碳的烃基。表面活性物质的分子模型用符号表示，“○”表示极性基团，“—”代表非极性基团，如油酸的分子式为 $CH_3(CH_2)_7CH{=}CH(CH_2)_7$—COOH，油酸的分子模型为“—○”。

根据表面活性物质的分子模型可知：在水溶液中，表面活性物质的亲水基团受到极性很强的水分子的吸引，有钻入水中的趋势；憎水性的非极性基团是亲油性的，则倾向翘出水面钻入非极性有机溶剂或油类的另一相中，使表面活性分子定向地排列在界面层中，如图 5-15 所示。

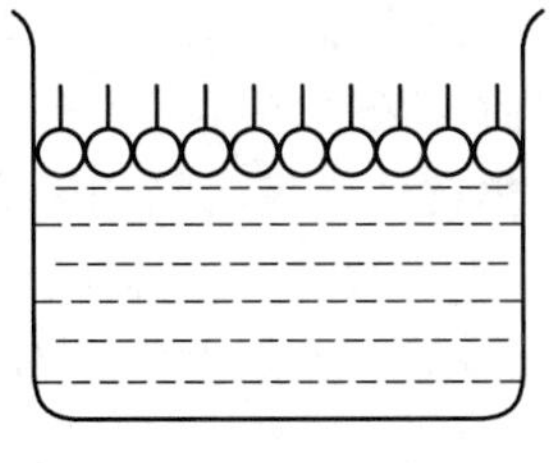

图 5-15　表面活性物质形成的单分子膜

表面活性物质按化学结构可分为离子型和非离子型两种。在水中能电离生成离子的表面活性物质，称为离子型表面活性物质。在水中不能电离的表面活性物质，称为非离子型表面活性物质。此外，还有两性表面活性剂。详细分类如下：

- 表面活性物质
  - 离子型表面活性物质
    - 阳离子表面活性物质，如胺盐($C_{18}H_{37}NH_3^+Cl^-$)
    - 阴离子表面活性物质，如肥皂($RCOO^-Na^+$)
    - 两性表面活性物质，如氨基酸型($R—NH—CH_2COOH$)
  - 非离子型表面活性物质，如聚乙二醇类($HOCH_2[CH_2OCH_2]_nCH_2OH$)

当离子型表面活性剂的浓度很低时，以单个分子的形式存在，这些分子聚集在水的表面上，引起水的表面张力的降低。当表面活性剂的浓度逐渐增大时，在表面上聚集的表面活性剂分子增多而形成单分子层，而且溶液相内表面活性剂的分子以憎水基(向内)互相靠拢、亲水基向外聚集在一起形成胶束。胶束中表面活性分子的极性亲水基与水分子结合，而非极性的憎水基则被包裹在胶束内部，几乎完全不与水分子接触，因此，胶束在水中可以比较稳定地存在。如图 5－16 所示。胶束的形状可以是球状、层状和棒状。

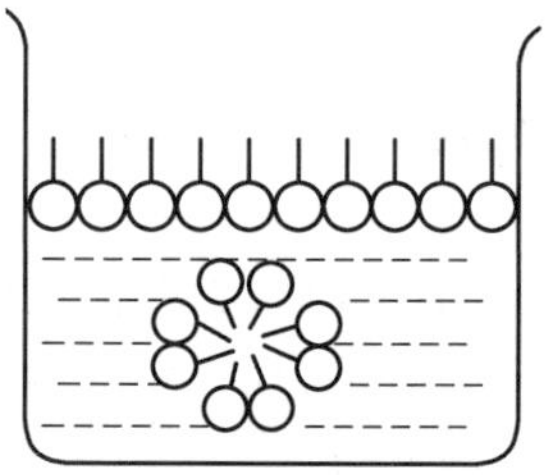

图 5－16　球型胶束示意

表面活性剂按用途可分为表面张力降低剂、渗透剂、润湿剂、乳化剂、增溶剂、分散剂、絮凝剂、起泡剂、去污剂、消泡剂、杀菌剂、减水剂、助磨剂、抗静电剂、柔软剂、防水剂、均染剂等。

表面活性物质有如下几种作用。

(1)去污作用。肥皂和洗衣粉这类物质能够去污的原因，是因为它们都是表面活性物质。许多油类对衣物润湿良好，在衣物上能自动铺展却很难溶于水，当把肥皂抹在潮湿有油污的织物上，肥皂分子能够渗透到油污和衣物之间，形成定向排列的单分子膜，从而大大减弱油污在织物上的附着力，只要轻轻揉搓，很容易使污物从织物上脱落、乳化，分散于水中，达到洗涤的目的。去污作用是一个复杂的过程，它包含润湿、渗透、乳化、分散、增溶以及起泡等作用。

(2)塑化作用。在陶瓷工业中，为了改善瓷料的成型性能，广泛使用各种表面活性剂作为稳定剂、增塑剂和黏结剂。

(3)减水作用。凡减水剂皆属于表面活性物质。在水溶液中，减水剂的亲水基指向水溶液，而疏水基则指向空气、非极性液体或指向固相，形成定向排列的单分子膜，从而降低水的表面张力或降低水与其他液体或固体之间的界面张力。

用硅酸盐水泥制备混凝土时，添加多元醇系、木质素、多羧酸系、聚丙基磺酸盐等表面活性剂作为减水剂，会促进水泥充分水化来提高施工性能，提高混凝土的致密性和机械强度。

以下是水泥减水剂的作用机理。水泥加水搅拌及凝结硬化过程(即水泥的水化过程)中，水泥矿物(C_3A、C_4AF、C_3S、C_2S)所带电荷不同，引起静电吸引；或水泥颗粒某些边棱间互相碰撞、吸附或受范德华力作用等，均会形成絮凝状结构。在这些絮凝状结构中，包裹着许多拌合水，因而降低了新拌混凝土的和易性，如果要保持新拌混凝土所需的和易性，就必须增加用水量，这样会使水泥石结构中形成过多的孔隙而降低强度。加入减水剂的作用是将包裹在絮凝物中的水分释放。减水剂的憎水基团定向吸附于水泥质的表面，亲水基团指向水溶液形成单分子吸附膜，使水泥质点表面带有相同的电荷，在静电斥力作用下，使水泥一水系统处于稳定的悬游状态，水泥加水初期形成的絮凝结构瓦解，游离水释放，从而达到减水又保持所需的和易性的目的。在水泥使用前，为了改善混凝土在硬化前后的物理性质，常加入各种表面活性物质作为减水剂、发泡剂、阻凝剂和促凝剂。

(4)助磨作用。当将固体物质磨细到颗粒度几十微米以下时，物系的比表面就很大了，使物系具有很大的表面自由焓，物系处于高度的热力学不稳定状态。在一定的温度和压力下，物系颗粒有自动结合变大从而降低物系表面自由焓的趋势。要想提高物料的粉碎程度，提高粉碎效率，往往加入适量的表面活性剂作为助磨剂，助磨剂分子在颗粒表面吸附后定向排列。一方面，表面活性剂能够润湿固体颗粒，形成吸附膜，使颗粒的表面张力明显下降，使物系变得更稳定，避免颗粒直接接触。另一方面，表面活性剂分子还可以渗入到颗粒的微隙中，如同在裂隙中打入一个“楔子”，起着劈裂的作用使颗粒分裂成更小的细粒，多余的表面活性剂的分子很快地吸附在这些新生成的细粒表面上，以防止新裂隙的越合或颗粒间的黏聚。定向排列于颗粒表面的表面活性剂分子的碳氢基朝外，使颗粒表面光滑易滚动，加入助磨剂有利于粉碎程度的提高。在水泥生产过程中，为了提高水泥质量，以高效率表面活性剂作为助磨剂，在水泥的粉磨过程中加入的乙二醇或丙二醇、油酸、亚硫酸纸浆废液等就是助磨剂。目前已有新型高效复合助磨剂被研制出来，并应用于水泥的生产。

思考与习题

5-1　名词解释：比表面、过饱和蒸气、过热液体、过冷液体、过饱和溶液、接触角、吸附、吸附平衡、吸附量、物理吸附、化学吸附。

5-2　解释下列现象：有机蒸馏时加入沸石；人工降雨；质量分析中的“沉化”；小晶粒的熔点比大块的固体的熔点略低，而溶解度略大。

5-3　比表面吉布斯函数、表面功、表面张力的区别与联系是什么？

5-4　为什么处于液体表面层的分子比液体内部分子具有较高的能量？表面能属于内能吗？

5-5　为什么表面有自发收缩的趋势？为什么小液滴、小气泡、肥皂泡总是呈球形？

5-6　为什么用钢笔在油纸上写不出字来？

5-7　如题 5-7 图所示，在装有部分液体的毛细管中，当在一端加热时，问润湿性液体向毛细管的哪一端移动？不润湿性液体向哪一端移动？并说明原因。

题 5-7 图

5-8　如题 5-8 图所示，两块平板玻璃在干燥时叠加在一起很容易分开，若在其间放一些水，要想按图中箭头方向将它们分开，需要花费很大的力才行，试说明原因。

5-9　一个两通活塞两端各连接一个肥皂泡，两肥皂泡大小不同，如题 5-9 图所示，问旋转活塞使两个气泡相连后，有何现象？为什么？

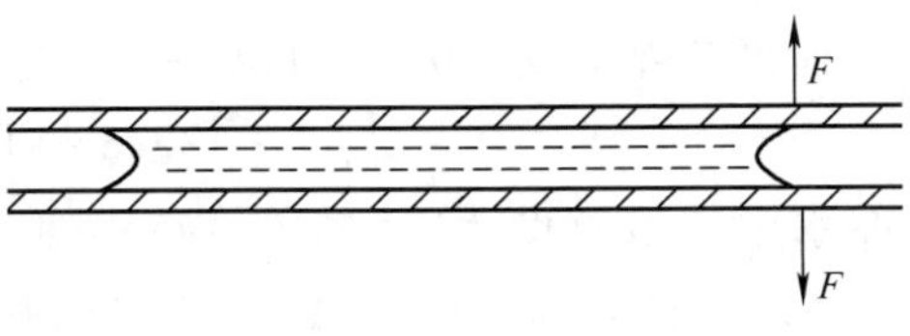

题 5-8 图

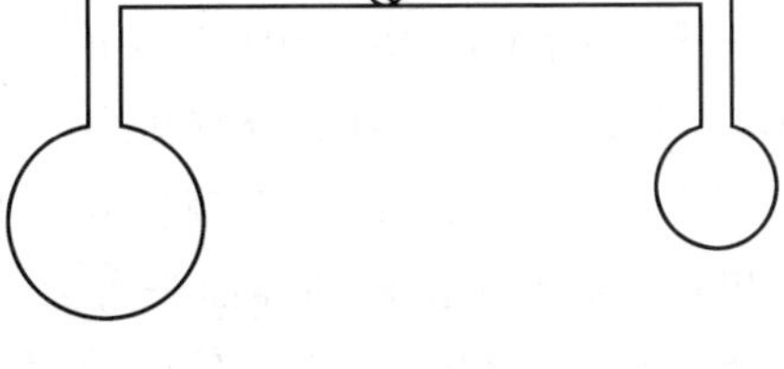

题 5-9 图

5－10　为了把液体灌入细口瓶中，可用一根洁净的玻璃棒帮助导流，说明此法应用的理论依据。是否对所有液体都可以用玻璃棒导流？

5－11　焊接金属物件时，为什么必须先用焊液清除表面？

5－12　为什么说等温吸附是放热的？

5－13　物理吸附和化学吸附有何区别？

5－14　气固吸附中，吸附量同温度和压力有何关系？

5－15　20 ℃时，把半径为 1 mm 的水滴分散成半径为 10^{-3} mm 的小水滴，问比表面积增加了多少倍？（1 000 倍）

5－16　在 293.15 K 及 101.325 kPa 下，把半径为 10^{-3} m 的汞滴分散成半径为 10^{-7} m 的小汞滴，已知 293.15 K 时汞的表面张力 $\sigma=0.470\ \mathrm{N\cdot m^{-1}}$。试求：(1)表面积是原来的多少倍？(2)表面能增加了多少？(3)此过程中环境所需做的功是多少？

（10 000 倍；$\Delta G=5.903\ 2\times10^{-2}$ J；$W'=5.903\ 2\times10^{-2}$ J）

5－17　氧化铝瓷片上需要涂银，当加热到 1 273 K 时，试判断液态银能否润湿氧化铝瓷件表面？已知该温度下，Al_2O_3 的表面张力 $\sigma_{s\sim g}$ 为 1.0 $\mathrm{N\cdot m^{-1}}$，液态银的表面张力 $\sigma_{l\sim g}$ 为 0.88 $\mathrm{N\cdot m^{-1}}$，银与 Al_2O_3 界面的表面张力 $\sigma_{s\sim l}$ 为 1.77 $\mathrm{N\cdot m^{-1}}$。（$\theta=151°$不能润湿）

5－18　已知在高温下 Al_2O_3(s)的表面张力为 0.900 $\mathrm{N\cdot m^{-1}}$，液态 Fe(l)的表面张力为 1.720 $\mathrm{N\cdot m^{-1}}$，而 Al_2O_3(s) 与 Fe(l)的界面张力为 2.300 $\mathrm{N\cdot m^{-1}}$。问接触角有多大？

（$\theta=144.5°$）

5－19　MgO-Al_2O_3-SiO_2 物系的低共熔物，放在 Si_3N_4 陶瓷片上。在低共熔温度下，液相的表面张力为 0.9 $\mathrm{N\cdot m^{-1}}$，液体与固体的界面张力为 0.6 $\mathrm{N\cdot m^{-1}}$，测得接触角为 70.52°，求 Si_3N_4 的表面张力。（$\sigma=0.9\ \mathrm{N\cdot m^{-1}}$）

5－20　在 2 028 ℃的 Al_2O_3(l)内有一半径为 10^{-7} m 的小气泡，求该气泡所受的附加压力是多大？相当于多少个标准大气压？已知 2 028 ℃ 时 Al_2O_3 (l) 的表面张力为 0.700 $\mathrm{N\cdot m^{-1}}$。（$p_s=1.4\times10^7$ Pa；$p_s=138.17$ atm）

5－21　若在 101.325 kPa 及 373.15 K 下的水中产生一个半径为 10^{-8} m 的小气泡，问该小气泡能否存在并长大？此时水的密度为 958 $\mathrm{kg\cdot m^{-3}}$，水的表面张力为 0.058 9 $\mathrm{N\cdot m^{-1}}$。

（$p_r/p^0=1.074$）

5－22　293.15 K 时，水的饱和蒸气压力为 2.338 kPa，密度为 998.3 $\mathrm{kg\cdot m^{-3}}$，表面张力为 $72.75\times10^{-3}\ \mathrm{N\cdot m^{-1}}$，试求半径为 10^{-9} m 的小水滴在 293.15 K 时的饱和蒸气压为多少？

（$p_r=685\ 9.93$ Pa）

5－23　已知 $CaCO_3$(s)在 773.15 K 时的密度为 3 900 $\mathrm{kg\cdot m^{-3}}$，表面张力为 $1\ 210\times10^{-3}\ \mathrm{N\cdot m^{-1}}$，分解压力为 101.325 kPa。若将 $CaCO_3$ 研磨成半径为 30 nm(1 nm$=10^{-9}$ m)的粉末，求其在 773.15 时的分解压力。（$p_{分}=139.83$ kPa）

5－24　在 290.15 K 时大颗粒的 1,2-二硝基苯在水中的溶解度为$5.9\times10^{-3}\ \mathrm{mol\cdot L^{-1}}$，1,2-二硝基苯固体与溶液的界面张力为 0.025 $\mathrm{N\cdot m^{-1}}$，计算直径为 10^{-8} m 的 1,2-二硝基苯在水中的溶解度。已知 1,2-二硝基苯固体的密度为156 5 $\mathrm{kg\cdot m^{-3}}$。

（$c°=7.375\times10^{-3}\ \mathrm{mol\cdot L^{-1}}$）

5-25　在某一定温度下，对 H_2(g)在 Cu(s)上的吸附测得以下数据：

p_{H_2}/(×10^3 Pa)	5.066	10.13	15.20	20.27	25.33
p/V/(×10^5 Pa/L)	4.256	7.600	11.65	14.89	17.73

其中 V 是不同压力下每克 Cu 上吸附 H_2 的体积(标准状况)，用作图法求兰格缪尔公式中的 V_S。

6

熔体和玻璃体

本章学习要求

1. 了解硅酸盐熔体结构的聚合物理论，理解熔体结构和玻璃体结构相近是因为在结构中均存在“近程有序”结构区。

2. 利用熔体的聚合物理论来解释熔体的组成、结构与性能之间的关系，了解熔体的组成、温度等对负离子团的结构影响。

3. 了解熔体的主要性质：熔体的黏度、熔体的表面张力及其影响因素。

4. 了解玻璃体的通性：各向同性；亚稳性；由熔体向玻璃体转变过程的渐变性和可逆性以及各种物理、化学性质变化的连续性。

5. 了解玻璃成分对玻璃热膨胀系数的影响，及热膨胀系数与玻璃热稳定性能的关系。

6. 了解玻璃的形成条件：热力学条件、动力学条件及结晶化学条件对玻璃形成的影响。

7. 了解玻璃结构的两种学说：晶子学说和无规则网络学说。

在固体材料中，不论是天然的还是人造的，按其质点排列的有序与否，均可分为晶体与非晶体两大类。有的晶体所表现出的规则的几何外形及有固定的熔点等特性，取决于晶体内部质点在三维空间内完全有规律的周期性重复排列。晶体具有“近程有序，远程也有序”的结构特点。大多数硅酸盐原料及其制品具有晶体的结构，而硅酸盐玻璃是典型的无机非晶态固体材料。普通硅酸盐玻璃是将玻璃原料经高温加热至熔融状态即熔体，熔体经急冷后得到玻璃体。在其他一些无机非金属材料中也都含有一定的玻璃相，玻璃相对无机材料制品的性能有重要的影响。例如：陶瓷制品中的晶相通过玻璃相的结合而成一体，有些陶瓷制品中的玻璃相含量还很高，瓷胎中40%～60%是玻璃状态，如微波炉专用瓷碗；此外，水泥熟料中的玻璃相的量及组成会直接影响硅酸三钙的生成；还有，硅酸盐材料的加工过程中，在适当的温度范围内会出现液相——熔体，熔体过冷将形成玻璃体。硅酸盐熔体和玻璃体结构相似，其结构特征都是近程有序，远程无序。

随着研究手段的改进和测试技术的提高，对熔体和玻璃体的认识将逐步深入，研究熔体和玻璃体的结构理论会更加完善。本章将讨论揭示硅酸盐熔体和玻璃体结构的相关理论及其结构与性质间的关系。

6.1 硅酸盐熔体的结构

6.1.1 硅酸盐熔体的聚合物理论

一般液体或熔体是由一些简单的分子、原子或离子组成，液体结构的理论有“近程有序”理论。硅酸盐熔体由于其组成复杂、黏度大，使研究它的结构变得非常困难。运用X射线衍射实验，对比白硅石(SiO_2)的晶体、玻璃体、熔体，发现熔体和玻璃体的结构很相似，具有“近程有序，远程无序”的特点。在很小的范围内存在SiO_2晶格，其结构单元主要是聚合物。在一系列实验的基础上，人们逐渐建立了熔体结构的聚合物理论。

硅酸盐熔体具有导电性和电解性，说明熔体中的质点一定有带电的离子(如Na^+)；硅酸盐熔体的黏度大，说明硅酸盐熔体中的键的结合力很强，熔化后难以破坏，说明熔体中存在难活动的巨大的离子团。

硅酸盐材料加工过程中，玻璃原料经加热形成熔体后，熔体中的一价或二价金属离子如K^+、Na^+、Ca^{2+}、Mg^{2+}、Fe^{2+}等，与O^{2-}的结合以离子键为主，结合力较弱，容易破裂，它们多以简单离子状态存在。而一些三价、四价、五价的正离子如B^{3+}、Ge^{4+}、Si^{4+}、P^{5+}等离子的状况就不同了。由于Si^{4+}电价高、半径小，使它具有吸引尽可能多的氧离子的能力，而Si—O之间的电负性差值=1.7，Si—O键是离子键向共价键过渡的混合键型，其中共价键成分占52%。硅氧键的键性含有相当大的共价成分，使Si—O键具有方向性，Si^{4+}与O^{2-}形成硅氧四面体$[SiO_4]^{4-}$。同样，正离子如B^{3+}、Ge^{4+}、P^{5+}与O^{2-}形成结构紧密的负离子团如$[BO_3]^{3-}$、$[GeO_4]^{4-}$、$[PO_4]^{3-}$等。

随着熔体组成和温度的不同，硅和氧之间形成复杂程度不等的硅氧负离子团，又称聚合物。它们分别是$[SiO_4]^{4-}$(单体)、$[Si_2O_7]^{6-}$(二聚体)和$[Si_3O_{10}]^{8-}$(三聚体)……$[Si_nO_{3n+1}]^{2(n+1)-}$(n聚体)等不同形式的负离子团。聚合反应如下：

$$[SiO_4]^{4-}+[SiO_4]^{4-}=[Si_2O_7]^{6-}+O^{2-}$$

$$[SiO_4]^{4-}+[Si_2O_7]^{6-}=[Si_3O_{10}]^{8-}+O^{2-}$$

在硅酸盐熔体中硅氧负离子团的形式与晶体中硅氧结构单元是一致的。当然，在熔体中也可能形成其他的负离子团，但它们的数量不多。

聚合物(负离子团)的种类、大小、复杂程度受熔体的组成及温度的影响，这样，温度和组成的变化会导致硅酸盐熔体的分化和缩聚的现象发生。在熔体的组成和温度一定的条件下，就存在相应的负离子团，各种聚合物之间将达到分化与缩聚的平衡。

1. 分化过程

当在石英熔体中引入碱土金属或者碱金属氧化物(RO或R_2O)后，由于R—O键是以离子键为主，其键的键强比Si—O键弱得多，Si^{4+}具有很强的夺氧能力，使Si—O键缩短、加强，Si^{4+}能把R—O键上的氧负离子拉在自己的周围，使R—O—Si中的Si—O键比Si—O—Si中的Si—O键还要强，结果使原来的桥氧键(Si…O—Si)从虚线处断开。断裂后，使Si—O键的键强、键长、键角都发生改变。

例如，在石英熔体中加入Na_2O，使Si—O键发生变化，这种变化可以用下面的反应表示：

$$Si_2O_7+Na_2O \longrightarrow 2SiO_3—O—Na$$

在熔体中，O/Si 的比值发生改变，负离子团的结构也发生变化，具体变化情况类似于本书表 4－3 所列出的不同 O/Si 比值和主要负离子团的结构式。

当 O/Si 比值为 2∶1，$[SiO_4]^{4-}$ 连接成架状结构，若在熔体中加入 R_2O（或 RO），则使 O/Si 比值升高。随着 R_2O 加入量的增加，O/Si 比值由原来的 2∶1 升高到 3∶1 或 4∶1，此时 $[SiO_4]^{4-}$ 连接方式可从级次较高的架状、层状、链状、环状的顺序降低级次，最后桥氧几乎全部断裂，形成 $[Si_2O_7]^{6-}$ 和 $[SiO_4]^{4-}$ 的负离子团。这种石英熔体从架状结构经过桥氧断裂而转变成各种聚合物的过程，称为熔化石英的分化过程。由于 R_2O 或 RO 的加入，产生分化作用，使硅酸盐熔体中高聚物分解为低聚物。

当加入的 R_2O 或 RO 组分达不到 O/Si＝4，体系不会全部分化成岛状，只能依 O/Si 比值分化到中间的某个状态。分化作用不会在熔体中各个部位非常均匀地进行，虽然 O/Si＜4，但局部区域可能已分化成岛状，而其他区域分化程度较低，此时熔体中则含有不同数量、不同聚合程度的聚合物。

2. 缩聚和变形

熔体组成一定时，聚合物的种类受温度的影响。在熔化过程中，随着时间的延长和温度的升高，不同聚合物会发生两方面的变化：一方面是聚合物发生变形，一般是链状聚合物易发生围绕着 Si—O 轴的扭转和弯曲，层状聚合物层体本身发生褶皱、翘曲，架状聚合物结构热缺陷增多（由于热振动使许多桥氧键断裂）和 Si—O—Si 键的键角发生改变；另一方面，高聚物受温度的影响发生分化，产生低聚物。

由于分化产生的低聚物不是一成不变的，当分化到一定程度以后，在一定条件下可以发生相互作用，形成聚合程度较高的聚合物，低聚物之间又可以发生结合，形成高级次的聚合物，同时放出 R_2O 或 RO，这个过程称为缩聚，它是分化的逆过程。

例如如下的反应：

$$[SiO_4]Na_4 + [Si_2O_7]Na_6 = [Si_3O_{10}]Na_8（短链）+ Na_2O$$

$$2[Si_3O_{10}]Na_8 = [SiO_3]_6Na_{12}（环）+ 2Na_2O$$

3. 分化与缩聚平衡

上述缩聚反应释放出的 R_2O 或 RO，又进一步侵蚀石英骨架，使其分化出低聚合物，如此循环，最后系统中出现分化缩聚的平衡。这样使熔体中各种不同聚合程度的负离子团同时并存，它们分别是单体 $[SiO_4]^{4-}$、二聚体 $[Si_2O_7]^{6-}$、三聚体 $[Si_3O_{10}]^{8-}$…n 聚体 $[Si_nO_{3n+1}]^{2(n+1)-}$（n＝1，2，3…∞）等不同形式的负离子团。

分化和缩聚的结果，最终得到的熔体是不同聚合程度的各种聚合体的混合物。其聚合体的种类、大小和数量随熔体的组成和温度而变化。这些硅氧负离子团，除 $[SiO_4]^{4-}$ 单体之外，其余各个硅氧负离子团统称为聚硅酸离子，简称聚离子。低价态的阳离子一般以简单离子状态存在于熔体中。所以，硅酸盐熔体是由单个阳离子和不同复杂程度的负离子团所组成的。

除此之外，在熔体中还存在着未分化的三维碎片，其边缘有断键，内部有热缺陷，这些三维碎片随熔体温度变化，还存在着聚合分解的平衡反应。在高温时，低聚合物以分立状态存在，当温度降低时，有一部分附着在三维碎片上，被碎片表面的断键所固定，形成“毛刺”。如果温度再升高，低聚物又分离。

综上所述，硅酸盐熔体的形成分为三个阶段。初期：主要是石英颗粒（或硅酸盐）的分化；中期：缩聚并伴随变形；后期：在一定温度下达到缩聚与分化平衡。最后的产物中有低聚合物、高聚合物、“三维碎片”及吸附物、游离碱等，得到的是由不同聚合程度的各种聚合物组成的混合物。

熔体结构的特点是“近程有序，远程无序”，是指晶体熔化后形成的熔体，在熔体内每个中心粒子四周仍然围绕着一定数量按类似于晶体中有规则排列的其他质点，构成网络，在离开中心质点 1～2 nm 远处，规律就逐渐被破坏而趋于消失。对于这种小范围内质点的有序排列称之为近程有序。而远处质点的无规则排列称为远程无序。玻璃体或熔体的结构，正如相应的晶体结构那样，由一个三维空间网络构成，这种网络是由各种负离子多面体构成的骨架结构。晶体结构是由多面体无数多次有规律的重复排列而构成网络。熔体和玻璃体的结构是由多面体没有规律性的排列而构成网络。

6.1.2 温度和组成对熔体黏度的影响

在硅酸盐工业中，玻璃加工工艺参数的选择和水泥烧成温度的确定，均与熔体的黏度密切相关，同时黏度又是影响水泥、陶瓷、耐火材料等产品烧成速率的重要因素。如水泥烧成时，液相黏度控制不当就会结大块，使操作困难。在陶瓷成瓷的过程中，降低黏度可以促进烧结，对促进烧成有利；但过低的黏度会使坯体变形和互相黏结。在釉中，如果黏度过小，则容易造成流釉的缺陷；而黏度过大，则容易产生橘釉、釉面不平滑的缺陷。总之，熔体的黏度对陶瓷的生产工艺和产品性能有很大影响。因此，熔体的黏度是硅酸盐材料和制品在生产过程中需要控制的重要工艺参数。

1. 熔体的黏度

液体在外力作用下，会发生相对运动，这种运动可用图 6－1 表示。

设在外力 F 的作用下，液体沿外力方向运动，这时可将其运动看成是一层一层进行的，但在层与层之间存在着一种阻碍运动的内摩擦力，使相对运动的速度逐渐减小。如果各个液层保持同样的速度梯度 $\frac{dv}{dx}$ 进行运动，所产生的内摩擦力 F 可用牛顿方程式来表示，即

$$F=\eta \cdot S \cdot \frac{dv}{dx} \qquad (6-1)$$

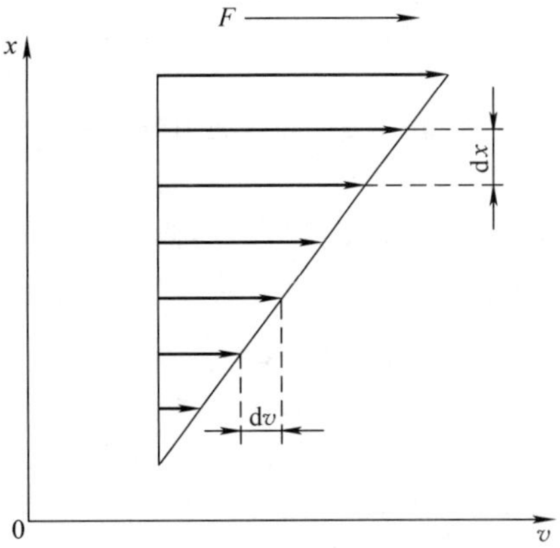

图 6－1 熔体黏度示意图

式中：S——两液层接触面积；

η——黏度系数，简称黏度；

$\frac{dv}{dx}$——在和运动方向相垂直方向上的速度梯度。

当 $S=1\ m^2$ 和 $\frac{dv}{dx}=\frac{1\ m \cdot s^{-1}}{1\ m}=\frac{1}{s}$ 时，$F=\eta$。

黏度 η 的物理意义是指单位接触面积的两个液层以单位速度梯度运动时的内摩擦力。

黏度的单位是 Pa · s（即帕斯卡 · 秒），在国际[SI]单位制中 η 的单位是泊(P)（1 P＝1 Pa · s）。

如果 $dv/dx=0$，则各层液体一起同步流动，无摩擦应力，也就是 $\eta=0$。实际上，任何液体流动时总存在黏度，不同物质黏度相差很大。黏度大的液体不易流动，故黏度的倒数称为流动度 φ，$\varphi=1/\eta$。熔体的黏度是材料制备过程中需要控制的一个重要参数。比如：熔制玻璃时，玻璃熔体的黏度小时，熔体中的气泡就容易逸出。

黏度是硅酸盐熔体物理化学性质的主要特征。黏度实际上表征着流体的内摩擦力，它由流体的结构本质所决定。一般地说，聚合程度高的熔体，往往有较高的黏度。

硅酸盐组成复杂，熔体黏度往往相差很大，通常从 10^{-1} Pa·s 至 10^{16} Pa·s。不同范围的黏度用不同的方法测定。黏度范围在 $10^{7}\sim10^{16}$ Pa·s 的高黏度熔体黏度用拉丝法，根据玻璃丝受力作用的伸长速率来确定。黏度范围在 $10^{2}\sim10^{8}$ Pa·s 的熔体黏度用转筒法来测定，利用细的铂丝悬挂的转筒浸在熔体内转动，根据悬丝受到熔体的黏性阻力作用扭转角的大小确定黏度。黏度范围在 $10^{1.5}\sim1.3\times10^{6}$ Pa·s 的熔体黏度用落球法来测定，根据斯托克斯沉降原理，测定铂球在熔体中下落速率而求出。很小的黏度如 10^{-1} Pa·s 的熔体黏度用振荡阻滞法，利用铂摆在熔体中振荡时，振幅受到阻滞而逐渐衰减的原理测定。

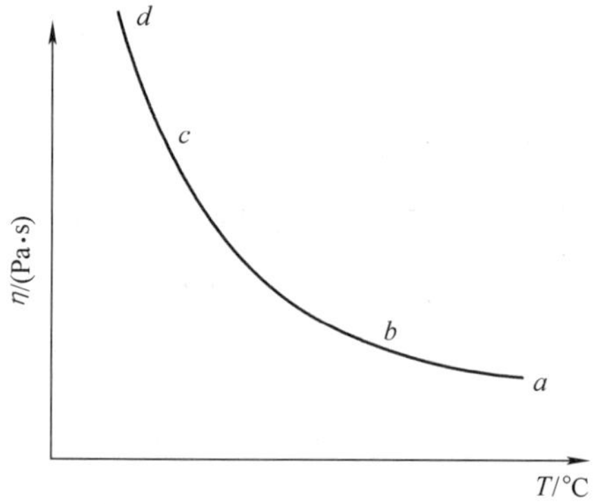

图 6-2　η-T 在宽温度范围内的变化曲线

2. 温度对黏度的影响

温度对硅酸盐熔体黏度影响很大。图 6-2 是 η 与 T 的关系曲线，它表示硅酸盐熔体黏度随温度变化的一般规律。该曲线表明，在高温时，硅酸盐熔体的黏度随温度变化较缓慢，但在低温时，变化速率加快。高温区间 ab 段和低温区间 cd 段都近似呈直线，而 bc 段不呈直线，这是因为熔体的活化能（液相质点作直线运动所必需的能量）与熔体组成和熔体中 $[SiO_4]^{4-}$ 的聚合程度有关。当温度高时，熔体基本上未发生聚合，低聚物居多数；温度低时，聚合已经完毕，活化能不发生变化，所以 ab 和 cd 段均近似为直线。但实际上，在很大温度范围内，熔体质点都要发生聚合作用，在 bc 段的温度范围内，熔体的结构发生了变化，熔体的活化能必然发生改变，所以，使 bc 段的黏度不呈直线变化。

温度的变化对黏度产生显著影响，根据玻尔兹曼能量分布定律，最终导出黏度与温度的关系式为

$$\lg \eta = A + \frac{B}{T} \tag{6-2}$$

式中：T——温度，K；

A、B——与组成有关的常数。

从上式可以看出温度升高，黏度降低。$\lg\eta$-T 的关系如图 6-3 所示。

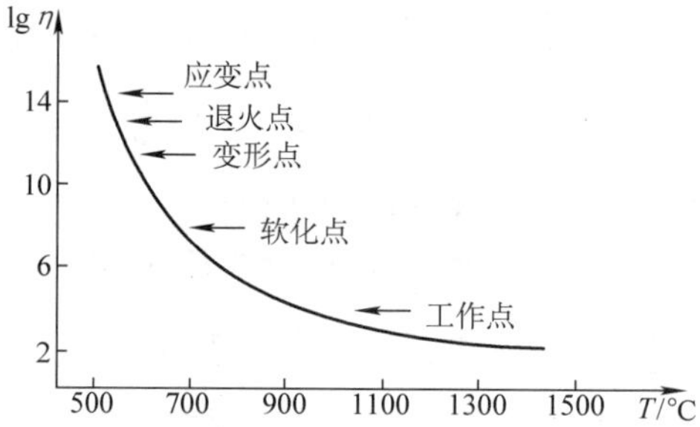

图 6-3　硅酸盐玻璃的黏度与温度关系曲线

由图 6-3 可以看出，由特定黏度的温度，反映不同玻璃熔体的性质差异。

（1）应变点：黏度相当于 4×10^{14} Pa·s 的温度，黏性流动不存在，退火时，不能除去应力。

（2）退火点：黏度相当于 10^{13} Pa·s 的温度，消除应力的上限温度。

（3）软化点：黏度相当于 4.5×10^{7} Pa·s 的温度。

（4）流动点：黏度相当于 10^{5} Pa·s 的温度，即玻璃成型的温度。

硅酸盐熔体的黏度与温度的变化关系在玻璃成型和加工时，对控制温度具有指导意义。

钠钙硅酸盐熔体的黏度与温度的关系曲线与图 6-3 所示的曲线变化趋势基本一致。对

于钠钙硅酸盐熔体，退火温度区间的黏度范围为 $10^{11.5}\sim10^{12.5}$ Pa·s；工作温度区间的黏度范围是 $10^{2}\sim10^{6}$ Pa·s；熔融温度的黏度范围是 5～10 Pa·s。

不同组成的硅酸盐熔体的工作黏度范围所对应的温度区间是不同的。图 6－4 是某些工业玻璃的黏度与温度的关系曲线。从这些曲线可以看出，熔体成型的黏度范围是 $\eta\approx10^{4}\sim10^{8}$ Pa·s。不同熔体所对应的温度范围也不同，例如硼硅酸盐熔体对应的温度范围是从 t_1 至 t_4，铝硅酸盐熔体对应的温度范围是 t_2 至 t_3。从该图可以清楚地看出，t_1 至 t_4 温度范围大于 t_2 至 t_3 的温度范围。在玻璃生产和加工的工艺过程中，不希望温度稍有改变就造成黏度很大的变化，从而导致工艺操作的困难。

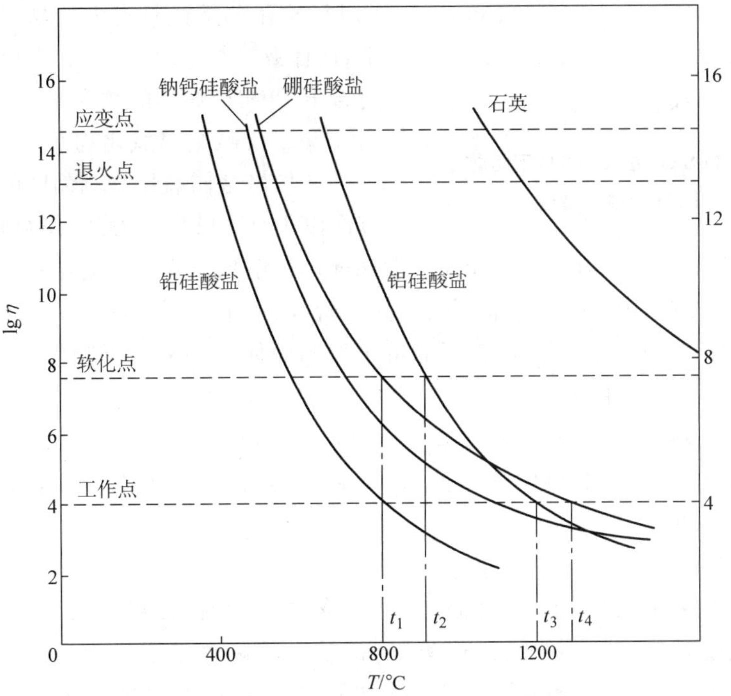

图 6－4　某些工业玻璃的黏度-温度关系曲线

3. 化学组成对黏度的影响

温度一定时，熔体的组成对黏度也有影响。熔体的成分对熔体的黏度影响很大，而且这种影响十分复杂。组成是通过改变熔体结构而影响黏度的。根据大量实验证实：SiO_2、Al_2O_3、ZrO_2 等氧化物能增加熔体的黏度，因为熔体的黏度首先取决于硅氧四面体网络的连接程度，即随 O/Si 比值的上升而下降。

1）一价碱金属氧化物

一价碱金属氧化物都是降低熔体黏度的，R^+ 对熔体黏度的影响还和熔体中 O/Si 比值有关。但 R_2O 含量不同对黏度的影响也不同，如图 6－5 所示。

从图中可以看出，在碱金属硅酸盐（R_2O-SiO_2）熔体中，当 R_2O 含量较低（R_2O 含量＜25％）时，即当熔体中 O/Si 比值较低时，即熔体中硅氧负离子团较大，对黏度起主要作用的是四面体间 Si—O 键的键力。随 R_2O 中的 R^+ 半径的减小，而 R—O 键的键强将增加，它对 Si—O 键的削弱能力强。因此，含 Li^+ 离子的熔体黏度就小，熔体的黏度按照含 Li_2O、Na_2O、K_2O

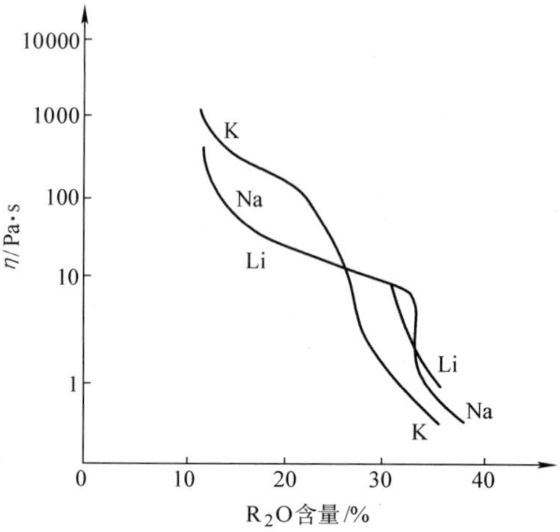

图 6－5　R_2O-SiO_2 在 1 400℃ 下熔体黏度随 R_2O 含量的变化

的次序递增。此时含 R_2O 的相应的熔体黏度顺序为：$\eta_{Li_2O} < \eta_{Na_2O} < \eta_{K_2O}$。

当 R_2O 含量较高（R_2O 含量 >25%）时，熔体中 O/Si 比值较高时，熔体中的负离子团接近于最简单的 $[SiO_4]^{4-}$ 形式的孤岛状的低聚合物，对黏度起主要作用的是四面体间的键力（依靠碱金属离子相连）。此时随 R_2O 中的 R^+ 半径的减小（Li^+），而 R—O 键的键强将增加，使含键力最大的 Li^+ 离子的熔体具有大的黏度。因此相同温度下，熔体黏度按 Li_2O、Na_2O、K_2O 的次序递减。此时含 R_2O 相应熔体的黏度为：$\eta_{Li_2O} > \eta_{Na_2O} > \eta_{K_2O}$。

2）二价碱金属氧化物

二价碱金属氧化物对黏度的影响较复杂。一方面由于 R^{2+} 极化能力强，使氧负离子 O^{2-} 极化、变形，从而减弱 Si—O 键的作用，它们能使大型四面体群解聚而降低黏度，在高温条件下，这个效果是主要的。另一方面，由于碱土金属阳离子为二价，离子半径不大，使 R^{2+}—O^{2-} 间的键力将大于碱金属离子的 R^+—O^{2-} 间的键力，有可能将小型四面体群的氧离子吸引到自己周围，使黏度增大，这个效果主要表现在低温条件下。

一般 R^{2+} 对黏度降低的影响次序为 $Pb^{2+} > Ba^{2+} > Cd^{2+} > Zn^{2+} > Ca^{2+} > Mg^{2+}$。这里应该指出的是：CaO 在低温时增加熔体的黏度；在高温下，当含量小于 10%时降低黏度，当含量大于 10%时则增大黏度。

3）B_2O_3

B_2O_3 含量不同对黏度影响也有不同。B_2O_3 含量较少时，硼离子处于三度空间连接成硼氧四面体 $[BO_4]$ 状态，使熔体网络结构聚集紧密，黏度随硼含量增加而升高。随 B_2O_3 含量增加，部分 $[BO_4]$ 四面体会变成 $[BO_3]$ 三角形，使结构趋于疏松，故黏度下降。

4）Al_2O_3

Al_2O_3 对黏度的影响作用是复杂的，因为 Al^{3+} 的配位数可能是 4 或 6。一般在碱金属离子存在下，Al^{3+} 可以形成 $[AlO_4]$ 四面体，$[AlO_4]$ 四面体与 $[SiO_4]$ 四面体联合成较复杂的铝硅氧负离子团，而使黏度增加。一般加入 Al_2O_3、SiO_2 和 ZrO_2 时都有这样的作用。

特别值得一提的是，加入 CaF_2 使熔体黏度急剧下降，其原因可能是 F^- 的半径（0.125 nm）与 O^{2-} 离子半径（0.132 nm）相近，较容易发生取代。但 F^- 离子只有一价，致使原来网络破坏后难以形成新网络，所以会使熔体黏度大大降低。

综上所述，熔体组成的变化会引起熔体结构的改变，从而导致熔体黏度的变化。

6.1.3　熔体的表面张力

硅酸盐熔体的表面张力比通常液体和熔体的表面张力要大，一般玻璃的表面张力在 $220\times10^{-3}\sim380\times10^{-3}$ N·m^{-1} 之间。硅酸盐熔体表面张力的大小会影响到熔体对固体的润湿程度及陶瓷坯体和釉的结合能力。影响熔体表面张力最主要的因素有熔体的组成和温度。

当温度一定时，各种氧化物对硅酸盐熔体表面张力的影响不同。组成对熔体表面张力的影响主要是物质的表面活性。例如 SiO_2、Al_2O_3、CaO、MgO、Na_2O、Li_2O 等没有表面活性，能提高熔体的表面张力；而 B_2O_3、P_2O_5、V_2O_5、SO_3、CrO_3、K_2O、PbO 能富集于表面层而降低表面张力，其中 B_2O_3 能形成平面[BO_3]负离子团，铺展在表面上，降低表面张力的作用较大。PbO 的表面活性作用是由于 Pb^{2+} 离子的极化率大的缘故。

当熔体的组成一定时，温度对熔体的表面张力有一定的影响。大多数硅酸盐熔体的表面张力都是随温度的升高而降低，这也是因为温度升高会导致熔体的分化，即随着黏度的下降而表面张力也随之下降。

6.1.4 氧化物在硅酸盐熔体中的作用

硅酸盐熔体的组成，可用氧化物法来表示。各类氧化物在硅酸盐熔体中的作用是不同的。熔体的急冷形成玻璃体，氧化物在熔体中的作用等同于其在玻璃体中的作用。

1. 网络形成体氧化物

网络形成体氧化物中的阳离子具有与氧离子形成网络的特性。这类氧化物可以单独形成玻璃。F—O 键(F 代表网络形成离子)是共价键和离子键的混合键(离子键性的共价键)，F—O 单键键能较大，一般其单键强度＞335 kJ/mol。阳离子 F^+ 的配位数是 3 或 4，阴离子 O^{2-} 配位数是 2，配位多面体[FO_4]或[FO_3]一般以顶角相连。这种氧化物中的正离子的特点是：离子半径较小，电价较高，电场强度较高，并与氧离子形成离子共价混合键型。如 SiO_2、B_2O_3、P_2O_5、GeO_2、As_2O_3、V_2O_5、Sb_2O_3 等都能形成四面体配位，成为网络的基本结构单元，属于网络形成剂，在玻璃中能形成各自特有的网络体系。硅酸盐玻璃以[SiO_4]为玻璃形成剂；锗酸盐玻璃由[GeO_4]四面体构成不规则网络；磷酸盐玻璃结构单元[PO_4]$^{3-}$ 中的键为双键；硼酸盐玻璃以[BO_3]三角体作为结构单元。玻璃的网络结构类似于硅酸盐熔体的网络结构。

2. 网络变性体氧化物

网络变性体氧化物本身不能构成网络，即不能单独形成玻璃，只能作为网络改变剂，能改变玻璃结构，从而使玻璃性质改变。M—O 键(M 代表网络变性离子)主要是离子键，电场强度较小，其单键强度＜250 kJ/mol。这种氧化物中的正离子的特点是：离子半径较大，电价较低，电场强度较低。当正离子的电场强度较小时，即 M—O 键的离子性较强，其中氧负离子 O^{2-} 易于摆脱阳离子的束缚，是“游离氧”的提供者，因此对熔体起到断网的作用，如 Na_2O、K_2O、CaO、MgO、BaO 等。当正离子的电场强度较大时，其正离子(特别是高电价的正离子)又是断键的积聚者，如 La_2O_3、ThO_2。正离子将其周围的 O^{2-} 积聚在一起按其配位数排列，起到调整网络结构的作用。所以，当阳离子的电场强度较小时，断网作用是主要的；而当电场强度较大时，积聚作用是主要方面。这类离子改变了网络，在结构上处于网络之外，有时还称为网络改变剂。

3. 中间体氧化物

中间体氧化物的作用介于网络形成体和网络变性体之间，I—O 键(I 表示中间体离子)具有一定的共价性，但以离子键性为主，其单键强度为 250～335 kJ/mol，中间体氧化物同时存在夺取和给出“游离氧”的倾向。其正离子的配位数有 4 或 6，有从高配位向低配位转变的趋势。有时可在一定程度上满足条件形成网络，以[IO_4]四面体的形式参与网络结构；有时只能处于网络之外，以[IO_6]八面体的形式起到积聚的作用。如 BeO、Al_2O_3、Ga_2O_3、TiO_2 等可作为网络中间体氧化物，即中间剂。

6.2 玻璃的通性

传统的玻璃是玻璃原料经加热、熔融、冷却而获得的一种无定形的固态物质。任何物质不论其化学组成如何，只要具有以下四个特性，都称为玻璃体。

1. 各向同性

无机均质玻璃不像晶体那样，晶体的各方向的性质是不同的，即有各向异性。玻璃态物质各方向的性质如折射率、导电性、热膨胀系数、硬度等都是相同的，均质玻璃没有双折射现象，也没有解理性。

2. 亚稳性

当熔体缓慢冷却析晶时，将放出结晶热；当熔体快速冷却转变为玻璃态时，虽伴有放热现象，但其放出的热量较结晶热小。玻璃态并不是处于最低的能量状态，它与最稳定的晶态之间还存在一定的过剩能量 ΔU，处于热力学的不稳定状态。从热力学来分析，它还具有自发放热转变为自由焓较低的晶态的趋势。然而，平时所看到的玻璃之所以不会析晶，保持足够的稳定性，是因为质点间作用力强及常温下玻璃的黏度很大而阻碍了析晶的转变。从动力学观点看，由玻璃态转变为晶态的速率很低，因而能较长时间在低温下保留高温时的结构而不变化，因此它又是稳定的，这种特性就称为亚稳性。

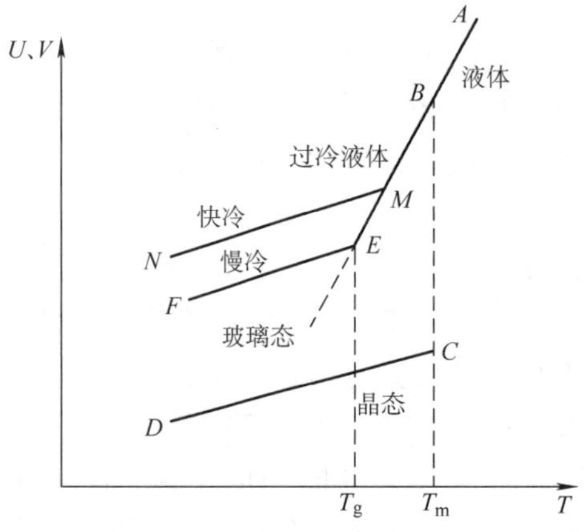

图 6－6　物质的内能、体积随温度的变化

在熔体的冷却过程中，物质的内能和体积的变化如图 6－6 所示。图中 AB 为液体状态，BME 为过冷液体状态，MN 为快冷形成的玻璃态，EF 为慢冷形成的玻璃态，CD 为晶态。

在结晶情况下，内能和体积随温度的降低，沿折线 $ABCD$ 方向变化；若过冷形成玻璃时，则沿折线 $ABMN$ 或沿折线 $ABEF$ 方向变化，从图中不难看出，内能较高的玻璃态物质位于晶态物质之上。即说明玻璃态物质的内能大于晶态物质的内能，也表现了玻璃态物质处于亚稳状态。如在水淬高炉矿渣中玻璃体的含量在 80%以上，这是水淬高炉矿渣具有较大活性的原因之一。

3. 由熔体向玻璃体的转变过程是逐渐进行的和可逆的

当熔体的温度降至熔点 T_m 时，温度将保持不变，析出新相晶体，会同时伴随体积、内能的突然下降($B \rightarrow C$)与黏度的急剧上升。熔体冷却成晶体时，曲线在 T_m 时出现不连续变化。

如果熔体冷却形成玻璃体，此过程是在一定的温度范围内完成的。见图 6－6，当熔体冷却至 T_m 时，体积不发生异常变化，沿着 BM 以过冷熔体存在。在 E 点以上，熔体的体积和内能曲线以与前面大致相同的速率下降直至 E 点，对应温度为 T_g(玻璃形成温度或转变温度)，再继续冷却，玻璃体出现后内能降低的程度较熔体小，故在 E 点出现转折。若熔体组成不变，此转折点随冷却速率的加快而改变，冷却速率越快，即转折点升高，玻璃的形成温度 T_g 也越高。因此，熔体组成不变时，其玻璃形成温度应该是随冷却速率而变化，也就是说，T_g 是一个与动力学冷却速率有关的参数，处于一定的范围内，低于此温度范围时的体系为玻璃体，高于此温度范围的体系就是熔体。因此，玻璃体是无固定熔点的固态物质，而只有熔体与玻璃体相互可逆转变的温度范围。各种玻璃的转变温度范围随组成的不同而异，但在对应温度 T_g 时，黏度相近。例如：石英玻璃的 T_g 在 1 150 ℃左右，而钠硅酸盐玻璃的 T_g 在 500～550 ℃，相差可达几百度。它们在 T_g 温度时对应的黏度都在 $10^{11}\sim10^{12}$ Pa·s 范围内。

玻璃形成温度 T_g 是区分玻璃与其他非晶态固体(如硅胶、树脂等)的重要特征。一般传统玻璃的 $T_m > T_g$，传统玻璃熔体与玻璃体的转变是可逆的、渐变的；非传统玻璃不具备可逆性，非传统玻璃(无定形物质)的 $T_m < T_g$，二者的转变不可逆。例如用气相沉积等方法制得的 Si、Ge、Bi 等无定形薄膜在加热到 T_g 之前就会产生析晶相变，宏观特性上也有一定差别。

4. 由熔体向玻璃体转变时，其物理、化学性质随温度的变化是连续的

在熔体向玻璃体的转变过程或其相反的过程中，其物理和化学性质的变化是连续的，如图 6-7 所示。玻璃的性质随温度的变化分为三类：第一类性质如玻璃的电导、热容、黏度、热焓、离子扩散、化学稳定性等性质按曲线Ⅰ变化；第二类性质如密度、折射率、热膨胀系数(α)等按曲线Ⅱ变化；第三类性质如玻璃的导热系数和一些机械性质(如弹性常数等)按曲线Ⅲ变化。

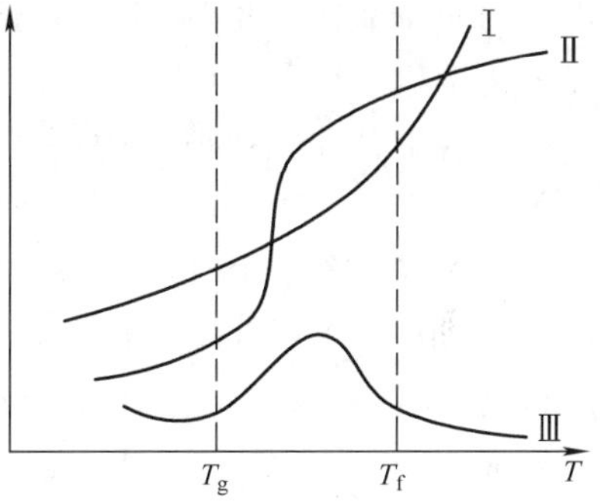

图 6-7 玻璃的性质随温度的变化规律

在玻璃的性质随温度逐渐变化的曲线上，对应着两个特征温度 T_g 和 T_f。

T_g 是玻璃的形成温度，又称脆性温度。此时对应的黏度是 10^{13} Pa·s。它是玻璃出现脆性的最高温度，由于在这个温度下可以消除玻璃制品因不均匀冷却而产生的内应力，所以也称退火温度上限。

T_f 是玻璃的软化温度。当对玻璃加热到此温度时，便会逐渐出现软化，可以进行吹制、拉制成型玻璃制品。是玻璃开始呈现液体状态的典型特性。无论玻璃组成如何，在 T_f 时相应的玻璃黏度约为 10^9 Pa·s。

$T_g\sim T_f$ 的温度范围称为反常间距，或称玻璃转变范围。在此温度范围内，除了黏度，玻璃的许多性质都发生急速变化，这是玻璃转变特有的过渡温度范围。虽然这些性质的变化是连续的，但在 $T_g\sim T_f$ 转变范围内呈现类似于突变的变化。在 T_g 以下的低温段和 T_f 以上的高温段，性质的变化几乎呈直线关系，这是因为前者的玻璃为固态，而后者为熔体状态，它们的结构随温度是逐渐变化的。而在 $T_g\sim T_f$ 温度范围内，是固态玻璃向熔体转变的温度区域，由于结构随温度急速变化，因而性质随之突变。由此可见，$T_g\sim T_f$ 温度范围，对于控制玻璃的性质有着重要的意义。

任何物质不论其化学组成如何，只要具有上述四种特性都称之为玻璃。广义的玻璃包括单质玻璃、有机玻璃和无机玻璃。狭义的玻璃是指无机玻璃。玻璃体广泛地存在于各种建筑材料中。水泥熟料和耐火材料制品中都有玻璃体存在，陶瓷的釉料中大部分是玻璃体。

6.3 玻璃的形成

6.3.1 常见玻璃及其主要物理性质

熔融态物质经冷却，有时生成晶体，有时形成玻璃。玻璃的形成是玻璃原料经加热、熔融、

冷却而形成的非晶态固体，此法称为熔融法。现代的方法还有水解法、冲击波法、气相沉淀法等非熔融法获得玻璃态。

常见的无机玻璃类型有硅酸盐玻璃、硼酸盐玻璃、磷酸盐玻璃等。硅酸盐玻璃中最简单的结构是单组分石英玻璃，石英玻璃以[SiO_4]硅氧四面体角顶相连，构成连续的三维网络，这种网络没有对称性和周期性。

硅酸盐玻璃除了石英玻璃以外，还有二元、三元和多组元玻璃。二元玻璃中最主要的是碱金属和碱土金属硅酸盐玻璃，这些玻璃中是以 SiO_2 为网络形成体，以 R_2O、RO 为网络改变体。三元硅酸盐玻璃常见的有 $Na_2O-CaO-SiO_2$，玻璃中通常含 65%～70%的 SiO_2，是玻璃网络形成体，主要形成玻璃骨架；引入 12%～18%的 Na_2O 作为助熔剂；引入 6%～9%的 CaO 能显著改善玻璃性能，如增加化学稳定性等。Na^+ 和 Ca^{2+} 都是网络改变剂，但二价的 Ca^{2+} 离子连接的非桥氧比一价的 Na^+ 离子牢固，可提高网络紧密度，阻碍碱金属离子从网络中渗出，提高了化学稳定性。

一般的钠钙硅酸盐玻璃中还存在着多种其他氧化物成分，如 K_2O、MgO、Al_2O_3 等，K_2O 的作用相当于 Na_2O，MgO 与 CaO 相当，都是网络改变剂。Al_2O_3 较特殊，Al^{3+} 可以部分代替 Si^{4+}。当 Al_2O_3 含量少时，$Na_2O:Al_2O_3\geqslant 1$ 时，Al^{3+} 大都以[AlO_4]参加网络与[SiO_4]共同形成骨架，但由于[AlO_4]有多余的负电价，必须吸引一价或二价正离子保持电价平衡，当 Na^+ 更多地被网络吸引时，在一定程度上增加了网络的致密性，提高了玻璃化学稳定性，直到全部 Al^{3+} 形成匹配的[AlO_4]；如果 $Na_2O:Al_2O_3<1$ 时，部分 Al^{3+} 保持高配位的[AlO_6]，就不具有网络形成剂的性质，而成为网络改变剂，不参加到网络骨架中。所以，过多地引入 Al_2O_3，会增加熔体的黏度和表面张力，使加工困难，不利于生产，但少量的 Al_2O_3 可改善玻璃的表面性质。

玻璃的主要物理性质如下。

1. 密度(ρ)

玻璃的密度主要取决于构成玻璃的原子质量，也与原子的堆积紧密程度有关。密度最小的是石英玻璃，ρ 为 2 210 $kg\cdot m^{-3}$，一般玻璃的密度在 2 500 $kg\cdot m^{-3}$ 左右，特种玻璃密度可达到 8 000 $kg\cdot m^{-3}$。

2. 机械强度

玻璃的机械强度一般用耐压、抗折、抗张、抗冲击强度等指标表示。玻璃的耐压强度很高，抗冲击强度低。一般情况下，玻璃的耐压强度要比抗折或抗张强度大 10 倍左右。因温度升高会引起析晶和表面微裂纹的增加，导致玻璃强度的下降。热处理对玻璃强度有一定影响，淬火玻璃比退火玻璃具有较高的抗张强度。

3. 硬度和脆性

玻璃的硬度主要取决于组分离子的半径、电荷多少与堆积密度。在硅酸盐玻璃中，以石英玻璃为最硬，在加入的各种氧化物中，一般是随着正离子半径的增大和电荷的降低，玻璃的硬度随之降低，比如加入 Na^+、K^+、Pb^{2+} 等离子的玻璃硬度会降低，因而含碱性氧化物多的玻璃硬度最小。

对大部分玻璃，随温度升高而硬度降低，玻璃的硬度(按莫氏分级)在 4.5～7 之间。

由于玻璃具有在外力作用下无显著塑性变形而破裂的性质，因而玻璃一般被认为是一种脆性材料。

4. 弹性

在常温或低温下，无机玻璃可认为基本上是遵循胡克定律的弹性体。玻璃的弹性可用弹性模量(E)的大小来量度，它随玻璃成分的不同而改变，变化范围一般在 4 500～9 000 MPa。高强度石英玻璃纤维拉伸长度可达到 15%，强度较高的玻璃纤维可获得 5%～10%的拉伸弹性变形。

玻璃的弹性与其组成和温度有关。比如，离子半径较大、电价较低的 Na^+、K^+、Ba^{2+}、Si^{4+} 等不利于提高弹性模量；离子半径较小、极化能力强的离子 Li^+、Be^{2+}、Mg^{2+}、Al^{3+} 能较多地增加弹性模量。玻璃的弹性模量随温度的升高而减小。

玻璃的弹性模量还与热处理有一定关系。一般地，同成分的淬火玻璃比退火玻璃的 E 值低 3%～6%，降低的幅度因淬火程度和玻璃成分而异。

5. 热膨胀系数(α)

它是玻璃的主要物理性质之一，影响玻璃热膨胀系数的主要因素有它的成分，通常情况是：增加 SiO_2、Al_2O_3、B_2O_3、ZnO、ZrO_2 等氧化物，能降低热膨胀系数；增加 CaO、BaO、Na_2O、K_2O 等，能提高热膨胀系数。玻璃的热膨胀系数与玻璃的稳定性关系密切。通常热膨胀系数越小，热稳定性越大，例如石英玻璃的热膨胀系数很小，热稳定性很高。

6. 比热容(c)

玻璃的比热容在热工的计算上具有实际意义。常用的是材料的平均比热容，它是在测量温度范围内所有真热容的平均值。玻璃的比热容随温度的升高而增加，主要还是由玻璃的组成决定。室温时，各种玻璃的比热容介于 334.88～1 046.5 $J \cdot kg^{-1} \cdot mol^{-1}$。一般来说，玻璃的比热容要比相应成分的晶体的比热容稍高。

7. 导热性

玻璃的导热性是用导热系数(λ)来表示的，化学组成对导热系数有重要影响。石英玻璃的 λ 值最大，其值为 1.34 $J \cdot m^{-1} \cdot s^{-1} \cdot K^{-1}$，工业玻璃的导热系数相差不大，钠钙硅酸盐玻璃的 λ 值为 0.963 $J \cdot m^{-1} \cdot s^{-1} \cdot K^{-1}$，含铅玻璃的 λ 值很低，约为 0.80 $J \cdot m^{-1} \cdot s^{-1} \cdot K^{-1}$。一般玻璃的导热系数 λ 随温度的升高而增高，随温度的降低而降低，而石英玻璃的导热系数随温度的升高而迅速增加。

8. 热稳定性

玻璃经受剧烈的温度变化而不被破坏的性能称为玻璃的热稳定性，它是一系列物理性质的综合表现，而且与试样的几何形状有一定关系。玻璃的热稳定性(K)可用下式表示：

$$K=\frac{R}{\alpha E}\sqrt{\frac{\lambda}{c\rho}} \qquad (6-3)$$

式中：R——抗张强度；

α——热膨胀系数；

E——弹性模量；

λ——导热系数；

c——比热容；

ρ——密度。

玻璃的热稳定性与其说是一个物理量，不如作为一个工艺性能更恰当。一般说来，只要知道玻璃的热膨胀系数就可以大致判断玻璃的热稳定性。

玻璃的热稳定性主要决取决于玻璃的热膨胀系数，玻璃的化学组成对热稳定性的影响，也主要是根据化学组成对热膨胀系数的影响来决定。石英玻璃有最大的热稳定性；高硅氧玻璃和高硅低碱的硼硅酸盐玻璃也有很高的热稳定性；含有大量碱金属氧化物的玻璃，其耐热性最差。

玻璃经受急热要比急冷好得多，例如：同一玻璃试体能经受急速加热到 450 ℃，但急冷至 160 ℃时就可能破裂。玻璃经淬火处理后，能提高其耐急冷性。

6.3.2　玻璃形成的热力学条件

熔体是物质在液相温度以上存在的一种高能量状态。随着温度的降低，熔体释放能量的大小不同，从而得到不同的终态物质。熔体可以有三种冷却途径。

(1)结晶化：即有序度不断增加，直到释放全部多余能量而使整个熔体结晶化为止。

(2)玻璃化：即过冷熔体在转变温度 T_g 硬化为固态玻璃的过程。

(3)分相：即质点迁移使熔体内某些组成偏聚，从而形成互不混溶的组成不同的两个玻璃相。

从热力学观点看，玻璃化和分相的过程都没有释放出全部多余的能量。玻璃态物质较晶体具有较高的内能，它总有降低内能转变为稳定的晶态的趋势，玻璃体属于亚稳态，在一定条件下(如热处理)可以转变为多晶体。一般来说，同组成的硅酸盐晶体与玻璃体的内能差别越大，越容易形成晶体，而较难形成玻璃体。

6.3.3　玻璃形成的动力学条件

在不考虑玻璃分相的情况下，熔体的玻璃化和结晶化是矛盾的两个方面，也就是说，对熔体结晶作用的不利因素，恰恰是玻璃形成的有利因素。熔体能不能结晶，主要取决于熔体冷却后能否形成新相晶核及晶核能否长大，即结晶过程分为成核和生长两个阶段。

把物质的结晶过程归纳为由两个速率所决定：晶核生成速率(I_v)和晶体生长速率(u)。而 I_v 和 u 均与过冷度($\Delta T = T_m - T$，T_m 为熔点)有关，能否形成玻璃也由晶核生成速率和晶体生长速率来决定。如图 6－8 所示，如果晶核生成的最大速率的温度范围和晶体生长的最大速率的温度范围很靠近，即二者的重叠部分比较宽(图 6－8(a))，在此重叠区域既能生成晶核又能长成晶体，这样，在降温过程中，通过此区域需要的时间就长，此时系统容易析晶而不会形成玻璃。反之，I_v 与 u 速率最大值不互相靠近而相离较远，即上述两曲线重叠部分较少(图 6－8(b))，熔体冷却时很容易通过此区域，冷却时体系就不易析晶而易形成玻璃体。

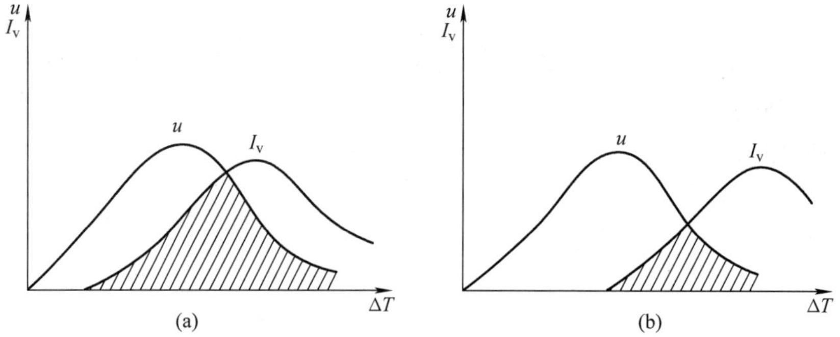

图 6－8　生长速率、成核速率与过冷度的关系

(a)析晶情况一；(b) 析晶情况二

总的来说，任何种类的玻璃形成物质，在熔点以下的温度保温足够长的时间都能析晶。实践证明，凡是熔体在熔点时具有高的黏度，并且黏度随温度降低而剧烈增高，这就使析晶阻力增加，像这类熔体易形成玻璃。而一些在熔点附近黏度很小的熔体，如 LiCl、金属 Ni 等易于析晶而不易形成玻璃。此外，玻璃转变温度 T_g 与熔点温度 T_m 之间的关系也影响玻璃的形成。

有不少人曾用冷却速率来衡量玻璃的生成能力。乌尼曼于 1969 年提出三 T(时间、温度、转变)图，已成为冶金工业、玻璃工业中动力学理论的重要方法。

乌尼曼认为，首先必须确定玻璃中可以检测到的晶体最小分数，然后考虑熔体究竟需要多快冷却速率才能防止这一结晶的产生，从而获得检测合格的玻璃。实验证明，当晶体混乱分布于熔体中时，晶体的体积分数 V_β/V(微小晶体的体积/玻璃的总体积)为 10^{-6} 时，刚好为仪器可以探测出来的极限浓度。

冷却速率是形成玻璃的重要条件。使熔体中不能析出可见晶体的冷却速率(即 $V_\beta/V=10^{-6}$)，称为该种熔体形成玻璃的临界冷却速率，它是随熔体组成而变化的。

根据相变动力学理论，在单位体积的基质玻璃中包含晶体的体积分数 V_β/V 与时间 t 的关系表示为

$$\frac{V_\beta}{V}=\frac{\pi}{3}I_v u^3 t^4 \tag{6-4}$$

式中：t——时间；

I_v——晶体的成核速率；

u——晶体的生长速率。

由式 (6-4) 可以绘出三 T (温度-时间-转变) 图来估算为避免形成可测晶体所必须采取的冷却速率。

如果只考虑均匀成核，将 $V_\beta/V=10^{-6}$ 代入式 (6-4)，设定在一系列的温度 (T) 下，计算一系列的晶体成核速率 I_v 和晶体的长大速率 u，然后代入式 (6-4) 求得其对应的时间 t。以过冷度 ($\Delta T=T_m-T$) 为纵坐标，冷却时间 (t) 为横坐标绘制出如图 6-9 所示的三 T 图。三 T 曲线大体上是一条头部朝左的抛物线状，该曲线的头部顶点对应于析出给定体积分数 10^{-6} 的最少时间。当过冷度 ΔT 较小时，析晶推动力小，析晶的时间长；当过冷度 ΔT 较大时，熔体黏度大，原子迁移速率低，析晶困难，需要很长时间。所以，三 T 图所呈现的不同熔点物质的形状大致相同，共同点是：曲线的右侧是析晶区域，曲线的左侧是玻璃形成区域。

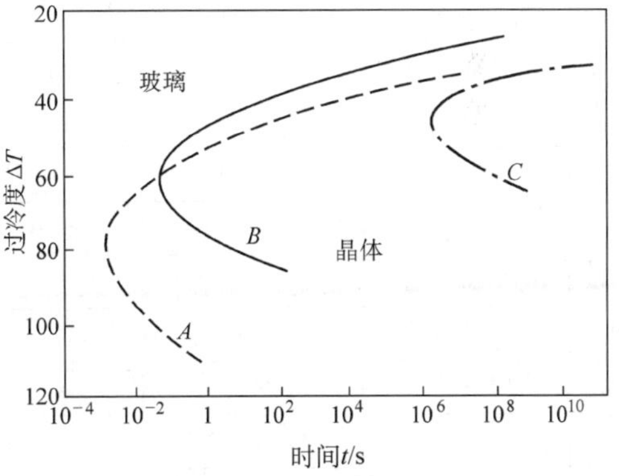

图 6-9　析晶体积分数为 10^{-6} 时具有不同熔点物质的三 T 曲线

A：$T_m=356.6$ K；B：$T_m=316.6$ K；C：$T_m=276.6$ K

为了确定形成玻璃所需的冷却速率，三 T 曲线头部所对应的临界冷却速率 $\left(\frac{dT}{dt}\right)_c$ 可由下式粗略估计出来：

$$\left(\frac{\mathrm{d}T}{\mathrm{d}t}\right)_{\mathrm{c}} \approx \frac{\Delta T_{\mathrm{n}}}{t_{\mathrm{n}}} \tag{6-5}$$

其中，$\Delta T_n = T_m - T_n$。T_n 和 t_n 分别为三 T 曲线头部突出点所对应的温度和时间。

对于不同的系统，三 T 图中曲线的位置和形状都不同，所需的临界冷却速率也不同。利用式（6－4）所估算的结果一般要高于实际的临界冷却速率，用它可以比较不同物质形成玻璃的能力。若所需冷却速率越大，则形成玻璃越困难，而析晶越容易。

综上所述，熔体是析出晶体还是形成玻璃，主要取决于冷却速率、熔体的黏度、最大成核速率和最大生长速率的重叠范围。黏度是生成玻璃的重要标志，是物质内部结构的反映，冷却速率是形成玻璃的重要条件。总之，冷却速率和熔体的黏度是形成玻璃的必要条件。

6.3.4　玻璃形成的结晶化学条件

黏度和玻璃的形成温度是生成玻璃的重要标志，是物质内部结构的反映，玻璃形成规律还需从内部结构来探究，比如负离子团的大小、结构的堆积排列状况、化学键的类型及其强度等。

1. 键强

氧化物的键强是决定它能否形成玻璃的重要条件。熔体析晶时，必须破坏熔体内原有的化学键，使质点位移，建立新键，调整为具有晶格排列的结构。化学键越强，越不易被破坏，难于调整成为有规则的排列，因而易于生成玻璃。孙光汉于 1947 年首先提出可以用元素离子与氧结合的单键能大小来判断氧化物能否形成玻璃。键强是指 1 mol 化合物的解离能除以该化合物的正离子配位数，得出的商值即为单键键强或单键能。各种氧化物的单键强度数值列于表 6－1 中。

表 6－1　各种氧化物的单键强度

MO_x 中的M	每个 MO_x 的分解能 E/kJ	配位数	M—O 单键能/kJ	E_{M-O}/T_M	类型	MO_x 中的M	每个 MO_x 的分解能 E/kJ	配位数	M—O 单键能/kJ	E_{M-O}/T_M	类型
B	1 490	3	498	1.36	网络形成体	Na	502	6	84		网络变性体
		4	373			K	482	9	54		
Si	1 775	4	444	0.44		Ca	1 076	8	134	0.10	
Ge	1 805	4	452	0.65		Mg	930	6	155	0.11	
P	1 850	4	465～369	0.87		Ba	1 089	8	136	0.13	
V	1 880	4	469～377	0.79		Zn	603	4	151	0.28	
As	1 461	4	364～293			Pb	607	4	151		
Sb	1 420	4	356～360			Li	603	4	151		
Zr	2 030	6	339			Sc	1 516	6	253		
Zn	603	2	302	0.28	中间体	La	1 696	7	242		
Pb	607	2	306			Y	1 670	8	209		
Al	1 505	6	250			Sn	1 164	6	193		
Be	1 047	4	264			Ga	1 122	6	188		
Zr	2 031	8	255			Rh	482	10	48		
Cd	498	2	251			Cs	477	12	40		

根据单键强度的大小，可将氧化物分为以下三类。

(1)玻璃网络形成体(正离子为网络形成离子)：其单键强度大于 334.7 kJ・mol^{-1}。这类氧化物能够单独形成玻璃。

(2)玻璃网络变性体(正离子为网络改变离子)：其单键强度小于 251 kJ・mol^{-1}。这类氧化物不能单独形成玻璃，但能改变网络结构，从而改变玻璃性质。

(3)中间体(正离子为中间离子)：其单键强度介于 251～334.7 kJ・mol^{-1}之间。其作用介于玻璃形成体和网络变性体两者之间。

从表 6-1 可以看出，网络形成体的键强比网络变性体的键强高得多，在一定的温度和组成时，单键强度越大，熔体中负离子团也越牢固，因此，键的破坏和重新组合也越困难，成核活化能也越高，结晶的倾向越小，则越容易形成玻璃。

2. 键型

熔体一般具有较大的黏度，是因为其中含有聚合程度不同的负离子团，这又和质点间化学键的性质有关。熔体冷却时能否形成玻璃和熔体中质点间的化学键有关。一般说来，具有极性共价键和半金属共价键的离子能形成玻璃。

离子键化合物(如 NaCl、CaF_2 等)在熔融状态以正、负离子形式单独存在，熔体黏度低且流动性大，由于离子键作用范围大，无方向性，配位数较高(4 或 6)，正、负离子组成离子晶格的概率较高，析晶活化能小，在凝固点时熔体的黏度较低，所以此类化合物容易析晶而很难形成玻璃。

金属键物质(如单质金属或合金)在熔融时失去自由电子，以正离子状态存在。金属键无方向性和饱和性，并且其配位数达到 12，原子间按照最紧密堆积排列形成金属晶格的几率极高，所以最难形成玻璃。

共价键化合物大部分为分子结构，分子内部的键为共价键，分子之间依靠范德华力结合。分子键较弱，无方向性和饱和性，共价键化合物的熔体在冷却过程中质点容易进入晶格位置构成分子晶体。纯粹共价键化合物不能形成玻璃。

由以上三种单纯化学键形成的物质都不易形成玻璃。形成玻璃必须具有离子键(或金属键)向共价键过渡的混合键型。当离子键向共价键过渡时，通过强烈的极化作用，极性共价键具有一定的方向性和饱和性，有利于形成一种低配位数(3 或 4)或非等轴式结构。极性共价键和半金属共价键物质，由于共价键成分常促使其生成具有固定结构的配位多面体，如 SiO_2、B_2O_3、P_2O_5 等以负离子团$[SiO_4]^{4-}$、$[BO_3]^{3-}$、$[PO_4]^{3-}$ 的状态存在，熔融时黏度较大，促使构成近程有序。冷却时聚离子团开始聚集，离子键成分具有容易改变键角、易形成无对称变形的趋势，促进多面体不按一定方向连接，构成远程无序的网络结构，它们共同作用的结果，造成形成玻璃的倾向很大，且容易形成无规则网络结构。同理，金属键向共价键过渡的混合键称为金属共价键，金属中加入半径小、电荷高的半金属离子(如 Si^{4+}、P^{5+}、B^{3+} 等)或加入场强大的过渡元素，它们能对金属原子产生强烈的极化作用，形成 spd 或 spdf 杂化轨道，形成金属与加入物元素组成的原子团，形成金属玻璃的近程有序；但金属键的无方向性和无饱和性使得这些原子团之间可以自由连接，形成无对称变形的趋势，从而产生金属玻璃的远程无序。综上所述，形成玻璃必须具有离子键或金属键向共价键过渡的混合键型。

一般地说，阴、阳离子的电负性差 Δx 在 1.5～2.5 之间，其中阳离子具有较强的极化能力，单键强度大于 335 kJ/mol，成键时形成杂化轨道，这样的阴、阳离子所形成的化学键在能量上有利于形成一种低配位数的负离子团构造或结构键，易形成无规则的网络，因而形成玻璃的倾向很大。

综上所述，黏度和玻璃的形成温度是生成玻璃的重要标志，冷却速率是形成玻璃的重要条件，离子键(或金属键)向共价键过渡的混合键型和单键强度大于 334.7 kJ·mol^{-1} 是形成玻璃的内在原因。

6.4 玻璃的结构

玻璃的结构是指玻璃中质点在空间的几何配置、有序程度及它们彼此间的结合状态。多年来，人们曾提出了各种有关玻璃结构的学说，从不同角度揭示了玻璃态物质结构的局部规律，在深入研究的过程中，不同学说间能相互补充，某些分歧看法正逐渐接近，到目前为止还没有完全一致的结论。近代玻璃结构的学说有晶子学说、无规则网络学说、凝胶学说、五角形对称学说、高分子学说等等。目前较为流行的是晶子学说和无规则网络学说。

6.4.1 晶子学说

晶子学说是由前苏联学者列别捷夫于 1921 年提出的。他在研究硅酸盐玻璃退火时发现，在玻璃的折射率随温度变化的曲线上，于 520～595 ℃附近出现突然变小的现象，他把这一现象解释为玻璃中的石英“微晶”发生晶型转变所致，因为这个温度范围正好与 α-石英→β-石英的转变温度(573 ℃)相符合。通过玻璃的折射率随温度的变化规律，推断这种变化与玻璃内部的结构变化有关。因此列别捷夫提出了如下观点：玻璃是由一种不连续的原子集合体——“晶子”组成，晶子分散在无定形的介质中。晶子学说揭开了玻璃的一个结构特征，即微观不均匀性及近程有序性。晶子学说的遗憾是这种晶子的尺寸和大小、晶子的化学组成及原子排列的规则程度等均未得到合理的确定。

随着电子显微镜、核磁共振等实验装置及高灵敏度的设备应用于玻璃结构的研究中，又能观察到玻璃在热处理过程中的 X 射线衍射图像是连续变化的，因而微晶学说又提出新的见解，并加以补充提高。现代的晶子学说吸取了连续网络学说的观点，它认为：所谓晶子，不同于一般微晶，它是带有微观变形(畸变)的有序排列区域极微小的晶体，此微晶可以是独立的原子团，或组成一定的化合物和固溶体的微观多相体，都不具备晶体的固有特性，不同微晶的周围存在着无序中间层，一种微晶可以通过中间层逐步过渡到另一种微晶，即在两个晶子之间，离子的排列从服从一个晶子的取向过渡到服从另一个晶子的取向，同时由微晶向无序区域也逐步过渡，不规则性逐步增加。

由于 X 射线实验装置精密度的提高，大量实验事实对玻璃结构的近程有序，以及微晶的组成、种类、大小、含量等有所明确。运用现代微晶理论可以满意地解释玻璃折射率随温度的变化等某些物理性质的变化规律，反过来也可从折射率的变化实验验证玻璃中存在其他微晶的可能性。由实验事实推得：玻璃中同时存在几种微晶，玻璃中微晶的数量将随着玻璃化学组成的变化而变化。

6.4.2 无规则网络学说

德国学者查哈里阿森于 1932 年提出无规则网络学说，他是借助于哥尔德希密特的离子结晶化学原理，并参照玻璃的某些性能(如硬度、热传导、电绝缘性等)与相应晶体的相似性而提出来的，后来逐渐发展成为玻璃结构理论的一种学派。该学说的要点如下。

玻璃体和同组成的晶体都具有三维空间的网络结构，这种网络结构是由离子多面体（四面体或三角体）构筑起来的。所不同的是：晶体中的网络结构是由多面体在三维空间无数次有规则重复排列构成，而玻璃体中的多面体的重复排列没有规律性。

玻璃在一定程度上继承了熔体的网络结构特征。根据无规则网络模型的假设，查哈里阿森提出氧化物形成玻璃时必须满足以下四个规则。

(1)网络中每个氧离子必须最多同两个形成网络的正离子连接。

(2)网络形成剂离子（正离子）与氧离子形成配位多面体，并处于多面体的中央，其配位数不超过4。

(3)配位多面体通过共用氧（桥氧）形成共顶连接，但不能共棱和共面。

(4)配位多面体通过桥氧连接成连续的网络，但配位多面体的位置没有规律性和周期性。每个多面体至少必须有三个角顶与邻近多面体共用。

石英晶体结构模型如图6－10所示。石英玻璃结构模型如图6－11所示。钠硅酸盐玻璃结构（无规则网络模型）如图6－12所示。

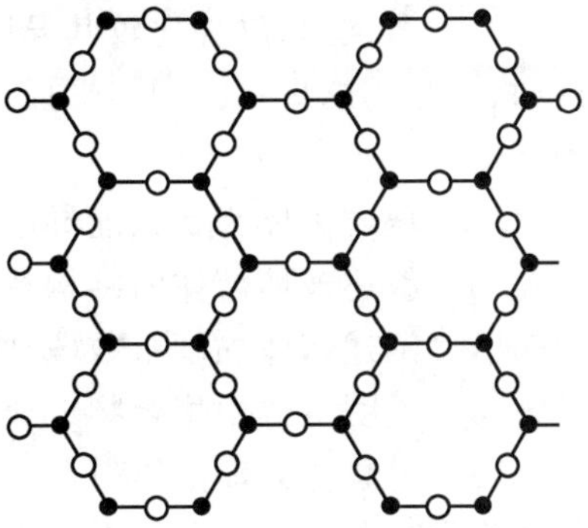

图6－10　石英晶体结构模型

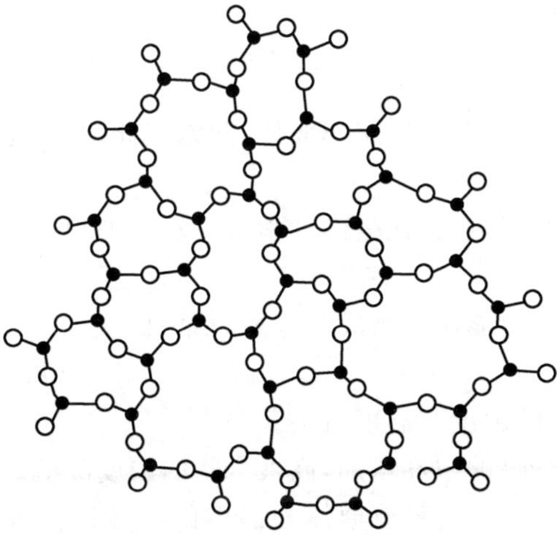

图6－11　石英玻璃结构模型

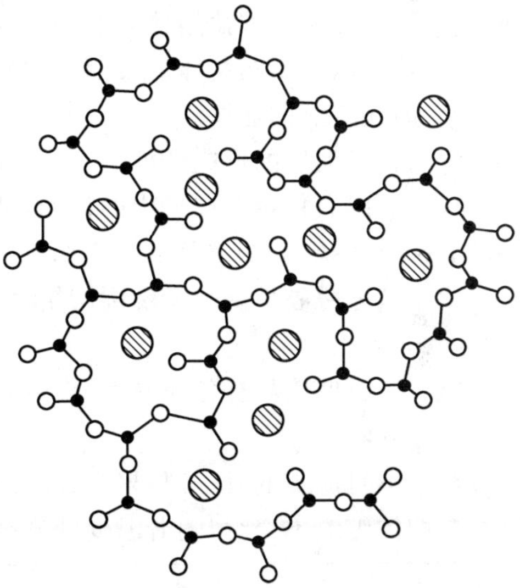

图6－12　钠硅酸盐玻璃结构

无规则网络学说强调了玻璃中离子与多面体相互间排列的均匀性、连续性及无序性等特征，这些结构特征可以解释玻璃的各向同性、内部性质的均匀性以及玻璃的物理性质随着组成改变而连续变化等基本性质。该学说是玻璃结构的主要学说。它认为：阳离子在玻璃中与阴离子间以配位多面体的方式排列，且配位多面体的存在方式也不只一种网络，因而它承认玻璃结构的近程有序和微观不均匀性。

上述两种学说都承认，玻璃态物质的结构特点是近程有序，远程无序。它们的不同点是：无规则网络学说着重于玻璃结构的无序性、连续性、均匀性和统计性；晶子学说强调玻璃结构的微观不均匀性、有序性。

从目前有关玻璃性质及其玻璃结构的研究资料来看，可以认为短程有序和远程无序是玻璃态物质结构的特点。在宏观上玻璃主要表现在无序均匀和连续性方面，而在微观上它又体现有序性、微观不均匀性和不连续性。因此，玻璃是近程有序的无定形体。

思考与习题

6-1　名词解释(并比较其异同)

(1)分化与缩聚；(2)网络形成体和网络变性体；(3)单键强度；(4)晶子学说和无规则网络学说。

6-2　玻璃熔体为什么能导电？

6-3　叙述玻璃熔体的结构特点。

6-4　阐述熔体黏度系数(η)的物理意义？它的单位是什么？

6-5　说明熔体中聚合物形成的过程。

6-6　用聚合物理论的观点，说明 Na_2O-SiO_2 熔体，随 Li_2O、Na_2O、K_2O 含量的增加各级聚合物将发生怎样的变化？对该熔体的黏度有何影响？对不同 O/Si 比的熔体黏度的作用顺序怎样？并用图表示出聚合物的分布随温度和 O/Si 的变化趋势。

6-7　简述影响硅酸盐熔体黏度的主要因素，并进行简要解释。

6-8　什么因素影响熔体的表面张力？

6-9　简述玻璃的通性。

6-10　试述玻璃的形成条件。

6-11　按照氧化物在玻璃中的作用，把下列元素划分为网络形成体、网络变性体、网络中间体：Si、Na、B、Ca、Al、P、K、Ba。

6-12　试述微晶学说与无规则网络学说的主要观点，并比较两种学说在解释玻璃结构上的共同点和分歧点。

6-13　说明玻璃具有各向同性，没有固定熔点，内能比同组成晶体高的原因。

6-14　判断题

(1)在熔体组成不变时，各种聚合程度的聚合物的浓度与温度有关。

(2)在熔体组成不变时，随着温度的升高，低聚合物的浓度增加，高聚合物的浓度降低。

(3)玻璃体和晶体的结构区别在于有序区域的大小，如果有序区域小到测不到的程度就是玻璃体，相反则为晶体。

6-15　试从结构的角度比较硅酸盐晶体与硅酸盐玻璃的区别。

6-16　判别下图中不同物质(A、B、C)形成玻璃的能力大小。试分析：

(1)在 A、B、C 三者中，什么较容易析晶，什么较容易形成玻璃？

(2)为什么出现鼻尖形状？

(3)此图具有什么具体的意义？

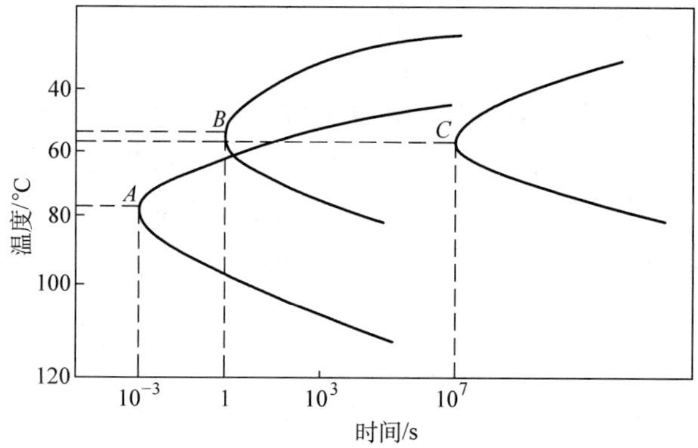

图 6-16 题

7

胶体化学

本章学习要求

(1)了解胶体的动力学性质、光学性质与电学性质

(2)理解胶体粒子带电原因、胶团结构、稳定性与聚沉作用。

(3)掌握黏土-水系统的胶体性质。

(4)了解乳状液的性质及应用。

7.1 胶体的概念

一种物质或几种物质分散在另一种物质中所构成的系统称分散系统。例如糖水溶液、泥浆(黏土-水系统)、料浆(水泥生料-水系统)、鸡蛋白、氢氧化铁胶体“溶液”等都属于分散体系。它们是糖分子、黏土粒子、生料粉、蛋白质大分子和细小的氢氧化铁粒子分散在水中所构成的体系。分散体系由分散相和分散介质两部分所组成。被分散的那些或大或小的粒子称为分散相,它在体系中是不连续的。而另一种物质称为分散介质,通常是连续的。泥浆中的黏土粒子是分散相,而水分子是分散介质;普通溶液中,溶质是分散相,溶剂是分散介质。

7.1.1 分散体系的分类

物质可以各种程度分散在另一种物质中形成分散体系。自然界中可以遇到各种各样的分散体系。下面根据聚集状态、分散度和胶体溶液稳定性的不同分别进行分类。

1. 按聚集状态分类

按照分散相和分散介质的聚集状态不同,可以把分散体系分为以下几类。其名称和实例见表7-1。

表7-1 分散体系按聚集状态的分类

序号	分散相	分散介质	名称	实例
1	固	液	溶胶和悬浮液	AgI溶液、水泥生料浆、油漆
2	液	液	乳状液	牛奶、含水石油等乳状液
3	气	液	泡沫	肥皂泡沫、啤酒
4	固	气	气溶胶	烟、含尘的空气
5	液	气	气溶胶	云、雾

续表

序号	分散相	分散介质	名称	实例
6	固	固	固溶胶	合金、有色玻璃
7	液			凝胶、珍珠、某些宝石
8	气			泡沫塑料、浮石分子筛

凡分散介质为液体的物系称为液溶胶(简称溶胶),分散介质为气体的则为气溶胶,分散介质为固体的则为固溶胶。在硅酸盐材料工业生产中,遇到最多的是固相分散在液相中和固相分散在固相中的分散体系。

2. 按分散度分类

分散度是表示物质被粉碎的程度,常用比表面积来表示。胶体化学中则用粒子尺寸(直径)表示分散度,粒子直径越小的物质,它的分散度就越大。按照分散度的不同,分散体系可分为三类:粗分散体系、胶体分散体系和分子分散体系。它们的性质分别介绍如下。

1)粗分散体系

粗分散体系可用悬浮体作为代表,它们的特征是:①粒子尺寸大于0.1 μm,在普通显微镜下,有时甚至用肉眼都能看到,不能通过普通滤纸,所以可用过滤方法将分散相和分散介质分开;②分散相和分散介质间有明显的界面;③由于悬浮体粒子大,在重力作用下,悬浮体粒子会沉落到容器底部。因此,要保持悬浮体不被破坏,必须不断地搅拌,悬浮体的这种性质称为动力不稳定性。如黄河水,目测是混浊不均匀体系,放置后会沉淀或分层。

2)胶体分散体系

分散相粒子的半径在1~100 nm之间的体系为胶体分散体系。目测是均匀体系,但实际是多相不均匀体系。也有的将1~1 000 nm之间的粒子归入胶体范畴。

以 $Fe(OH)_3$ 和 As_2S_3 胶体溶液作为代表,它们在外观上看清彻透明,但实际上却与均匀体系有着质的差别:①胶体粒子直径介于0.1 μm~1 nm之间;②可以通过普通滤纸,但不能通过渗析膜(火棉胶膜或动物膀胱),是一个多相不均匀体系;③胶体溶液具有光学性质、动力性质和电学性质。

3)分子分散体系

分散相与分散介质以分子或离子形式彼此混溶,没有界面,是均匀的单相,分子半径大小在1 nm以下。通常把这种体系称为真溶液,如 $CuSO_4$ 溶液。由于分子的大小相差很大,所以分子分散体系又分为低分子分散体系和高分子分散体系两大类。

低分子分散体系以真溶液为代表,如氯化钠溶液。它们的分散相粒子直径小于1 nm,可以通过渗析膜,是一个单相、动力稳定和聚结稳定体系。

高分子分散体系以高分子溶液为代表,如鸡蛋白、动物胶水等,因为这些物质的分子量非常大,所以把它们叫做高分子或大分子。高分子溶液具有如下特点:①溶液中溶质分子与溶剂分子间有着强大的吸引力,溶质分子被高度溶剂化,溶质与溶剂间没有界面,因而高分子溶液是一个单相体系,这一点与低分子溶液没有区别;②高分子化合物分散在液体介质中是一个自发过程,形成高分子溶液可以不需要稳定剂的存在,这一点不同于胶体溶液;③高分子溶液与胶体溶液一样,分散相不能通过渗析膜,高分子溶液浓缩时成为黏稠胶状物,所以过去把高分子溶液看成胶体溶液,称为亲液溶胶,而把现在所称的胶体溶液则称为憎液溶胶;④高分子溶液具有较大的黏度。

3. 按胶体溶液的稳定性分类

1)憎液溶胶

半径在1～100 nm之间的难溶物固体粒子为憎液溶胶,粒子分散在液体介质中,有很大的相界面,易聚沉,是热力学上的不稳定体系。一旦将介质蒸发掉,再加入介质就无法再形成溶胶,是一个不可逆体系,如氢氧化铁溶胶、碘化银溶胶等。这是胶体分散体系中主要研究的内容。

憎液溶胶的特性如下。

(1)特有的分散程度。粒子的半径在1～100 nm之间,因而扩散较慢,不能透过半透膜,渗透压低但有较强的动力稳定性和乳光现象。

(2)多相不均匀性。具有纳米级的粒子,是由许多离子或分子聚结而成,结构复杂,有的保持了该难溶盐的原有晶体结构,而且粒子大小不一,与介质之间有明显的相界面,比表面很大。

(3)热力学不稳定性。因为粒子小,比表面大,表面自由能高,是热力学不稳定体系,有自发降低表面自由能的趋势,即小粒子会自动聚结成大粒子。

2)亲液溶胶

半径落在胶体粒子范围内的大分子溶解在合适的溶剂中,一旦将溶剂蒸发,大分子化合物凝聚,再加入溶剂,又可形成溶胶,这种溶胶为亲液溶胶。亲液溶胶是热力学上稳定、可逆的体系。

7.1.2 胶体分散体系

胶体化学是研究胶体状态的生成和破坏以及它们的物理化学性质的一门学科。胶体化学研究的主要对象是胶体分散体系。

如上所述,胶体粒子的直径介于0.1 μm～1 nm之间,由于分散相粒子很小,比表面积很大,比表面自由焓很高,因此物系处于热力学不稳定状态,小粒子能够自发地相互聚结成大粒子,大粒子易于沉降而与分散介质分离,称为聚沉。然而,也正是由于高的比表面自由焓,所以在一定条件下,粒子也能自发地、选择性地吸附某种离子(稳定剂),而形成相对稳定的溶剂化的双电层,因而保护了相互碰撞的粒子不发生聚结。由于胶体粒子比分子大得多,所以溶胶粒子具有扩散慢、不能透过渗析膜等特点。又由于胶体粒子比粗分散物系小得多,所以它又具有比粗分散物系动力稳定性强、散色光明显等特点。

在硅酸盐工业中,经常遇到胶体化学的问题。例如,湿法生产水泥的生料浆,在水泥砂浆中使用减水剂促进水泥分散;在陶瓷制造过程中,为适应成型工艺的需要,将高度分散的原料加水或加塑化剂制成流动的泥浆或可塑的泥团等;硅酸盐产品生产中出现的粉尘处理也属于胶体化学的范围。因此,掌握胶体化学的基本理论对指导实际生产有着重要的作用。

7.2 胶体的性质

7.2.1 光学性质

在暗室里,将一束强光射过胶体溶液,在光的垂直方向上观察,可以在光的前进途径上看到一个光柱。光线越强,则光的路径也就越清楚。这种现象称为丁达尔(Tyndall)效应,如图7-1所示。若换用纯水或真溶液就看不到这种现象。

丁达尔效应的另一特点就是带色,如氯化银、溴化银等溶胶,在光的透射方向上观察,呈浅红色,在垂直方向上看到的却是蓝色,这种蓝色称为丁达尔蓝。光射到颗粒上可以发生两种情形。

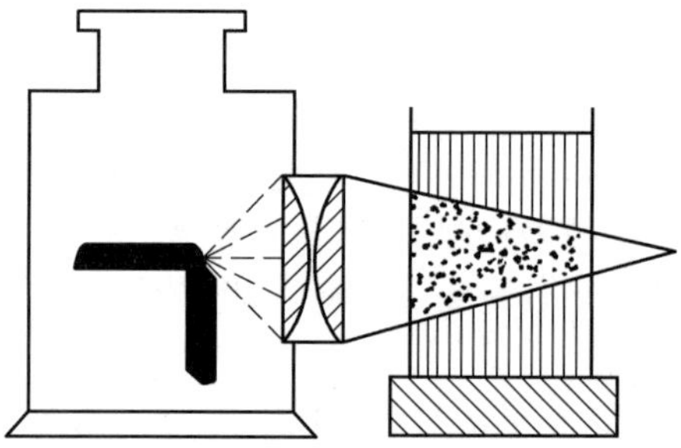

图 7-1　丁达尔效应示意

(1)粒子直径远大于入射光波长时，发生光的反射。

(2)粒子直径小于入射光波长时，发生光的散射，即光波在绕过粒子前进时，同时又会从该粒子的各个方向上传播(使粒子好像一个发光体)。

散射光的强度与入射光的波长有关，同时还随着粒子浓度的增加而增大，另外与分散度有关。真溶液虽有乳光，但很微弱。悬浮液的粒子直径大于可见光的波长，故没有乳光，只有反射光。因此，利用丁达尔效应可鉴别溶胶、真溶液和悬浮液。

7.2.2　动力学性质

1. 布朗运动

1827 年，植物学专家布朗(Brown)在显微镜下，看到了悬浮于水中的花粉粒子处于不停的无规则运动状态。胶粒也在进行着永不停息的不定向运动，这个现象称为布朗运动。

在超显微镜下观察胶体的布朗运动，粒子是曲折无序的运动，呈“之”字形前进。其布朗运动的速度取决于胶体颗粒的大小、温度及介质的黏度。颗粒越小，温度越高，介质的黏度越小，则运动速度越快。

2. 扩散

胶粒的布朗运动必然使溶胶表现出扩散现象，即胶体粒子能自动地从浓度较大的地方向浓度较小的地方迁移，这种迁移称为胶体的扩散。胶体的布朗运动和扩散作用的实质均为分子的热运动。由于胶粒的直径和质量要比溶液中溶质的直径和质量大很多倍，因此胶体颗粒的扩散速度比真溶液中溶质分子(或离子)要小得多，而且胶体的颗粒越大，扩散速度越小。

3. 沉降与沉降平衡

当胶体粒子的密度比分散介质的密度大时，粒子在重力场的作用下就要发生缓慢下沉，这个过程称为沉降。沉降是溶胶动力不稳定性的主要表现。沉降与扩散是两个相反作用。一般来说，粒子的质量越小，布朗运动越强烈，扩散速率也就越大，因而粒子受重力作用下沉出现浓度差时，必然导致反方向的扩散作用。当沉降速度与扩散速度相等时，系统就达到了平衡状态，这种现象称为沉降平衡。

含有不同大小粒子的颗粒，在液体介质中经均匀混合后静止下来，大小不同的粒子即在同一时间内由不同的静止面开始自由沉降。根据斯托克斯公式，粒子大的沉降得快，粒子小的沉降得慢。因此，相隔一定时间后必然会产生分层现象。如图 7-2 所示，若取 AA' 截面来观察，过一段时间后会有某一级粒子全部沉降到 AA' 面以下，而在 AA' 面以上的只有小于这一级的粒子。

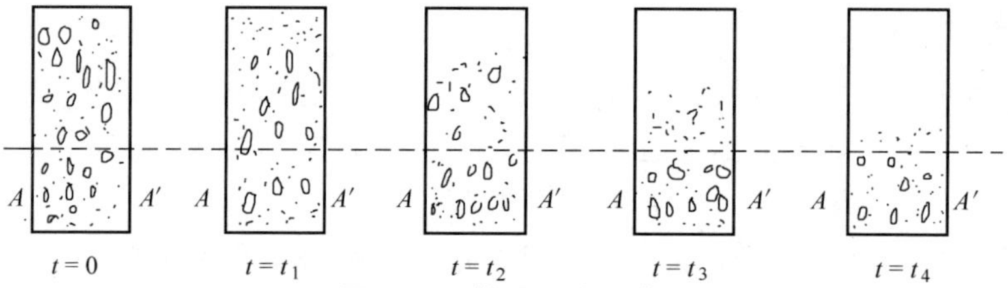

图 7-2　粒子沉降示意

7.2.3 电学性质

1. 动电现象

溶胶是一个高度分散的非均相系统，分散相的固体粒子与分散介质之间存在着明显的界面层。19世纪初，列斯做了一个有趣的实验，这个实验成为进一步研究胶体和固体粒子电学性质的基础。如图7-3所示，把两根玻璃管插到潮湿的黏土中，向这两根玻璃管里投入充分洗涤过的砂子，把水灌到相同的高度，再向两根玻璃管中插入电极，接通直流电源。经过一段时间以后，可以看到，阳极管子的砂面上出现浑浊(泥浆)，而管子中的水面却降低了。在阴极的管子里没有浑浊，但是水面升高了。

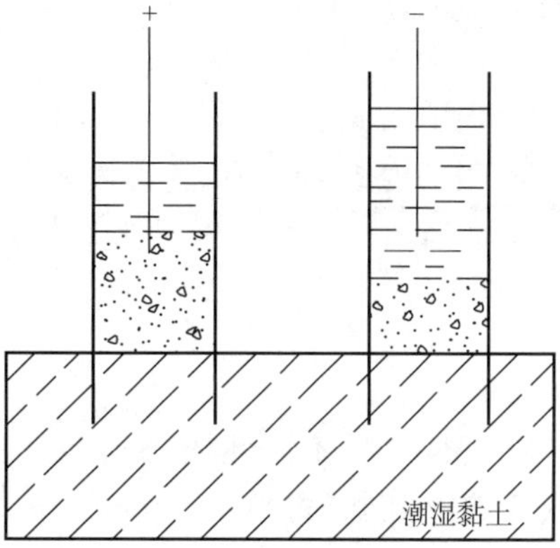

图7-3　列斯实验

实验发现，在外电场的作用下，一方面，固、液两相可发生相对运动；另一方面，在外力的作用下，迫使固、液两相进行相对移动时，又可产生电势差。这两类相反的过程，皆与电势差的大小及两相的相对移动有关，故称为动电现象。阳极管子里出现浑浊，说明黏土粒子在电场作用下发生了移动。这种在外加电场的作用下，胶体粒子向电极移动的现象叫做电泳。电泳的发生表明胶体粒子必带有某种电荷。黏土粒子向阳极移动，表明它带有负电荷。因为整个溶胶系统是电中性的，所以可以判定黏土中的水带正电性。

列斯实验中水面发生移动的现象，是在外加电场作用下，液体相对固体而发生移动，这种现象叫做电渗。电渗的发生证明了湿黏土中的水带正电荷。

电泳和电渗统称为动电现象。这两个现象的实质是相同的，只是表现形式不一样。一个是在电场作用下固体粒子相对于液体发生移动(电泳)；另一个是液体相对于固体粒子发生移动(电渗)。电泳和电渗现象在硅酸盐工业中应用广泛，如利用电泳原理可以除去黏土中的杂质，利用电渗原理可以使黏土脱水及精制陶土等。

2. 胶体颗粒带电的原因

动电现象说明胶体颗粒是带电的。胶体颗粒带电的原因：①胶体颗粒表面对粒子的选择吸附；②胶体颗粒表面层的电离；③晶格取代。

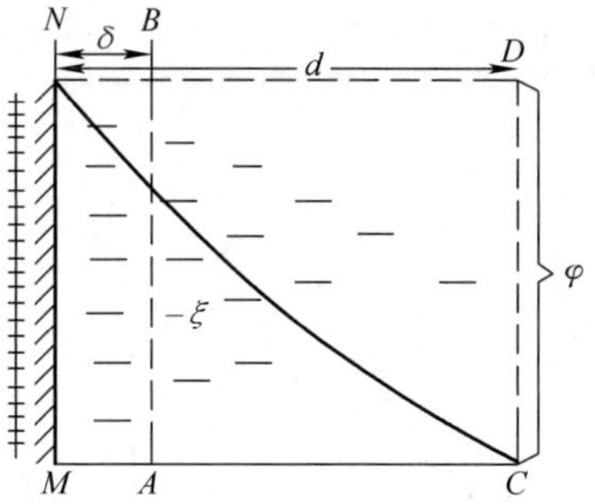

图7-4　双电层异电离子的分布

3. 扩散双电层理论

颗粒与介质带有异号电荷。但是与颗粒固体表面离子带相反电荷的离子(或称为异电离子)，由于热运动，并不是全部整齐排列在一个面上，而是随着距离固体表面的远近，有一定的浓度分布。如图7-4所示，随着与表面距离的增大，过剩的负离子浓度逐渐减小，直到距表面为 d 处，过剩的负离子浓度等于零，即正负离子的浓度达到相等。至于距离 d 的大小则由溶液中离子浓度的不同、离子间引力的大小和热运动的强弱而定。应该注意的是，溶液中所有离子都是溶剂化的，如果介质是水，就都是水化的。这样就可把双电层分为两部分：一部分为紧接固体表面的不流动层，称为吸附层，其中包含了被吸附的离子和部分过剩的异电离子，其厚度约有几个水分子的大小，即图7-4中由固体表面 MN 至虚线 AB 处；另一部分包括从 AB

到距表面为 d 处，称为扩散层，其厚度为 $d-\delta$。在这层中过剩的粒子逐渐减少而至零。这一层是可以流动的。由这两部分所形成的双电层称为扩散双电层(简称双电层)。总之，扩散双电层的形成是在一定离子浓度下，异电离子受静电引力和热扩散两种倾向同时作用而达到平衡的结果。

4. 胶团结构

利用X射线、电子显微镜对胶体进行微观结构分析，发现胶粒的内部是由许多分散相分子或原子构成的胶核，这种胶核通常具有晶体结构。胶核的外层是由双电层组成。由胶核和吸附层所组成的粒子称为胶粒，胶粒和其周围的扩散层称为胶团，胶团结构式为

$$\underbrace{\underbrace{\text{胶核}+\text{吸附层}}_{\text{胶粒}}+\text{扩散层}}_{\text{胶团}}$$

现以两种不同性质的溶胶为例说明其胶团结构。用 $AgNO_3$ 稀溶液与 KI 稀溶液制备 AgI 溶胶，反应式为

$$AgNO_3+KI=AgI\downarrow(\text{胶体颗粒})+KNO_3$$

上述两种溶液作用时，只要其中一种溶液适当过量，就可以制得稳定的 AgI 溶胶。过量溶液的种类不同，制得的溶胶性质也不同。若 $AgNO_3$ 溶液过量，形成的 AgI 固体颗粒表面吸附 Ag^+ 离子形成正溶胶，其胶粒带正电。AgI 溶胶的晶核是由大量的 AgI 分子聚集形成的晶粒，用 $(AgI)_m$ 表示。$(AgI)_m$ 胶核吸附一定数量(n)的 Ag^+ 离子构成带正电荷的双电层内层，而被吸引的一部分($n-x$)反离子 NO_3^- 与内层结合较紧密，形成吸附层，而另一部分(x)反离子 NO_3^- 分散在扩散层中。整个胶团为电中性。其胶团结构可以用下列结构式表示：

$$\underbrace{\underbrace{\{[AgI]_m nAg^+,(n-x)NO_3^-\}^{x+}}_{\text{胶粒}}xNO_3^-}_{\text{胶团}}$$

AgI 正溶胶的胶团结构示意如图 7-5 所示。

而当 KI 过量时，形成的 AgI 固体颗粒表面吸附 I^- 离子形成负溶胶，K^+ 为反离子，其结构与上述 AgI 正溶胶有所不同，可用下列结构式及图 7-6 表示。

$$\{[AgI]_m nI^-,(n-x)K^+\}^{x-}\,xK^+$$

上式中，m 表示胶核中物质的分子数，一般数目很大，n 表示胶核所吸附的离子数，$(n-x)$是包含在吸附层中的异电离子数。

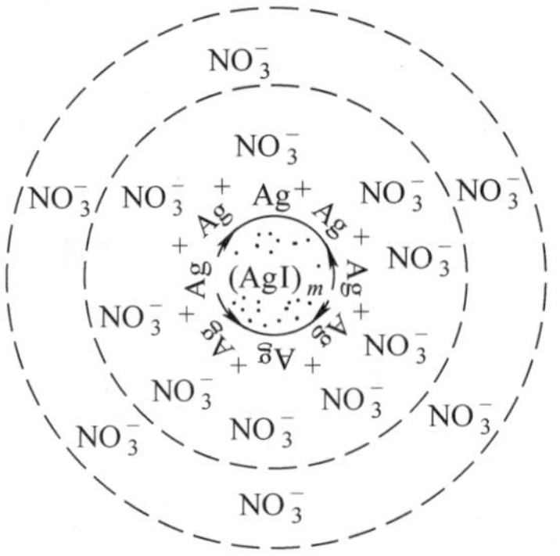

图 7-5　AgI 正溶胶的胶团结构

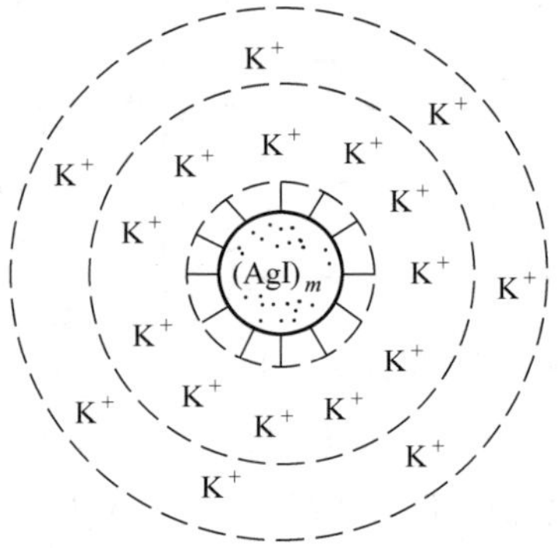

图 7-6　AgI 负溶胶的胶团结构

再如黏土的胶团结构。黏土质点本身称为“胶核”。胶核是带负电荷的，因此紧靠胶核周围吸附着一些定向的偶极水分子和一些水化的阳离子，这部分构成了围绕胶核的吸附层，它们随胶核一起在介质中移动，胶核与吸附层构成胶粒，吸附层外边的扩散层中水化阳离子的浓度逐渐减小，胶粒加上扩散层总称为胶团，如图 7-7 所示。在扩散层外边，水化阳离子则可以自由移动而不受黏土颗粒表面静电引力的影响。

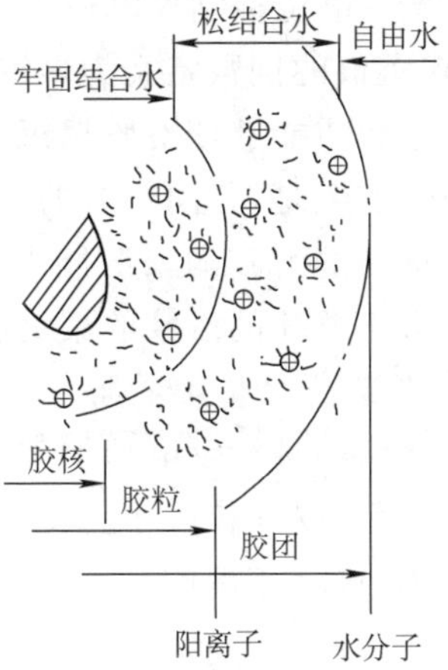

图 7-7　黏土的胶团结构

应当指出，黏土胶体中所有异电离子，都能发生水化作用。由于带电胶核对极性水分子的静电吸引力，水分子围绕胶核作定向排列，水在黏土颗粒周围随着与其距离的增加，彼此之间结合力逐渐减弱而分成牢固结合水、松结合水及自由水。吸附层内的水分子是牢固结合水，它与黏土胶核结合牢固，形成一个整体，可随胶核一起移动。扩散层中水分子的定向排列较弱，与黏土胶核的结合力较弱，可以脱离胶团进入溶液中，故称为松结合水。松结合水外面，是正常自由水，它们的排列是混乱的，不受定向作用的约束。

7.3　胶体的稳定性

7.3.1　溶胶的稳定性原因

溶胶稳定和聚沉的实质是胶粒间斥力和引力的相互转化。促使粒子相互聚结的是粒子间相互吸引的能量，而阻碍其聚结的则是相互排斥的能量。虽然溶胶在热力学上处于不稳定的状态，但有的溶胶可以放到几年或几十年才沉降下来，它的稳定原因主要有以下几个方面。

(1)溶胶的动力稳定性。因溶胶胶粒很小，布朗运动较强，能够克服重力影响而不下沉，则保持均匀分散。

(2)胶粒带电的稳定作用。胶粒间的斥力能对抗胶粒间的吸引力，使溶胶保持稳定。

(3)溶剂化的稳定作用。物质与溶剂之间所起的化合作用称为溶剂化，形成一层溶剂化层，产生机械阻力，防止了溶胶的沉降。

综上所述，造成溶胶稳定性的因素有三，即溶胶的动力稳定性相对重力的反作用、胶粒带电产生的斥力及溶剂化所引起的机械阻力，尤其以带电因素最为重要。

7.3.2　溶胶的聚沉

溶胶中分散相颗粒相互聚结，颗粒变大以致最后在重力作用下沉降的现象称为聚沉。一般来说，溶胶电位 $|\xi|$ 值大于 0.03 V 时，溶胶是稳定的，否则是不稳定的。这是因为胶粒因布朗运动而彼此接近时，由于 ξ 电位的存在，粒子在静电斥力的作用下又能互相远离，但当 ξ 电位小到某一值时，粒子间的静电斥力不足以阻止粒子间的撞碰，变薄了的溶剂化层也不能防止粒子相互聚结，此时胶粒就会由小变大。溶胶失去稳定因素的原因主要有如下几方面。

1. 电解质的作用

随着溶液中电解质浓度的增加，ξ 电位不断下降，当 ξ 电位小于某一数值时，溶胶开始聚沉。ξ 电位越小，聚沉的速度越快。ξ 电位为零时(即等电态时)聚沉速度达到最大。溶胶开始

聚沉的 ξ 电位称临界电位。引起溶胶明显聚沉所需电解质的最小浓度，称为该电解质的聚沉值，聚沉值的倒数定义为聚沉能力。

电解质能够使溶胶聚沉的离子是与胶粒电荷相反的异电离子，异电离子价数越高，聚沉能力越强。但是，相同价数的异电离子聚沉能力也有不同，如同种阴离子的一价盐，其阳离子对带负电荷的溶胶的聚沉能力为 $Cs^+ > Rb^+ > K^+ > Na^+ > Li^+$；同种阳离子的各种盐，其阴离子对带正电荷的溶胶的聚沉能力为 $Cl^- > Br^- > NO_3^- > I^-$。

2. 溶胶的相互聚沉

将两种带相反电荷的溶胶相互混合，也会发生聚沉。但两种溶胶用量应恰好能使其所带的总电荷量相同时，才会发生聚沉，否则可能不完全聚沉，甚至不聚沉。表 7-2 为用不同数量的 $Fe(OH)_2$ 正溶胶和不等量硫化锑负溶胶(含 Sb_2S_3 为 0.56 mg)作用时所观察到的现象。

表 7-2　溶胶的相互聚沉作用

所加 $Fe(OH)_2$ 质量/mg	结果	溶胶混合物的电荷
0.8	不聚沉	−
3.2	微显浑浊	−
4.8	高度浑浊	−
6.1	完全聚沉	0
8.0	局部聚沉	+
12.8	微显浑浊	+
20.8	不聚沉	+

3. 溶胶浓度的影响

胶粒的布朗运动对溶胶的稳定性起着两个相反的作用。一方面，布朗运动使胶粒具有一定的扩散能力，从而获得一定的稳定性。另一方面，布朗运动使胶粒增加相互碰撞的机会，从而产生聚沉的因素。二者究竟哪一方面起重要作用，关键在于溶胶的浓度。假如溶胶的浓度增大，布朗运动将有助于溶胶的聚沉。

7.3.3　高分子化合物对溶胶的作用

1. 絮凝作用

从聚沉过程中得到的沉淀的粒子，一般堆积比较紧密，而且聚沉过程比较缓慢。如果在溶胶或悬浮体中加入极少量的可溶性高分子化合物，可导致溶胶迅速沉淀，沉淀呈疏松的棉絮状，这类沉淀称为絮凝物，能产生絮凝作用的高分子化合物称为絮凝剂。

絮凝作用具有迅速、彻底、沉淀疏松、过滤快和絮凝剂用量少等优点，特别是对于颗粒较大的悬浮体尤为有效。这对于污水处理、选择性选矿，以及沉淀、过滤和洗涤等生产过程都有极重要的作用。

2. 稳定作用

在溶胶中加入较多量的高分子化合物后，高分子物质被吸附在胶粒表面，包围住胶粒，并把亲液性基团渗入水中，且具有一定的厚度，所以胶体粒子相互接近时的吸引力就大为削弱，而且增加了这一层黏稠的高分子膜，还会增加相互排斥力，因此增加了胶体的稳定性。

显然，溶胶粒子的含量越多，比表面越大，所需要高分子化合物的量也相应增多。所以，具有最少量的能盖住溶胶粒子表面的高分子化合物才有稳定作用。一旦在胶粒表面上形成一个高分子薄层以后，再加入过多的高分子化合物并不能增加它的稳定性。还应注意的是，胶粒被高分子化合物包围以后，它的一些物理化学性质会发生显著的变化，而与其所加入的高分子物质性质相近。

硅酸盐工业上常利用上述作用，提高料浆的流动性和稳定性。因此，可用高分子化合物作调凝剂，起缓凝作用。

7.4 黏土-水系统的胶体性质

通过晶体结构的学习，可知黏土矿物属于层状结构的硅酸盐矿物，它包括高岭石、蒙脱石、伊利石、绿泥石等一系列矿物。因黏土矿物层间的化学键较弱，晶格变形大，晶体生长速度极小，因此很少有大的结晶，常成为粒度小于 2 μm 的分散矿物，因此黏土矿物具有很大的比表面积(如高岭石约 20 m^2/g，蒙脱石约 100 m^2/g)，表现出各种表面化学性质。

7.4.1 黏土胶体

胶体的含义就是高分散体系。它至少是两相系统，因此黏土粒子胶体具有极大的比表面积，它的许多性质本质上是界面性质。

黏土粒子常是片状的，其层厚的尺寸往往符合于黏土粒子范围，即使另外两个方向的尺寸更大，但整体上仍可视为胶体。例如，蒙脱石膨胀后，其单位晶胞厚度可劈裂成 1 μm 左右的小片，分散于水中即成为胶体。所谓黏土胶体不是指干燥黏土，而是加水后的黏土-水两相系统。

黏土加水后，形成胶体-悬浮体的混合物，通称为黏土-水系统。其中，黏土的胶体化学性质会影响黏土-水系统的物理和化学性能。例如，泥浆的流动性、稳定性、可塑性和触变性等等。在水泥、砖瓦和陶瓷生产中都要用黏土。因此，了解这些性质对解决生产中遇到的一些问题是有帮助的。

通常情况下，黏土粒子表面是带负电的，但在某些情况下也可能带正电荷。不同种类的黏土矿物带电机理并不尽相同，如高岭石、伊利石类矿物带电主要是由于颗粒表面出现破键，而蒙脱石类矿物带电主要是由于同晶取代现象。

黏土颗粒既然有带电的性质，就必然会吸附溶液中的异电离子。离子被吸附的难易程度，取决于离子的电价和水化离子半径。对异价阳离子来说，电价越高，越易被吸附；对同价阳离子来说，水化半径越小，越易被吸附。黏土颗粒对阳离子的吸附能力(在离子浓度相同的情况下)，有下列顺序：

$$H^+ > Al^{3+} > Ba^{2+} > Sr^{2+} > Ca^{2+} > Mg^{2+} > NH^{4+} > K^+ > Na^+ > Li^+$$

其中对 H^+ 的吸附能力最强，甚至超过高价离子。

由于吸附作用，黏土颗粒常可被某些阳离子所饱和。被 H^+ 所饱和的黏土，称为纯黏土，或 H-黏土；当被其他阳离子所饱和后，分别称为 Na-黏土、Ca-黏土等。自然界中的黏土矿物，大部分是 Ca-黏土。

7.4.2 泥浆的流动性与稳定性

1. 泥浆的流动性

在实际生产中，往往需要制得含水量少而流动性好的稳定泥浆，如制备浇注成型的陶瓷料浆。为了缩短吸浆时间和增加坯体的强度,需要料浆具有上述性质。

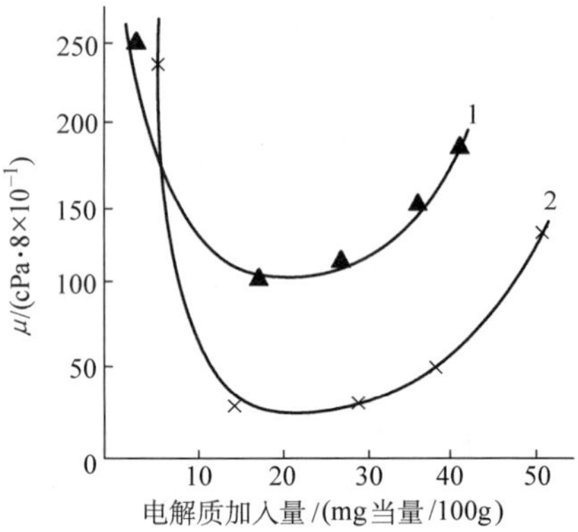

图 7-8 黏土泥浆稀释曲线

实验证明,适量电解质的加入可以降低黏土泥浆的黏度,从而增加其流动性。如图 7-8 所示,当黏土泥浆的加水量不变,随电解质加入量的增加会引起泥浆黏度的变化。从图中可以看出,当电解质的加入量在 15～25 mg 当量/100 g 范围内,泥浆黏度显著下降,黏土在水介质中充分分散,这种现象称为泥浆的胶溶或泥浆的稀释。继续增加电解质的加入量,泥浆内黏土颗粒相互聚集而使黏度升高,此过程称为泥浆的絮凝。这种现象可以用黏土-水系统的电性质解释:适量的电解质加入有助于黏土颗粒表面双电层结构的形成,使 ξ 电位升高,增加颗粒间的排斥力;而过量的电解质将使较多的反离子进入紧密吸附层,从而降低 ξ 电位,减小颗粒间的排斥力。

从流变学的观点看,黏土泥浆的黏度和流动性与其内部结构有关。从黏土颗粒的荷电情况可知,片状黏土颗粒的板面和边棱都带有静电荷。板面由于同晶取代总是带负电荷,而边棱由于破键所带电荷的性质与介质的 pH 值有关,既可能带负电也可能带正电。因此,黏土片状颗粒在不同 pH 值的介质中,由于板面和边棱带同号电荷或异号电荷而形成如图 7-9 所示的几种结合方式。

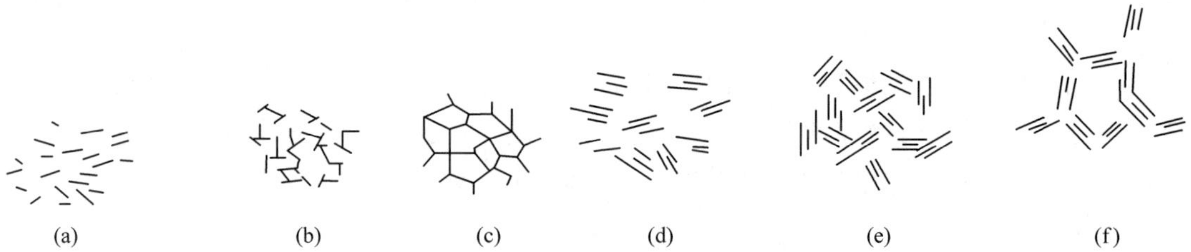

图 7-9 黏土颗粒在介质中的聚集方式

(a)面-面 (b)边-面 (c)边-边 (d)面-面 (e)边-边 (f)边-边

显然,边-面结合方式在泥浆内形成一定的结构使流动阻力增加,黏度提高。只有面-面排列方式能使泥浆的黏度降低。因此,要降低泥浆的黏度,改善泥浆的流动性,就需要将黏土颗粒的边-面结合方式拆开,使之转变为面-面排列方式。这种转变进行的越彻底,泥浆流动性的改善越显著。从以上观点出发,促使胶溶过程进行,改善泥浆流动性可以采取以下措施。

1)介质呈碱性

要使黏土泥浆内颗粒的边-面、边-边结构拆开,必须首先消除形成这种结构方式的作用力。黏土在酸性介质中,边棱带正电,板面带负电,因而引起黏土边棱与带负电的板面之间强烈的静电吸引,从而结合成边-面或边-边结构。

在碱性介质中,黏土的边棱和板面均带负电,从而消除了形成边-面、边-边结构的静电引力,同时增加了黏土颗粒表面的净负电荷,使黏土颗粒间静电斥力增加,促使泥浆的胶溶过程。

2)用一价碱金属阳离子交换黏土原来吸附的离子

一价阳离子由于所带电荷少,因此黏土颗粒对其吸附较弱,在与黏土颗粒形成的双电层中较多地存在于扩散层中,使得电位升高,黏度下降,从而提高泥浆的流动性。

实验证明：一价金属的碱或碱式盐对黏土泥浆的流动性改善有显著效果。

天然的黏土一般都是吸附 Ca^{2+} 和 Mg^{2+}，形成 Ca-黏土或 Mg-黏土。而这种 Ca-黏土或 Mg-黏土的泥浆黏度大，为了改变泥浆的黏度，改善其流动性，需用 Na^{+} 交换 Ca^{2+} 和 Mg^{2+}。从正离子交换次序可以看出，Ca^{2+} 和 Mg^{2+} 的吸附能力比 Na^{+} 强，在相同浓度下 Na^{+} 无法交换出 Ca^{2+} 或 Mg^{2+}。

用过量的碱或碱式钠盐交换反应虽能进行，但将引起泥浆的絮凝。若使用与 Ca^{2+} 或 Mg^{2+} 形成溶解度较小的盐或稳定配合物的负离子的碱式钠盐，则可以促进交换反应的进行。例如，NaOH 或 Na_2SiO_3 与 Ca-黏土的交换反应可用以下两式表示：

$$\text{Ca-黏土} + NaOH \longrightarrow 2\text{Na-黏土} + Ca(OH)_2$$

$$\text{Ca-黏土} + Na_2SiO_3 \longrightarrow 2\text{Na-黏土} + CaSiO_3$$

由于 $CaSiO_3$ 的溶解度比 $Ca(OH)_2$ 低得多，因此后一反应比前一反应更易进行。

实验证明，硅酸盐、磷酸盐和有机负离子在水中发生聚合。这些聚合负离子由于几何位置上与黏土边棱相适应，因此被牢固地吸附在黏土颗粒的边棱上或 OH 面上。当黏土边棱带正电时，它能有效地中和正电荷；当黏土边棱不带电时，它能物理吸附在边棱上建立新的负电荷位置。这些吸附与交换的结果导致原来黏土颗粒的边-面结构转变成面-面排列；也会导致原来面-面排列的黏土颗粒间斥力增加，因此使泥浆的流动性得到显著的改善。

目前，在硅酸盐工业中，上述除采用硅酸钠、丹宁酸钠盐等作为胶溶剂外，还广泛采用多种有机或无机-有机复合胶溶剂，如采用木质素磺酸钠、聚丙烯酸酯、芳香醛磺酸盐等，都取得了良好的泥浆胶溶效果。

胶溶剂种类的选择和用量的控制对泥浆胶溶效果有重要影响。由于胶溶过程除了与黏土的矿物组成、颗粒尺寸与形状、结晶完整程度有关外，还与环境因素和操作条件（温度、湿度、模型、陈腐时间）等因素有关，是个受多种因素影响的复杂过程。所以，胶溶剂（稀释剂）的种类和用量的确定不能单凭理论推测，而应根据具体原料和操作条件通过实验确定。

2. 泥浆的稳定性

黏土-水系统是一个高分散的多相系统，因此，也是热力学不稳定系统，有自动聚集沉降的趋势。与胶体系统一样，黏土颗粒所形成的双电层结构及吸附层中水化离子形成的“极性水分子外壳”是黏土-水系统获得稳定性的主要原因。

黏土-水系统中黏土颗粒是连同其吸附层为整体而移动的，这样在吸附层界面上同样会产生动电位，即 ξ 电位。ξ 电位越高，系统就越稳定。

黏土-水系统的 ξ 电位的数值与黏土颗粒吸附正离子的种类、电价及介质中正离子的浓度有关。黏土吸附正离子的种类不同，ξ 电位的数值也不同，如图 7-10 所示。由此可以看出，ξ 电位的数值随黏土吸附正离子的电价的增加而降低，随着正离子（对于同价离子）的半径的增加而降低。

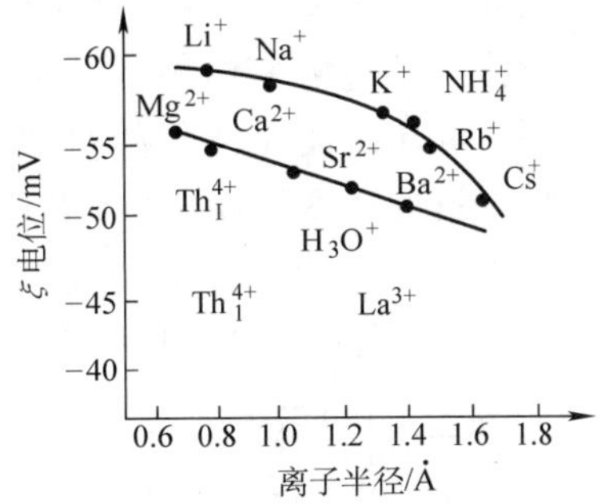

图 7-10　黏土吸附不同阳离子的 ξ 电位值

表 7-3 列出高岭石吸附几种常见正离子的 ξ 电位值。它们是由瓦雷尔（W. E. Worrall）测定的。他还指出，黏土胶粒的 ξ 电位必须在 -50 mV 以上，黏土泥浆才能稳定存在。

由于黏土内腐殖质的存在可以增强黏土颗粒表面净负电荷的量,因此,这些有机质对黏土的ξ电位也有影响。如果黏土内有机质的含量增加,则导致黏土ξ电位的升高。例如,河北唐山紫木节土含有机质1.53%,测定其ξ电位为−53.75 mV。而用适当的方法除去其有机质后测得的ξ电位为−47.30 mV。

表7−3 高岭石吸附几种正离子的ξ电位值

黏土性质	ξ电位/mV
Ca-黏土	−10
H-黏土	−20
Na-黏土	−80
Mg-黏土	−40
天然土	−30
用六偏磷酸钠处理的土	−135

除以上原因外,影响黏土ξ电位值的因素还有黏土矿物的组成、电解质中负离子的作用、黏土颗粒的形状和大小、表面光滑程度等。

7.4.3 泥浆的触变性

将黏土泥浆静置一段时间会变稠和凝固,其黏度提高,但一经搅拌或摇动后,流动性增加,停止搅拌后又恢复到原来的状态。这种在外力的作用下,其流动性暂时增加,外力消除后能缓慢、可逆的恢复原来结构的性能,称为泥浆的触变性。

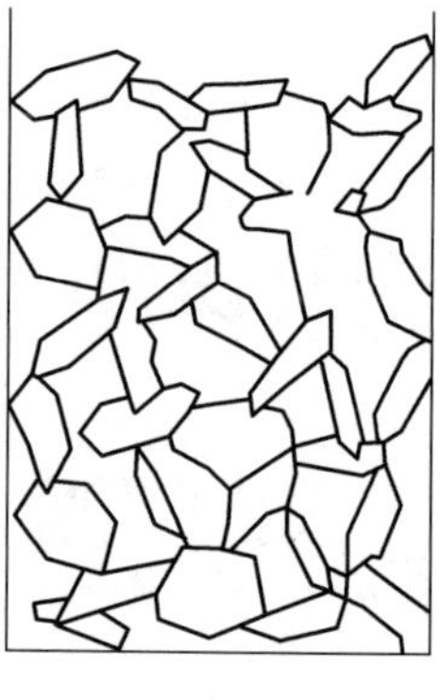

图7−11 高岭土的触变结构示意

泥浆的触变性与泥浆胶体的结构有关。触变状态是介于分散和凝聚之间的中间状态。霍夫曼通过实验提出了高岭土的触变结构,如图7−11所示。因片状高岭土微粒在层面上带负电,而在边面上会残留少量未被中和的正电荷,或边面负电荷还不足以排斥板面负电荷,以致形成局部边-面结合或边-边结合,组成三维网状结构,直至充满整个容器,并将大量自由水包裹在网状空隙中,形成疏松而不稳定的空间架结构,使泥浆的流动性降低而呈凝固状态。由于结构中仅存在部分边-面吸引,其他部分仍保持边-面相斥情况,因此这种结构是很不稳定的,只要稍加剪切应力就会被破坏,而使包裹的大量"自由水"释放,泥浆流动性又得到恢复。但由于存在部分边-面吸引,因此一旦静止,空间网状结构又重新建立。

黏土泥浆的触变性与黏土矿物的种类有关,通常遇水膨胀性大的黏土矿物易具有触变性,如蒙脱石比高岭石触变性显著。而同一类型的黏土矿物,由于其吸附正离子种类不同,其触变性也不同。黏土吸附正离子的价数越小,或价数相同而离子半径越小,其触变效应越小。例如,Ca-高岭石的触变性就比Na-高岭石显著。此外,还与黏土泥浆的含水量、黏土颗粒大小、温度等因素有关。含水量越少,颗粒越细,温度越低,越易形成触变,反之不易触变。在陶瓷生产中,注浆成型的泥浆要求其触变性小,以利泥浆的输送和储存,并避免成型后变形。

7.4.4 黏土的可塑性

在陶瓷生产中,塑性成型法所用的泥料必须具有一定的可塑性。可塑性指物体在外力作用下,可塑造成各种形状,并保持这种形状而不失去物料颗粒之间联系的性能。干的泥料只有弹性,颗粒之间的吸引力使泥料聚在一起,但这种力的作用范围很小,仅在其点接触处发生作用，很小的外力就可以使泥料碎裂，因此，它不具有可塑性。要使泥料具有可塑性，即要使泥料成一定形状而不开裂，一方面必须增加颗粒间的吸引力，另一方面使其在变形后又可形成新的接触点。加水可以实现上述要求。粉料加水可以形成可塑泥团。实际上，可塑泥团是由固体原料、水和气体组成的塑性-黏性系统。当它受到应力作用而发生变形时，既有弹性变形，又有塑性变形。

在塑性泥料中，由于斥力和引力达到平衡而使其处于稳定状态。当对泥料施加一定外力时，泥料中的颗粒间相互接近，毛细管半径减小，毛细管力增大。与此同时，黏土胶团间的静电斥力也因距离缩短而增加。当引力与斥力达到平衡时，泥料又处于一种新的平衡。因此，当外力解除后，泥料仍可保持受力变形时的形状。

影响黏土可塑性的因素如下所述。

1. 黏土泥料中含水量对可塑性的影响

这主要是因为黏土颗粒间存在着两种力，一种为斥力，另一种为引力。斥力是由于黏土颗粒表面带有同种电荷而产生的静电斥力。引力的产生则有几种原因：范德华力、黏土颗粒局部边-面的异号电荷产生的静电引力和毛细管力。毛细管力是黏土泥料颗粒间的缝隙形成一些毛细管，毛细管中填充水而产生的。毛细管力是黏土颗粒间的主要引力。毛细管力的大小随毛细管半径的减小而增加。

黏土颗粒间的引力与斥力的大小都与泥料中的含水量有关。当含水量较高时，黏土颗粒间距离较大，主要表现为颗粒间的斥力。黏土呈泥浆状态，此时其流动性较好。当含水量较低时，黏土颗粒间距离缩小，主要表现为颗粒间的引力，此时其塑性较好。实际上黏土泥料的可塑性只在一个很狭窄的含水量范围内表现出来。而不同种类的黏土泥料的塑性最佳含水量范围是不相同的。一般来说，塑性好的黏土，达到最大塑性的含水量较大。

2. 黏土矿物结构的影响

黏土泥料的塑性与黏土矿物的结构有很大关系。如高岭石与蒙脱石的塑性相差较大。这是因为在高岭石的结构中，单元层的表面由 O^{2-} 和 OH^- 覆盖，层间有氢键连接。氢键力较范德华力强，水分子不易进入高岭石的层间，毛细管力小。因此高岭石泥料的塑性较小。而蒙脱石单元层表面为 O^{2-} 覆盖，层间是通过范德华力连接，这种键力较弱，水分子易进入层间，形成水膜，产生较大的毛细管力，因此蒙脱石的可塑性较大。

3. 物料颗粒大小与形状的影响

泥料的可塑性与颗粒间接触点的数目及类型有关。颗粒尺寸越小，其比表面越大，接触点也越多，受到外力变形后形成新的接触点的机会也越多，因此可塑性就好，如图 7－12 所示。此外，颗粒小导致离子交换容量提高也将改善可塑性。颗粒形状直接影响颗粒间相互接触，从而影响可塑性，如片状颗粒因具有定向沉积的特性，容易互相平行堆积，接触面大，可以在较大的范围内滑动而不致相互失去连接，因此它比粒状颗粒具有较高的可塑性。同样尺寸的板状和短柱状颗粒比球形颗粒比表面积大，引起移动阻力和毛细管力增高，导致可塑性增加。

4. 分散介质性质的影响

液体介质的黏度、表面张力的大小对泥料的可塑性有较大的影响。表面张力大、黏度高的介质都可以增加泥料的可塑性。

5. 黏土颗粒吸附正离子的影响

黏土颗粒表面吸附不同正离子时其可塑性的变化顺序与黏土正离子交换顺序相同。其主

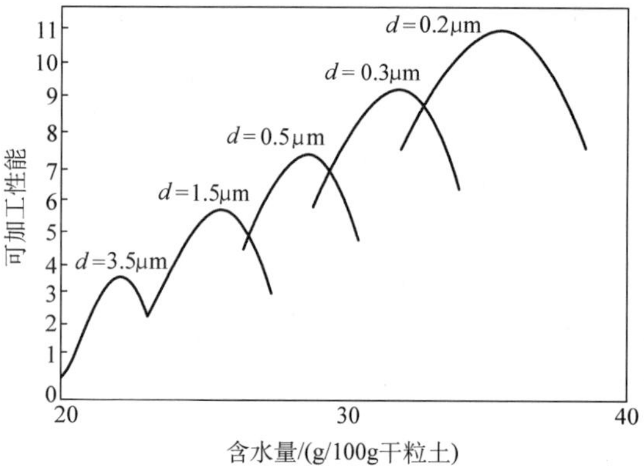

图 7-12 黏土可塑性与颗粒尺寸的关系

要原因是高价正离子与带负电荷的黏土颗粒间的静电引力较大，可以大部分进入黏土胶团的紧密吸附层中，使整个黏土胶粒净电荷减少。因此，使颗粒间斥力减小，引力相对增加，使黏土可塑性提高。由于 H^+ 与黏土颗粒的静电引力最大，因此 H^+ 黏土的可塑性很大。

此外，黏土的正离子交换容量对黏土泥料的可塑性有显著影响。通常提高正离子交换容量将改善泥料的可塑性。

7.5 乳状液与泡沫

7.5.1 乳状液与乳化剂

一种液体以细小液珠的形式分散在另一种与它互不相溶的液体之中所形成的系统称为乳状液。这两种互不相溶的液体其中之一是水，另一种是有机物液体，可以统称为“油”。若油为分散相而水为分散介质，则称为“水包油型乳状液”，以符号“O/W”表示。若水为分散相而油为分散介质，则称为“油包水型乳状液”，以符号“W/O”表示。例如，目前很多工厂采用的乳化重油喷雾燃烧技术中的乳化油就属于“W/O”型。

乳状液分散相液珠大小在 $10^{-3}\sim10^{-5}$ cm 的范围内，属粗分散系统。其特点是：由于油和水的相界面比较大，系统具有较高的表面自由焓，故具有热力学不稳定系统所共有的聚结不稳定性，其分散相液珠会自动聚结而使液体分散成油、水两层液体。要得到稳定的乳状液，必须加入乳化剂。

1. 乳化剂的种类

乳化剂有如下种类。

(1)表面活性物质，如肥皂、洗涤剂等。

(2)具有亲水性质的大分子化合物，如明胶、蛋白质、树胶等。

(3)不溶性固体粉末，如 Fe、Cu、Ni 的碱式硫酸盐，$PbSO_4$、Fe_2O_3、$CaCO_3$、黏土、炭黑等。

2. 乳化剂的主要作用

乳化剂的主要作用是降低表面张力，在分散相液滴的周围形成坚固的保护膜或双电层，以此来阻止这些微液滴的相互聚结，从而增加乳状液的稳定性。

在工业生产中，常遇到一些有害乳状液，如工业污水、含水石油(它会严重腐蚀设备)等。这就要求破坏乳状液而使分散的两相沉淀分离。乳状液的破坏称为去乳化。

3. 去乳化方法

常用的去乳化方法有以下四种。

(1)加热。温度升高可减小体系黏度，加剧液珠碰撞从而使聚结速度加快。

(2)破坏乳化剂。如用皂类作乳化剂，在乳状液内加酸，皂类就变成脂肪酸，脂肪酸析出后，乳状液就分层破坏，或将乳状液通过固体吸附层，乳化剂被固体吸附，乳状液也就被破坏了。

(3)加入电解质。对于稀的乳状液，起稳定作用的是扩散双电层，加入电解质可破坏双电层，也能使乳状液聚沉。常用的电解质是 NaOH、HCl、NaCl 及高价离子。

(4)表面活性剂去乳化。选择一种能强烈吸附于油-水界面的表面活性剂，用以代替在乳状液中生成牢固膜的乳化剂，产生一种新膜，膜的强度可以降得很低，而有利于去乳化。

事实上，工业生产中很少采用单一方法去乳化，总是几种方法综合使用。

7.5.2 泡沫与起泡剂、稳泡剂

泡沫是指气体分散在液体(或熔融固体)中的分散系统。气体是分散相，液体是分散介质。泡沫有两种，一种是气体以小的球形均匀分散在较黏稠的液体中，气泡表面有较厚的膜，这种泡沫叫稀泡沫。另一种是高浓度分散气泡，单位体积中气泡多，故气泡形状不是球形而呈多边形，泡间由薄的液体膜将它们分隔开，这种泡沫叫浓泡沫。在加气混凝土及水泥浆体中引入的泡沫接近于浓泡沫。

泡沫是多相分散系统，由于气泡有较大的界面，因而也是热力学不稳定系统。

1. 泡沫的稳定性及稳泡剂

泡沫的稳定性是指泡沫生成后的持久性，即泡沫的"寿命"长短。气泡的稳定性主要取决于两个因素：一是液膜的流失、变薄的速度；另一个是由于无规则运动导致膜的破坏程度。因此，液膜能否保持恒定是泡沫稳定的关键。若使泡沫稳定，必须要求液膜有一定的强度，能对抗外界各种影响而保持不变。

在纯液体中不会形成稳定的气泡，只有在稳泡剂存在时才能形成具有一定稳定性的气泡。稳泡剂常采用表面活性物质，如由花生油酸和三乙醇胺配制而成的可溶油或石油工业副产品氧化石腊皂等。当将稳泡剂溶于液体中时，就被吸附到气-液界面上来，降低了气-液界面的表面张力，从面增加了液体和空气的接触面，再加上被吸附的表面活性剂对液膜的保持作用，这个液膜就比较牢固，从而使泡不易破灭。

硅酸盐制品工业中，在加气混凝土料浆里加入表面活性物质作气泡稳定剂后，除液-气界面外，同时表面活性剂的极性一端朝向固体颗粒，非极性一端朝向气体，使固体颗粒由亲水性变为疏水性，固体颗粒向气泡附着，避免固体颗粒沉降，因而形成了多孔均匀分散体系。同时，固体颗粒覆盖在气泡周围，形成一层具有机械强度的薄膜，也增加了气泡的稳定性。

综上所述，气-液表面张力的降低、固体润湿性的改变、保护膜的形成是稳泡剂稳泡的基本原理。

表面活性物质分子碳原子数越多，非极性成分越大，越容易吸附于液气表面，降低表面张力的程度越大。而且，碳氢链越长，链间范德华力也越大，膜的机械强度越高。因此，稳泡剂一般选用碳原子数在 12～18 之间的长链形的表面活性物质。

2. 泡沫的起泡能力与起泡剂

泡沫的起泡能力与泡沫的稳定性是两个不同的概念。起泡能力是指液体在外界条件作用下，生成泡沫的难易程度。表面张力越低越有利于起泡，通常加入表面活性剂，即可达到此目的，这就是起泡剂，其起泡原理如图 7－13 所示。

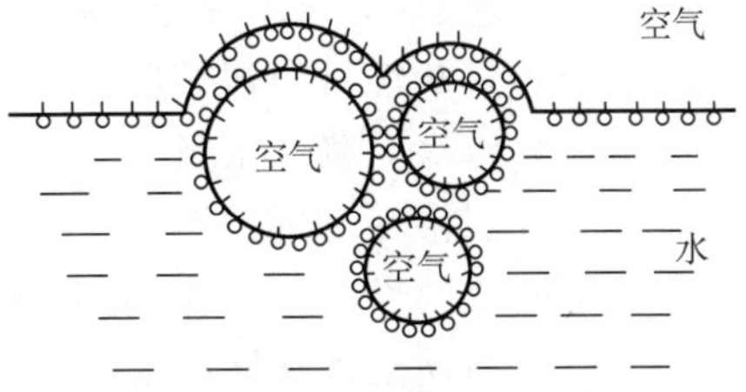

图 7－13 表面活性物质的起泡作用

现将常见的几类起泡剂介绍如下。

(1)表面活性剂类。例如，十二烷基苯磺酸钠、十二醇硫酸钠及普通肥皂等。

(2)蛋白质类。例如，蛋白质、明胶等。这类物质虽然降低表面张力的能力有限，但是它可以形成有一定机械强度的薄膜。这类起泡剂易受溶液 pH 值的影响，并有老化现象。

(3)固体粉末类。如炭末、矿粉等细微的憎水固体粉末，常聚集于气泡表面，成了防止气泡相互合并的屏障，并增加了液膜中液体的流动阻力，也可以形成稳定泡沫。

(4)其他类型。包括非蛋白质类的高分子化合物，如聚乙烯醇、甲基纤维素及皂素等。

各类起泡剂的一个共同特点是：必须在气液界面上形成一个坚固的膜。

目前在硅酸盐制品的生产中，常在混凝土、砂浆或水泥净浆中加入一种外加剂——引气剂，就是一种起泡剂，它的主要作用是在加气混凝土拌和时，引入适量的、均匀分布而又各自分离的气泡。在混凝土硬化后，这些微气泡仍然存在。正是这些有计划、有限制地引入的大小在 0.05～1.25 mm 气泡(一般是空气泡)的存在，使得引气剂能改善新拌混凝土的和易性、硬化混凝土的抗冻性和抗渗性。常用的引气剂有表面活性剂、松香热聚物、松香酸钠等。

气泡形成的数量与加入起泡剂的种类和数量有关，亦与水溶液的温度、黏度、比重和 pH 值等有关。对于加气混凝土来说，气泡的形成又与混凝土的水泥用量、水泥细度及细集料的粒度和性质、砂粒含量及粗细集料的外形、水灰比、混凝土的搅拌方式、无机化合物外加剂以及填料的掺和量、混凝土运输及静停的时间有关。

此外，可兼作保温和承重材料的加气混凝土(泡沫混凝土)的制作过程中，也分别在料浆里掺入了发气剂和泡沫剂，而使制品中产生大量均匀的微小气泡。不同的是，发气剂是利用化学反应产生气体，常用的发气剂是铝粉。而泡沫混凝土是用机械方法，将泡沫剂水溶液制成泡沫，再加入料浆中，经混合搅拌、浇注成型及蒸气养护而制成的。广泛使用的泡沫剂有松香胶泡沫剂、废动物毛泡沫剂等。

思考与习题

7-1　用 $AgNO_3$ 溶液和 KI 溶液制备 AgI 溶胶，为什么必须使其中一种溶液过量才能形成稳定的 AgI 溶胶？$AgNO_3$ 溶液过量和 KI 溶液过量制备的 AgI 溶胶有何不同？若继续增加过量的 $AgNO_3$ 溶液或 KI 溶液，AgI 溶胶将出现何种现象？为什么？

7-2　试述黏土的带电原因及带电性。

7-3　试分析黏土泥浆的稳定原因及聚沉方法。

7-4　黏土的很多性能与吸附正离子种类有关。指出黏土吸附下列不同正离子后的性能变化规律(以箭头表示)：H^+　Al^{3+}　Ba^{2+}　Sr^{2+}　Ca^{2+}　Mg^{2+}　NH_4^+　K^+。

(1)离子置换能力；(2)黏土的电位；(3)黏土的结合水；(4)泥浆的流动性；(5)泥浆的触变性；(6)泥团的可塑性；(7)泥浆的稳定性。

7-5　为使水泥浆含水量少且流动性好，应采取哪些措施？

7-6　分别将一定量的 Na_2CO_3 和 Na_2SiO_3 加入黏土泥浆(以高岭石矿物为主)中，它们对改变泥浆的流动性所起的作用相同吗？为什么？

7-7　影响黏土可塑性的因素有哪些？生产上可采用什么措施来提高黏土的可塑性以满足成型工艺的需要？

7-8　试解释黏土结构水、结合水(牢固结合水、松结合水)和自由水的区别。分析结合水和自由水对泥浆和泥料工艺性质的影响。

7-9 高岭石、蒙脱石、伊利石的正离子交换容量是否相同？为什么黏土矿物的正离子交换容量波动在一个范围而不是定值？

7-10 布朗运动对胶体分散系统的稳定性有什么影响？

7-11 为什么胶粒会带电？在何种情况下带正电？何种情况下带负电？

7-12 为什么 ξ 电位的数值能衡量溶胶的稳定性？

7-13 简要说明下列几个基本概念。

(1)丁达尔效应；(2)电泳；(3)乳化作用；(4)触变现象。

7-14 破坏溶胶的方法有哪些？其中哪种方法最有效？为什么？

7-15 试述黏土带电原因及黏土电荷对黏土-水系统工艺性质的影响。

7-16 写出由 $FeCl_3$ 水解制得 $Fe(OH)_3$ 溶胶的胶团结构。已知稳定剂为 $FeCl_3$。

7-17 在 H_3AsO_3 的稀溶液中通入 H_2S 气体，生成 As_2S_3 溶胶。已知 H_2S 能电离成 H^+ 和 HS^-，试写出 As_2S_3 胶团的结构。

7-18 欲制备 AgI 正溶胶，问在 25 mL 0.016 $mol \cdot L^{-1}$ 的 $AgNO_3$ 溶液中最多加入 0.005 $mol \cdot L^{-1}$ 的 KI 溶液多少毫升？并写出该溶胶的胶团结构。若用 $MgSO_4$ 和 $K_3[Fe(CN)_6]$ 两种电解质，哪一种电解质更容易使此溶胶聚沉？

(80 mL；$K_3[Fe(CN)_6]$ 更易使溶胶聚沉)

7-19 将 10 mL 0.02 $mol \cdot L^{-1}$ 的 $AgNO_3$ 溶液和 100 mL、0.005 $mol \cdot L^{-1}$ 的 KCl 溶液混合，以制备 AgCl 溶胶。写出这个溶胶的胶团结构，并指出胶粒的电泳方向。

7-20 黏土的很多性能与吸附阳离子的种类有关，指出黏土分别吸附 Al^{3+}、Ca^{2+}、Na^+ 等阳离子后的性能变化规律(以箭头表示小→大)。

(1)离子置换能力；(2)黏土的 ξ 电位；(3)黏土的结合水；(4)泥浆的流动性；(5)泥浆的稳定性；(6)泥浆的触变性；(7)泥浆的可塑性。

7-21 某溶胶在下列各种电解质作用下发生聚沉的聚沉值如下：

$c_{NaNO_3}=300\ mmol \cdot L^{-1}$；$c_{Na_2NO_4}=147.5\ mmol \cdot L^{-1}$；

$c_{MgCl_2}=12.5\ mmol \cdot L^{-1}$；$c_{AlCl_3}=0.167\ mmol \cdot L^{-1}$；

试确定该溶胶的电荷符号。

7-22 对于混合等体积的 0.08 $mol \cdot L^{-1}$ 的 KI 和 0.1 $mol \cdot L^{-1}$ 的 $AgNO_3$ 溶液所得溶胶而言，试问用 $MgSO_4$ 和 $K_3[Fe(CN)_6]$ 两种电解质哪个聚沉能力强？

第三篇

过程动力学

8

化学动力学

本章学习要求

(1)了解化学反应速度和化学反应机理(历程)是化学动力学研究的内容,并了解化学动力学在理论上和实践上的重要意义。

(2)掌握反应速率的概念,并且会对各种反应速率进行换算。

(3)了解基元反应、非基元反应、反应分子数和反应级数等不同概念,并明确质量作用定律与化学速度方程的区别。

(4)对零级、一级和二级反应有概括的了解。

(5)认识晶体中存在具有扩散活化能的质点和浓度梯度或自由焓梯度时才会发生定向扩散。而间隙扩散和空位扩散是晶体中两种主要的扩散形式,在稳定状态下,扩散规律按菲克扩散第一定律进行。

(6)知道温度对扩散的影响;杂质对扩散的影响比较复杂,可以从晶体结构、缺陷缔合和晶格畸变等多方面考虑。

(7)了解物质的相变过程,会分析晶核形成及晶体长大的过程。掌握均匀成核和非均匀成核的概念。

(8)清楚狭义和广义固相反应的概念,知道固相反应的推动力是$\triangle G$,并能利用$\triangle G \leqslant 0$判断反应进行的方向和限度。

(9)了解固相反应的特点、固体活性对固相反应的反应速度的影响以及影响固相反应的主要因素。

热力学可以解决化学反应进行的可能性和限度的问题,但不能指出化学反应的快慢和达到平衡所需要的时间。因此,也就不能回答它在生产实践中是否有实际应用价值的问题。而要把热力学判断的化学反应的可能性变为现实性,还必须对反应的速率进行研究,这就是化学动力学要研究的主要课题。化学动力学是研究化学反应的速率,以及各种不同因素对化学反应速率影响的科学。对化学反应的研究,动力学和热力学是相辅相成的。例如,某未知的化学反应,经热力学计算认为是可能的,但具体进行时速率很小,工业生产无法实现,则可以通过动力学研究,降低其反应阻力,加快其反应速率,缩短它达到或接近平衡的时间;又如热力学研究表明是不可能的反应,则没有必要浪费人力物力去研究如何加快速率的问题了。因为,对一个没有推动力的过程,阻力再小也是不可能进行的。

8.1　化学动力学基本知识

8.1.1　化学反应速率

化学反应速率可以用不同方式表示，对于恒容条件下进行的化学反应过程，用单位时间内反应物或生成物浓度的变化来表示反应速率。它是衡量化学反应快慢的物理量，同反应体系的大小（或反应物投料多少）无关。

1. 平均速率

设有均相反应 $aA+bB=dD+rR$，时间为 t_1 时各物质浓度分别为 c_{A1}、c_{B1}、c_{D1} 和 c_{R1}，时间为 t_2 时各物质浓度分别为 c_{A2}、c_{B2}、c_{D2} 和 c_{R2}，如果以反应物 A 在单位时间内浓度的减少来表示反应速率，在恒容条件下，则反应速率为

$$\bar{v}_A = \frac{-(c_{A2}-c_{A1})}{t_2-t_1} = \frac{-\Delta c_A}{\Delta t} \tag{8-1}$$

式中 $\bar{v}_A$ 代表平均速率，因为反应速率只有正值才有意义，故以单位时间内反应物浓度减少值来表示速率，公式中应加一负号。如果以单位时间内产物浓度增加来表示反应速率时，则平均速率为

$$\bar{v}_D = \frac{c_{D2}-c_{D1}}{t_2-t_1} = \frac{\Delta c_D}{\Delta t} \tag{8-2}$$

2. 瞬时速率

在实际的化学反应中，反应物浓度的变化率随时间的变化而变化。开始时反应物的浓度较大，反应速率较快；在反应后期，反应物的浓度较小，反应速率随时间的延长而变慢。因此，用瞬时速率更合适，于是瞬时速率 v 的表达式为

$$v_A = -\frac{dc_A}{dt} \tag{8-3}$$

或

$$v_D = \frac{dc_D}{dt} \tag{8-4}$$

这里应指出，在反应式中 A、B、D、R 各物质的计量系数不同，在单位时间内，各物质浓度的变化率就不一样。因此，用不同物质浓度的变化率来表示瞬时反应速率，它们的数值是不相同的。但是，它们彼此之间可以进行换算，换算公式为

$$\frac{1}{a}\left(-\frac{dc_A}{dt}\right) = \frac{1}{b}\left(-\frac{dc_B}{dt}\right) = \frac{1}{d}\left(\frac{dc_D}{dt}\right) = \frac{1}{r}\left(\frac{dc_R}{dt}\right) \tag{8-5}$$

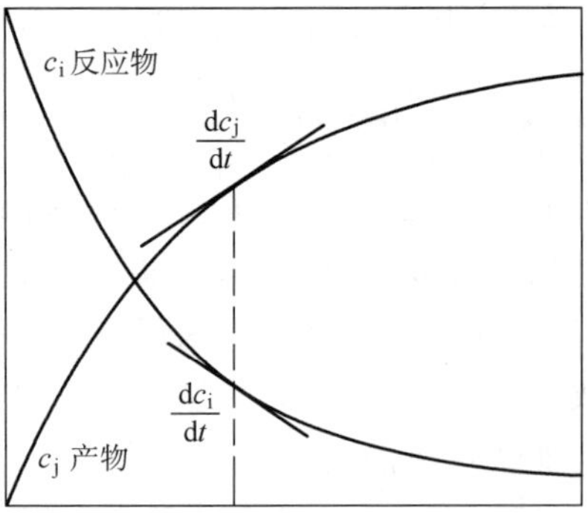

图 8-1　反应物或产物浓度随时间的变化曲线

3. 反应速率的实验测定

随着反应的进行，反应物的浓度减少，产物的浓度不断增加。若测定出各个时间 t 时某反应物的浓度 c_i，或某产物的浓度 c_j，则可绘制浓度-时间曲线，如图 8-1 所示。某时间 t 时，曲线斜率的绝对值 $\frac{dc_i}{dt}$ 或 $\frac{dc_j}{dt}$，即为该时间 t 时反应的速率。所以，测定反应速率，实际上是测定各不同时间 t 时，某组分 i 或 j 的浓度 c_i 或 c_j。

测定浓度的方法有物理法和化学法。化学法测定浓度步骤较繁,需要采用突然降温、冲淡或其他方法来冻结反应,然后再进行化学分析。物理法是利用产物和反应物某一物理性质(例如压力、体积、密度、折射率、导电率……)的差别来测定反应速率。在反应的进行中,由于产物不断增加,反应物不断减少,而引起该反应体系物理性质的改变,在不同时间,测定其改变量就可以确定其反应速率。

反应速率往往容易受温度的影响。为了消除温度对反应速率的影响,测定反应速率的实验要在恒温下进行。实验用的反应器一般有间歇式和连续式两种。在间歇式反应器中,反应体系不断被搅拌,温度、浓度均匀一致。若维持恒温,则间歇式反应器中浓度仅随反应时间而变。在连续管式反应器中,经混合的反应物连续从反应器一端流入,边流动边反应,最后从反应器另一端流出。在恒温恒流条件下,浓度随管式反应器中的位置而变,距入口越远则反应时间越长。在一定流量下,反应时间为反应器长度的函数;对一定长度的反应器,反应时间随流量而变。

8.1.2 化学反应速率与浓度的关系

在化学反应过程中,影响化学反应速率的主要因素是浓度和温度,表示化学反应速率与浓度关系的方程式,称为化学反应速率方程,或称为化学动力学方程。

1. 基元反应和非基元反应

从微观上看,在化学反应过程中,反应物分子一般总是经过若干个简单的反应步骤,最后才转化为产物分子。每一个简单的反应步骤,就是一个基元反应(或基元过程)。例如,HBr的气相合成反应 $H_2(g)+Br_2(g)=2HBr(g)$,并非由一个 H_2 分子和一个 Br_2 分子直接作用而成的,而是经历了一系列的反应步骤:

$$Br_2 \longrightarrow 2Br \qquad (a)$$

$$Br+H_2 \longrightarrow HBr+H \qquad (b)$$

$$H+Br_2 \longrightarrow HBr+Br \qquad (c)$$

$$H+HBr \longrightarrow H_2+Br \qquad (d)$$

$$Br+Br \longrightarrow Br_2 \qquad (e)$$

以上反应步骤的每一步,都是反应物分子直接作用转化为产物分子。如(b)步反应,反应物分子为 Br 和 H_2,它们直接作用就转化成 HBr 和 H。这种由反应物分子(或原子、离子、自由基)相互作用而直接转变成产物分子的反应称为基元反应。基元反应为组成化学反应的基本单元。由两个或两个以上基元反应组成的反应,称为复合反应。所谓反应机理(或反应历程)一般是指该反应是由哪些基元反应组成的。上述 HBr 的合成反应就是一个复合反应,反应(a)至反应(e)是该反应的基元反应,这些基元反应构成了 HBr 气相合成反应的历程。

在基元反应中,反应物粒子(可以是分子、自由原子、离子或自由基等)的数目称为基元反应的分子数,简称分子数。上述反应(a)为单分子反应,反应(b)、(c)、(d)和(e)均为双分子反应。在气相中,三分子基元反应是不常见的,分子数大于 3 的反应目前尚未发现。

2. 基元反应的速率方程——质量作用定律

19 世纪中叶,古德堡等人在分析大量实验结果的基础上,提出了质量作用定律,即化学反应的速率和反应物的浓度成正比。1879 年,古德堡等人又从分子碰撞理论推导了这个定律。现在,质量作用定律可以表述为:一定温度下,基元反应的速率与各反应物浓度以反应式中相应计量系数的绝对值为指数的幂的乘积成正比。若基元反应为 $aA+bB \rightarrow dD+rR$，根据质量作用定律，其反应速率为

$$v = kc_A^a c_B^b \tag{8-6}$$

上式为质量作用定律的数学表达式。应该强调的是，基元反应的速率方程服从质量作用定律，但速率方程与质量作用定律相符的反应，却不一定都是基元反应。

3. 速率方程的一般形式

一般情况下，化学反应方程式不是基元反应，其速率方程不能按质量作用定律写出。要得到这类反应的速率方程式，首先必须通过实验确定反应速率与浓度关系的实验数据，然后归纳整理成适当的数学方程式。

对于非基元反应，由实验数据得出的经验速率方程式一般可以表示为如下的幂乘积形式

$$v = kc_A^{\alpha} c_B^{\beta} \cdots \tag{8-7}$$

式中 k 为比例系数，又称速率常数，当温度一定时，速率常数为一定值，与浓度无关，它代表各有关浓度为 1 时的反应速率。对于指定反应，k 值与浓度无关，而与反应的温度及所用的催化剂有关。不同的反应，k 值不同，有时相差很大。它的大小常作为衡量反应相对快慢的标志，因而是重要的动力学参数。

α、β 代表式中各浓度的方次，分别称为反应组分 A 和 B 的级数。反应级数又称反应总级数 n，$n=\alpha+\beta+\cdots$，反应级数的大小表示浓度对反应速率的影响程度，级数越大，表示浓度对反应速率影响越强烈。必须注意，反应级数 n 的值完全由实验测定，不能由化学反应方程式的计量系数来确定。

4. 反应级数与反应分子数

反应级数和反应分子数属于不同范畴的概念。反应分子数是对基元反应而言，表示反应微观过程的特征。对于非基元反应，不能说反应分子数，而反应级数对基元和非基元反应都可以适用。因此，反应级数可以是整数、分数、零或负数等多种不同形式，有时甚至不一定存在。但是反应分子数必然是正整数。只有基元反应，其反应分子数、反应级数和计量系数才统一。按照反应级数，化学反应可分为零级反应、一级反应、二级反应，乃至 n 级反应等。例如反应 $2N_2O_5 \rightarrow 4NO_2+O_2$，实验测得其速率方程式为 $v_{N_2O_5}=kc_{N_2O_5}$，称为一级反应。

又如反应 $CH_3CHO \rightarrow CH_4+CO$，在 518 ℃时测得 $v_{CH_3CHO}=kc_{CH_3CHO}^2$，称为二级反应；在 447 ℃时测得 $v_{CH_3CHO}=kc_{CH_3CHO}^{\frac{3}{2}}$，称为 3/2 级反应。

下面就某些简单级数的反应速率方程式展开讨论。

5. 简单级数速率方程的计算

1)零级反应

若某一反应的反应速率与反应物浓度的零次方成正比，该反应称为零级反应。速率方程为

$$v_A = k_0 c_A^0 = k_0 \tag{8-8}$$

所以，零级反应实际是反应速率与反应物浓度无关的反应。也就是说，不管反应物的浓度为若干，单位时间发生反应的数量不变，即为 k_0。零级反应的速率常数 k_0 的物理意义比较简单，即单位时间、单位体积内有多少物质起了反应，或单位浓度改变了多少，它的单位与 v 相同，一般为 $mol \cdot L^{-1} \cdot s^{-1}$。

将式(8－8)代入式(8－3)进行定积分，得零级反应速率方程的积分式，它表示 c_A 随时间变化的函数关系，即

$$t=\int_{c_{A_0}}^{c_A}-\frac{dc_A}{c_A}=\frac{c_{A_0}-c_A}{k_0} \tag{8-9}$$

式中：t ——反应经历的时间，s；

c_{A_0}——反应开始时反应物 A 的浓度，$mol \cdot L^{-1}$；

c_A——t 时刻反应物 A 的浓度，$mol \cdot L^{-1}$；

k_0——零级反应常数，$mol \cdot L^{-1} \cdot s^{-1}$。

NH_3 在钨丝上的分解反应及某些表面催化反应就是零级反应。

[例 8－1] 某反应 A→B＋D，反应物 A 的初始浓度 $c_{A_0}=1\ mol \cdot L^{-1}$；最初反应速率为 $0.01\ mol \cdot L^{-1} \cdot s^{-1}$，若该反应为零级反应，求速率常数 k_0，以及反应物消耗一半所需的时间(半衰期)和反应物 A 的浓度为 $0.1\ mol \cdot L^{-1}$时所需的时间。

解：零级反应 $v_A=k_0$，故 $t=0$ 时，$v_A=k_0=0.01\ mol \cdot L^{-1} \cdot s^{-1}$

据式(8－9)得

$$t_{\frac{1}{2}}=\frac{c_{A_0}-c_A}{k_0}=\frac{1-0.5}{0.01}=50\ s$$

$$t=\frac{c_{A_0}-c_A}{k_0}=\frac{1-0.1}{0.01}=90\ s$$

2)一级反应

某反应的反应速率与反应物浓度的一次方成正比，称为一级反应。即

$$v_A=k_1c_A \tag{8-10}$$

式中：c_A ——t 时刻反应物 A 的浓度，$mol \cdot L^{-1}$；

k_1 ——一级反应的速率常数，s^{-1}(min^{-1}或 h^{-1})。

设反应开始时，反应物 A 的初始浓度为 c_{A_0}，将式(8－10)代入式(8－3)进行积分，得

$$\int_{c_{A_0}}^{c_A}\frac{dc_A}{c_A}=\int_0^t-k_1dt$$

即得

$$\ln\frac{c_{A_0}}{c_A}=k_1t \tag{8-11}$$

或 $$\ln c_A=\ln c_{A_0}-k_1t \tag{8-12}$$

若以 $\ln c_A$ 对 t 作图，应得一直线，如图 8－2 所示。直线斜率的负值即为 k_1，截距为 $\ln c_{A0}$。

若组分 A 的转化率为 α_A，则

$$\alpha_A=\frac{c_{A_0}-c_A}{c_{A_0}} \tag{8-13}$$

或 $$c_A=c_{A_0}(1-\alpha_A) \tag{8-14}$$

代入式(8－11)得

$$t=-\frac{1}{k_1}\ln(1-\alpha_A) \tag{8-15}$$

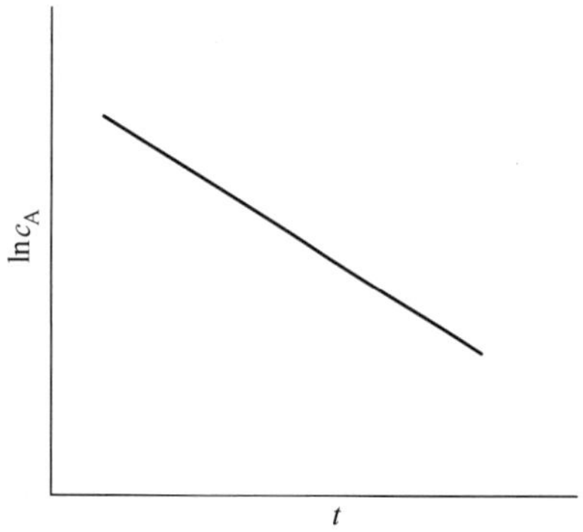

图 8-2 一级反应的线性关系

对于一级反应，达到一定转化率 α_A 所需的时间与初始浓度 c_{A_0} 无关。反应转化率达 50%所需的时间称为半衰期，记作 $t_{\frac{1}{2}}$，它也是衡量反应速率的一种尺度。将 $\alpha_A=50\%$ 代入式(8-15)得

$$t_{\frac{1}{2}}=-\frac{1}{k_1}\ln(1-50\%)=\frac{1}{k_1}\ln\frac{1}{1-50\%}=\frac{\ln 2}{k_1}=\frac{0.693}{k_1} \tag{8-16}$$

由上述讨论可知：一级反应的速率常数其量纲为时间的倒数；其反应物浓度的对数与反应时间成线性关系；反应的半衰期与反应物初始浓度无关。这就是一级反应的重要特性，这些特性可用于判断反应级数。

通常，一级反应的实例有：放射性元素的蜕变反应，如 Ra→Rn+He；复杂结构分子的热分解反应，如 $CH_3N{=}NCH_3 \rightarrow N_2C_2H_6$，分子内部重排反应等。其中有些是单分子反应，有些仅仅是实验级数为 1。

[例 8-2] 高岭石在 524 ℃下进行脱水反应，通过失重法测得反应速率常数 $k_1=3.7\times10^{-2}\ \text{min}^{-1}$。试求：(1)高岭石脱水 50%所需的时间；(2)高岭石脱水 99.9%所需的时间。

解：(1)脱水 50%时所需时间即为半衰期，由 k_1 的单位为 min^{-1} 得知高岭石脱水反应为一级反应，则

$$t_{\frac{1}{2}}=\frac{0.693}{k_1}=\frac{0.693}{3.7\times10^{-2}}=18.7\ \text{min}$$

(2)脱水 99.9%时所需时间为

$$t=-\frac{1}{k_1}\ln(1-\alpha_A)=-\frac{1}{3.7\times10^{-2}}\ln(1-99.9\%)=187\ \text{min}$$

[例 8-3] 在 313 K 下，N_2O_5 在惰性溶剂 CCl_4 中进行分解，反应为一级。设初始速率为 $1.00\times10^{-5}\ \text{mol}\cdot\text{L}^{-1}\cdot\text{s}^{-1}$，1 h 后反应速率为 $3.26\times10^{-6}\ \text{mol}\cdot\text{L}^{-1}\cdot\text{s}^{-1}$。试求(1)$k_A$；(2)半衰期 $t_{\frac{1}{2}}$；(3)N_2O_5 的初始浓度 c_{A_0}。

解：(1)根据式(8-10)得：

$$t=0,\ v_{A_0}=k_Ac_{A_0}=1.00\times10^{-5}\ \text{mol}\cdot\text{L}^{-1}\cdot\text{s}^{-1}$$

$$t=3\ 600\ \text{s},\ v_A=k_Ac_A=3.26\times10^{-6}\ \text{mol}\cdot\text{L}^{-1}\cdot\text{s}^{-1}$$

$$\frac{v_{A_0}}{v_A}=\frac{c_{A_0}}{c_A}=\frac{1.00\times10^{-5}}{3.26\times10^{-6}}$$

由式(8-11)得

$$k_A=\frac{1}{t}\ln\frac{c_{A_0}}{c_A}=\frac{1}{3\ 600}\ln\frac{1.00\times10^{-5}}{3.26\times10^{-6}}=3.11\times10^{-4}\ \text{s}^{-1}$$

(2)由式(8-16)得

$$t_{\frac{1}{2}}=\frac{\ln 2}{k_A}=\frac{0.693}{k_A}=\frac{0.693}{3.11\times10^{-4}}=2.23\times10^{3}\ \text{s}$$

(3)据式(8-10)得

$$c_{A_0}=\frac{v_{A_0}}{k_A}=\frac{1.00\times10^{-5}}{3.11\times10^{-4}}=3.22\times10^{-2}\ \text{mol}\cdot\text{L}^{-1}$$

3)二级反应

某反应的速率与浓度的二次方成正比，或与两个反应物浓度乘积成正比，称为二级反应。

如果反应物只有一种，例如反应 $a\mathrm{A}\rightarrow d\mathrm{D}+\cdots$，则速率方程为

$$v_{\mathrm{A}}=-\frac{\mathrm{d}c_{\mathrm{A}}}{\mathrm{d}t}=k_2c_{\mathrm{A}}^2 \tag{8-17}$$

如果反应物有两种，例如 $a\mathrm{A}+b\mathrm{B}\rightarrow d\mathrm{D}+\cdots$，则速率方程为

$$v_{\mathrm{A}}=-\frac{\mathrm{d}c_{\mathrm{A}}}{\mathrm{d}t}=k_2c_{\mathrm{A}}c_{\mathrm{B}} \tag{8-18}$$

式中：c_{A}、c_{B} ——t 时刻反应物 A、B 的浓度，$\mathrm{mol\cdot L^{-1}}$；

k_2 ——二级反应的速率常数，$\mathrm{L\cdot mol^{-1}\cdot s^{-1}}$（时间也可用 $\mathrm{min^{-1}}$ 或 $\mathrm{h^{-1}}$ 表示）。

对于 $a\mathrm{A}+b\mathrm{B}\rightarrow d\mathrm{D}+\cdots$ 类型的反应，以 c_{A_0} 和 c_{B_0} 分别代表 A 物质和 B 物质的起始浓度。若 A、B 两物质计量系数相同，起始浓度相同，即 $c_{\mathrm{A}_0}=c_{\mathrm{B}_0}$，经历 t 时间后，有相同的 A 物质和等量的 B 物质起反应，则此时剩余的 A 和 B 物质仍然相等，即 $c_{\mathrm{A}}=c_{\mathrm{B}}$，则式(8-18)即为

$$v_{\mathrm{A}}=k'_2c_{\mathrm{A}}^2 \tag{8-19}$$

对式(8-17)积分得

$$t=\int_0^t\mathrm{d}t=-\frac{1}{k_2}\int_{c_{\mathrm{A}_0}}^{c_{\mathrm{A}}}\frac{\mathrm{d}c_{\mathrm{A}}}{c_{\mathrm{A}}^2}=\frac{1}{k_2}\left(\frac{1}{c_{\mathrm{A}}}-\frac{1}{c_{\mathrm{A}_0}}\right) \tag{8-20a}$$

或

$$\frac{1}{c_{\mathrm{A}}}=k_2t+\frac{1}{c_{\mathrm{A}_0}} \tag{8-20b}$$

这就是二级反应速率方程的积分式，它表示二级反应中 c_{A} 与 t 的关系。

由图 8-3 可以看出，$1/c_{\mathrm{A}}$ 对 t 作图为一直线，斜率等于速率常数 k_2。

若某反应为二级反应，用式(8-20a)可以算出达到一定浓度或转化率所需的时间。将式(8-14)代入式(8-20a)得

$$t=\frac{1}{k_2c_{\mathrm{A}_0}}\times\frac{\alpha_{\mathrm{A}}}{1-\alpha_{\mathrm{A}}} \tag{8-21}$$

将 $\alpha_{\mathrm{A}}=1/2$ 代入上式，则

$$t_{\frac{1}{2}}=\frac{1}{k_2c_{\mathrm{A}_0}} \tag{8-22}$$

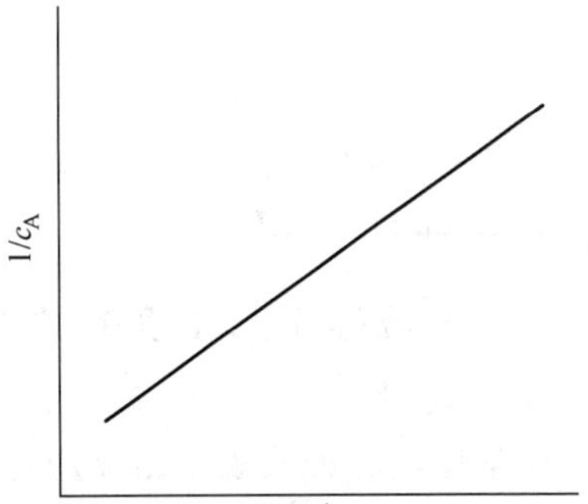

图 8-3　二级反应的线性关系

所以，达到一定转化率所需时间或半衰期均与初始浓度成反比，这是二级反应的又一特征。

若反应物 A 和 B 的计量系数相同，初始浓度不等，经历 t 时间后，A 和 B 的浓度变化均为 x，则

$$-\frac{\mathrm{d}c_{\mathrm{A}}}{\mathrm{d}t}=-\frac{\mathrm{d}(c_{\mathrm{A}_0}-x)}{\mathrm{d}t}=k_2(c_{\mathrm{A}_0}-x)(c_{\mathrm{B}_0}-x)$$

$$\frac{\mathrm{d}x}{(c_{\mathrm{A}_0}-x)(c_{\mathrm{B}_0}-x)}=k_2\mathrm{d}t$$

将上式时间从 $0\sim t$ 积分得

$$k_2t=\frac{1}{c_{\mathrm{A}_0}-c_{\mathrm{B}_0}}\times\ln\frac{c_{\mathrm{B}_0}(c_{\mathrm{A}_0}-x)}{c_{\mathrm{A}_0}(c_{\mathrm{B}_0}-x)} \tag{8-23}$$

二级反应是最常见的反应，在溶液中进行的很多有机化学反应都是二级反应。

［例 8－3］ 氯乙醇和碳酸氢钠反应制取乙二醇，已知该反应的速率方程式为 $-\frac{dc_A}{dt}=k_2c_Ac_B$，且测得 82 ℃时在水溶液中反应的速率常数 $k_2=5.20\ L\cdot mol^{-1}\cdot s^{-1}$。在82 ℃时，试求：(1)如果溶液中氯乙醇、碳酸氢钠的开始浓度相同，均为 1.20 mol・L⁻¹，氯乙醇转化 95% 时需要多少时间？(2)在同样初始浓度条件下，氯乙醇转化 99.75%时需要多少时间？

解：(1)此反应为二级反应，且 $c_{A_0}=c_{B_0}$，据式(8－21)得

$$t=\frac{1}{k_2}\times\frac{\alpha_A}{c_{A_0}(1-\alpha_A)}=\frac{0.95}{5.20\times1.2\times(1-0.95)}=3.04\ s$$

(2)同理可得，氯乙醇转化 99.75%时，反应时间为

$$t=\frac{0.997\ 5}{5.20\times1.2\times(1-0.997\ 5)}=63.9\ s$$

化学反应速率方程式是计算反应器有效容积和探索反应机理的重要依据。因此，了解常见的反应速率方程式极为重要。表 8－1 给出几种不同级数的反应速率方程式，供读者复习与计算时参考。

表 8－1 几种简单级数反应的速率方程式及特征

级数	速率方程		特征		
	微分式	积分式	$t_{1/2}$	直线关系	k 的单位
0	$-\frac{dc_A}{dt}=k_0$	$k_0t=c_{A_0}-c_A$	$\frac{c_{A_0}}{2k_0}$	c_A-t	$mol\cdot L^{-1}\cdot s^{-1}$
1	$-\frac{dc_A}{dt}=k_1c_A$	$k_1t=\ln c_{A_0}-\ln c_A$	$\frac{\ln 2}{k_1}$	$\ln c_A-t$	s^{-1}
2	$-\frac{dc_A}{dt}=k_2c_A^2$	$k_2t=\frac{1}{c_A}-\frac{1}{c_{A_0}}$	$\frac{1}{k_2c_{A_0}}$	$\frac{1}{c_A}-t$	$L\cdot mol^{-1}\cdot s^{-1}$

8.1.3 反应速率与温度的关系

1. 温度对反应速率的影响

化学反应方程式表示出反应速率与浓度的关系，它们都是在温度恒定条件下而言，即反应速率常数 k 在一定温度下为常数。但若温度变了，k 值也要变，故温度对化学反应速率的影响就是温度对速率常数的影响。温度对反应速率的影响很大，通常温度升高，k 值增大，即温度升高，反应速率加快。温度与速率常数 k 的定量关系，从实验中总结出两个以下经验公式。

1)范特霍夫(Van't Hoff)规则

范特霍夫规则表示为

$$\frac{k_{t+10}}{k_t}=2\sim4 \qquad (8-24)$$

式中：k_t ——t ℃时的速率常数；

k_{t+10}——$(t+10)$ ℃时的速率常数。

这个规则表明：温度每升高 10 ℃，反应速率约变为原来速率的 2～4 倍。此比值称为反应速率的温度系数。范特霍夫(Van't Hoff)规则虽然很不精确，但当数据缺乏时，可用它做粗略计算。

2)阿累尼乌斯(Arrhenius)方程

在研究了大量实验数据的基础上,阿累尼乌斯于1889年提出反应的速率常数随温度的变化关系式,即

$$k = A\mathrm{e}^{-E/RT} \tag{8-25}$$

式中:E——化学反应活化能,$\mathrm{J \cdot mol^{-1}}$;

A——与温度无关的常数,称为指前因子,也称为频率因子;

R——摩尔气体常数,$8.314\ \mathrm{J \cdot mol^{-1} \cdot K^{-1}}$。

将式(8-25)取对数微分得

$$\frac{\mathrm{d}\ln k}{\mathrm{d}T} = \frac{E}{RT^2} \tag{8-26}$$

此式表明 $\ln k$ 随温度 T 的变化率与活化能 E 成正比。

式(8-25)和式(8-26)是阿累尼乌斯公式的不同表达式。阿累尼乌斯公式描述了化学反应的速率与温度的依赖关系。多数情况下,它适用于基元反应、速率方程式和可以写成 $v=kc_A^n c_B^n \cdots$ 形式的复合反应。

2. 活化能

自然界有许多过程需要先供给一定能量才能进行。例如,一个火柴盒由竖立状态变为平卧状态,因重心降低,本来是一个自发过程,但若实现它却总要经过一个势能增大的过程,所以要通过推它一下,或振动一下,给它一定的能量才能倒下。可以想象,提供的能量越多,过程进行的阻力就越大。同理,化学反应的发生,也总得先供给它足够的能量,然后反应物分子的旧键才能破坏,产物分子的新键才能形成。

阿累尼乌斯在解释他的经验方程式时,首先提出活化能的概念。他认为,为了能发生化学反应,普通分子必须吸收足够的能量,先变成活化分子。并且,他将普通分子变成活化分子至少需要吸收的能量叫做活化能。

对于单分子反应 B→G,可用反应进程同能量的关系图来表示活化能的概念。如图8-4所示,纵坐标表示反应体系的能量,横坐标表示反应进程。$U_m(\mathrm{B})$表示反应物分子B的平均摩尔能,$U_m(\mathrm{G})$表示产物分子G的平均摩尔能。由图可以清楚地看到,反应物B变成产物G必须经过一个活化状态B^*,换句话说,反应物B必须吸收能量E才能到达平均摩尔能U_m^*的活化状态,然后进行反应变成产物G。同理,若逆反应在热力学上允许的话,反应沿原来途径返回,则G物质必须吸收能量E'才能到达活化状态,然后进行反应变成B物质。这里E和E'分别称为正反应的活化能和逆反应的活化能。

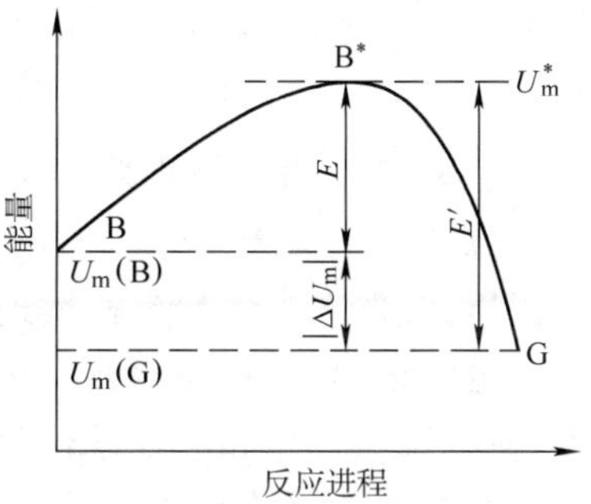

图8-4 活化能示意

由上述分析可知,活化状态B^*相当于一个能峰,活化能的大小代表能峰的高低。若用数学式表示,则

$$U_m^* = E + U_m(\mathrm{B}) = E' + U_m(\mathrm{G})$$

$$E = U_m^* - U_m(\mathrm{B})$$

$$E' = U_m^* - U_m(\mathrm{G}) \tag{8-27}$$

式(8-27)表明,基元反应的活化能是反应体系中活化分子的平均摩尔能与反应物分子的

平均摩尔能之差值。

而对于复合反应，由于反应不是一步直接作用完成的，因此总反应的活化能为各步基元反应活化能的综合表现，一般称为表观活化能。虽然表观活化能没有具体的物理意义，但它的数值同基元反应活化能一样，反映了化学反应速率的相对快慢和温度对反应速率影响程度的大小。一般化学反应的活化能在 50～300 kJ・mol^{-1}之间。

由此可以得出结论，化学反应总需要有一个活化过程。在一般条件下，分子活化的方法主要是热活化，还有光活化、电活化等。达到活化状态所需要的能量就是活化能。所以在一定条件下，活化能越大，具有活化能的碰撞数就越少，因而反应就越慢。对于一定的反应，活化能一定，若温度越高，具有活化能的碰撞数就越多，因而反应就越快。

8.2 扩散过程

扩散是由于质点(分子、原子或离子)的热运动而产生的物质迁移现象。扩散可以在气相、液相或固相的同一相内进行，也可在不同的相间进行。气体和液体的扩散容易被察觉，如在教室里打开一瓶氨水，不一会儿满屋有氨味；一杯水中滴入一滴红墨水，可以看到满杯水很快变成红色。而晶体中的扩散速率非常缓慢。例如，将一块含碳量高的铁和另一块含碳量低的铁焊接在一起，经过一段时间后，会发现铁块中含碳量的浓度发生了变化。

扩散过程是一种传质过程，气体、液体除了以扩散形式传质外，还往往通过对流实现传质。晶体则不然，在固体中物质的传递主要通过扩散传质来完成。在同一种晶型的晶体中，各部位的质点(原子、离子或分子)存在着浓度差时，由于热运动的存在，而导致了晶体内质点自发地从高浓度向低浓度定向移动，这个移动过程即为扩散。

在硅酸盐材料的生产过程中，许多重要物理化学过程，都与扩散相联系。例如，固溶体的形成、析晶过程、固相反应和烧结过程等，都与扩散有关。因此，研究扩散是非常必要的。有关扩散的内容很多，这里主要讨论发生扩散的原因、扩散的分类、扩散规律和影响扩散的因素等问题。

8.2.1 固体扩散的微观分析

1. 扩散的推动力

固体、气体和液体发生扩散现象的本质，都是由于质点无规则的布朗运动。由于晶体内部具有一定的结构，质点间相互作用力很大，即内聚力很大，质点在晶体中移动就要克服这种作用力，使得质点迁移和混合进行起来就显得十分困难和缓慢。晶体的结构不同，质点扩散情况也不同。根据晶体的热振动概念，晶体中质点在平衡位置附近做微振动，不会脱离平衡位置。在一定温度下，这温度远低于晶体的熔点温度，由于晶体内存在着热起伏，使少部分质点能够获得从一个平衡位置跳迁到邻近的另一个平衡位置的必要能量，这个能量(ΔG)称为扩散活化能。这种移动的方向完全是无序的、随机的，故这种扩散称为无序扩散。这种扩散类似布朗运动，不引起一定方向的扩散流，形不成定向扩散。

根据热力学观点得出：如果在晶体内存在着浓度梯度或吉布斯函数增量，前面谈的迁移就形成定向扩散流，即定向扩散(简称扩散)。当沿扩散方向浓度梯度或吉布斯函数增量为零时，扩散停止。因此，浓度梯度或吉布斯函数增量成为扩散的推动力。另一方面，扩散现象与温度密切相关。一般只有当温度相当高时，固体扩散才显著，这是因为温度升高，晶体内质点动能增加，具有扩散活化能的质点数增加，使扩散速率大大加快。

2. 晶体质点扩散的微观方式

虽然晶体中质点的扩散与气体、液体中的扩散本质都是质点的热运动，但由于组成晶体的质点（原子、离子）是按一定方式周期性的有序排列，因此晶体中质点的迁移必须按照一定的方式进行。人们对晶体中质点的迁移方式进行了长期的研究，提出了5种可能的情况，如图8-5所示。

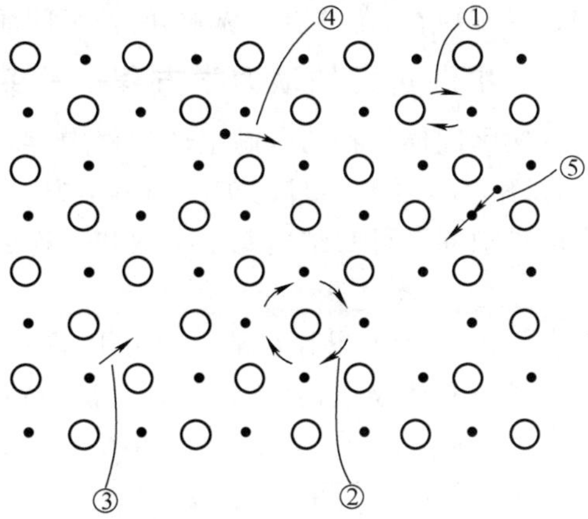

图8-5 晶体中扩散的微观方式

（1）易位扩散。如图8-5中①所示，两个相邻结点位置上的质点直接交换位置进行迁移。

（2）环转易位扩散。如图8-5中②所示，几个结点位置上的质点以封闭的环形依次交换位置进行迁移。

（3）空位扩散。在晶体中存在着空位缺陷，而质点由正常结点位置迁移到邻近空位处的迁移称为空位迁移。这种扩散质点移动的方向与空位移动的方向相反，此种扩散只有当质点周围存在空位缺陷时才能产生，如图8-5中③所示。在这种扩散方式中，质点的扩散方向是空位扩散方向的逆方向。

（4）间隙扩散。在晶体内存在着间隙缺陷，而间隙质点沿着晶格，从一个间隙位置迁移到邻近的另一间隙位置的扩散称为间隙扩散。如图8-5中④所示，间隙质点穿过晶格迁移到另一个间隙位置。

（5）准间隙扩散。如图8-5中⑤所示，间隙质点从间隙位置迁到结点位置，并将结点位置上的质点撞离结点位置而成为新的间隙质点。

在以上的几种扩散方式中，易位扩散所需的能量较大。特别是离子晶体，由于正、负离子的半径、电荷及配位情况不同，直接易位是困难的；同种质点的环形易位扩散虽然从能量上看有可能，但这种扩散形式需要几个质点的合作运动，因此在一般情况下发生的可能性很小。

晶格中由于热缺陷和杂质的引入而存在空位，空位附近的晶格发生相应的畸变而使其周围的质点具有较高的能量，因此这些质点容易迁移到空位。无论是金属体系或离子化合物体系，空位扩散是固相材料中质点扩散的主要方式。在一般情况下，离子晶体由不同的阴、阳离子构成晶格，而较大离子的扩散多半是通过空位扩散进行的。

实际上，不同晶体中质点扩散的形式主要取决于两方面的因素：一方面，是晶体中点缺陷的主要形式，若晶体中空位的浓度大，扩散将以空位扩散为主；另一方面，是进行扩散所需要能量的大小，所需能量小的扩散方式容易进行。

3. 扩散的其他类型

（1）缺陷扩散。缺陷扩散包括本征扩散和非本征扩散。前者指晶体中由于热运动所引起的质点迁移过程，后者指晶体中由于杂质缺陷而引起的质点迁移过程。

（2）区域扩散。按质点扩散部位不同分为：①晶格扩散，即在晶格内部的质点迁移过程；②晶界扩散，即在晶界中的质点迁移过程；③表面扩散，即在自由表面上的质点迁移过程；④界面扩散，即在界面上的质点迁移过程；⑤位错扩散，即在晶格线或面位错区域中质点的迁移过程。

(3)自扩散和互扩散。自扩散指一元扩散系统中质点与相同质点所构成的晶格中的迁移过程;互扩散指二元扩散系统中,两种不同质点的相向迁移过程。

8.2.2 扩散过程的动力学方程——菲克定律

在实际固体材料的研制生产过程中,经常会遇到众多与原子或离子扩散有关的实际问题。因此,求解不同边界条件的扩散动力学方程式往往是解决这类问题的基本途径。一般情况下,所有的扩散问题可归结成稳定扩散和不稳定扩散两大类。

1. 稳定扩散和不稳定扩散

在晶体 A 内如果存在某一组分 B 的浓度差,则该组分将沿着浓度减小的方向扩散,晶体 A 作为扩散介质存在,而组分 B 则为扩散物质。

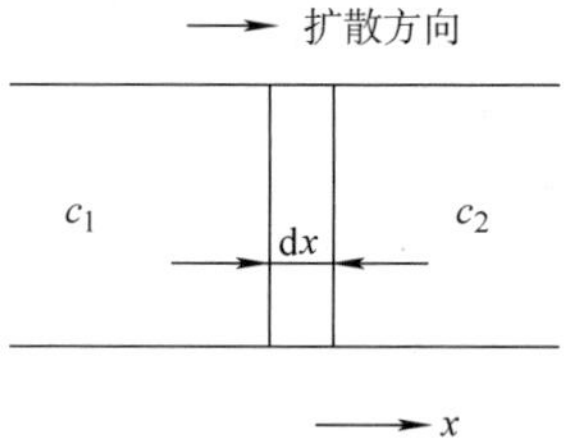

图 8-6 扩散示意图

如图 8-6 所示,图中 dx 为扩散介质中垂直于扩散方向 x 的一薄层,在 dx 两侧,扩散物质的浓度分别为 c_1 和 c_2,而且 $c_1>c_2$。扩散物质在扩散介质中浓度的分布是位置 x 的函数,扩散物质将在浓度梯度的推动下沿 x 方向扩散。

若扩散物质在扩散层 dx 内各处的浓度不随时间而变化,即 $\frac{dc}{dt}=0$,这种扩散便是稳定扩散。若扩散物质在扩散层 dx 内的浓度随时间而变化,即 $\frac{dc}{dt}\neq 0$,这种扩散则是不稳定扩散。实际中的扩散大多是不稳定扩散。

2. 菲克定律

1855 年,德国物理学家菲克在大量的实验和研究的基础上,对在浓度场作用下物质的扩散作了定量的描述,提出了物质扩散的动力学方程——菲克第一定律和第二定律,前者是描述一维方向的扩散规律,后者是描述三维方向的扩散规律。这里重点介绍菲克第一定律。

菲克第一定律表明:若扩散介质中存在着扩散物质的浓度差,在此浓度差的推动下会产生沿浓度减小方向的定向扩散。当扩散为稳定扩散时,在 dt(s)时间内,通过垂直于扩散方向平面上的 dS(cm^2)面积的扩散流量(质点数目)与沿扩散方向上的浓度梯度成正比。沿 x 方向的扩散流量 dG 可表达为

$$dG=-D\frac{dc}{dx}dt dS \tag{8-28}$$

式中:$\frac{dc}{dx}$——沿扩散方向(x 方向)的浓度梯度,其中 c 为扩散物质的浓度,单位为质点数目/m^3;

x ——扩散方向的距离,m;

D ——扩散系数。

令 $J_x=\frac{dG}{dSdt}$,则式(8-28)可写为

$$J_x=-D\frac{dc}{dx} \tag{8-29}$$

式中:J_x——扩散通量,即单位时间、单位面积溶质的扩散数量,质点数目/($m^2\cdot s$)。

方程中的负号表示扩散物质的质点从浓度高处向浓度低处扩散,即扩散是逆着浓度梯度正方向进行。D 值的大小取决于扩散物质和扩散介质的性质、扩散方向(当扩散介质各向异性

时)和扩散条件。

8.2.3　影响扩散系数的因素

由菲克定律可以看出,扩散系数是决定扩散速率的重要参数。然而,影响扩散系数的因素却很复杂。它除受扩散物质和扩散介质本身的性质(如结构、键型及扩散的微观方式)影响外,还受温度、气氛和外来杂质等外界条件的影响。

1. 扩散物质性质的影响

一般来说,扩散粒子性质与扩散介质性质间差异越大,扩散系数越大。这是因为当扩散介质原子附近的应力场发生畸变时,就较易形成空位和降低扩散活化能而有利于扩散。故扩散原子与介质原子间性质差异越大,引起应力场的畸变也越强烈,扩散系数也就越大。

2. 扩散介质结构的影响

通常扩散介质结构越紧密,扩散越困难,反之亦然。例如,在一定温度下,锌在具有体心立方点阵结构(紧密度较小)的β-黄铜中的扩散系数,大于具有面心立方点阵结构(紧密度较大)的α-黄铜中的扩散系数。同样,同一物质在晶体中的扩散系数要比在玻璃和熔体中小几个数量级。而同一物质在不同密度的玻璃中扩散系数也有很大差别。如氦原子在石英玻璃中的扩散系数远比在钠钙玻璃中大,这是因为后者比前者的结构更紧密的缘故。

3. 结构缺陷的影响

处于晶体表面、晶界和位错处的原子位能总高于正常晶格上的原子,它们扩散所需的活化能也较小,相应的扩散系数较大。因此,晶界、表面和位错往往会成为原子(或缺陷)扩散的快速通道,从而对扩散速率产生重要影响。

4. 杂质(或加入物)对扩散系数的影响

当均匀晶体中引入第三组元时,一方面可能导致扩散介质产生晶格畸变;另一方面也可能使扩散粒子附加上键力。前者使扩散系数增大;后者则使之减小。一般来说,凡第三组元能与扩散介质形成化合物的,扩散将减慢;而不形成化合物的,则会因使晶格畸变、活化能降低而加速扩散。

5. 温度的影响

扩散系数与扩散活化能(ΔG)和温度存在着一定的关系,即:

$$D = D_0 \exp(-\frac{\Delta G}{RT}) \tag{8-30}$$

式中:D_0 ——常数,即温度无限高时,扩散阻力为零时的扩散系数;

R ——理想气体常数,8.314 $J \cdot mol^{-1} \cdot K^{-1}$;

T ——热力学温度,K;

ΔG——扩散活化能,J。

从上式可以看出,影响扩散系数的因素有温度和扩散活化能两个方面。若扩散活化能不随温度变化,温度升高,扩散系数增大,并且以指数关系增加。这说明温度升高,不只晶体内部产生热缺陷,还可以使质点产生迁移。若温度不变,扩散活化能越小,扩散系数越大;反之,扩散活化能越大,即粒子迁移需要的能量高,扩散系数越小。而温度高低又影响扩散活化能的大小。温度升高,能降低扩散活化能,增大扩散系数。故总的来说,温度升高有利于扩散的进行。

6. 气氛及其他影响因素

气氛的影响主要指对非化学计量化合物中离子扩散的影响。如前所述,由于非化学计量化合物中缺陷浓度随气氛的改变而改变。因此，改变气氛会影响非化学计量化合物中离子的扩散。

扩散系数的影响因素除了以上所述的几方面外，还有一些其他因素，如扩散介质的黏度，扩散系数随扩散介质的黏度增加而减小；扩散质点对扩散介质之间的结合力对扩散系数的影响，一般来说，二者的结合力越小，越有利于扩散。此外，扩散质点与扩散介质本身的性质也会影响到扩散活化能的大小，从而对扩散产生重要影响。

8.3 相变过程

相变过程是物质由一个相转变为另一个相的过程，是控制硅酸盐材料性质、结构的重要组成部分。狭义的相变过程是指相变前后化学组成不发生变化的过程，如 α-石英与 α-鳞石英间的转变，$2CaO \cdot SiO_2$ 熔体的析晶等相变过程。而广义的相变过程则包括过程前后相的组成发生变化的情况，如玻璃分相是由组成一定的均匀单相玻璃分解成互不混溶的两个不同组成的玻璃相的过程。大多数硅酸盐制品的形成过程都涉及到相变，如陶瓷坯体在烧结过程中的蒸发-凝聚传质、陶瓷釉料的熔融，水泥熟料中主要矿物 $3CaO \cdot SiO_2$ 晶体的形成、耐火材料生产中液相的出现等都是相变过程的实例。因此，相变过程在硅酸盐工业中起到十分重要的作用。可以通过控制相变过程，达到控制产品结构及某些性能的目的。例如，控制玻璃的析晶防止其失透；使用矿化剂促进硅质耐火砖中 α-石英向鳞石英的转变，从而提高硅砖中鳞石英的含量；降低硅砖在使用过程中由于温度变化而造成的体积变化等。结合硅酸盐工业的需要，在这里着重介绍熔融体析晶的相变过程和玻璃中的分相现象。

8.3.1 熔融体的析晶相变过程

体系处于熔融态，当温度降低时，熔体就放出能量进行结晶或变成玻璃体。如果放出所有的多余能量，则全部变为晶态物质，使系统处于稳定状态。然而，很多硅酸盐熔体在冷却时并不析出晶体物质，而变成玻璃体，处于介稳状态。为什么在冷却过程中有时变成晶体，又有时变成玻璃体呢？这里讨论从熔融体析出晶体的机理。

晶体的形成机理包括两个步骤：首先是产生晶核，即结晶时的成长中心，称为核化（或成核过程）；其次是围绕着成核的生长，即晶体长大，称为晶化（或生长过程）。

1. 晶核形成机理

熔体的成核（或核化）分为均匀成核和非均匀成核两种。所谓均匀成核是指晶核从均匀单相熔体中产生出来；非均匀成核是借助于表面、界面、微粒和裂纹缺陷，以及各种催化位置等晶核形成的过程。

1）晶核形成的热力学条件

若液体或熔体处于过冷状态，由于系统粒子的热运动引起组成和结构上的种种起伏，使部分粒子从高的自由焓转变成低的自由焓而形成新相，造成系统体积自由焓 ΔG_V 减少。同时，新生相与液相之间形成的新界面，造成系统表面自由焓 ΔG_S 的增加，因此对整个系统而言，自由焓的变化应为这两项之和，即 $\Delta G = \Delta G_V + \Delta G_S$。当起伏小时，形成新相的颗粒太小，界面对体积的比例大，系统自由焓 ΔG 增加，同时饱和蒸气压和溶解度都大，新相会蒸发或溶解于母相，这种较小的不能稳定生长为新相的区域称为核坯。而随着起伏的增大，形成的颗粒也比较大了，界面对体积的比例就减小。当起伏达到一定大小时，系统自由焓变化由正值变为负值时,形成的较大的颗粒就有可能生长成稳定的新相。这种新相称为晶核。因此要使液体变成晶体,首先必须产生晶核,然后晶核进一步长大成为晶体。

根据上述分析,晶核的形成条件为:温度 T 必须低于熔点 T_m,即液体或熔体产生过冷;新相半径 r 必须大于或等于临界半径 r_k,热起伏能量必须达到临界自由焓变化值 ΔG,这时才能形成稳定的晶核。

2)均匀成核(本征成核)

均匀成核发生于均匀基质(溶液或熔体)内部,而与相界、结构缺陷等无关。若存在均匀单相熔体,在成核温度下,保温适当时间,在熔体中就形成晶核。对于高黏度的液体,均匀成核速率很小。经研究得出,凝聚系统的晶核形成速率 I_V 与温度 T 的关系为

$$I_V = B\exp\left(-\frac{\Delta G_k + Q}{RT}\right) \tag{8-31}$$

式中:B ——均匀成核速率常数,一般在 $10^{27} \sim 10^{30}$ 个/($cm^3 \cdot s$);

I_V ——均匀成核速率,指在单位体积、单位时间内形成的晶核数目;

ΔG_k ——成核临界自由焓变化,即相变势能的改变量;

Q ——通过相界面扩散所必需的能量,J。

根据式(8-31),作晶核形成速率 I_V 与温度 T 的关系曲线,如图 8-7 所示。从该图可以看出,在熔体中成核速率 I_V 与温度 T 的变化规律:①温度从 T_M 起缓慢下降,当到达某一温度时,晶核开始形成,随着温度逐渐降低,晶核形成速率逐渐增大;②当温度 $T = T_m$ 时,晶核形成速率 I_V 变得最大,这是成核过程中的一个重要特性;③温度 T 从 T_m 继续下降,晶核形成速率 I_V 也逐渐变小。

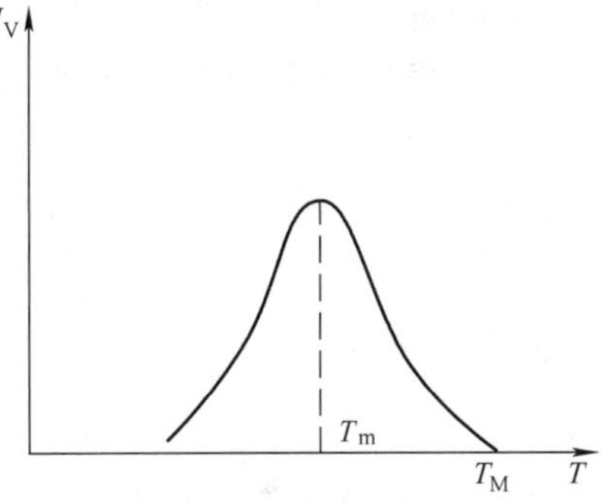

图 8-7　成核速率随温度的变化(示意图)

对于硅酸盐熔体,一般黏度比较大,均匀成核不易形成,而产生过冷现象,形成玻璃体。

3)非均匀成核(非本征成核)

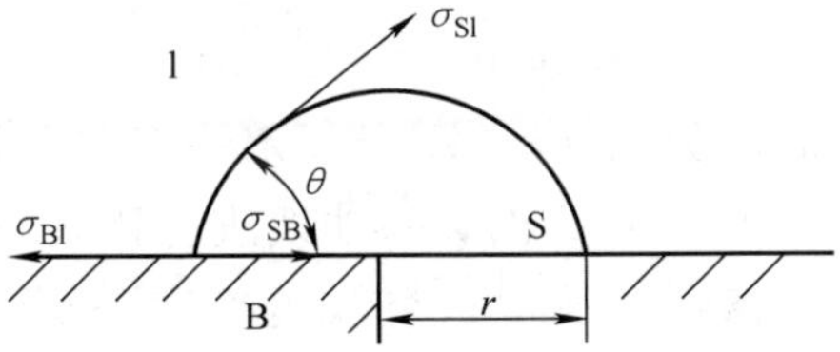

图 8-8　非均匀成核示意图

实际上大多数析晶相变的成核是非均匀地发生在系统中两相的界面处,如液相与容器壁的界面、液相与杂质颗粒的界面或液相与气泡的界面,也常常发生在液体中结构缺陷处。这种在液相中的不均匀处成核的过程为非均匀成核。图 8-8 所示为晶核 S 在液相 l 和杂质 B 界面上形成。这些供非均匀成核的不均匀部分,如容器壁、杂质表面等称为成核基体。当新相的晶核与成核基体接触时,形成接触角 θ。

对于非均匀成核,能否成核由形成临界晶核所必须克服的能垒的大小决定。如果所需克服的能垒较小,就容易成核,反之则不易成核。

通过推证可得非均匀成核时,形成临界晶核所需克服的能垒为

$$\Delta G_k^* = \Delta G_k \frac{(2 + \cos\theta)(1 - \cos\theta)^2}{4} \tag{8-32}$$

式中：ΔG_k^* ——非均匀成核的临界成核能垒；

ΔG_k ——均匀成核的临界成核能垒。

由式(8-32)可见，非均匀成核所需克服的能垒的大小在很大程度上取决于接触角 θ 的大小。

(1)$\theta=0$，即液相对成核基体完全润湿，则 $\cos\theta=1$，则 $\Delta G_k^*=0$。表明成核基体的存在使成核能垒下降为零。此种情况在成核基体处极易成核。

(2)$\theta=90°$，则 $\cos\theta=0$，则 $\Delta G_k^*=\frac{1}{2}\Delta G_k$，表明成核基体的存在使成核能垒下降 1/2。此种情况在成核基体处也易成核。

(3)$\theta=180°$，即液相对成核基体完全不润湿，则 $\cos\theta=-1$，则 $\Delta G_k^*<\Delta G_k$。此种情况表明成核基体的存在不能使成核能垒降低。

由此可见，接触角 θ 在 0°～180°之间，均使 $\Delta G_k^*<\Delta G_k$，即在成核基体上形成晶核时，成核能垒随接触角 θ 的减小而下降幅度增加。利用成核基体可以降低成核能垒，也可以减小所需的过冷度。因此，非均匀成核所需的过冷度较均匀成核要小得多。

在实际生产中，为了促使析晶，减小所需的过冷度，往往选用某些物质作为成核基体加入到熔体(溶液)中，这种物质称核化剂。核化剂的效果取决于它与液相所形成的接触角 θ 的大小。θ 角越小，越有利于成核。核化剂在微晶玻璃、陶瓷釉料及珐琅的生产中都起着重要作用。如在铸石生产中，一般用铬铁砂作核化剂；在陶瓷结晶釉中，常加入硅酸锌和氧化锌作为核化剂。

2. 晶体的长大

晶核形成后，晶体将长大。晶体长大是熔体中的原子越过界面(晶体与熔体的界面)，到达晶体表面上的过程，此过程受扩散阻力(主要是界面阻力)和自由焓变化 ΔG(晶体与熔体自由焓的变化)的影响。通过研究，得出晶体生长速率与温度的关系式为

$$v=K'D\frac{\Delta G}{RT} \tag{8-33}$$

式中：D ——晶体生长速率的因子，它包含扩散系数，并受温度影响；

K'——晶体生长速率常数；

ΔG ——晶体与熔体相变自由焓变化；

v ——晶体生长速率，指的是在单位时间内晶体生长的线性长度。

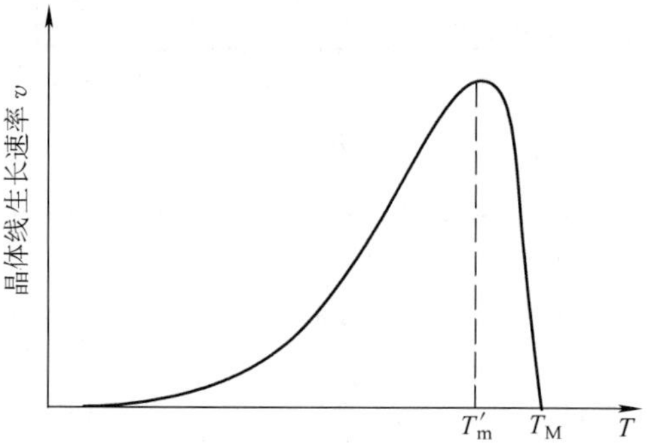

图 8-9　晶体生长速率与温度的关系曲线

由此可以得出晶体生长速率 v 与温度 T 的定性关系曲线，如图 8-9 所示。用该图与晶核形成速率 I_V 与温度 T 的关系曲线进行比较，可以得出：①两图形曲线形状类似；②该图曲线比晶核形成速率与温度的关系曲线靠近熔点温度 T_M；③温度 $T=T'_m$ 时为最大晶体生长速率温度，它的温度值总是高于最大成核速率温度 T_m。

3. 熔体的析晶过程

当熔体冷却到析晶温度时，由于粒子动能降低，熔体中少数粒子进行了有规则的排列，形成核坯，在一定的条件下，核坯数量一定，某一些核坯消失了，另一些核坯又会形成，如果温度回升，核坯消失。但是，若继续冷却，可以形成稳定的晶核，并且晶核数目不断增多，能长大成为

晶体，这就是晶体的生长。可见析晶过程是由晶核形成过程和晶粒生长过程共同构成。这两个过程都各自需要适当的过冷程度。晶核形成和晶粒生长两个过程，受两个互相矛盾的因素共同影响。一方面，当过冷程度增大，温度降低，熔体粒子动能下降，吸引力相对增大，因而容易聚结和附在晶粒表面上，有利于晶核形成和晶体的生长；另一方面，由于过冷程度增大、熔体黏度增加、粒子移动困难，即从熔体中扩散到晶体表面也困难，对晶核形成和晶体的生长都不利，而且对晶体的生长影响更大。由此可见，过冷程度对晶核形成和生长速率的影响必有一个最佳值。若以温度 T 对成核速率 I_V、晶体生长速率 v 和熔体黏度 η 作图，得到图 8－10。图中曲线 1 为晶核形成速率 I_V 与温度 T 的关系曲线，曲线 2 为晶体生长速率 v 与温度 T 的关系曲线，曲线 3 为熔体黏度 η 与温度 T 的关系曲线。这样，从图中可以得到以下结论。

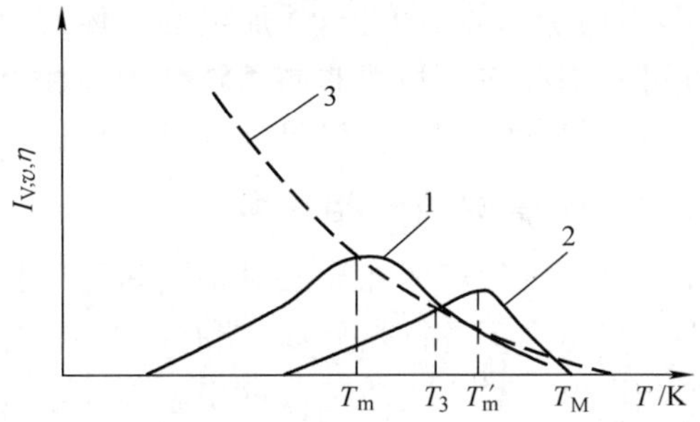

图 8－10　结晶作用示意

(1)过冷程度过大或过小，对晶核形成和晶体生长都不利，只有在某一过冷程度下，才有最大的晶核形成速率和最大的晶体生长速率。

(2)晶核形成速率与晶体生长速率曲线的峰值一般不重叠，而且晶核形成速率比晶体生长速率的峰值在更低的温度处。

(3)晶核形成速率与晶体生长速率两线的重叠区通常称为“析晶区”。在这一区域内，由于晶核形成与生长速率都有一个较大的数值，故该处附近最有利于析晶。

(4)晶核形成速率与晶体生长速率二曲线峰值的大小、相对位置(重叠面积的大小)介稳区的宽窄等都由系统本身的性质所决定，而它们又直接影响到析晶过程及产品的性质。如果我们控制在晶核形成速率较大处析晶，则往往容易产生颗粒多而尺寸小的细晶；反之，则容易产生颗粒少而尺寸大的粗晶。如果两曲线重叠的面积很大，即析晶区很大，只要冷却到析晶区的某一个温度下保温，就能得到晶态物质。

4. 影响熔体结晶的主要因素

1)化学组成的影响

熔体的析晶倾向主要与它的成分有关，熔体组成简单，冷至结晶区熔体中的质点容易排列成一定的晶格，即容易析晶。当组成在相图的界线和低共熔点附近，要析出两种以上晶体，互相干扰，使析晶倾向减小，故玻璃配料多选在此区域。

熔体成分不同，引起熔体结构和黏度的差异，也影响到结晶能力的不同。在熔体中引入碱金属氧化物，使熔体黏度降低，析晶倾向增大。其含量相同时，析晶能力顺序为 $Na^+ < K^+ < Cs^+$，且结晶上限温度也随着下降。而 Li^+ 例外，在同样情况下，具有较大的析晶能力，结晶上限温度升高。

2)熔体结构的影响

熔体结构与晶体结构相近，容易结晶，如 $BaO \cdot 2B_2O_3$ 熔体有与 $BaO \cdot 2B_2O_3$ 晶体相类似的链状结构，不需要重新组合就可以附着在晶体上，故容易结晶；反之，不容易结晶，如 $PbO \cdot 2B_2O_3$ 的熔体中存在原子团，必须重新组合才能符合 $PbO \cdot 2B_2O_3$ 晶体排列要求，故析晶比较困难。

3)界面情况、外加剂和杂质的影响

一般来说，玻璃表面比其内部容易析晶，有时表面层和内部析出的晶体不同。此外，玻璃表面晶核形成能力也受气氛影响。因此，表面的结晶能力随周围气氛的不同而改变。

前面已述，析出的晶相和液相之间的界面能越小，结晶速率越大。加入外加剂或杂质均可改变晶相与液相界面能的大小，因此常采用此办法控制结晶(促进或抑制结晶)。

微量外加剂或杂质还会促进晶体的生长，外加剂为晶体，表面存在的不规则性如同晶核的作用，有助于晶体的生长；外加剂为熔体，往往富集在分相熔体里的一相中，富集到一定程度会促使外加剂存在的相由非晶相转变为晶相，使晶化速率发生变化。杂质会增加界面处的流动性，使晶格更快定向，也能促进结晶速率。

8.3.2 玻璃中的分相现象

一定组成的熔体在高温时是均匀的单相，冷却至一定温度范围内形成玻璃体，若对该玻璃体在一定温度下进行热处理，就有可能分成两种或更多种组成不同的互不溶解(或部分溶解)的液相(或玻璃)。一般把这种现象称为玻璃分相。

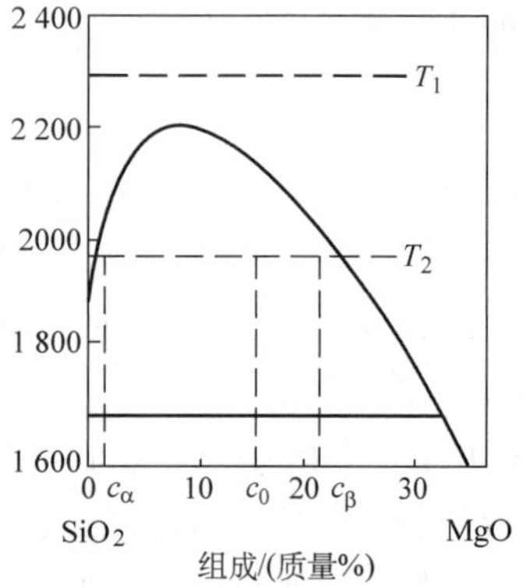

图 8-11 MgO-SiO_2 系统相图中富 SiO_2 部分的不混溶区

在硅酸盐或硼酸盐熔体中，发现在液相线以上或以下有两类液相不混溶区，如在 MgO-SiO_2 系统中，液相线以上出现相分离现象，如图 8-11 所示。在温度 T_1 时，任何组成都是均匀熔体；在 T_2 温度时，原始组成 c_0 分为组分 c_α 和 c_β 两个熔融相，两相的比例可由杠杆规则算出。二价金属氧化物，如 SrO、CaO、FeO 和 ZnO 组成的二元硅酸盐系统，常出现液相线以上的不混溶区，分离后的两液相均是热力学上的稳定相。

常见的另一类不混溶区是出现在液相线以下，如 Na_2O、Li_2O、K_2O、BaO 和 SiO_2 的二元相图。图8-12(a)是 Na_2O-SiO_2 二元系统液相线以下的分相区，图中①为亚稳不混溶区间隙，又称亚稳区；②为不稳区，又称斯宾那多

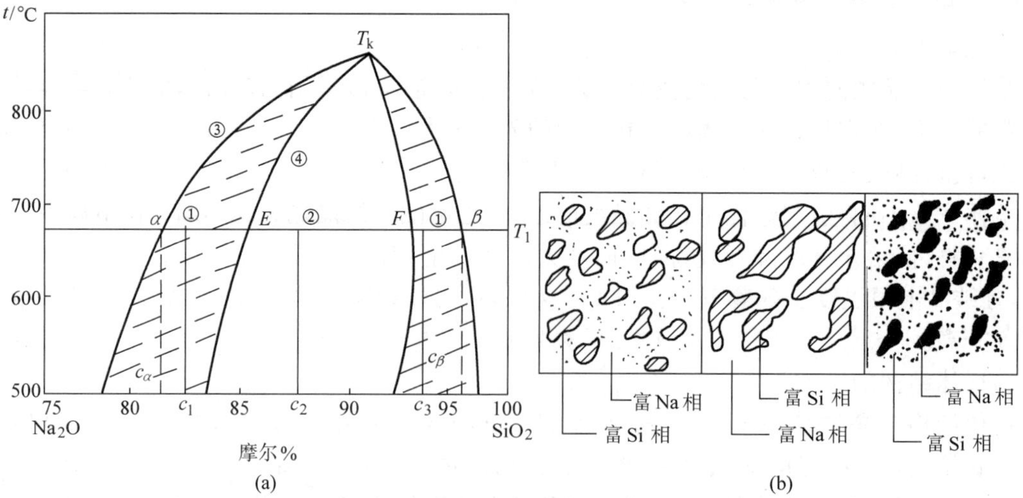

图 8-12 Na_2O-SiO_2 系统的分相区

(a) Na_2O-SiO_2 系统的分相区；(b)各分相区的微观结构

区；③为均相区与分相区的分界线；④为亚稳定区与不稳定区的分界线；T_k 为均相区与分相区的临界温度。

在 T_k 温度(图中约 850 ℃)以上，任何组成都是单一均匀的液相；在 T_k 温度以下该区分成两部分。

(1)亚稳区。若系统组成在该区范围 c_1 点，温度在 T_1 时，不混溶的第二相(富 SiO_2 相)通过成核、生长而从母液中(富 Na_2O 相)析出，颗粒状的富 SiO_2 相在母液中是不连续的。颗粒尺寸在3～15 nm，其亚微观结构示意如图 8-12(b)左图。若组成点在①区 c_3 点，在温度 T_1 时，同样通过成核、生长从富 SiO_2 的母液中析出富 Na_2O 的第二相。

(2)不稳区。当组成点在②区的 c_2 点时，在温度 T_1 时熔体迅速分离为两个组成不同的不混溶的液相(或玻璃相)，相的分离不是通过成核和生长，而是通过浓度的波形起伏从其中的一相变成另一相的，相界面开始时是弥散的，但逐渐出现明显的界面轮廓，如图 8-12(b)中间图形所示。在此过程中，相的成分在不断的变化，直至达到平衡值为止。析出的第二相(富 Na 相)在母液中互相贯通、连接，并与母液交织而成为两种成分不同的玻璃混合物，其亚微观结构如图 8-12(b)右图所示。

下面分析不同组成区域内各相存在的情况。

(1)组成在 $\alpha \to E$ 与 $\beta \to F$ 之间，这时系统分成 α、β 两相，比单相更稳定，如组成点在 c_1 处，则富 SiO_2 相，自母液富 Na_2O 相中析出，两相的组成分别在 c_α 和 c_β 上。在分相过程中，由于动力学障碍大，分相进行得慢，两相的数量比例关系可由 c_1 与 α、β 两相组成点的连接直线的位置，用杠杆规则计算得出。

(2)组成点在 E 和 F 之间，如组成点在 c_2 时，由于动力学障碍小，分相进行得很迅速，分别有 α 和 β 两相。

(3)组成点在 E 点和 F 点，系统分解为 α 和 β 两相，比单相更稳定，此两点为亚稳和不稳分相区的转折点，在这两点上分解出 α 和 β 两相都是稳定的。

玻璃分相揭示了晶体学说与无规则网络学说都未认识到的玻璃结构上和化学组成上的不均匀性。分相现象使人们对玻璃本性有更进一步认识，对丰富和发展玻璃结构理论有重要作用。玻璃分相导致第二相在母液中孤立状或连续的蠕虫状分布，这些亚微观结构的变化，引起玻璃性质的改变。近几十年来人们利用这些变化，创造出越来越多的新型的具有特殊性能的材料。

8.4 固相反应

8.4.1 概述

固相反应在无机非金属固体材料的高温过程是一个普遍过程。开始人们从少数实例出发，认为只有固态物质之间直接进行的反应称为固相反应，在反应过程中没有气、液相参加，这是它的狭义概念。后来随着生产和科学技术的发展，发现在固相反应中，反应物可以转变为气相或液相，它们通过外部扩散到达另一固相的非接触面上进行反应，并且气相或液相的存在对固相反应起到重要作用。因此，广义的固相反应是指除了固相间的反应外，还包括有气相和液相参与的反应。例如，金属的氧化、碳酸盐的受热分解、黏土矿物的脱水、煤的燃烧等化学反应都是固相反应。

传统的硅酸盐材料、合金材料及新型无机材料等，它们的原料都是固体，这些材料在生产中，固相反应是最主要的基本反应。固相反应进行的情况，直接影响着它们的生产过程和产品质量。因此，固相反应在这些材料中有重要的实际意义。

为了正确认识和掌握固相反应的历程，有效控制生产和强化生产，本节从广义固相反应出发，研究粒状物料颗粒之间的固相反应，并以固-固反应为主。

1. 固相反应的特点

固相反应与一般气、液反应相比，在反应结构、反应速率等方面有自己的特点。

(1)与大多数气、液反应不同，固相反应属非均相反应。因此，参与反应的各相相互接触是反应物间发生化学作用和物质传输的先决条件。

(2)一般固相反应在较高的温度下进行，反应开始的温度远低于反应物熔融温度或系统低共熔点温度，通常反应物扩散显著的温度正是反应开始的温度。这是由于构成固体物质的质点(原子或离子)之间距离近，相互作用力大，结合牢固，移动能力较差，活动程度低，造成固相反应必须在较高的温度下才能进行。

(3)当反应物之一存在多晶转变时，相转变温度一般是固相反应变得显著时的温度。

(4)固相反应是在界面上发生的，当两固体颗粒接触时，一般固相反应包括两个步骤：首先在界面上发生化学反应，然后，反应物经扩散通过产物层扩展到颗粒内部，继续进行反应。

(5)对均相反应，浓度是影响反应速率的重要因素。但对固相反应，浓度不太重要，影响固相反应速率的主要因素是晶格结构，包括晶体本身结构、缺陷结构和表面结构等。

2. 固相反应的分类

1)按参加反应的物质状态划分

(1)纯固相反应，即反应物和生成物都是固体，没有液体和气体参加，例如：

$$MgO(s)+Al_2O_3(s)\rightarrow MgAl_2O_4(s)$$

(2)有液相参与的反应，如硫和银的反应，生成硫化银就是通过液相进行的。硫首先熔化 $S(s)\rightarrow S(l)$，液态硫与银反应，生成硫化银，即

$$S(l)+2Ag(s)\rightarrow Ag_2S(s)$$

(3)有气相参与的反应，如碳酸钙分解，即

$$CaCO_3(s)\rightarrow CaO(s)+CO_2(g)$$

在实际的固相反应中，通常是三种不同反应形式的各种组合，可以有许多不同形式。

2)按反应性质划分

固相反应可以分为氧化反应、还原反应、生成反应、置换反应和分解反应等。

3)按反应机理划分

固相反应分为扩散控制过程、化学反应速率控制过程、晶核成核速率控制过程和升华控制过程等。

8.4.2 固体活性

固体活性是说固体的反应能力问题。实践证明，方解石在 900 ℃以下煅烧所得到的 CaO，加水后立即剧烈的水化，而经过 1 400 ℃煅烧所得到的 CaO，则需要经过几天才能水化。这说明前者比后者与水的反应能力大，这种固体反应能力，常用固体活性表示。

什么叫固体活性呢？通常近似地把促进化学反应或物理化学反应的能力，称为固体的活性。具有很高反应能力的固体称为活性固体。

固体参加的任何反应，反应总是从表面开始，因此固体活性受固体表面积和表面结构的影响。从表面能和表面结构出发，固体比表面积、晶格畸变和表面缺陷是产生活性的根本原因。从热力学和动力学分析，固体活性大，表示着它处于高能位。化学反应过程中系统吉布斯函数变化 $\Delta G<0$，且负值很大，则反应趋势大；另一方面，反应活化能 E 值小，故反应速率大。

提高固体活性的方法有两种，包括机械方法和化学方法。前者常将反应物料磨细，使固体颗粒细化，增加表面积，使晶格质点周期性排列的连续性在表面中断，排列规律性降低，晶格缺陷增加和产生不饱和键，使固体表面具有不同选择性的反应能力。后者利用热分解、共沉淀等方法来提高固体活性和制备具有活性的固体。例如，低温煅烧 $MgCO_3$ 得到的 MgO，由于晶粒微细、结构松弛、晶格变形和晶格常数较大等因素，故具有很高的活性。

8.4.3 固相反应的历程

不同类型的固相反应既表现出一般规律，也存在着差别和特点。就一般规律而言，固相反应包括相界面化学反应和固相内部物质迁移两个过程。

相界面上的化学反应粗略地可分为三个过程，包括：①反应物之间的混合，产生表面效应；②化学反应和新相的形成；③晶体的生长和结构缺陷的校正。上述各过程中反应物质不同，各自的温度范围也不同。新相生成温度总高于反应开始温度，当反应有气相和液相参加时，反应不局限于固相直接接触面，也可能沿着整个颗粒表面同时进行。这样，固体与气体、液体间的吸附和液体对固体的润湿等作用将会产生重要影响。

当颗粒间形成产物层后，进一步反应将依赖于一种或几种反应物通过产物层的扩散才得以继续进行，这种迁移扩散可通过晶体的不同部位进行。例如晶体内部晶格、晶体表面、界面或晶体裂缝等。

海基格将混合物 Fe_2O_3 与 ZnO 加热到不同温度并研究它们的状态变化，从而确定了比较完整的固相反应过程，它被划分成六个阶段。现以 Fe_2O_3 与 ZnO 合成反应为例，说明固相反应的六个阶段。

(1)隐蔽期(温度约低于 300 ℃)。此阶段反应物混合，互相接触，随温度升高，接触得更紧密，且反应物质点活动能力提高。在这个阶段中，一种反应物“掩蔽”着另一种反应物，而且前者一般熔点较低。

(2)第一活化期(温度在 300～400 ℃之间)。由于温度的升高，质点的活性进一步提高，有可能出现产物。但这时形成的产物的晶格存在严重缺陷，表现出极大的活性。

(3)第一脱活期(温度在 400～500 ℃之间)。此阶段，反应产物已经形成，但产物的正常晶格结构未形成；随着产物层的增厚，其对反应物质点扩散的阻碍作用增加。

(4)二次活化期(温度在 500～620 ℃之间)。由于温度的升高，一种反应物的质点扩散到另一反应物的颗粒内部进行反应。由于此时反应在颗粒内部进行，因此，往往伴随着颗粒表面层的疏松及活化。这时产物的晶核形成并开始成长。

(5)二次脱活期或晶体形成期(温度在 620～750 ℃之间)。晶核已成长为晶体颗粒，但此时的反应物结构不完善，存在一定缺陷。

(6)晶格校正期(温度约在 750 ℃以上)。在这个阶段，晶格结构缺陷得到校正、调整，使之趋向热力学稳定状态。

对于不同的反应系统，并不一定都划分成上述六个阶段，但都包括以下三个过程：反应物之间的混合接触并产生表面效应、化学反应和新相形成以及晶体成长和结构缺陷的校正。

从上述固相反应过程分析可以看出，当两种反应物在界面上形成产物层以后，随着产物层的增厚，反应物被分隔开。要使反应继续进行，反应物的质点必须通过产物层扩散到另一反应物的界面上。因此质点在晶体中的扩散作用对固相反应就显得很重要。

8.4.4 影响固相反应的主要因素

固相反应是非均相反应，主要包括界面上的化学反应和通过产物层内部的质点的迁移。因此，凡是能提高化学反应速率和扩散速率的因素对固相反应均有影响。如温度、压力和反应物的化学组成、结构、物料粉碎的细度，以及促使晶格活化的外加剂等都对固相反应起着重要影响。实际反应条件的确定是以能进行反应所必需的条件为依据，由经济因素来挑选。根据这个道理，在此只讨论在实际生产中经常应用的几个主要方面。

1. 温度和保温时间

温度是影响固相反应速率的主要外部条件。一般情况下，温度对晶体混合物的反应产生很大的影响。温度升高，晶体质点运动增大，质点动能也增大；而晶体质点间的键力减小，反应活化能降低。因此，温度升高，系统内反应速率加快。温度影响的大致情况如下：反应由扩散速率决定时，温度上升 10 ℃，反应速率上升 10%～40%；反应由化学反应速率决定时，温度上升 10℃，反应速率是原反应速率的 2～4 倍。由此可以看出，温度升高，反应速率增大，保温时间延长，固相反应进行得更完全。

2. 粉磨和加压的作用

粉磨主要是使物料磨细并和不同成分的物料混合均匀。物料颗粒越细，表面积越大，反应物质颗粒之间相互接触的面积越大，颗粒间相互扩散的机会增多；另外颗粒越细，颗粒表面的晶格缺陷越多，该处的质点用较小的活化能就可以脱离晶体参加反应。基于上述原因，提高物料细度对加速固相反应速率起重要作用；物料混合得越均匀，反应物之间越有充分接触的机会。例如，煅烧水泥熟料时，生料中 CaO 和 SiO_2 两个成分混合得越均匀，不仅可以加快反应速率，还可使熟料中游离石灰减少。

物料加压可以提高物料颗粒之间的紧密程度。颗粒之间越靠近，越便于质点互换位置和发生化学反应。同时，提高物料的紧密度，增加物料颗粒之间的接触面，还有利于质点之间的扩散。对于依靠固体之间扩散而进行反应，增大成型压力，反应速率略有增加，但不很显著。

3. 反应物的活性作用

同一物质处于不同的结构状态，其反应活性差别很大。反应物分解生成的新生态晶体，由于气体从晶体中排出，使晶体具有较大的比表面积和晶格缺陷，或脱水后成为无定形物质，它们具有很高的活性，对固相反应有利。例如，轻烧过的原料比死烧的原料活性大得多。轻烧 $CaCO_3$ 得到的 CaO 是疏松的多孔状固体，有利于与 SiO_2 的反应，生成 $2CaO \cdot SiO_2$。又如，高岭石 $Al_2O_3 \cdot 2SiO_2 \cdot 2H_2O$，在加热过程中脱水分解，失去化学结合水，本身结构被破坏，分解成无定形的 SiO_2 和 Al_2O_3，与晶体的 SiO_2 和 Al_2O_3 比较，它们具有较大的活性，所以与 CaO 等物质易起反应。

当反应在多晶转变时，在转变温度附近，晶格常数发生变化，产生晶格缺陷，化学键力大大减弱，反应物的活性增加，反应速率加快，如 Fe_2O_3 与 SiO_2 反应，在石英多晶转变温度 573 ℃和 870 ℃附近，反应速率大大加快。

4. 矿化剂的作用

在固相反应过程中，能够加速或抑制某些矿物的生成或能够控制反应方向的少量物质称为矿化剂。适当地使用矿化剂可以使反应速率成倍提高，但矿化剂对固相反应的作用机理是复杂多样的，目前认为矿化剂的作用主要有以下几方面。

(1)矿化剂与反应物形成固溶体，活化晶格。由于固溶体的形成，往往引起晶格扭曲和变形，产生晶格缺陷，使一些质点处于不平衡位置，从而具有较大的能量，比较容易移动，使晶体活化。

(2)矿化剂与反应物形成低共熔物，使系统在较低的温度下出现液相，加速反应物之间的扩散作用和对固相的溶解作用。

(3)矿化剂能降低液相黏度，加速质点在液相中的扩散，因而对固相、晶核的形成和晶体的生长都有促进作用。

(4)矿化剂能与反应物形成活化状态的中间物，从而加速整个反应过程。

众所周知，硅酸盐水泥生产中，在生料中掺一定量的萤石或萤石-石膏作矿化剂，在煅烧过程中能破坏结晶态的石英结构，降低液相出现温度和液相黏度，从而加速和强化了熟料的形成，即加速和强化 α-C_2S 吸收游离钙，而形成水泥熟料主要矿物 C_3S。在煅烧过程中的 CaF_2 和 $CaSO_3$，在较低的温度下与 CaO、SiO_2 首先形成中间化合物 $3C_3S \cdot CaF_2$ 和 $3C_2S \cdot 3CaSO_4 \cdot CaF_2$，然后这种中间化合物随温度升高到 1 200 ℃左右分解成 C_2S 和 C_3S。

5. 气氛的作用

在实际生产过程中，炉体中可控制氧化、还原和中性三种气氛。气氛对含有可变价的金属氧化物的影响很大。例如，合成钴铝尖晶石，Al_2O_3 与 Co_3O_4 是在氮气中进行的，在 800 ℃温度下，首先 Co_3O_4 进行分解反应，方程式为

$$Co_3O_4 \longrightarrow 3CoO + \frac{1}{2}O_2$$

该反应在氮气中容易进行，在氧气中就差一些。可看出气氛对固相反应有重要影响。

应该指出，在实际生产和科研中的固相反应还必须考虑工程上的因素。特别是硅酸盐材料的生产通常是在高温下进行，加热速率和传热速率都会对固相反应产生不可忽视的影响。例如，水泥熟料烧成过程中的碳酸钙分解速率，一方面，受到物理化学基本规律的影响；另一方面，还要受到工程上热交换和传质条件的影响。在相同温度下，普通旋窑中的分解率要低于窑外分解炉中的分解率，这是因为在分解炉中处于悬浮状态的碳酸钙颗粒的热交换和传质条件比普通旋窑中好得多。

思考与习题

8-1　反应速率常数的物理意义是什么？它与哪些因素有关？

8-2　反应级数与反应分子数的区别是什么？一级反应就是单分子反应。此说法对吗？

8-3　一级反应和二级反应的特点是什么？

8-4　何谓基元反应？基元反应的速率方程如何表达？

8-5　什么是活化能？活化能对反应速率有什么影响？

8-6　何谓动力学方程式？各种因素对速率的影响如何体现在动力学方程式中？

8-7　反应 $SO_2Cl_2 \rightarrow SO_2 + Cl_2$ 为一级反应，320 ℃时，$k=2.2\times10^{-5}\,s^{-1}$。计算在320 ℃

加热 90 min 时 SO_2Cl_2 的分解百分率。 (11.20%)

8-8 某一级反应，反应进行 10 min 后，反应物反应掉 30%。计算反应掉 50%需多少分钟。 (19.4 min)

8-9 某一级反应 A→B 的半衰期为 10 min。求 1 h 后剩余 A 的百分数。 (1.56%)

8-10 二甲醚的气相分解反应是一级反应，反应式为

$$CH_3OCH_3(g) \rightarrow CH_4(g)+H_2(g)+CO(g)$$

504 ℃时，把二甲醚充入真空反应器内，测得反应到 777 s 时，容器内压力为 65.1 kPa；反应无限长时间，容器内压力为 124.1 kPa，计算 504 ℃时反应的速率常数。 (4.35×10^{-4} s^{-1})

8-11 某一级反应 A→B 的初始速率为 1×10^{-3} mol·L^{-1}·min^{-1}，1 h 后速率为 0.25×10^{-3} mol·L^{-1}·min^{-1}。计算：(1)反应速率常数；(2)半衰期；(3)A 的初始浓度。

(0.023 1 min^{-1}；$t_{1/2}=30$ min；0.043 3 mol·L^{-1})

8-12 蔗糖在稀水溶液中，按下式分解：

$$C_{12}H_{22}O_{11}(A)+H_2O \xrightarrow{H^+} C_6H_{12}O_6(\text{葡萄糖})+C_6H_{12}O_6(\text{果糖})$$

其速率方程式为：

$$-\frac{dc_A}{dt}=k_Ac_A$$

已知当盐酸的浓度为 0.1 mol·L^{-1}(催化剂)、温度为 48 ℃时，$k_A=0.019\ 3$ min^{-1}。今将蔗糖的浓度为 0.02 mol·L^{-1}的溶液 2.0 L 置于反应器中，在上述催化剂和温度条件下反应。计算：(1)反应的初始速率 v_{A_0}；(2)反应到 10.0 min 时，蔗糖的转化率为多少?；(3)得到 0.012 8 mol果糖需多少时间?；(4)反应到 20.0 min 的速率如何?

(3.86×10^{-4} mol·L^{-1}·min^{-1}；17.6%；20 min；2.63×10^{-4} mol·L^{-1}·min^{-1})

8-14 反应 2A+B→D，由实验测得为二级反应，其反应速率方程为

$$-\frac{dc_A}{dt}=k_Ac_Ac_B$$

70 ℃时，已知反应速率常数为 0.400 L·mol^{-1}·s^{-1}，若 $c_{A_0}=0.200$ mol·L^{-1}，$c_{B_0}=0.100$ mol·L^{-1}，计算反应物 A 转化 90%时所需时间。 (113 s)

8-14 反应 A+2B→Y+Z 的速率方程为

$$-\frac{dc_A}{dt}=k_Ac_Ac_B$$

已知 175 ℃时，$k_A=1.58\times10^{-3}$ L·mol^{-1}·min^{-1}，$c_{A_0}=0.157$ mol·L^{-1}，$c_{B_0}=12.1$ mol·L^{-1}。计算 175 ℃下 A 的转化率达 98%所需时间。 (204.6 min)

8-15 1,3 二氯丙醇(A)在 NaOH(B)存在条件下，发生环化作用生成环氧氯丙烷的反应为二级反应(对 A 和 B 均为一级反应)，已知 8.8 ℃时，$k_A=3.29$ L·mol^{-1}·min^{-1}，若反应在 8.8 ℃时进行，计算：(1)当 A 和 B 的初始浓度都为 0.282 mol·L^{-1}，A 转化 95%所需时间；(2)当 A 和 B 的初始浓度分别为 0.282 和 0.365 mol·L^{-1}，反应到 9.95 min 时，A 转化率。

(20.5 min；98.6%)

8-16 反应 A+2B→Y 的速率方程为

$$-\frac{dc_A}{dt}=k_Ac_Ac_B$$

在 25 ℃时，$k_A = 1.00 \times 10^{-2}\ L \cdot mol^{-1} \cdot s^{-1}$，计算 25 ℃时，以下各项问题。

(1)若 $c_{A_0} = 0.01\ mol \cdot L^{-1}$，$c_{B_0} = 1.00\ mol \cdot L^{-1}$，A 反应掉 20%所需时间。　(22 s)

(2)若 $c_{A_0} = 0.01\ mol \cdot L^{-1}$，$c_{B_0} = 0.02\ mol \cdot L^{-1}$，A 反应掉 20%所需时间。

(1.25×10^3 s)

8-17　名词解释

(1)稳定扩散与不稳定扩散；(2)扩散活化能；(3)扩散系数；(4)均匀成核与非均匀成核；(5)稳定区与不稳定区。

8-18　定向扩散的推动力是什么?

8-19　试从扩散介质的结构、性质、颗粒尺寸、扩散物质浓度、杂质等方面分析影响扩散的因素。

8-20　碳、氮、氢在体心立方铁中扩散的活化能分别为 84、75 和 13 $kJ \cdot mol^{-1}$，试对此差异，进行分析和解释。

8-21　何谓固相反应？固相反应与均相反应存在哪些区别?

8-22　概述固相反应的一般历程。

8-23　如果要合成镁铝尖晶石，可供选择的原料为 $MgCO_3$、$Mg(OH)_2$、MgO、$Al_2O_3 \cdot 3H_2O$、α-Al_2O_3 和 β-Al_2O_3，从提高反应速率的角度出发，选择什么原料较好？说明原因。

9

烧结过程

本章学习要求

1. 理解烧结的含义，弄清烧结与烧成、熔融、固相反应等概念的区别。

2. 明确烧结的推动力，了解烧结模型及其在烧结过程中的应用，了解烧结的初期、中期和后期各个阶段的特点。

3. 了解固相和液相烧结中各类传质的具体方式，并能揭示各种传质（蒸发-凝聚传质、扩散传质、流动传质、溶解-析出传质）的作用。

4. 理解蒸发-凝聚传质和扩散传质的机理及动力学理论。

5. 理解液相烧结的类型和各自的特点，了解溶解-析出传质的特点。

6. 了解晶粒生长与二次再结晶的意义及异同点。

7. 理解并掌握影响烧结的主要因素。

烧结是陶瓷、耐火材料、粉末冶金、超高温材料等生产过程的一个重要工序。烧结的目的是把粉状物料转变成致密的多晶烧结体。一般无机材料的性能不仅和材料的化学组成、矿物组成有关，而且和材料的显微结构有密切的关系。当配料、粉磨、成型等工序完成后，烧结是使材料获得预期的显微结构以及使材料性能充分发挥的关键工序，烧结过程工艺参数的控制，直接影响材料的显微结构中晶粒的尺寸和分布、气孔的尺寸和分布以及晶界的体积分数等。

若为硅酸盐材料，其显微结构由晶体、玻璃体和气孔组成。若晶粒的尺寸小而均匀，烧结体的强度就高。比如配方相同而晶粒尺寸不同的两种烧结体，小晶粒的烧结体强度高。另外，结构中的气孔会影响材料的强度和透明度。因在气孔处常为应力的集中点，从而使材料的强度降低，气孔又是光散射的中心，使材料不透明。本章将针对不同的烧结机理进行讨论，总结烧结过程的规律及烧结过程中应注意的问题。

9.1 烧结的概念

陶瓷、耐火材料和水泥熟料等是把固体粉料经一定高温烧成的。在烧成过程中往往包括多种物理、化学和物理化学变化。陶瓷坯体烧成时就可能伴随有脱水、相变、熔融、溶解、热分解、固相反应和烧结以及析晶、晶体长大等过程。

烧结是陶瓷烧成中重要的一环。烧结的概念可以从宏观和微观两个角度来看。

(1) 宏观角度。烧结是指经过成型的固体粉料（一种或多种）颗粒在加热到低于熔点温度下，经过黏合，气孔排除，体积收缩变成致密坚硬的烧结体的物理过程。

(2) 微观角度。固态分子或原子之间相互吸引，通过加热使粉末体产生颗粒黏结，经过质点迁移使粉末体产生强度并导致致密化和再结晶的过程称为烧结。

高温下伴随烧结发生的主要变化是：颗粒间接触界面扩大并逐渐形成晶界；颗粒间由点接触逐渐扩大为面接触，颗粒相互靠拢致使其中心间距变小而逐渐形成晶界。气孔（坯体内存在35%～60%的气孔）从连通气孔逐渐变成孤立的闭口气孔并缩小，直至大部分甚至全部气孔从坯体中排除，使成型体成为充分致密、具有一定性能和几何外形的多晶烧结体。烧结现象示意如图 9－1 所示。

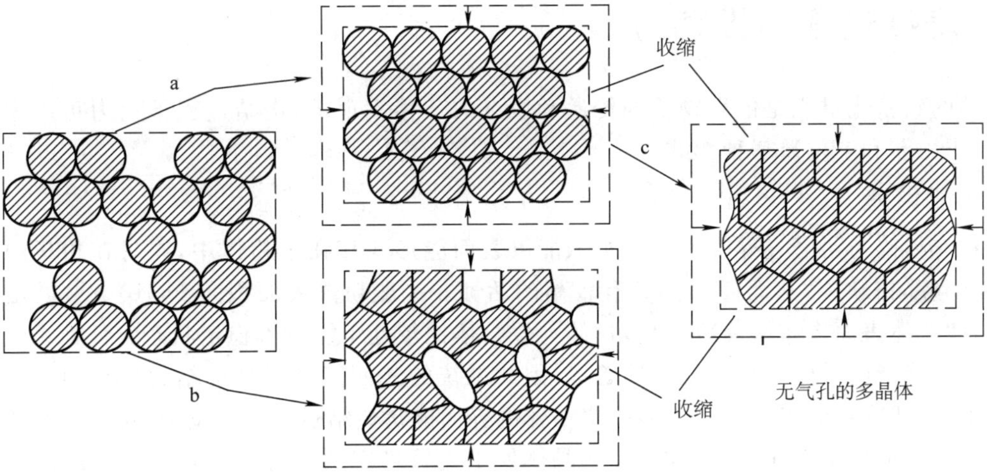

图 9－1 烧结现象示意

a—颗粒聚焦；b—开口堆积体中颗粒中心逼近；c—封闭堆积体中颗粒中心逼近

一般烧结程度用坯体收缩率、气孔率、吸水率或烧结体密度与理论密度之比（相对密度）等指标来衡量。

1. 烧结与烧成的区别

烧成包括多种物理和化学变化，例如脱水、坯体内气体分解、多相反应、熔融、溶解和烧结等；烧成的含义及包括的范围较宽，大都发生在多相系统中。

烧结仅仅指粉料经加热而致密化的简单的物理过程；烧结仅是烧成过程的一个重要部分；烧结可以发生在单纯的固体之间，称为固相烧结，也可以在液相参与下进行，称之为液相烧结。

2. 烧结与熔融

烧结与熔融除了定义不同，还有固态物质烧结开始的温度远低于固态物质的熔融温度，烧结过程中至少有一个组分处于固态，熔融时全部组元都转变为液相。烧结温度（T_s）和熔融温度（T_e）的关系由泰曼学派首先归纳提出，关系如下：

硅酸盐　$T_s \approx (0.8 \sim 0.9) T_e$

简单氧化物　$T_s \approx (0.7 \sim 0.8) T_e$

盐类　$T_s \approx 0.57 T_e$

金属粉末　$T_s \approx (0.3 \sim 0.4) T_e$

3. 烧结与固相反应

烧结与固相反应这两个过程都是在低于材料熔融温度之下开始进行的，并且在变化的全过程中至少有一相是固态。两个过程的不同之处是：固相反应至少有两个组分参加，而烧结可以只有单组分或两个组分参加，但不起化学反应，只是在表面能的推动下由粉体变成致密体。在生产中往往不可能将纯物质烧结，例如纯氧化铝烧结时，除了一些添加剂（为了促进烧结）外，“纯”原料氧化铝往往含有少量杂质，就出现了烧结的第二组分和第三组分。实际生产中，烧结和固相反应往往是同时穿插进行的，因此固态物质烧结时就会同时伴随发生固相反应，这样，在烧成过程中烧结、固相反应往往同时进行。

9.2 烧结过程的推动力

烧结的致密化过程是依靠物质的传递和质点的迁移实现的，烧结过程推动力可以表现为能量差、压力差和空位差三种形式。

9.2.1 能量差

粉料在粉碎与研磨过程中消耗的机械能以表面能形式存在于粉体中，同时在粉料的加工过程中引起晶格缺陷，从而使粉体具有较高的活性。一般粉体表面积为 $1\sim10\ m^2/g$，由于表面积大，使粉体表面吉布斯函数增高，粉体与烧结体比较处于能量不稳定状态。任何系统都有自发地由高能量向低能量状态变化的趋势，因此系统的表面能降低是烧结的推动力。根据研究的结果，粉状物料的表面能大于多晶烧结体的界面能是烧结过程的推动力，烧结后形成的多晶体由界面能取代了粉体的表面能，使多晶体处于比较稳定的状态。但是由于烧结推动力与相变和化学反应的能量相比还是极小的，因此烧结推动力远小于内部结合力。烧结是不能自发进行的，还必须对粉体加以高温，才能促使粉体转变为烧结体。

衡量烧结的难易程度，目前常用晶界能 σ_{GB} 和表面能 σ_{SV} 之比来衡量。当 σ_{GB}/σ_{SV} 越小，越容易烧结；反之则难烧结。一般为了促进烧结，必须使 $\sigma_{SV}\gg\sigma_{GB}$，相差越大对烧结越有利。

9.2.2 压力差

粉末体紧密堆积后，颗粒间仍有很多细小气孔通道，在这些弯曲的表面上由于表面张力的作用而造成的压力差（附加压力）为：

$$\Delta P=\frac{2\sigma}{r} \tag{9-1}$$

式中：σ ——粉末体的表面张力；

r ——球形粉末颗粒的半径。

若为非球形曲面，可表示为：

$$\Delta P=\sigma\left(\frac{1}{r_1}+\frac{1}{r_2}\right) \tag{9-2}$$

式中：r_1 和 r_2 ——两个主曲率半径。

由以上两公式可知，弯曲表面上的附加压力与球形颗粒（或曲面）的曲率半径成反比，与粉料的表面张力成正比。应用热力学方法可以推出烧结推动力为：

$$\Delta G=V\cdot\Delta P=V\cdot\frac{2\sigma}{r} \tag{9-3}$$

从上式不难看出：粉料越细(r 越小)，ΔP 越大，由曲率而引起的烧结推动力越大。

烧结(致密化的过程)靠的是质点的迁移(力)。由于附加压力的存在，对于表面凹凸不平的固体颗粒，在凸形表面处的蒸气压力(正压)大于在凹形表面处的蒸气压力(负压)，此两表面处的附加压力的和即为物质迁移的推动力，故使物质自凸处向凹处迁移，或使空位反向迁移，故烧结的致密化过程是物质传递和质点迁移实现的。

9.2.3 空位差

颗粒表面上的空位浓度与内部的浓度之差称为空位差。这个浓度差会导致内部质点向表面扩散，因而推动质点迁移，从而加速烧结。

9.3 烧结模型和烧结各阶段的变化特点

9.3.1 烧结模型(双球模型)

烧结是从粉料集合体转变成致密烧结体的过程，因此，粉料颗粒的形状和大小直接决定了颗粒间的堆积状态和相互接触情况，并最终影响烧结。为便于定量研究，必须建立合理的简化模型，库斯仲斯基(G. C. Kuczynski)提出粉末压块可由等径球体作为模型。如图 9－2，设坯体粉末颗粒为大小相等的球体，在烧结前，它们之间均以点接触，随着烧结的进行，各接触点开始形成颈部，并逐渐扩大，最后烧结成为一个整体。由于各颈部所处的环境和几何条件相同，所以只需确定两个颗粒形成的颈部的成长速率就基本代表了整个烧结初期的动力学关系。

上述模型主要用于烧结初期。在烧结的中、后期，由于烧结历程不同，烧结模型也不同，很难用一种模型来描述。烧结初期是从初始颗粒开始烧结，可以看成是圆形颗粒的点接触，烧结时，由于传质机理的不同其烧结模型可以有以下三种形式：一种是颈部增长而两球间中心距离不变，如图 9－2(a)所示；另一种是随着颈部的增长两球间中心距离缩短，如图 9－2(b)所示；第三种是球与平面不断靠近，如图 9－2(c)所示。

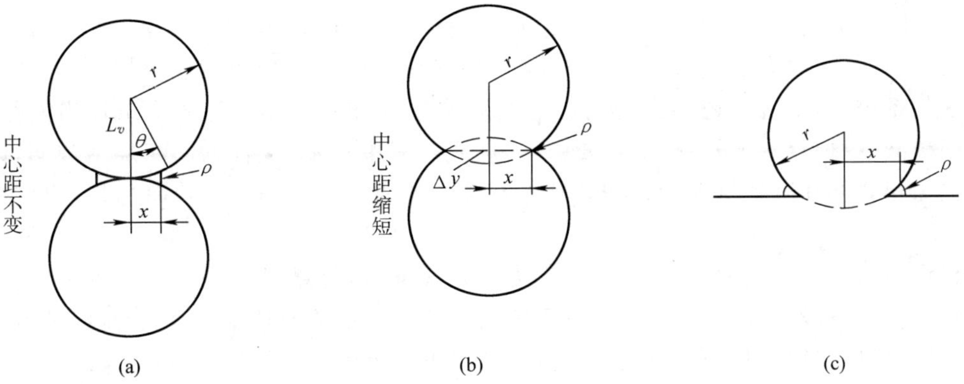

(a)	(b)	(c)
$\rho=x^2/2r$	$\rho=x^2/4r$	$\rho=x^2/2r$
$A=\pi^2x^3/r$	$A=\pi^2x^3/2r$	$A=\pi x^3/r$
$V=\pi x^4/2r$	$V=\pi x^4/4r$	$V=\pi x^4/2r$

图 9－2 烧结模型

(a)球与球间距不变；(b)球与球间距互相接近；(c)球与平面不断靠近

9.3.2 烧结过程各阶段

烧结过程中，总伴随有气孔率降低、颗粒总表面积减小、晶粒长大等变化。根据其变化的特点，烧结过程一般可以分为三个阶段，分别是烧结初期、烧结中期和烧结后期。

(1)初期阶段。质点迁移，颗粒之间接触面积增大，增大到一定程度，颈部变粗形成晶界，颗粒重排，空隙变形、缩小，颗粒中心距缩短，见图 9-3 由①变到②，此时晶粒尚未生长。

(2)中期阶段。温度升高，晶界开始移动，晶粒生长，颗粒中心距进一步缩短，气孔交叉连通。如图 9-3 由②变到③，此阶段晶界移动容易。

(3)后期阶段。烧结继续进行，晶界移动非常容易，晶粒继续生长，气孔收缩，由连通变为封闭，气孔处于晶界处而易于排除，未排除的个别气孔则包裹于晶粒内部，如图 9-3 由③变到④，此时，形成了致密的烧结体。

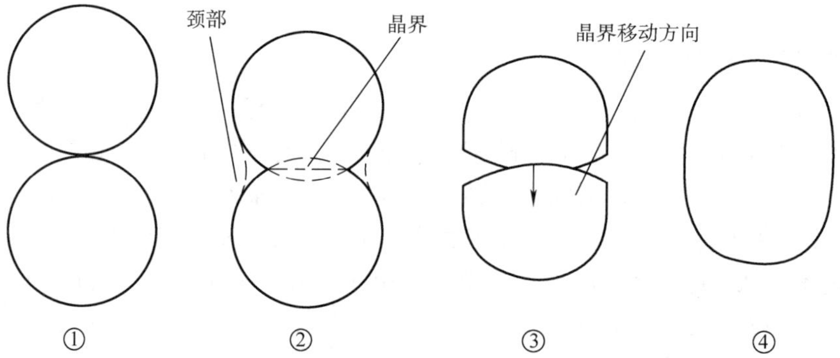

图 9-3 烧结过程示意图

9.4 烧结类型和传质方式

在烧结过程中不产生液相而通过传质使烧结体致密化的过程称为固相烧结。固相烧结对如三氧化二铝等氧化物的烧结是很重要的，但在传统陶瓷的烧结中一般都有液相参加，如长石瓷、滑石瓷等粉料中含有少量杂质，因而在烧结过程中会或多或少的出现液相，即使在没有杂质的纯固相系统中，高温下还会出现“接触”熔融现象。凡有液相参加的烧结称为液相烧结。在实际的硅酸盐材料(水泥熟料、长石质瓷)的烧成过程中，因为纯粹的固相烧结难遇，因而液相烧结比固相烧结在陶瓷材料、水泥熟料、高温材料等的生产过程中更容易出现，应用也更广泛，更重要。

液相烧结与固相烧结的共同点是：推动力都是表面能，烧结过程是由颗粒重排、气孔的填充和晶粒生长等阶段组成。不同点是：由于流动传质比扩散传质速度快，液相烧结的致密化速率更快，可使坯体在比固相烧结温度低得多的情况下获得致密的烧结体；液相烧结的速率与液相的表面张力及其黏度、液相数量、液相与固相的润湿情况、固相在液相中的溶解度等有密切的关系。

固相烧结是固体颗粒之间的高温固结过程。它主要的传质方式有蒸发-凝聚传质、扩散传质。扩散传质的方式包括：表面扩散、界面扩散、体积扩散等；蒸发-凝聚传质属气相传质。液相烧结的传质方式有：流动传质(黏性流动、塑性流动)和溶解-沉淀(析出)传质。

9.4.1 固相烧结及传质方式

1. 蒸发-凝聚传质

蒸发-凝聚传质是指固体颗粒由于表面曲率半径不同，高温时必然在系统的不同部分有不同的蒸气压。质点通过蒸发再凝结实现质点的迁移，从而促进烧结。

为了讨论方便，取出烧结系统中二颗粒进行分析。蒸发-凝聚传质采用如图 9-4 所示的模型表示，在颗粒的凸表面处具有正的曲率半径，两颗粒连接处有一个呈凹型的负曲率半径。由于凸形表面的蒸气压大于凹形表面的蒸气压，物质从蒸气压高的凸表面处蒸发，通过气相传递而凝聚在蒸气压低的凹表面处，使得颈部逐渐被填充。

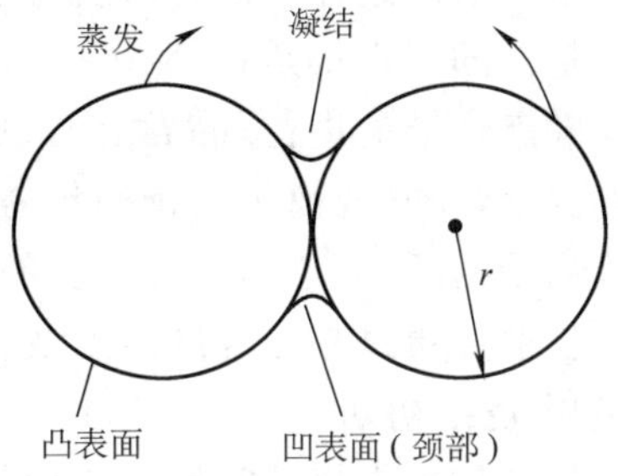

图 9-4　蒸发-凝聚传质过程示意

开尔文公式（式 9-4）反映了蒸发-凝聚传质的原因，不同曲率半径的颗粒表面与颈部所表现出的不同蒸气压的关系如下：

$$\ln\frac{P_1}{P_0}=\frac{\sigma M}{\rho RT}\left(\frac{1}{x}+\frac{1}{r}\right) \tag{9-4}$$

式中：P_0 ——球形凸表面颗粒的蒸气压；

P_1 ——曲率半径为 x 的凹表面的蒸气压；

σ ——表面张力；

ρ ——颗粒的密度。

由于 x 为负值，r 为正值，一般 $|x|<|r|$。颗粒的分散度足够小（半径小于 50 μm），颈部凹表面的半径也越小，所以必有 $P_1<P_0$。这样，蒸发-凝聚传质产生的原因是曲率半径的差别，造成在颗粒表面处和在颈部处的蒸气压差。物质将从蒸气压高的凸形颗粒表面蒸发，通过气相传递而凝聚到蒸气压低的凹形颈部。在高温下这种蒸气压的差别是蒸发-凝聚传质的推动力。由此得出结论：粉末的起始粒度越小，烧结的速率越大；由于蒸气压随温度而呈指数增加，因而升高温度对烧结有利。这种传质方式是高温下挥发性较高的氧化物烧结的重要形式，例如氧化铅、氧化铍和氧化铁等物质的烧结。在硅酸盐材料的烧结中不容易出现这种传质方式。

蒸发-凝聚传质的特点是烧结时颈部扩大，气孔形状改变，但双球之间中心距不变，因此坯体不发生收缩，密度不变。因此对这类传质过程延长烧结时间不能达到促进烧结的效果，从工艺控制角度考虑，降低粉料的起始粒度及提高温度能促进烧结。

2. 扩散传质

在大多数固体材料（如氧化铝瓷）中，由于高温下蒸气压较低，在烧结过程中虽然也存在着蒸发-凝聚过程，但其数量是微不足道的，传质主要通过固态质点体积扩散及界面扩散来进行。

在高温下的晶体中经常出现热缺陷（肖特基缺陷、弗仑克尔缺陷），这种缺陷随温度升高呈指数增加。在接近烧结温度时缺陷（空位）的数量是很多的，这些空位可以在晶格内部或沿着晶体表面或沿着晶界进行移动。在颗粒的不同部位，空位浓度是有差异的，颗粒表面和晶界上的原子或离子排列不规则，它们的活性比晶粒内的原子或离子大，因此在表面与界面上的空位浓度比晶粒内部的大；颈部可以看做是空位的发源地，颈部表面空位浓度大于颗粒内部；颗粒接触中心的空位浓度最低。这样，就在颈部、晶界、表面和晶粒内部存在着一个空位由多到少的空位浓度梯度，空位浓度差导致物质质点的迁移。在空位浓度差的推动下，空位扩散的方向是从颈部表面向空位浓度最低的颗粒中心处或其他部分进行，而物质质点的扩散方向则是空位扩散的反方向，即向颈部逆向扩散。

空位扩散既可以沿颗粒表面进行，也可以沿着两颗粒之间的界面进行，或在晶粒内部进行。依扩散的途径不同，上述扩散分别称为表面扩散、界面扩散或体积扩散。无论何种扩散，质点扩散的终点都是颈部。

随着烧结的进行，晶界上的原子或离子活动频繁，排列不规则，因此晶格内空位一旦移动到晶界上，原子或离子的排列只需稍加调整，空位就易消失。随着颈部填充和颗粒接触点处原子或离子的迁移，进而出现气孔的缩小和颗粒中心距的逼近。

扩散传质过程按烧结温度及扩散进行的程度可分为初期、中期和后期三个阶段。

1）烧结初期

扩散传质在烧结初期以表面扩散为主，晶界扩散和体积扩散是次要的。因为表面扩散开始温度比体积扩散开始温度低。例如α-氧化铝的体积扩散开始温度为 900 ℃（即 0.5$T_{熔}$），表面扩散的起始温度为 330 ℃（即 0.26$T_{熔}$）。表面扩散的结果是颈部凹处被逐渐填充而使晶粒生长，颗粒中心逼近，气孔缩小，形状改变。由于表面扩散对气孔的消失和烧结体的收缩无显著影响，因而在烧结初期坯体的气孔率大，收缩率仅在 1%左右。

烧结初期物质的传质方式见图 9-5 所示。

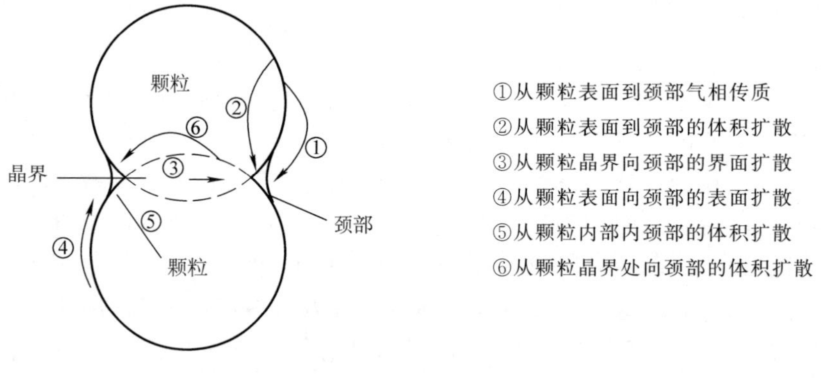

图 9-5　烧结初期物质的传质方式

在以扩散传质为主的初期烧结过程中，影响烧结的因素主要有以下几方面。

(1)烧结时间。从扩散传质机理可知，随着颈部被填充扩大，曲率半径增大，空位浓度差随之减小，因此用延长烧结时间来达到坯体致密化的目的的做法是不恰当的。

(2)原料的起始粒度。颗粒越细，粉料接触越紧密，扩散越易进行，因此在扩散传质的烧结过程中，粉料粒径的减小可以加快烧结速率。当颗粒过大时，即使延长加热时间也难以实现完全烧结，所以，原料的起始粒度的控制是相当重要的。

(3)温度。随着温度的升高，扩散系数明显增大，因此升高温度必然加快烧结的进行。

2)烧结中期

进入烧结中期，颗粒开始黏结，颈部扩大生长使球形颗粒逐渐变成多晶体；气孔都处在晶界上，逐渐由分散的不规则形状变为互相连通的管道，晶界开始移动，晶粒正常生长。物质质点通过体积扩散和空位扩散到达气孔表面，从而使坯体致密化。烧结中期主要表现为气孔缩小甚至消失。在这个阶段坯体气孔率降为5%左右,收缩率为80%～90%。

3)烧结后期

进入烧结后期,气孔已完全孤立成为封闭气孔,气孔位于四个晶粒包围的顶点。晶粒已明显长大。例如,此阶段烧结体α-氧化铝的相对密度已达95%以上。

9.4.2 液相烧结及传质方式

液相烧结的特点是有液相参加,它主要的传质方式有流动传质和溶解-沉淀传质。

1. 流动传质

在烧结过程中,由于烧结条件不同,坯体内产生两种不同的流动传质方式,即黏性流动和塑性流动。

1)黏性流动

在液相烧结时,由于高温下黏性液体出现牛顿型流动而产生的传质称为黏性流动。这是大多数硅酸盐系统烧结的传质方式。黏性流动的机理是1945年由弗仑克尔首先提出的,他认为在高温下的固体物质在表面张力的作用下会发生类似液态物质的黏性流动,这种宏观的物质流动是物质迁移的主要方式。在高温下,物质的黏性流动分为两个阶段:第一阶段,物质在高温下形成黏性流体,相邻颗粒中心相互逼近,接触面积增加,接着发生颗粒间的黏合作用和形成一些封闭气孔;第二阶段,封闭气孔的黏性压紧,即小的气孔在玻璃相包围压力的作用下,残留封闭气孔逐渐缩小而致密化。

假如开始时两颗粒相互接触,与颗粒表面比较,在曲率半径为x的颈部有一个负压力,这样就引起物质的黏性流动,最终使颈部逐渐填充。从表面积减小的能量变化等于黏性流动消耗的能量出发,弗仑克尔推导出颈部增长公式,为

$$\frac{x}{r}=\left(\frac{3\sigma}{2\eta}\right)^{\frac{1}{2}}\cdot r^{\frac{1}{2}}\cdot t^{\frac{1}{2}} \qquad (9-5)$$

式中:r——颗粒半径;

x——颈部半径;

σ——表面张力;

η——液体黏度;

t——烧结时间。

从式(9-5)中可以看出,颈部增长正比于$t^{1/2}$,表面张力越大,液体黏度越低,颗粒尺寸越小,传质过程的速率就越大。

由颗粒间中心距逼近而引起的收缩,收缩率用$\Delta V/V$表示,其关系式是:

$$\frac{\Delta V}{V}=\frac{3\Delta L}{L_0}=\frac{9\sigma}{4\eta r}t \qquad (9-6)$$

式(9-6)说明收缩率与表面张力、烧结时间成正比,而与液体黏度和颗粒半径成反比。由上式可知,决定这个过程速率的最重要因素是表面张力、黏度和颗粒尺寸。以上两式仅适用于黏性流动的烧结初期。

随着烧结的进行,坯体中的小气孔经过较长时间煅烧后,会逐渐缩小形成封闭气孔,这时,每个闭口气孔内有一个负压力,等于$-2\sigma/r$,相当于在坯体表面上受到大小与其相等的一个正压力。麦肯基等推导了带有相等尺寸的孤立气孔的黏性流动坯体内与烧结速率有关的公式,为:

$$\frac{d\theta}{dt}=\frac{3}{2}\cdot\frac{\sigma}{r_0\eta}(1-\theta) \tag{9-7}$$

式中：θ——相对密度；

σ——表面张力；

r_0——颗粒的起始粒径；

η——液体黏度。

式(9－7)是适合黏性流动传质全过程的烧结速率公式。

从以上的黏性流动传质动力学公式中可以看出，决定烧结致密化速率的三个主要参数是颗粒起始粒径、黏度和表面张力。颗粒起始半径越小，黏度越小，烧结越快。对于常见的钠钙硅酸盐玻璃的表面张力是不会因组成变化而有很大改变的。在有液相烧结的过程中，在选定配方和制定烧结工艺时，不会因表面张力而使烧结难以进行。因此，从工艺控制来看，除了缩小起始粒径外，更重要的是温度和黏度随温度的变化。实验证明，随着温度的升高，黏度迅速减小而使烧结加速。

2)塑性流动

当高温下坯体中液相含量很少时，即含有较多固相颗粒的固液两相系统，此流动传质不能看成是纯牛顿型流体，而是属于塑性流动的流体。只有作用力超过屈服值(f)时，流动速度才与作用的剪切应力成正比。此时塑性流动的烧结速率公式为：

$$\frac{d\theta}{dt}=\frac{3\sigma}{2}\frac{1}{\eta r_0}(1-\theta)\left[1-\frac{fr_0}{\sqrt{2}\sigma}\ln\left(\frac{1}{1-\theta}\right)\right] \tag{9-8}$$

式中：η——作用力超过 f 时液体的黏度；

r_0——颗粒的原始粒径。

f 值越大，烧结速率越快，当 $f=0$ 时式(9－8)即变为式(9－7)。当方括号一项为零时，$d\theta/dt$ 也趋于零。为了尽可能达到致密烧结，应选择最小的 r_0 和 η 及较大的 σ。

在固态烧结中也存在塑性流动，塑性流动机理也能较好地应用于热压烧结的动力学过程。

2. 溶解-沉淀传质

在有固液两相的烧结中，坯体内的固相在液相中有可溶性，这时烧结过程包括部分固相溶解而在另一部分固相上沉积，使晶粒长大和获得致密烧结体的传质过程称为溶解-沉淀传质过程。溶解-沉淀传质发生的条件有：足够的液相量；固相在液相中有可观的溶解度；固相能被液相润湿。

溶解-沉淀传质过程的推动力仍是颗粒的表面能。由于液相润湿固相，各个颗粒之间的空间都组成一个毛细管，由于表面张力的存在使得颗粒间以毛细管力拉紧。毛细管力实际上是附加压力，附加压力的数值为：$\Delta P=2\sigma/r$(r 正比于毛细管半径)。当颗粒足够小时，毛细管力所造成的烧结推动力是很大的。溶解-沉淀传质的全过程包括以下各步。

(1)随着烧结温度的升高，出现足够量的液相，随即固相颗粒分散在液相中，在液相毛细管力的作用下，颗粒发生相对移动并重新排列，颗粒的堆积更加紧密。

(2)被薄的液膜分开的颗粒之间搭桥，在那些点接触处有高的局部应力导致塑性变形和蠕变，促进颗粒进一步重排。颗粒重排对坯体致密化的影响取决于液相数量，当液相数量仅够环围颗粒边界的一薄层时，颗粒重排仅使堆积密度提高，但不足以消除气孔。当液相数量超过颗粒边界薄层变形所需的量时，颗粒重排完成后，多余液相可通过流动传质、溶解-沉淀传质进一步填充气孔，被包裹的小气孔尺寸减小。

(3)细小的固体颗粒表面若为凸表面，颗粒在接触点处溶解或较小的晶粒溶解(晶体的粒径越小其溶解度越大)，通过液相转移，进而在自由表面上或大晶粒表面上沉淀析出。化学位梯度使物质发生迁移，通过液相传递，在颗粒生长和形状改变的同时，使坯体进一步致密化。

影响溶解-沉淀传质的因素有：颗粒的起始粒径、压块起始孔隙度、液相数量、原始粉末的特性(溶解度、湿润能力)、烧结温度等。

9.4.3 各种传质机理分析比较

在实际的固相或液相烧结中，以上四种传质过程可以单独进行或几种传质方式同时进行。每种传质方式的发生都有其特有的条件，表 9-1 给出各种传质方式的综合比较。

表 9-1 传质产生的原因、条件、特点等综合比较

传质方式	蒸发-凝聚传质	扩散传质	流动传质	溶解-沉淀传质
原因	压力差 ΔP	空位浓度差 Δc	应力-应变	溶解度 ΔC
条件	$\Delta P=10\sim1$ Pa $R<10\ \mu m$	空位浓度 $\Delta c>n_0/N$ $r<5\ \mu m$	黏性流动 η 小 塑性流动 $\tau>f$	1. 可观的液相量 2. 固相在液相中溶解度大 3. 固-液润湿
特点	1. 凸面蒸发，凹面凝聚 2. $\Delta L/L=0$	1. 空位与结构基元相对扩散 2. 中心距缩短	1. 流动同时引起颗粒重排 2. $\Delta L/L\propto t$ 致密化速率最高	1. 接触点溶解到平面上沉积；小晶粒处溶解到大晶粒沉积 2. 传质同时又是晶粒生长过程
工艺控制	温度(蒸气压) 粒度	温度(扩散系数) 粒度	黏度 粒度	黏度 温度(溶解度) 粒度 液相数量

从固相烧结和液相烧结过程的传质机理可以看出，烧结无疑是一个很复杂的过程。上面的讨论主要是限于纯固相烧结和纯液相烧结，并且在做烧结动力学分析时是以十分简单的两颗粒圆球模型为基础的，这样就把问题简单化了。从科学观点看，把复杂问题做这样的分解，以求得比较接近的定量了解是有必要的。但从生产的角度看，问题就要复杂得多。就以固相烧结而论，实际上经常是几种可能的传质机理在同时起作用。

9.5 晶粒生长和二次再结晶

晶粒生长是坯体温度不断升高时，在晶粒尺寸分布不变情况下，平均颗粒尺寸连续地增长的过程。而二次再结晶是少数巨大晶粒在正常晶粒长大过程停止后，异常长大的过程。它们往往与烧结中、后期的传质过程是同时进行的。

9.5.1 晶粒生长

1. 基本概念

在烧结的中、后期，细晶粒逐渐长大，而一些晶粒生长过程也是另一部分晶粒消失或缩小的过程，其结果是晶粒的平均尺寸都增长了。但晶粒长大并不是小晶粒的相互黏结，而是晶界移动的结果。晶界移动的推动力是在晶界两边物质的吉布斯自由能之差 ΔG。

图 9－6(a)表示两个晶粒之间的晶界结构，图中小圆代表组成晶粒的质点，曲线表示不同晶粒间的晶界，位于凸面晶粒上 A 处的质点其自由焓较高，而位于凹面晶粒上 B 处的质点其自由焓较低，于是，位于高能量凸面上 A 处质点必然有向能量低的凹面上 B 处位置跃迁的自发趋势。当 A 处质点到达 B 处并释放出 ΔG 的能量后，质点就稳定在 B 处。随着跃迁的不断进行，晶界就向着凸面晶粒曲率中心不断推移，导致凹面晶粒长大而凸面晶粒缩小。由此可见，晶粒生长取决于晶界移动的速率。原子跃迁的能量变化见图 9－6(b)所示。

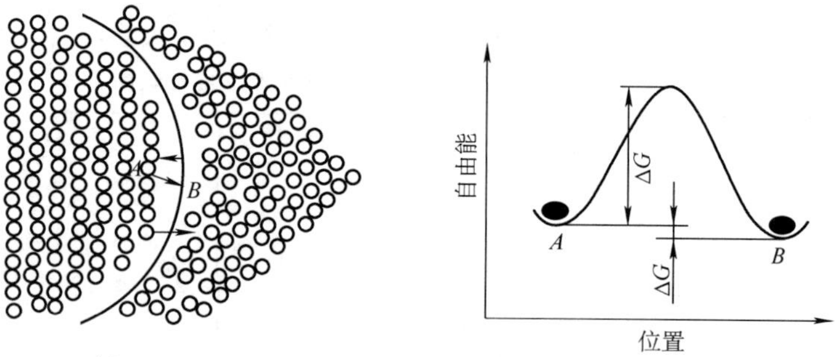

(a)　　(b)

图 9－6　晶界结构及原子跃迁的能量变化

(a)晶界结构；(b)原子跃迁的能量变化

晶粒生长速率取决于晶界移动的速率，晶界移动的速率还与原子越过晶界的速率有关。由于可跃迁的原子的能量是量子化的，经一系列的推导得出晶粒生长的速率公式是：

$$V=\frac{RT}{Nh}\lambda\left[\frac{\sigma\bar{V}}{RT}\left(\frac{1}{r_1}+\frac{1}{r_2}\right)\right]\exp\frac{\Delta S^*}{R}\left(-\frac{\Delta H^*}{RT}\right) \qquad (9-9)$$

式中：N ——阿伏伽德罗常数；

h ——普朗克常数；

R——气体常数；

T——温度；

σ ——表面张力；

r_1、r_2——曲面的主曲率半径。

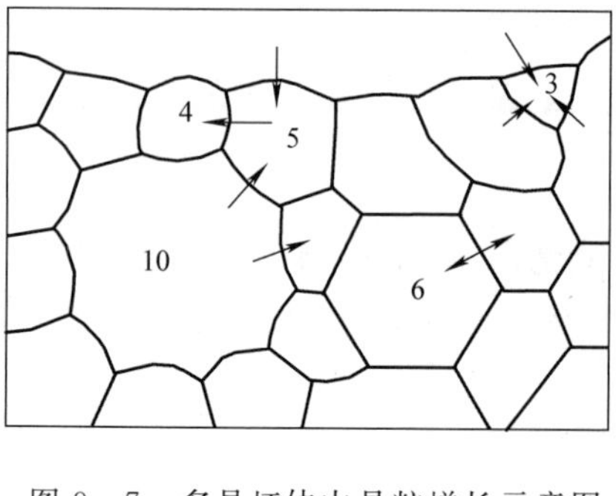

图 9－7　多晶坯体中晶粒增长示意图

由式(9－9)可知：晶粒生长速率随温度成指数规律增加。因此晶界移动的速率是与晶界曲率以及系统的温度有关。随着温度的升高和晶界的曲率半径的减小，晶界移动的速率也越快，即晶粒生长的速率就越快。

2. 晶粒长大的几何学情况

在烧结的中、后期，坯体通常是大小不等的晶粒聚集体。由许多颗粒组成的多晶体的晶界移动情况如图 9－7 所示。可总结如下。

(1)晶界上有界面能作用，晶粒形成一个与肥皂泡沫相似的三维阵列。

(2)如果晶粒边界的界面能都相同，则界面间夹角成 120°，晶粒呈正六边形(6 号晶粒)；实际的多晶体中多数晶粒间界面能不等，晶界有一定曲率，表面张力使晶界向曲率中心移动。

(3)晶界上的杂质、气泡如果在烧结温度下不与主晶相形成液相，将阻碍晶界移动。

从图(9－7)可以看出，大多数晶界都是弯曲的。从晶粒的中心向外看，边界数大于六的晶粒的边界是向内凹的(10 号晶粒)，边界数小于六的晶粒的边界是向外凸的(3 或 4 号晶粒等)，由于凸面的界面能大于凹面的界面能，因此质点由凸面向凹面迁移，晶界向凸面曲率中心移动，结果是：小于六条边的晶粒缩小，甚至消失；而大于六条边的晶粒长大，表现为晶粒的平均尺寸的增长。

3. 晶粒长大平均速率

晶界移动速度与弯曲晶界的半径成反比，因而晶粒长大的平均速率与晶粒的直径成反比。晶界移动和相应晶粒长大速率的定量公式为：

$$v=\mathrm{d}D/\mathrm{d}T=K/D \tag{9-10}$$

式中：D ——时间 t 时的晶粒直径；

K ——与温度有关的常数。

积分后得：

$$D^2-D_0^2=Kt \tag{9-11}$$

式中：D_0——时间 $t=0$ 时的晶粒平均直径。

当到达晶粒生长(烧结)的后期，$D \gg D_0$，因而有：

$$D=Kt^{1/2} \tag{9-12}$$

4. 晶界的移动方式

在烧结体中，晶界移动可以通过七种方式进行，如图 9－8 所示。

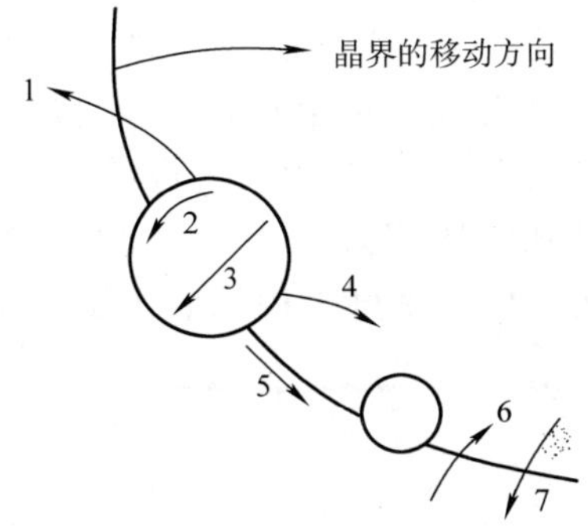

1—气孔靠晶格扩散迁移；
2—气孔靠表面扩散迁移；
3—气孔靠气相传递；
4—气孔靠晶格扩散聚合；
5—气相靠晶界扩散聚合；
6—单相晶界本征迁移；
7—存在杂质牵制晶界移动

图 9－8 界面移动方式示意

5. 晶粒生长的影响因素

1)夹杂物(如杂质、气孔等)的影响

晶界为了通过夹杂物，界面能就被降低，降低的量正比于夹杂物的横截面积。通过障碍物以后，弥补界面又要付出能量，结果使界面继续前进，能力减弱，界面变得平直，晶粒生长就逐渐停止。所以杂质对晶粒生长起阻碍作用。

随着烧结的进行，气孔往往位于晶界上或三个晶粒的交汇点上。气孔在晶界上是随晶界移动还是阻止晶界移动，与晶界曲率大小有关，也与气孔直径、数量、气孔作为空位源向晶界扩散的速率、包围气孔的晶粒数等因素有关。

当气孔汇集在晶界上时，在烧结初期，晶界上气孔的数目很多，气孔牵制了晶界的移动。用 v_b 代表晶界移动速率；v_p 代表气孔移动速率，此时 $v_b=0$；在烧结的中、后期，温度控制适当，此时晶界带动气孔以正常速率移动，使气孔保持在晶界上，气孔可以利用晶界作为空位传递的快速通道而迅速汇集或消失，可以出现 $v_b=v_p$；当烧结达到 $v_b=v_p$ 时，烧结过程已接近完成。严格控温，继续维持 $v_b=v_p$，气孔易迅速排除而实现致密化。此时烧结体应保温，如果再继续升高温度，由于晶界移动速率随温度而呈指数增加，必导致 $v_b \gg v_p$，晶界超过气孔而向曲率中心移动，一旦气孔被包入晶体内部，只能通过体积扩散来排除，这是相当困难的，结果会严重影响材料的各种性能。因此，控制好温度进而控制晶界的移动速率是十分重要的。

2）晶界上液相的影响

如果液相润湿晶界，少量液相使晶界上形成两个新的固-液界面，从而使界面移动的推动力降低和扩散距离增加。界面推动力比纯固相时小，烧结过程中发生的溶解、扩散、沉积等作用比单独固相跨越界面来得更慢。因此少量液相可以起到抑制晶粒长大的作用。例如95% Al_2O_3 中加入少量石英、黏土，使之产生少量硅酸盐液相，阻止晶粒异常生长。但当坯体中有大量液相时，可以促进晶粒生长和出现二次再结晶。

3）晶粒生长极限尺寸

在晶粒正常生长过程中，由于夹杂物对晶界移动的牵制而使晶粒大小不能超过某一极限尺寸。当晶界上有夹杂物或细气孔时，晶粒正常生长时的极限尺寸由下式决定：

$$D_1 \approx d/f \tag{9-13}$$

式中：D_1 ——极限晶粒直径；

d ——夹杂物或气孔的平均直径；

f ——夹杂物或气孔的体积分数。

D_1 在烧结过程中是随 d 和 f 的改变而变化的。在烧结初期，坯体内有许多小而数量多的气孔，因而 f 相当大。此时晶粒的起始尺寸 $D_0>D_1$，此时晶粒不会长大。随着烧结的继续进行，小气孔不断沿晶界聚集或排除，d 的数值不断增大，f 不断减小，D_1 也随之增大，此时 $D_1>D_0$，晶粒开始均匀生长。烧结后期，当烧结达到气孔的体积分数为10%时，晶粒长大就停止了，此时 $D_1=10d$。这也是普通烧结中终点密度低于理论密度的原因。为了阻止晶粒的过分长大，就要使掺杂物或气孔的直径要小，而体积分数要大。

9.5.2 二次再结晶

1. 基本概念

当正常晶粒生长由于气孔等阻碍而停止时，在均匀基相中少数多边界的大晶粒在界面能作用下向邻近小晶粒曲率中心推进，而使大晶粒成为二次再结晶的核心，使大晶粒异常地迅速长大，此过程为二次再结晶。

二次再结晶的推动力是大晶粒晶面与邻近高表面能和小曲率半径的晶面相比有较低的表面能，在表面能驱动下，大晶粒界面向曲率半径小的晶粒中心推进，以致造成大晶粒进一步长大与小晶粒的消失。

2. 二次再结晶的原因及防止措施

从工艺控制角度考虑，造成二次再结晶的原因主要是：原始粒度不均匀、烧结温度偏高和烧结速率太快，其他因素还有坯体成型压力不均匀、局部有不均匀液相等。由于大晶体内包入一定量的气孔，给材料的透光性带来影响，同时导致烧结体结构疏松、密度降低等。

为防止二次再结晶，在烧结体达到一定的体积密度以前，应该控制温度来控制晶界移动速率，防止晶界移动的速率过快，以避免因气孔封闭在晶粒内而导致晶粒异常长大。另外应提高粉料粒度的均匀性，合理地选择粉料的细度。还可以通过引入适当的添加剂，抑制并减慢晶界迁移，有效地加速气孔的消失。如在 Al_2O_3 中加入 MgO，使反应生成的尖晶石聚集在晶界上以阻止二次再结晶。抑制晶界迁移能加速气孔的排除，甚至可制得完全无气孔的多晶材料，这种材料具有透光性，适于作激光材料。但在硬磁铁氧体的烧结中，二次再结晶在形成择优取向方面则是有益的。在成型时通过高强磁场的作用，使颗粒取向，在烧结时控制大晶粒为二次再结晶的晶核，从而得到高取向、高导磁率的材料。

3. 晶粒生长与二次再结晶的异同之处

晶粒生长与二次再结晶的相同点是：它们的推动力均为晶界两侧质点存在吉布斯自由能之差，进行的方式均是质点的迁移和晶界的移动。区别在于：晶粒生长是坯体内晶粒尺寸均匀地生长，而二次再结晶是个别晶粒异常生长；晶粒生长是平均尺寸增长，不存在晶核，界面处于平衡状态，界面无应力，二次再结晶的大晶粒的面上有应力存在；晶粒生长时气孔都维持在晶界上或晶界交汇处，可在晶界处快速排除，使坯体继续致密化，使显微结构均匀，密度也大，二次再结晶时气孔被包裹在晶粒内部难于排除，而使烧结体密度下降。

9.6 影响烧结的主要因素

影响烧结的因素是多方面的。烧结温度是影响烧结的重要因素，延长烧结时间一般会不同程度地促使烧结完成。减小物料的颗粒度、增大表面积会有效地加速烧结。在实际烧结过程中，除上述直接因素外，还有许多间接因素，如物料的晶体结构、物料的活性、烧结气氛、少量添加物以及改变烧结条件等，都会影响烧结速率。

9.6.1 原始粉料的粒度

无论是固相烧结还是液相烧结，细颗粒增加了表面积，即增加了烧结的推动力，缩短了质点扩散的距离，提高了颗粒在液相中的溶解度及增加了晶格缺陷的浓度，从而导致烧结过程的加速。图 9-9 是刚玉坯体烧结程度与起始粒度的关系。从图中可知，要得到同样密度的坯体，颗粒越细，所需的烧结温度越低。如果烧结速率与起始粒度的 1/3 次方成比例，从理论上

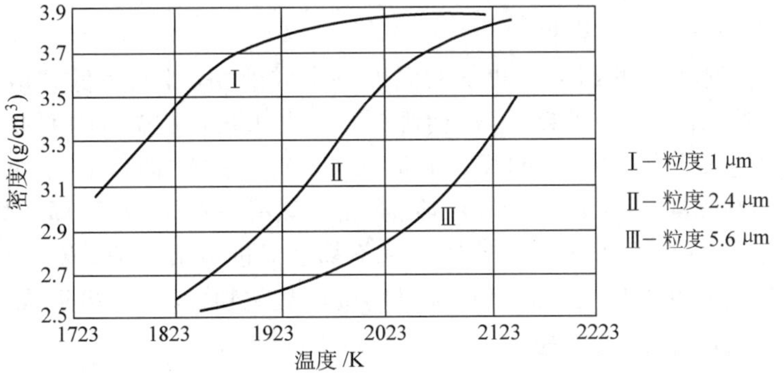

图 9-9 刚玉坯体烧结程度与起始粒度的关系

计算，当起始粒度从 2 μm 缩小到 0.5 μm，烧结速率增加 64 倍。如果起始粒度缩小到 0.05 μm，烧结速率增加 640 000 倍。从图中不难看出，烧结体的密度达到某一定值时，粒料的细度减小时，粉料的烧结温度降低 150～300 ℃。

从防止二次再结晶考虑，起始粒度必须细而均匀，以防止由于细颗粒内有少量大颗粒存在而发生晶粒异常生长的现象。

原料颗粒也并非越细越好。一方面，从表面能的角度看，颗粒越细，增加了烧结的推动力，因而促进烧结；另一方面，颗粒越细，由于细颗粒的表面键活性很强，会吸附大量的离子或气体，如 CO_3^{2-}、NO_3^-、Cl^-、OH^- 等，这些被吸附的离子要在很高的温度下才能除去，不利于颗粒间接触而阻碍烧结。为防止二次再结晶，也并非起始粒度越细越好，必须根据烧结条件合理地选择粉料的粒度。一般氧化物材料如 MgO、Al_2O_3、BeO 等最适宜烧结的原始粉料的粒度为 0.05～0.5 μm。

原料粉料的粒度不同，烧结机理有时也会发生变化。例如氮化铝烧结时，当粒度为 0.78～4.4 μm 时，粗颗粒按体积扩散机理进行烧结，而细颗粒则按晶界扩散或表面扩散机理进行烧结。

9.6.2 外加剂的作用

在固相烧结中，少量外加剂可与主晶相形成固溶体促进缺陷增加；在液相烧结中，外加剂能改变液相的性质（如黏度、组成等），因而也能起到促进烧结的作用。外加剂在烧结体中的作用分述如下。

1. 外加剂与烧结主体形成固溶体

当外加剂与烧结主体的离子大小、晶格类型及电价数接近时，它们能形成固溶体，致使主晶相晶格畸变、缺陷增加而得到活化，使扩散和烧结速率增大，降低了烧结温度而促进烧结。一般地说，它们之间形成有限置换型固溶体比形成连续固溶体更有助于促进烧结。外加剂离子的电价和半径与烧结主体离子的电价、半径相差越大，使晶格畸变程度增加，促进烧结的作用也越明显。例如 Al_2O_3 烧结时，加入 3%Cr_2O_3 形成连续固溶体（Al^{3+} 与 Cr^{3+} 半径相近、电价相同），可以在 1 860 ℃烧结，而加入 1%～2%的 TiO_2 只需在 1 600 ℃左右就能致密化。这是因为 Cr^{3+} 与 Ti^{4+} 半径相同，电价不同，不等价置换将伴随有正离子空位的产生，使晶格发生畸变，使活性更高，故能更有效地促进烧结。对于以扩散控制的氧化物高温烧结过程，选择与烧结主体正离子半径相近但电价不同的外加剂以形成缺位型固溶体；或选择半径较小的正离子以形成填隙型固溶体会有助于烧结。

2. 外加剂与烧结主体形成液相

外加剂与烧结主体的某些组分在较低的温度下生成液相（可能是低共熔混合物），由于液相中扩散传质阻力小，流动传质速度快，因而降低了烧结温度和提高了坯体的致密度。例如在制造“九五瓷”（95% Al_2O_3）时，在 Al_2O_3 中加入 CaO 与 SiO_2 的混合外加剂，即当 CaO : SiO_2 =1 时，由于生成 CaO - Al_2O_3 - SiO_2 液相，而使该材料在 1 540℃即能烧结。

值得指出的是，能促使产生液相的外加剂并不都会促进烧结。例如对 Al_2O_3，即使是少量碱金属氧化物也会严重阻碍其烧结。耐高温材料难熔氧化物的烧结，虽形成液相有利于烧结，但却损害了其耐火性，故需统筹考虑。

3. 外加剂与烧结主体形成化合物

在 Al_2O_3 制品烧结过程中，为了抑制二次再结晶，消除晶界上的气孔，在烧结时一般加入

MgO 或 MgF_2。原因在于高温下它们能形成镁铝尖晶石($MgAl_2O_4$),镁铝尖晶石包裹在 Al_2O_3 晶粒表面,抑制晶界的移动,充分排除晶界上的气孔,对促进坯体致密化有显著作用。

4. 外加剂阻止多晶转变

由于 ZrO_2 在烧结时有多晶转变,体积变化较大而使烧结致密化发生困难。当加入 5% CaO 以后,Ca^{2+} 离子进入晶格置换 Zr^{4+} 离子,由于发生不等价置换而生成阴离子缺位型固溶体,同时抑制晶型转变,有利于烧结的进行。

5. 外加剂起扩大烧结温度范围的作用

加入适当外加剂能扩大烧结温度范围,给工艺控制带来方便。例如,锆钛酸铅(PZT)材料的烧结范围只有 20~40 ℃,当加入适量 La_2O_3 和 Nb_2O_5 以后,烧结范围可以扩大到 80 ℃。这是由于外加剂在晶格内产生空位,促进了坯体的致密化,同时扩大了烧结温度的上限。

必须指出的是,外加剂只有加入适当量时才能促进烧结,如不恰当地选择外加剂或加入量过多,反而会引起阻碍烧结的作用,原因是过多外加剂会妨碍烧结相颗粒的直接接触,影响传质过程的进行。如:在烧结 Al_2O_3 制品时,当加入 2%MgO 时,使 Al_2O_3 烧结活化能降低到 398 kJ/mol,而纯 Al_2O_3 活化能为 502 kJ/mol,因而 MgO 促进了烧结进行;但当 MgO 的加入量为 5%时,使烧结活化能升高到 645 kJ/mol,反而抑制烧结。所以,外加剂一旦选定,确定合适的添加量也很重要。

9.6.3 烧结温度和保温时间

在晶体中晶格能越大,离子结合越牢固,离子的扩散就越困难,所需烧结温度也就越高。各种晶体结合情况不同,因此烧结温度也相差很大,即使对同一种晶体,烧结温度也不是一个固定不变的值。提高烧结温度无论对固相扩散或对溶解-沉淀传质等都是有利的。但单纯提高烧结温度不仅浪费燃料,很不经济,而且还会促使二次再结晶,降低制品机械强度等,而使制品性能恶化。

由烧结机理得知,表面扩散只能改变气孔形状而不能引起颗粒中心距的逼近,只有体积扩散才能导致坯体致密化。图 9-10 是表面扩散、体积扩散与温度的关系,可知在高温阶段主要是以体积扩散为主,而在低温阶段以表面扩散为主。如果材料的烧结在低温时间较长,不仅不引起致密化,反而会因表面扩散改变气孔的形状而给制品性能带来损害。因此,应尽可能快地从低温升到高温以创造体积扩散的条件。高温短时间烧结是制造致密材料的好方法,同时还要综合考虑材料导热系数、二次再结晶温度、体积扩散系数等因素,合理制定烧结制度。

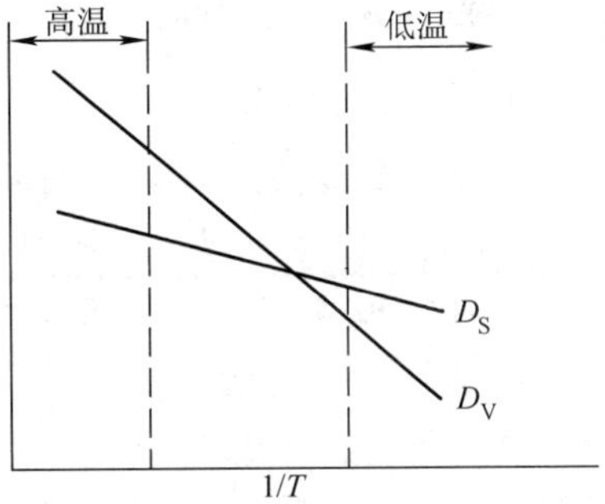

D_S—表面扩散系数
D_V—体积扩散系数

图 9-10 表面扩散、体积扩散与温度的关系

9.6.4 气氛的影响

烧结气氛一般分为氧化、还原和中性三种。气氛对烧结的影响是复杂的,按作用机理分为物理的和化学的两方面的因素。

1. 化学因素

气氛的影响与扩散控制因素有关,还与气孔内气体的扩散和溶解能力有关。由于在氧化或还原气氛中，会形成非化学计量化合物。当氧气被烧结物（Al_2O_3、ZnO）吸附或发生化学反应，使晶体表面形成正离子缺位型的非化学计量化合物，正离子空位增加，扩散和烧结均加速，同时闭气孔中的氧可直接进入晶格并和空位一样沿表面进行扩散。若烧结是由阳离子扩散速率控制，在氧气氛或氧分压较高时，则有利于阳离子扩散的加速而促进烧结。易变价的金属氧化物（如 TiO_2）的烧结是由阴离子（O^{2-}）扩散速率控制的烧结，在还原气氛中烧结，由于氧气分压低（不足），晶体中的氧直接从表面逸出，并与气氛中的 H 或 CO 生成 H_2 或 CO_2，在原晶体中留下氧空位，形成氧缺位型的非化学计量化合物，致使 O^{2-} 空位增多而使烧结过程加速 。

2. 物理因素

烧结气氛不同时，封闭气孔内的气体成分和性质不同，它们在固体中的扩散、溶解能力也不相同 。在氢气氛中烧结时，由于进入封闭气孔内气体氢原子尺寸很小，则易于扩散，封闭气孔的消除也越容易。实验证明，添加 0.25%MgO 的 Al_2O_3，在氢气氛中烧结可得到接近理论密度的烧结体，而在氮气和空气中烧结则做不到，这是因为这些气体的原子的尺寸较大，扩散系数较小有关。

当样品中含铅、锂、铋等挥发性物质时，控制烧结时的气氛更为重要。如锆钛酸铅（PZT）陶瓷烧结时，必须要控制一定分压的铅气氛，以抑制坯体中铅的大量挥发，保持坯体一定化学组成，否则将大大影响材料的性能。

9.6.5 成型压力的影响

压力对烧结的影响表现在两个方面：生坯成型压力和烧结时的外加压力（热压）。一般来说，成型压力越大，坯体中颗粒间接触越紧密，对烧结越有利。但是压力过大使粉料超过塑性变形限度，就会发生脆性断裂，这样对致密化不利。适当的成型压力可以提高生坯的密度，而生坯的密度与烧结的致密化程度呈正比关系。普通烧结时，外压为零，一般烧结温度较高。热压烧结属于特种烧结的一种，热压烧结可提供额外推动力，使传质速率加快，采用热压烧结可保证在较低温度和较短时间内制得高密度的烧结体。如果采用活性热压烧结则更加理想。

9.6.6 物料活性的影响

高温氧化物较难烧结，因为它们有较大的晶格能和较稳定的结构，质点迁移需较高的活化能，即活性较低。因此可以通过提高活性的方法加速烧结。

采用某种物理或化学的处理方法使烧结温度降低，烧结速率加快，使烧结体的密度或其他性能提高的烧结法称为活性烧结。

提高物料活性的方法有物理法和化学法。物理活化法是通过高的动态或静态压力使粉体获得缺陷的方法，如粉磨法。化学活化法是运用化学反应使粉料获得缺陷结构的方法，如热分解法。

影响烧结的因素除了以上几点以外，还有生坯内粉料的堆积程度、加热速度、粉料的粒度分布等影响因素，且相互间的关系也较复杂，所以，在研究烧结时只有充分考虑各影响因素，并综合且恰当地运用，才能获得高致密度的制品。

思考与习题

9-1 解释并比较:熔融与烧结;烧结与烧成;液相烧结与固相烧结;晶粒生长和二次再结晶。

9-2 烧结的推动力是什么?晶粒生长的推动力是什么?

9-3 烧结分哪几个阶段?在烧结过程中,可用什么样的烧结模型进行烧结描述。

9-4 液相烧结有哪几种类型?各有何特点?

9-5 比较下列过程,哪个能使烧结产物的强度增大,而不产生致密化过程?

(1)蒸发-凝聚扩散;(2)体积扩散;(3)表面扩散;(4)黏性流动;(5)溶解-沉淀扩散

9-6 在烧结过程中晶粒为什么生长?在什么情况下又发生二次再结晶?如何避免烧结过程中发生二次再结晶?

9-7 在烧结期间,晶粒长大能促进坯体致密化吗?晶粒长大能影响烧结速率吗?

9-8 试述在烧结的过程中,有哪些因素是影响烧结的主要因素?最易控制的因素有哪几个?

9-9 晶界遇到夹杂物会出现几种情况。从实现致密化目的考虑,晶界应如何移动,怎样控制?

9-10 试说明气氛对氧化铝材料的烧结的影响。

9-11 什么叫活化烧结?实现活化烧结的途径有哪些?

附录一　常用硅酸盐物质的恒压摩尔热容

物　质	$C_{p,m}=f(T)$的系数			$C^{\ominus}_{p,m}/(J\cdot mol^{-1}\cdot K^{-1})$	温度范围/K
	a	$b\times10^{-3}$	$c'\times10^{5}$		
α-Al_2O_3 刚玉	114.71	12.80	−35.44	79.0	298～1 800
$Al_2O_3\cdot SiO_2$ 蓝晶石	171.75	29.20	−52.13	12.18	298～1 500
$Al_2O_3\cdot SiO_2$ 硅线石	164.43	33.64	−46.11	127.40	298～1 500
$Al_2O_3\cdot SiO_2$ 红柱石	172.46	26.11	−51.13	134.47	298～1 600
$3Al_2O_3\cdot 2SiO_2$ 莫来石	484.93	46.86	−154.81	259.4	298～2 000
$Al_2O_3\cdot 2SiO_2$ 偏高岭土	229.49	36.82	−14.56		—
$Al_2O_3\cdot 2SiO_2\cdot 2H_2O$ 高岭土	240.45	147.7	−32.93		—
C　金刚石	9.12	13.22	−6.19	6.07	298～1 200
C　石墨	17.15	4.27	−8.79	8.53	298～2 300
CaF_2(固)	59.83	30.46	−1.97	67.03	—
$CaCO_3$ 方解石	104.52	21.92	−25.94	81.85	298～1 200
CaO(固)	48.83	4.52	−6.53	42.80	298～1 000
$Ca(OH)_2$(固)	82.8	43.72	12.3		—
$CaO\cdot Al_2O_3$(固)	150.67	41.67	−33.30		—
$3CaO\cdot Al_2O_3$(固)	260.58	19.16	−50.58		—
$12CaO\cdot 7Al_2O_3$(固)	1 263.40	274.05	−231.38	—	
$4CaO\cdot Al_2O_3\cdot Fe_2O_3$(固)	373.43	72.00	−3.64		—
$CaO\cdot SiO_2$ β—硅灰石	111.46	15.06	−27.28		298～1 450
$CaO\cdot SiO_2$ α—硅灰石	108.16	16.48	−23.64		298～1 700
β-$2CaO\cdot SiO_2$(固)	151.67	36.94	−30.29		298～1 200
γ-$2CaO\cdot SiO_2$(固)	113.68	82.01	—		298～948
$3CaO\cdot SiO_2$(固)	208.57	36.07	−42.47		298～1 800
$3CaO\cdot 2SiO_2$(固)	267.78	37.87	−69.45		—
$2CaO\cdot 2SiO_2\cdot 1.17H_2O$(固)	173.22	93.72	−30.96		—
$CaSO_4$ 硬石膏	77.49	91.92	−6.54	99.6	—
$CaSO_4\cdot 1/2H_2O$(固)			186.2		
$CaSO_4\cdot 2H_2O$(固)				119.7	
CO(气)	28.41	4.10	−0.46	29.15	298～2 500
CO_2(气)	44.14	9.04	−8.54	37.13	298～2 500
Fe_2O_3 赤铁矿	98.28	77.82	−14.85		298～950
H_2(气)	27.28	3.26	0.502	28.84	298～3 000
Hg(液)				27.82	298
H_2O(气)	30.00	10.71	0.33	33.56	—

续表

物　质	$C_{p,\mathrm{m}}=f(T)$的系数			$C_{p,\mathrm{m}}^{\ominus}/(\mathrm{J\cdot mol^{-1}\cdot K^{-1}})$	温度范围/K
	a	$b\times10^{-3}$	$c'\times10^{5}$		
H_2O(液)	33.18	70.92	11.17	75.31	—
H_2O(固)	0.197	140.16	—	≤273	
$MgCO_3$ 菱镁矿	77.91	57.74	−17.41		298～750
MgO(固)	42.59	7.28	−6.19		298～2 100
N_2(气)	27.87	4.27	—	29.10	298～2 500
Na_2O(固)	64.43	22.59	—		298～1 100
$Na_2O\cdot SiO_2$(固)	130.29	40.17	−27.07		298～1 361
$2Na_2O\cdot SiO_2$(固)	162.59	74.22	—		298～1 000
$Na_2O\cdot 2SiO_2$(固)	185.69	70.54	−44.64		298～1 147
O_2(气)	34.31	1.09	−7.87	29.36	298～3 000
SiO_2　β-石英	46.94	34.31	−11.3		298～848
SiO_2　α-石英	60.29	8.12	—		848～2 000
SiO_2　γ-磷石英	13.68	103.76	—		298～390
SiO_2　α-磷石英	57.07	11.05	—		390～2 000
SiO_2　β-方石英	17.91	88.12	—		298～523
SiO_2　α-方石英	60.25	8.54	—		523～2 000
SiO_2　石英玻璃	55.98	15.4	−14.43		298～2 000

附录二　常见硅酸盐物质的标准生成热、标准摩尔熵以及标准摩尔生成自由焓

物　质	$\Delta_f H_{\mathrm{m},298}^{\ominus}$ /(kJ·mol^{-1})	$S_{\mathrm{m},298}^{\ominus}$ /(J·mol^{-1}·K^{-1})	$\Delta_f G_{\mathrm{m},298}^{\ominus}$ /(kJ·mol^{-1})
α-Al_2O_3 刚玉	−1 669.83	50.99	−1 576.53
$Al_2O_3\cdot SiO_2$ 蓝晶石	−2 588.77	83.68	—
$Al_2O_3\cdot SiO_2$ 硅线石	−2 583.41	96.23	−2 573.2
$Al_2O_3\cdot SiO_2$ 红柱石	−2 586.51	93.30	−2 543.0
$3Al_2O_3\cdot 2SiO_2$ 莫来石	−6 853.81	251.04	−6 459.80
$Al_2O_3\cdot 2SiO_2$ 偏高岭土	−3 314.56	—	−3 100.80
$Al_2O_3\cdot 2SiO_2\cdot 2H_2O$ 高岭土	−4 140.65	169.45	−3 797.82
C　金刚石	1.897	2.38	2.87
C　石墨	0	5.74	0
CaF_2(固)	−1 214.62	64.68	−1 661.9
$CaCO_3$ 方解石	−1 206.87	92.88	−1 128.76
CaO(固)	−635.55	39.75	−604.17

续表

物　质	$\Delta_f H^{\ominus}_{m,298}$ /(kJ·mol^{-1})	$S^{\ominus}_{m,298}$ /(J·mol^{-1}·K^{-1})	$\Delta_f G^{\ominus}_{m,298}$ /(kJ·mol^{-1})
$Ca(OH)_2$(固)	−986.59	83.4	−896.76
$CaO·Al_2O_3$(固)	−2 321.28	114.22	−2 202.04
$3CaO·Al_2O_3$(固)	−3 556.4	205.43	−3 376.49
$12CaO·7Al_2O_3$(固)	−19 374	1 044.75	−18 410.44
$4CaO·Al_2O_3·Fe_2O_3$(固)	−5 066.82	326.35	−4 790.68
$CaO·SiO_2$ β−硅灰石	−1 635.73	82.01	−1 550.38
$CaO·SiO_2$ α−硅灰石	−1 630.71	87.45	−1 547.03
β−$2CaO·SiO_2$(固)	−2 308.48	127.61	−2 193.21
γ−$2CaO·SiO_2$(固)	−2 312.58	120.5	−2 197.39
$3CaO·SiO_2$(固)	−2 968.34	168.62	−2 784.33
$3CaO·2SiO_2$(固)	−3 824.24	210.87	−3 615.48
$2CaO·2SiO_2·1.17H_2O$(固)	−2 665.84	160.67	−2 480.69
$CaSO_4$ 硬石膏	−1 432.69	106.69	−1 320.30
$CaSO_4·1/2H_2O$(固)	−1 573.06	134.31	−1 434.19
$CaSO_4·2H_2O$(固)	−1 811.92	193.97	−1 795.73
CO(气)	−110.5	197.4	−137.27
CO_2(气)	−393.51	213.64	−394.38
Fe_2O_3 赤铁矿	−822.16	89.96	−740.99
H_2(气)	0	130.6	0
Hg(液)	0	76.1	0
H_2O(气)	−241.83	188.72	−228.59
H_2O(液)	−285.84	69.94	−237.19
H_2O(固)	−291.85	39.33	−234.09
$MgCO_3$ 菱镁矿	−1 112.94	65.69	−1 029.26
MgO(固)	−601.83	26.78	−569.57
N_2(气)	0	191.5	0
Na_2O(固)	−415.89	72.89	−376.56
$Na_2O·SiO_2$(固)	−1 556.7	113.81	−1 469.67
$2Na_2O·SiO_2$(固)	−2 122.33	195.81	−1 991.79
$Na_2O·2SiO_2$(固)	−2 474.21	164.85	−2 340.32
O_2(气)	0	205.03	0
SiO_2　β-石英	−911.07	41.84	−856.67
SiO_2　α-石英	−910.44	41.84	−805
SiO_2　γ-磷石英	−905.54	43.52	−851.78
SiO_2　α-磷石英	−905.84	—	—
SiO_2　β-方石英	903.53	42.64	−849.35
SiO_2　α-方石英	−902.24	—	−1 320.64
SiO_2　石英玻璃	−901.57	46.86	−848.64

附录三　某些有机化合物在 298.15 K 的标准燃烧热

物　质	$\Delta_c H_m^\ominus/(kJ \cdot mol^{-1})$	物　质	$\Delta_c H_m^\ominus/(kJ \cdot mol^{-1})$
CH_4(气)　甲烷	890.31	C_2H_5CHO(液)　丙醛	1 816
C_2H_6(气)　乙烷	1 559.8	$(CH_3)_2CO$(液)　丙酮	1 790.4
C_3H_8(气)　丙烷	2 219.9	$HCOOH$(液)　甲酸	254.6
C_5H_{12}(气)　正戊烷	3 536.1	CH_3COOH(液)　乙酸	874.54
C_6H_{14}(气)　正己烷	4 163.1	C_2H_5COOH(液)　丙酸	1 527.3
C_2H_4(气)　乙烯	1 411.0	$CH_2CHCOOH$(液)　丙烯酸	1368
C_2H_2(气)　乙炔	1 299.6	C_3H_7COOH(液)　正丁酸	2 183.5
C_3H_6(气)　环丙烷	2 091.5	$(CH_3CO)_2O$(液)　乙酸酐	1 806.2
C_4H_8(液)　环丁烷	2 720.5	$HCOOCH_3$(液)　甲酸甲酯	979.5
C_5H_{10}(液)　环戊烷	3 290.9	C_6H_5OH(固)　苯酚	3 053.5
C_6H_{12}(液)　环己烷	3 919.9	C_6H_5CHO(液)　苯甲醛	3 528
C_6H_6(液)　苯	3 267.5	$C_6H_5COCH_3$(液)　苯乙酮	4 148.9
$C_{10}H_8$(固)　萘	5 153.9	C_6H_5COOH(固)　苯甲酸	3 226.9

参 考 文 献

[1] 潘金生.材料科学基础[M].北京:清华大学出版社,2004.

[2] 贺可音.硅酸盐物理化学[M].武汉:武汉工业大学出版社,2003.

[3] 浙江大学,武汉工业大学,上海工学院,华南工学院.硅酸盐物理化学[M].北京:中国建筑工业出版社,1980.

[4] 姜进义.物理化学及硅酸盐物理化学[M].武汉:武汉工业大学出版社,1998.

[5] 天津大学物理化学教研室.物理化学(上下册)[M].北京:高等教育出版社,1993.

[6] 王正烈.物理化学[M].北京:化学工业出版社,2003.

[7] 印永嘉,奚正楷,李大针.物理化学简明教程[M].北京:高等教育出版社,1992.

[8] 徐彬,邬宪伟.物理化学[M].北京:化学工业出版社,1997.

[9] 朱埗瑶.界面化学基础[M].北京:化学工业出版社,2003.

[10] 王振琪.物理化学[M].北京:化学工业出版社,2005.